21世纪高等学校教材

应用型本科大学物理

上册

白晓明　编著

U0307191

机械工业出版社

本书根据教育部颁布的《理工科类大学物理课程教学基本要求》(2010 年版)，并结合编者大学物理课程教学改革实际情况和多年教学经验编写而成，内容包括质点的运动、牛顿运动定律、功和能、冲量和动量、刚体的定轴转动、热学基础、真空中的静电场、静电场中的导体和电介质。本书的主要特色是：突出理论联系实际和学以致用；在物理知识应用案例和章后习题中融入大量与生活相关的习题，激发学生的学习兴趣，提高教学的针对性和有效性。

本书可作为高等院校应用型本科学生的大学物理教材，也可作为其他各层次师生的教学或自学参考书。

图书在版编目（CIP）数据

应用型本科大学物理．上册/白晓明编著．—北京：机械工业出版社，2022.1

21 世纪高等学校教材

ISBN 978-7-111-70045-6

Ⅰ.①应…　Ⅱ.①白…　Ⅲ.①物理学－高等学校－教材　Ⅳ.①O4

中国版本图书馆 CIP 数据核字（2022）第 013493 号

机械工业出版社（北京市百万庄大街 22 号　邮政编码 100037）

策划编辑：李永联　　　责任编辑：李永联

责任校对：张　征　张　薇　封面设计：马精明

责任印制：郜　敏

三河市宏达印刷有限公司印刷

2022 年 4 月第 1 版第 1 次印刷

184mm×260mm・15.75 印张・417 千字

标准书号：ISBN 978-7-111-70045-6

定价：45.00 元

电话服务

客服电话：010－88361066

010－88379833

010－68326294

网络服务

机　工　官　网：www.cmpbook.com

机　工　官　博：weibo.com/cmp1952

金　书　网：www.golden－book.com

机工教育服务网：www.cmpedu.com

前　　言

本书是广州南方学院电气与计算机工程学院的试用教材。

随着2015年10月教育部、国家发展改革委和财政部《关于引导部分地方普通本科高校向应用型转变的指导意见》的正式发布，地方高校转型的方向更加明确。高校的转型不能停留在“口号”上，需要有实际行动。课程设置、课程内容是大学教育体系中极为重要的核心部分，面对知识、信息大爆炸，学时压缩等现实问题，“大学物理”作为高等学校理工科各专业学生必修的重要通识性基础课程，面向应用型本科的教学内容改革成为现实和紧迫的问题。面向未来应用性需求、具有前瞻性的课程内容，传递给学生的一定是其受用终身的学科思想和方法，学生获得的一定是其终身实践中独立发现、分析和解决问题的能力。为此，本书从物理思想方法、解决实际问题和学科融合等多角度强调了应用型本科物理教学的指向性和目的性，从物理知识应用、能力培养、学生现实需求和未来需求等多角度诠释了应用型本科教材的应用性特色内涵，从高中物理知识回顾、应用性习题例题等多角度激发学生的学习兴趣，平衡学生接受知识的能力差异，主要做法有：

（1）通过学科融合建立物理与工程实际的联系。由此发散和拓展了思维，强调了物理教育的应用性，展示了科学理论的特殊性与普遍性。例如，把飞机的斤斗运动理想化为铅垂面的圆周运动，取代了传统教材中绳拉球的运动，这样，在激发学生学习兴趣的同时，也解决了教材理论和实际脱节及创新性不足等问题。安排在每一节的物理知识应用模块，重视用物理学原理解决工程实际应用问题，突出了应用型本科教材的特色。

（2）以能力培养牵引教学内容改革。转变传统的知识传授为能力培养，突出学科思想方法，重视思想方法上的学科交叉融合。如物理学的简谐振动与电工电子的交流电，分析解决问题的思想方法相同，运用类比方法进行讲解，就会大大节省时间，同时建立不同领域知识、思想和方法上的联系，充分体现科学魅力。

（3）在每一章增加高中物理知识回顾模块，在重视高中与大学物理知识衔接的同时，也平衡了民办院校学生接受知识能力的差异。

本书的出版是在广州南方学院电气与计算机工程学院的大力支持下完成的。在出版过程中始终得到学院领导及机械工业出版社各方面的关注、支持和帮助，特此一并致谢。

由于时间仓促，编者的学识水平和教学经验有限，书中不当之处难免，敬请读者批评指正。

白晓明
于广州南方学院

目　　录

绪　论

自1840年鸦片战争以来，在中国出现最多的一个词就是“科学”，即使在今天，我们也随处可以看到诸如“全面提高科学素质”之类的宣传语。物理学是自然科学的基础，学习它之前，我们有必要首先明确“科学”一词的涵义。

0.1　科学理论的评判标准

科学是一个历史的发展的庞大的概念，要给出一个全面的、确切的定义是十分困难的。一般而言，科学有广义和狭义之分。广义地说，科学包括自然科学、人文科学、社会科学和思维科学。狭义地说，科学仅指自然科学。一般来说，自然科学是研究自然界不同事物的运动、变化和发展规律的科学。“自然科学”的概念是精确的，“自然科学”理论的共性特征就形成了科学理论的理性标准，满足这个标准的理论就是科学理论，否则就是伪科学。科学理论有哪些理性标准呢?

1. 内部连贯性

首先，要求科学概念的内部联系具有内部连贯性，即不存在逻辑矛盾和数学矛盾。无矛盾性（或自洽性）是一个理论正确性的最重要的标准。

（1）逻辑理性　理论要对科学知识进行逻辑重构，成为“假设—演绎”体系。每一个科学结论，在进行逻辑论证时，必须找到论据，在寻找论据时，需不断向回追溯，但这是无终止的，也就是不可操作的。可操作的办法是，在逻辑链的某个点上，中断论证程序，这个中断点，就是任何科学理论的基本假设、公理系统和基础概念框架，它作为未加论证的前提而被引进，有约定或假设的性质（如力学中质量的概念是个中断点，今天我们还在探讨质量的原因）。任何由此通过逻辑演绎途径得出的结论，它的证实是相对的而非绝对的，前提的假设性传递给了结论，因此，任何科学的理论体系，都是假设演绎体系。从这个意义上说，逻辑理性要求全部科学知识都是假设性的，包含了信仰的成分。

科学理论的这一基本特征，决定了人们在构建科学理论时，可以自由地选择公理系统（原理、原则、准则、前提、初始命题），这些公理，既不是“自明”的，也不一定是不可“证实”的，只是为了构建理论，人们必须从某个地方开始论证而放弃了证明它的企图。科学理论的逻辑理性要求无矛盾性，这表明，一种理论若在其前提或结论中显示了一种矛盾，则肯定是错误的了，人们可以通过揭露其矛盾来驳倒这个理论。一个包含矛盾的理论，由于矛盾与非连贯性会激发人们的好奇性，以及寻找一种更佳理论的巨大兴趣，如科学理论中发现的许多“悖论”，通常会导致理论的发展，甚至是新理论的产生。

（2）数学理性　逻辑给知识以确定性，但只有逻辑的知识并不能成为科学。墨家定义“力，形之所以奋也”，但在中国却没有诞生出牛顿力学。数学给知识以精密性，数学作为科学的语言，精确地描述了大自然，“大自然这本书是用数学语言写成的”，而“数学化”也早已成为科学知识的公认准则。科学理论的内部连贯性同时要求有数学理性，不存在数学矛盾。这里还有两个基本问题。

一是对科学理论的逻辑理性与数学理性要求是否是相互独立的？英国数学家罗素认为，数学不过是逻辑的延伸，企图从不可怀疑的逻辑公理出发演绎出全部数学真理，结果这种努力失败了，表明了它们的独立性，二者不可替代。

二是数学理论有假设性吗？德国数学家希尔伯特在研究数学基础问题时，把数学命题与逻辑法则用符号写成公式，得到一个形式化的公理系统，并企图证明公理内部的相容性，以确保通过演绎、证明获得的数学结论的无矛盾性，如果这种相容性得以证明，则所有的数学结论都是确定的，都是“真”的，而哥德尔的不完备性定理宣告了这种努力的失败。

数学系统作为一个“公理—演绎”系统，其公理集的相容性是无法证明的，它对数学推演的数学结论，能否摆脱矛盾，我们除了猜测外，并不能给予明确的答复。因此，数学公理集与定理之间的关系类似于理论与经验事实之间的关系，数学公理集与理论一样，本质上是假设性的，数学定理能否证明，与经验事实能否说明一样，是一个悬而未决的问题。英国数学家拉卡托斯提出了“数学是拟经验的”观点，数学系统固然是一个由公理集到定理集沿逻辑展开的演绎系统，但这个系统中公理集内部的相容性是不可证明的，因而不具有内禀真理的功能，而某些特殊定理却具有真理功能。数学公理集的真理性，不是通过证明，而是从它们推导定理的真理性获得的。一个公理集，如果由它推出的定理经过验证是真的，则这个公理集可能是真的；如果它推出的真的定理愈多，则该公理集为真的概率就愈大。数学系统的真理性最终是建筑在经验基础上的，通过归纳方法来考察其成功的程度，数学系统的公理集本身并没有为系统提供真理的基础，而是提供一种解释，它与逻辑公理集一样，使科学理论具有解释功能。

数学理性与逻辑理性一样揭示了科学知识的假设性，同样要求科学理论成为“假设—演绎”系统。

2. 外部连贯性

(1) 实验理性　一个符合逻辑并可数学演绎的理论就是科学理论吗？否！科学理论还要求有外部连贯性，即理论与观察和事实的一致性。一种理论，如果它本身或者从它推出的结论，能够通过实验得以证实或证伪，它就是可以检验的，不可检验的陈述是无意义的，实验理性必然要求科学假设具有可检验性。科学理论不仅必须描写为一个逻辑系统和数学系统，以描述一个可能的世界，更重要的还要描述我们的经验世界。作为一个逻辑系统和数学系统本身，它适用于描述世界，但对现实世界却一筹莫展；作为一个形式化和符号化系统，既不能通过经验得到证实，也不能通过经验而被驳倒，它的正确性，仅是从公理集中无矛盾地推导出来，只有实验才能建立关于现实世界的认识，使得逻辑和数学系统可能成为科学理论。

(2) 可检验性　它为科学假设提供了一个方法论原则，即科学假设原则上是可检验的。不具备可检验性的假设，不能成为科学假设，应从科学理论中排除，这又称为科学的实证性。科学理论的一组假设是演绎的前提，科学理论作为一个整体即“假设—演绎”系统发展着，一个理论原则上有无限多的逻辑推理。因此，对于科学理论的最终“实验证实”是不可能的。波普尔主张理论永远得不到证实，但原则上必可被证伪，这再一次揭示了科学理论的假设性。逻辑的、数学的、实验的理性要求是科学理论的必要标准，其他则是有用标准。

3. 美学要求

一个科学理论只在某些特定接触点，即通过某些实验事实与实在世界有联系，这些实验事实支持了这个科学理论，但并没有证实这个理论。实际上，在这些接触点（实验事实）保持不变的情况下，往往可以有多个科学理论可供选择，哪一个理论更好呢？

若两种理论在经验上等价，描述了同样的经验资料，则简单性是一个有用的标准，即公理集中有最少数量的独立假设的那个理论更好。若两种理论在经验上不等价，则统一性、概括性、普遍性也是一个有用的标准，即应用经验范围广、说明价值高的那个理论更好。对称性在现代科学发展中已成为一个新标准，即对称性更高的理论更好。

简单性、统一性、对称性展示了对科学理论的审美要求，这样的要求传达了这样一个信息：大自然是在最基础的水平上按美学原则设计的，现代科学理论既需要理性框架，还需要审美框架。美学标准更多地应用在科学实践中，在面临新假设、新观念的情况下更为有用，在理论创新中它是科学家所追求的东西（超过了逻辑理性）。

0.2 物理学的培养目标

1. 物理学培养科学思维方式

物理学是一门基础科学，它的研究对象是自然界物质的物理性质、相互作用及运动规律。以物理学为根基的世界观作为全社会通行的一般思维方式的基础，对思维方式的变迁有重大影响。物质世界是一个多层次结构的系统，科学思维方式就是要通过不断发展的层内分析与逾层分析，推动对这个系统的整体认识。所谓层内分析，是把处在某一层次的系统进行整体研究，使用本层面的术语，描写本层次内涌现出来的属性，讨论本层面的问题。在此层面内构建的科学理论，它能解决的问题自然也仅局限于这个层面，如对原子，用量子力学；对宏观物体，用经典力学；对宇宙，用广义相对论。当我们讨论由一个层面涌现特性的起源问题时，如超导体的特性如何从其带电粒子的组合中产生出来，金刚石或石墨的性质如何从碳原子组合中获得，这里要应用逾层分析，研究两个层次之间的相互关系问题（即整体与部分，系统与元素之间的相互关系），力求层次贯通。由于高层次的涌现属性不能从低层次的理论中逻辑地推导出来，因此通过逾层分析，寻求把描述两个层次的理论概念联系起来的规律时，必然有新发现并导致新理论。

人类的认识是从其所生活的狭小天地开始的，人类通过直观形式与经验范畴构建的世界图像（世界观）与现实世界结构（部分的）相一致，这使人类特别良好地适应了生物学环境。知觉认识与经验认识是在适应这个生物学环境的进化过程中形成的，并通过遗传固化下来，作为一种天生的禀赋来适合这个环境，就像尚未降生的马的马蹄已适合于草原、孵化以前鱼的鱼鳍已适合于水域一样。这个日常经验范围以人为中心，其量值的数量级基准为

时间：s；　　空间：m；　　质量：kg

并成为世界系统的一个宏观层次。由此出发，科学通过实验、观察、测量，不断拓展经验范围，通过直觉、逻辑、数学，不断提出与这个拓宽了的经验范围相符的新的世界图像。

（1）空间尺度　从物理学研究对象所涉及的空间尺度来看，相差是很大的。现代天文观测表明，河外星系普遍存在光谱红移现象，说明宇宙是处在膨胀过程中，从宇宙诞生到现在，宇宙延展了 10^{10}ly（光年）以上，即 10^{26}m 以上，这说的是宇宙之大的下限。从整个宇宙来看，我们的太阳系只是宇宙中的沧海一粟。从物质可以小到什么程度来看，《庄子·天下篇》中有一段名言："一尺之棰，日取其半，万世不竭"，说的是物质世界往小的方向可以无限分割下去。现代物理告诉我们，宏观物体是由各种分子原子组成，原子的大小是 10^{-10}m 量级。原子核是由质子和中子组成，每个质子和中子的大小约为 10^{-15}m，大概是原子大小的十万分之一。原子核比质子或中子大的倍数依赖于原子核中包含多少个质子和中子。但是，原子核比 10^{-15}m 仍大不了多少。质子和中子又由更为基本的粒子——夸克组成。用间接的方法得知，夸克和电子的大小将小于 10^{-18}m。所以，实物的空间尺度从 10^{26}m 到 10^{-18}m，相差 44 个数量级！表 0-1 列出了物质世界中各种实物空间尺度的数量级。

表 0-1 物质世界的空间尺度

空间尺度/m	实物	空间尺度/m	实物
10^{26}	宇宙大小	10^{6}	地球半径
10^{23}	星系团大小	10^{3}	地球上山的高度
10^{21}	地球到最近的河外星系的距离	1	人的身高
10^{20}	地球到银河系中心的距离	10^{-3}	细砂粒
10^{16}	地球到最近的恒星的距离	10^{-5}	细菌
10^{12}	冥王星的轨道半径	10^{-8}	大分子
10^{11}	地球到太阳的距离	10^{-10}	原子半径
10^{9}	太阳的半径	10^{-15}	原子核、质子和中子
10^{8}	地球到月球的距离	10^{-18}	电子和夸克

（2）时间尺度　从物理学研究对象所涉及的时间尺度来看相差也是很大的，我们所知的宇宙的寿命至少为100 亿年，即 10^{18}s，而粒子物理实验表明，有一类基本粒子的寿命为 10^{-25}s，宇宙寿命与基本粒子寿命两者相差43 个数量级！表 0-2 列出了物理世界中各种实物的时间尺度的数量级。

表 0-2 物质世界的时间尺度

时间尺度/s	实物运动的周期、寿命或半衰期	时间尺度/s	实物运动的周期、寿命或半衰期
10^{18}	宇宙寿命	1	脉冲星周期
10^{17}	太阳和地球的年龄，^{238}U 半衰期	10^{-3}	声振动周期
10^{16}	太阳绕银河中心运动的周期	10^{-6}	μ 子寿命
10^{11}	^{226}Ra 的半衰期	10^{-8}	π^{+}、π^{-} 介子寿命
10^{9}	哈雷彗星绕太阳运动的周期	10^{-12}	分子转动周期
10^{7}	地球公转周期	10^{-14}	原子振动周期
10^{4}	地球自转周期	10^{-15}	可见光
10^{3}	中子寿命	10^{-25}	中间玻色子 Z^0

既然物理世界在时空尺度上跨越了这么大的范围，我们进行描述也自然要把它划分为许多层次，在不同层次间，物质的结构和运动规律将表现出不同特色。凡速度 v 接近光速 c 的物理现象，称为高速现象，$v \ll c$ 的称为低速现象。在物理上，把原子尺度的客体叫作微观系统，大小在人体尺度上下几个数量级范围之内的客体，叫作宏观系统。如果把物理现象按空间尺度来划分可分为三个区域：量子力学、经典物理学和宇宙物理学。如果把物理现象按速率大小来划分，可分为相对论物理学和非相对论物理学。人类对物理世界的认识首先从研究低速宏观现象的经典物理学开始，到20 世纪初才深入扩展到了研究高速、微观领域的相对论和量子力学。

时空为世间万物的存在和演化提供了舞台，对宇宙的探索是人类自远古以来就孜孜以求的目标之一，中文里“宇宙”中的“宇”指上下四方的空间，“宙”指古往今来的时间，对宇宙及世间万物的认识就构成了人们的世界观。

2. 物理学是科学的世界观和方法论的基础

物理学描绘了物质世界的一幅完整图像，它揭示出各种运动形态的相互联系与相互转化，充分体现了世界的物质性与物质世界的统一性，19 世纪中期发现的能量守恒定律，被恩格斯称为伟大的运动基本定律，它是 19 世纪自然科学的三大发现之一和唯物辩证法的自然科学基础。著名的物理学家法拉第、爱因斯坦对自然力的统一性怀有坚定的信念，他们一生都在矢志不渝地为证实各种现象之间的普遍联系而努力着。

物理学史告诉我们，新的物理概念和物理观念的确立是人类认识史上的一次飞跃，只有冲破旧的传统观念的束缚才能得以问世。例如普朗克的能量子假设，由于突破了“能量连续变化”的传统观念，而遭到当时物理学界的反对。普朗克本人也由于受到传统观念的束缚，在他提出能量子假设后多年，长期惴惴不安，一直徘徊不前，总想回到经典物理的立场。同样，狭义相对论也是爱因斯坦在突破了牛顿的绝对时空观的束缚后而建立起来的。而洛伦兹由于受到绝对时空观的束缚，虽然提出了正确的坐标变换式，但却不承认变换式中的时间是真实时间，因此一直没有提出狭义相对论。这说明，正确的科学观与世界观的确立对科学的发展具有重要的作用。

物理学是理论和实验紧密结合的科学。物理学中很多重大的发现、重要原理的提出和发展都体现了实验与理论的辩证关系：实验是理论的基础，理论的正确与否要接受实验的检验，而理论对实验又有重要的指导作用，两者的结合推动物理学向前发展。一般物理学家在认识论上都坚持科学理论是对客观实在的描述，著名理论物理学家薛定谔声称，物理学是“绝对客观真理的载体”。

综上所述，通过物理教学培养学生正确的世界观是物理学科本身的特点，是物理教学的一种优势。要充分发挥这一优势，就要提高自觉性，把世界观的培养融入到教学中去。

一种科学理论的形成过程离不开科学思想的指导和科学方法的应用。科学的思维和方法是在人的认识上实现从现象到本质，从偶然性到必然性，从未知到已知的桥梁。传统教学有一种误解，认为事实或知识是纯客观的，学生获得知识，了解事实，只需要把它们从外界搬到记忆中，死记硬背就行了。其实不然，一种知识、一个事实，都有主观成分。当应用科学理论把它演绎出来后，才完成对它的说明或解释，才把无意义的信息、观测数据转化为有意义的知识或事实，并凝练成科学的思维方法。科学方法是学生在学习过程中打开学科大门的钥匙，在未来进行科技创新的锐利武器，教师在向学生传授知识时，要启迪和引导学生掌握本课程的方法论，这是培养具有创造性人才所必需的。

3. 物理学的社会教育和思想文化功能

（1）科学的双重功能

把物理学仅仅看成一门专业性的自然科学是不全面的。从物理学的发展史可以看出，物理学的基本观点是人们自然观和宇宙观的重要组成部分。近代科学的发展过程首先是天文学和物理学的发展过程，是从无知和偏见中解放出来的过程，也是人们从漫长的中世纪社会中解放出来的过程。这一过程在 20 世纪发展到一个新的更高的阶段，相对论和量子力学的建立不仅是物理学上的伟大革命，而且常被认为是第三次科学革命，也可以说是人类思想史上的伟大革命。

马克思在一百多年前就曾说过，科学是“最高意义上的革命力量。”1883 年马克思逝世时，恩格斯致悼词说：“在马克思看来，科学是一种在历史上起推动作用的、革命的力量。任何一门理论科学的每一个新发现，即使它的实际应用甚至还无法预见，都使马克思感到衷心喜悦，但是，当有了立即会对工业、对一般历史发展产生革命影响的发现的时候，他的喜悦就完全不同了。”

爱因斯坦也说过：“科学对于人类事务的影响有两种方式，一是大家都熟知的：科学直接地、并在更大程度上间接地生产出完全改变了人类生活的工具；二是教育的性质——它作用于心灵。”

21 世纪物理学的“文化味”越来越浓，也就是说，它日益成为社会一般知识、社会一般意识形态的重要组成部分了。下面将列举一些特点来说明：物理学既是科学，也是文化；首先是科学，但同时又是一种高层次、高品位的文化。

（2）物理学是“求真”的

物理学研究“物”之“理”，从一开始就具有彻底的唯物主义精神，一切严肃而认真的物理学家都会坚持“实践是检验真理的唯一标准”这个原则，并且这种“实践”在物理学中发展出了特定的“实践”方法，具有其他学科还达不到的精密程度，再结合严格的推理，发展出了一套成功的物理学研究方法，进而不断发现新的物理规律。规律是真理，而这种“真理”又都是相对真理：物理学家清醒地懂得：一切具体的真理都是相对的而非绝对的，我们只能通过对相对真理的认识不断逼近绝对真理。因此，迷信历史上的权威和原有的认识是不对的，企图追求一种终极的理论也是不对的。

（3）物理学是“至善”的

物理学致力于把人从自然界中解放出来，导向自由，帮助人认识自己，促使人的生活趋于高尚，从根本上说，它是“至善”的。从四百多年的历史来看，物理学已经历了几次革命：力学率先发展，完成了物理学的第一次大综合，这是第一次革命；第二次是能量守恒和转化定律的建立，完成了力学和热学的综合；第三次是把光、电、磁三者统一起来的麦克斯韦电磁理论的建立；到 20 世纪，第四次革命则是由相对论和量子力学带动起来的。每一次革命都会产生观念上的深刻转变，而处在每一转变时期的物理学，在本质上都是批判性的。但是，这种批判是非常平心静气和讲道理的，高明的后辈物理学家总是非常尊重前辈物理学家，在肯定他们杰出的历史功绩的同时，根据实验事实和时代发展的需要，指出他们的不足或片面之处，从而达到认识上的飞跃，建立新理论。新理论绝不是对旧理论的简单否定，而是一种批判的继承和发展，是认识上的一种螺旋式上升。新理论必须把旧理论中经过实践检验为正确的那一部分很自然地包含或融入在内。高明的物理学家又总是很务实的，他们绝不会让自己处于一种旧的“破”掉了、而新的又“立”不起来、以致两手空空的僵局。物理学，尤其是量子力学发展史在这方面提供的经验，是值得其他科学借鉴的。

不过，物理学也有自己的教训。有过这样一段历史时期，物理学受到“哲学”的外来干预，有些人喜欢对各种物理理论简单地贴上“唯心论”或“唯物论”的标签。例如，量子力学的“哥本哈根观点”就常被扣上一顶“唯心论”的帽子。历史事实已经证明，这种态度对科学的发展是非常有害的，那些批评者远远没有被批评者来得高明。我们必须看到，重要的是前辈物理学家说对了或做对了什么（哪怕是不明显地或不自觉地），而不是他们曾讲错了一两句什么话，因为在他们那时讲错一两句话，跟今天的我们多讲对一两句话一样，都是毫不稀奇的事情。人类知识的发展从来都是一种集体积累的长期而曲折的过程，这个过程永远不会终结。在科学探索中，我们一定要有这种历史的观点和“宽以待人、严以律己”的态度。物理学之所以发展得这样快，就是由于在主流上一直有着这种良好的或者说宽松和务实的研究传统和学术氛围。

（4）物理学是“美”的

如果几千年前人们要问：“大地是圆的还是方的”，几百年前人们关心“地球是不是位于宇宙的中心”，那么今天人们要关心的问题就不仅是“宇宙演化的过去、现在和将来”，而是“人类的生存环境究竟怎样?”“能源问题的出路何在?”“我们的子孙将生活在一个什么样的世界上?”，等等。我们应当引导青少年从小就关心这样的问题，启发他们思考新的问题。

1969 年法国数学家曼德布罗特（B. Mandelbrot）提出了一个问题：“英国的海岸线究竟有多长?”乍一听来，这是一个无意义的问题。其实不然，海岸线总是曲曲折折的，你测量时究竟用怎样的标度，是用望远镜、普通的尺子、放大镜，还是用显微镜？对这一问题的深入研究导致一门新学科的产生，即所谓分形（fractal）或自相似理论。人们一旦理解了之后，马上会惊奇地发现，自然界原来存在那么多的“分形”或“自相似结构”（局部中又包含整体的无穷嵌套的几何结构）。例如，溶液中结晶的析出过程、固体金属的断裂面、生物体中的DNA构型、人体中血管从主动脉到微血管的分支构造、人肺中肺泡的空间结构，等等。

与非线性运动中的混沌现象相伴随的图形，仔细分析起来，往往具有分形的构造。今天已能用计算机将这种图形放大、用彩色绘制出来，它们美丽的程度是惊人的。几百年来，人们对物理学中的“简单、和谐和美”赏心悦目，赞叹不已。事实上，对这三个词含义的理解不断地随时间而深化，这是一种不断地再发现和再创造的过程。首先，物理规律在各自适用的范围内有其普遍的适用性（普适性）、统一性和简单性，这本身就是一种深刻的“美”。表达物理规律的语言是数学，而且往往是非常简单的数学，这又是一种微妙的美。其中，物理学家不仅发现了对称的美，也发现了不对称的美，更妙的是发现了对称中不对称的美与不对称中对称的美。再说“和谐”，人们曾经以为，只有将相同的东西放在一起才是和谐的，而物理学，特别是量子物理学的发展揭示的真理证明了古希腊哲学家赫拉克利特的话是对的：“自然……是从对立的东西产生和谐，而不是从相同的东西产生和谐。”至于“简单”，人们曾以为原子是最简单而不可分的物质，后来知道它不简单，可以分，一直分到了“粒子”，如中子、质子，电子。它们“简单”吗？非常不简单，用加速器去打它，它照样可以“分”，并且变出许多新的粒子来。一个粒子的稳定存在是与环境分不开的，如一个中子在不同的核环境下就有不同的寿命（半衰期）。“一个多体体系是由单体组成的，单体的存在是多体存在的前提”。这话不错，但只说了一半，另一半应该是：“单体的稳定性（粒子的质量和寿命等性质）是由多体（环境）所保证（或赋予）的，多体的存在是单体存在的前提。”当我们深入到小宇宙去的时候，时刻也不能忘记作为背景的大宇宙的存在。中国古代哲学讲“天人合一”，包含有深刻的道理，我们前面说到希腊的原子论观点还需要中国“元气”学说作为补充，也是这个缘故。在我们看来，现代物理学的发展正在把东西方的智慧融合起来，并生长出真正的（非外来的）自然哲学，而这种哲学对于我们自己怎样做好一个现代人，并成为现代社会中的一个深思熟虑、负责任而有远见的成员，不会是没有启迪的。

中华民族要在21世纪屹立于世界民族之林，就必须在科学技术上迎头赶上发达国家的水平，而科学技术的灵魂在于创新，创新需要很高的理论水平。现象往往是十分复杂而丰富多彩的，而探索其背后的本质，则是科学的任务。爱因斯坦说：“从那些看来与直接可见的真理十分不同的各种复杂现象中认识到它们的统一性，那是一种壮丽的感觉。”科学的统一性本身就显示出一种崇高的美。李政道也认为：“科学和艺术是不可分割的，就像一枚硬币的两面，它们共同的基础是人类的创造力，它们追求的目标都是真理的普遍性，普遍性一定植根于自然，而对它的探索则是人类创造性的最崇高表现。”吴健雄则指出：“为了避免出现社会可持续发展中的危机，当前一个刻不容缓的问题是消除现代文化中两种文化——科学文化和人文文化之间的隔阂。”而为了加强科学文化和人文文化的交流和联系，没有比大学更合适的场所了。只有当两种文化的隔阂在大学校园里加以弥合之后，我们才能对世界给出连贯而令人信服的描述。

0.3 矢量代数基础

标量（又称数量）是只有大小（一个数和一个单位）的量，如质量、长度、时间、密度、能量和温度等都是标量。矢量是既有大小又有方向的量（见图0-1），并有一定的运算规则，如位移、速度、加速度、角速度、力矩、电场强度等都是矢量。在高中数学里也把矢量叫作向量。矢量有以下几种表示方式：

1）几何表示：用一条有箭头的线段表示，线段长度表示矢量的大小，箭头表示方向；

2）解析表示：用矢量的坐标系分量表示，如 $\boldsymbol{A}=(A_1, A_2, A_3)$，$\boldsymbol{A}$ 的大小为 $|\boldsymbol{A}|$；

3）张量表示：按照一阶张量的变换规律变换。

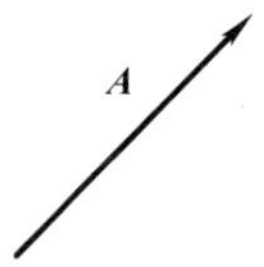

图 0-1

如果两个矢量有同样的大小和方向，则彼此相等。长度为一个单位的矢量叫作单位矢量，记为 $\boldsymbol{e}_A=\boldsymbol{A}/A$。矢量和标量之间可以有各种函数关系，如标量的矢量函数 $\boldsymbol{r}=\boldsymbol{r}(t)$、矢量的标量函数 $W=W(\boldsymbol{F},\boldsymbol{r})$ 等。

矢量有以下的运算法则。

1. 矢量的加法

矢量根据平行四边形法则或三角形法则（见图 0-2）合成，矢量加法满足

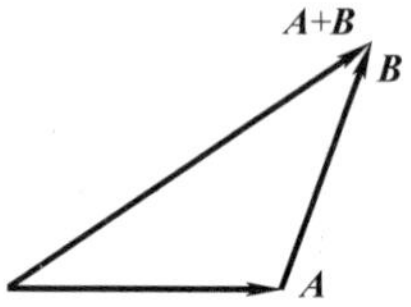

图 0-2

1）交换律

$$\boldsymbol{A}+\boldsymbol{B}=\boldsymbol{B}+\boldsymbol{A}$$

2）结合律

$$\boldsymbol{A}+(\boldsymbol{B}+\boldsymbol{C})=(\boldsymbol{A}+\boldsymbol{B})+\boldsymbol{C}$$

零矢量通过下式定义

$$\boldsymbol{A}+0=\boldsymbol{A}$$

并不是所有的量都满足交换律的，比如旋转运动，旋转的次序是否可以颠倒呢？也就是说 $\theta_x+\theta_y=\theta_y+\theta_x$ 是否成立呢？从图 0-3 可以看出，砖块按照不同次序旋转，其结果不相同。旋转也可以绕附在砖块上的轴进行，结论将是一样的。当然，绕同一轴的两次旋转，其次序可以交换，但这并不妨碍我们得到结论：有限旋转不是矢量。一般来说，不在一个平面内的两次旋转的效果是与次序有关的，不过，随着角位移的逐渐减小，结果将越来越趋于一致。利用矢量分析理论可以证明无限小角位移是矢量，或者更精确地说是轴矢量。

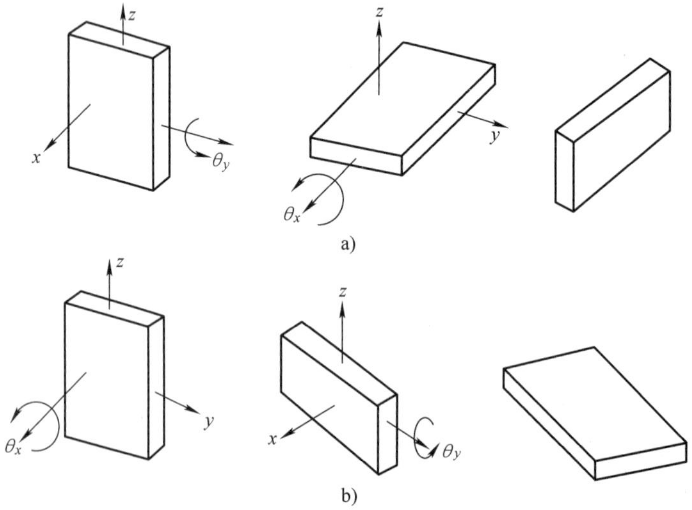

图 0-3

a）$\theta_x+\theta_y$ b）$\theta_y+\theta_x$

2. 数乘

一个矢量 $\boldsymbol{A}$ 乘以一个标量 λ，结果仍为矢量，即 $\lambda\boldsymbol{A}=\boldsymbol{C}$，这个矢量的大小是 $|\boldsymbol{C}|=\lambda|\boldsymbol{A}|$；当 $\lambda>0$ 时，它和原矢量平行；如果 $\lambda<0$，则它和原矢量反向。数乘满足

1）结合律

$$\lambda(\mu\boldsymbol{A})=(\lambda\mu)\boldsymbol{A}$$

2）分配律

$$(\lambda+\mu)\boldsymbol{A}=\lambda\boldsymbol{A}+\mu\boldsymbol{A}$$

$$\lambda(\boldsymbol{A}+\boldsymbol{B})=\lambda\boldsymbol{A}+\lambda\boldsymbol{B}$$

这里没有定义矢量的减法，但是，结合加法和数乘（-1）就可以得到有关的结果。例如：

$$\boldsymbol{A}-\boldsymbol{A}=\boldsymbol{A}+(-1\times\boldsymbol{A})=0$$

3. 矢量的分解

在一个平面内，如果存在两个不共线的单位矢量 $\boldsymbol{e}_1$ 和 $\boldsymbol{e}_2$，则平面内的矢量 $\boldsymbol{A}$ 就可以分解为

$$\boldsymbol{A}=A_1\boldsymbol{e}_1+A_2\boldsymbol{e}_2$$

最常用的是 $\boldsymbol{e}_1$ 和 $\boldsymbol{e}_2$ 相互垂直，在三维空间中，进行这样的分解需要 3 个不共面的矢量。

4. 标量积（点积、内积）

两个矢量的标量积是一个标量，定义为

$$\boldsymbol{A}\cdot\boldsymbol{B}=AB\cos\theta$$

式中，θ 是两矢量的夹角。当 $\boldsymbol{B}$ 为单位矢量时，标量积就是矢量 $\boldsymbol{A}$ 在单位矢量 $\boldsymbol{B}$ 方向上的投影。根据定义有

$$\boldsymbol{A}\cdot\boldsymbol{B}=\boldsymbol{B}\cdot\boldsymbol{A}$$

标积满足分配律

$$\boldsymbol{A}\cdot(\alpha\boldsymbol{B}+\beta\boldsymbol{C})=\alpha\boldsymbol{A}\cdot\boldsymbol{B}+\beta\boldsymbol{A}\cdot\boldsymbol{C}$$

显然，$\boldsymbol{A}\cdot\boldsymbol{A}=A^2\geqslant0$，所以 $\boldsymbol{A}\cdot\boldsymbol{A}=0$ 意味着 $\boldsymbol{A}$ 是零矢量。那么 $\boldsymbol{A}\cdot\boldsymbol{B}=0$ 又意味着什么呢？它说明其中之一是零矢量，或两者都是零矢量，或两者相互垂直。

5. 矢量积（叉积、外积）

$\boldsymbol{A}\times\boldsymbol{B}=\boldsymbol{C}$ 是一个（轴）矢量，它的方向定义在从 $\boldsymbol{A}$ 到 $\boldsymbol{B}$ 右手螺旋的前进方向（见图 0-4）；其大小是 $|\boldsymbol{A}\times\boldsymbol{B}|=AB\sin\theta$（$0<\theta<\pi$），恰好是以这两个矢量为边的平行四边形的面积（见图 0-5）。

根据定义，矢量积有如下性质

$$\boldsymbol{A}\times\boldsymbol{B}=-\boldsymbol{B}\times\boldsymbol{A}$$

$$\boldsymbol{A}\times(\alpha\boldsymbol{B}+\beta\boldsymbol{C})=\alpha\boldsymbol{A}\times\boldsymbol{B}+\beta\boldsymbol{A}\times\boldsymbol{C}$$

$$\boldsymbol{A}\times\boldsymbol{A}=0$$

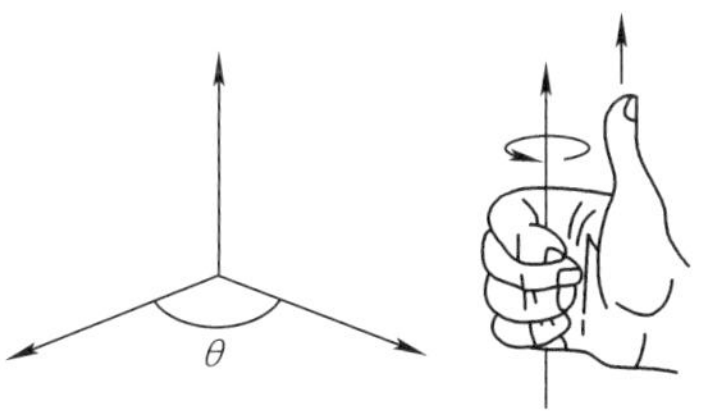

图　0-4

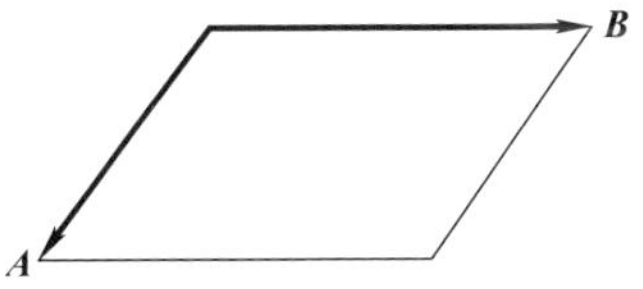

图　0-5

既然矢量积是矢量，那么它就还可以再和其他矢量进行矢量乘积，有如下重要公式：

$$\boldsymbol{A}\times(\boldsymbol{B}\times\boldsymbol{C})=\boldsymbol{B}(\boldsymbol{A}\cdot\boldsymbol{C})-\boldsymbol{C}(\boldsymbol{A}\cdot\boldsymbol{B})$$

极矢量和轴矢量（赝矢量）在镜子面前将表现出不同的行为，当 $\boldsymbol{A}\times\boldsymbol{B}$ 平行或垂直镜面时，其成像规律完全不同（见图0-6）。事实上，我们正是根据这种行为来定义轴矢量和极矢量的。

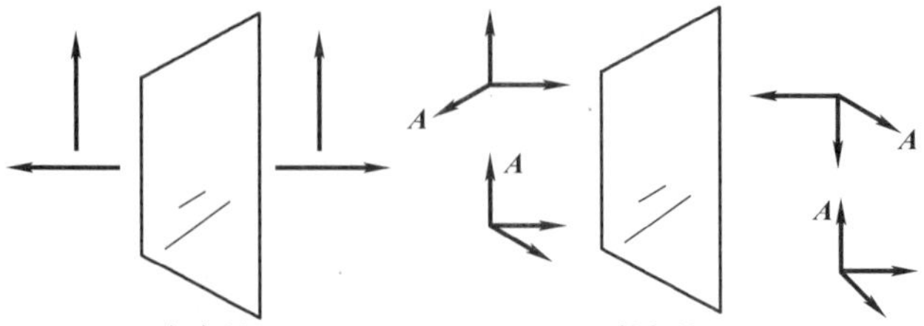

图　0-6

6. 混合积

3 个矢量可以用以下方式进行结合，其结果称为混合积。混合积有以下的循环性质

$$(\boldsymbol{A}\times\boldsymbol{B})\cdot\boldsymbol{C}=(\boldsymbol{C}\times\boldsymbol{A})\cdot\boldsymbol{B}=(\boldsymbol{B}\times\boldsymbol{C})\cdot\boldsymbol{A}=-(\boldsymbol{B}\times\boldsymbol{A})\cdot\boldsymbol{C}$$

混合积可以用来计算平行六面体的体积，说明矢量也可以用来作为标量运算的工具。

对于矢量来说，必须区别定义过的运算和没有定义过的运算，例如，下面的表达式都是非法的：

$$\frac{1}{\boldsymbol{A}},\ln\boldsymbol{B},\sqrt{\boldsymbol{C}},\exp(\boldsymbol{D})$$

矢量是不同于标量的数学对象，将矢量等同于标量的表达式肯定是不正确的。

矢量在物理学中有着广泛的应用。许多物理量是矢量，例如

$$\boldsymbol{F},\boldsymbol{v},\boldsymbol{v}=\boldsymbol{\omega}\times\boldsymbol{r},\boldsymbol{M}=\boldsymbol{r}\times\boldsymbol{F},\boldsymbol{r}_C=\frac{\sum m_i\boldsymbol{r}_i}{\sum m_i}$$

都是矢量。大多数矢量可以用大小和方向来说明，叫作自由矢量。有一些量可以用沿某一直线的矢量来表示，例如，用杆秤来称量时，秤砣和称物的重力可以用通过悬挂点的竖直线上的矢量来表示，至于在线上的位置则无关紧要，这类矢量叫滑移矢量。有些矢量，如空间点的电场强度，则是完全束缚的。

进行矢量运算不需要依赖于具体的坐标系，可以使得描述物理现象的方程的普遍性得到更好的反映，矢量运算较简洁。不过在多数情况下，还是需要选定坐标系并用分量来进行具体运算。

7. 正交坐标系

一个坐标系要包括由基矢量组成的基，基矢量相互正交的坐标系称为正交坐标系，此外还有斜交坐标系，本书中只采用正交坐标系。我们熟悉的直角坐标系的基是（$\boldsymbol{i}$, $\boldsymbol{j}$, $\boldsymbol{k}$），其中的基矢量都是单位矢量，而且满足正交和右手螺旋关系

$$\boldsymbol{i}\cdot\boldsymbol{j}=\boldsymbol{j}\cdot\boldsymbol{k}=\boldsymbol{k}\cdot\boldsymbol{i}=0,\ \boldsymbol{i}\cdot\boldsymbol{i}=\boldsymbol{j}\cdot\boldsymbol{j}=\boldsymbol{k}\cdot\boldsymbol{k}=1$$

$$\boldsymbol{i}\times\boldsymbol{j}=\boldsymbol{k},\ \boldsymbol{j}\times\boldsymbol{k}=\boldsymbol{i},\ \boldsymbol{k}\times\boldsymbol{i}=\boldsymbol{j}$$

一个矢量可以用基矢量来展开

$$\boldsymbol{A}=A_x\boldsymbol{i}+A_y\boldsymbol{j}+A_z\boldsymbol{k}$$

利用单位矢量的性质和正交关系，可以求得矢量的三个分量为

$$A_x=\boldsymbol{A}\cdot\boldsymbol{i},\ A_y=\boldsymbol{A}\cdot\boldsymbol{j},\ A_z=\boldsymbol{A}\cdot\boldsymbol{k}$$

矢量 $\boldsymbol{A}$ 的模为

$$A = \sqrt{A_x^2 + A_y^2 + A_z^2}$$

矢量 $\boldsymbol{A}$ 的方向可由方向余弦

$$\cos\alpha = \frac{A_x}{A},\quad \cos\beta = \frac{A_y}{A},\quad \cos\gamma = \frac{A_z}{A}$$

确定，它们满足 $\cos^2\alpha + \cos^2\beta + \cos^2\gamma = 1$，因此，三个方向余弦中只有两个是独立的。

利用矢量运算的分配律可以求得用分量表示的运算结果。例如

$$\boldsymbol{A} \cdot \boldsymbol{B} = A_1B_1 + A_2B_2 + A_3B_3$$

$$\boldsymbol{A} \times \boldsymbol{B} = \begin{vmatrix} \boldsymbol{i} & \boldsymbol{j} & \boldsymbol{k} \\ A_1 & A_2 & A_3 \\ B_1 & B_2 & B_3 \end{vmatrix},\quad (\boldsymbol{A} \times \boldsymbol{B}) \cdot \boldsymbol{C} = \begin{vmatrix} A_1 & A_2 & A_3 \\ B_1 & B_2 & B_3 \\ C_1 & C_2 & C_3 \end{vmatrix}$$

基矢量不一定是正交的或右手的，可以是斜交的或左手的，但是，它们必须是完整的和线性独立的。完整性要求它们的个数和空间维数一致，如果一组矢量满足关系式

$$C_1\boldsymbol{A}_1 + C_2\boldsymbol{A}_2 + \cdots + C_n\boldsymbol{A}_n = 0$$

的条件是所有系数为零，我们就说这些矢量是线性独立的，否则就说是线性相关。如果这些矢量中包括有零矢量，则一定是线性相关的，两个线性相关的矢量一定共线，3 个线性相关的矢量一定共面。

8. 矢量函数的导数

若一矢量随某些自变量变化，这个矢量就称为这些自变量的函数，如设矢量 $\boldsymbol{A}$ 的大小和方向随时间 t 变化，则 $\boldsymbol{A}$ 就称为 t 的函数，即 $\boldsymbol{A} = \boldsymbol{A}(t)$。这样的矢量 $\boldsymbol{A}$ 是个变矢量，在 t 时刻为 $\boldsymbol{A}(t)$，到 $t + \Delta t$ 时刻就变为 $\boldsymbol{A}(t + \Delta t)$，而

$$\Delta\boldsymbol{A} = \boldsymbol{A}(t + \Delta t) - \boldsymbol{A}(t)$$

称为矢量 $\boldsymbol{A}$ 在 Δt 时间内的增量。矢量的增量与标量的增量不同，它既包含有矢量大小的变化，也包含矢量方向的变化（见图 0-7）。如果 $\Delta\boldsymbol{A}$ 与 $\boldsymbol{A}$ 同向，则 $\boldsymbol{A}$ 增大；若 $\Delta\boldsymbol{A}$ 与 $\boldsymbol{A}$ 反向，则 $\boldsymbol{A}$ 减小；若 $\Delta\boldsymbol{A}$ 与 $\boldsymbol{A}$ 垂直，且 $\Delta\boldsymbol{A} \to 0$，则 $\boldsymbol{A}$ 只改变方向。

矢量函数 $\boldsymbol{A}$ 对时间 t 的导数定义为

$$\frac{\mathrm{d}\boldsymbol{A}}{\mathrm{d}t} = \lim_{\Delta t \to 0} \frac{\boldsymbol{A}(t + \Delta t) - \boldsymbol{A}(t)}{\Delta t} = \lim_{\Delta t \to 0} \frac{\Delta\boldsymbol{A}}{\Delta t}$$

由于 $\Delta t \to 0$ 时 $\Delta\boldsymbol{A}$ 的极限 $\mathrm{d}\boldsymbol{A}$ 的方向一般不同于 $\boldsymbol{A}(t)$，所以 $\mathrm{d}\boldsymbol{A}/\mathrm{d}t$ 可能是方向不同于 $\boldsymbol{A}(t)$ 的一个矢量，特别当 $\boldsymbol{A}$ 大小不变，只改变方向时，$\Delta\boldsymbol{A}$ 的极限 $\mathrm{d}\boldsymbol{A}$ 的方向是垂直于 $\boldsymbol{A}$ 的，这时$\dfrac{\mathrm{d}\boldsymbol{A}}{\mathrm{d}t}$是一个与 $\boldsymbol{A}$ 时刻保持垂直的矢量。

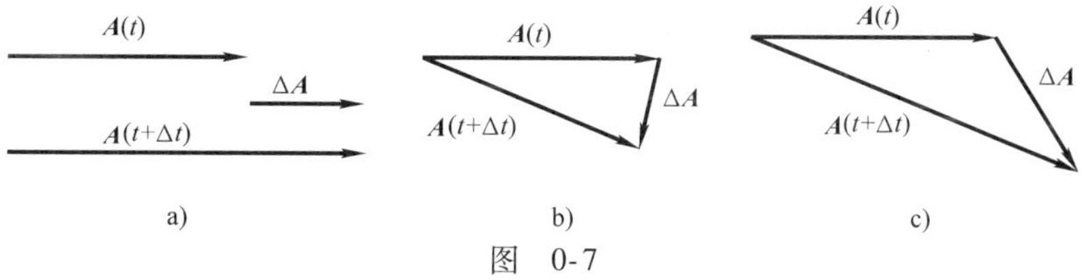

图　0-7

矢量函数的导数还可以表示成直角坐标分量式，因为 $\boldsymbol{A}(t) = A_x(t)\boldsymbol{i} + A_y(t)\boldsymbol{j} + A_z(t)\boldsymbol{k}$，所以

$$\frac{\mathrm{d}\boldsymbol{A}}{\mathrm{d}t} = \frac{\mathrm{d}}{\mathrm{d}t}[A_x(t)\boldsymbol{i} + A_y(t)\boldsymbol{j} + A_z(t)\boldsymbol{k}]$$

考虑到 $\boldsymbol{i}$、$\boldsymbol{j}$、$\boldsymbol{k}$ 是大小和方向均不变的单位矢量，故得到

$$\frac{\mathrm{d}\boldsymbol{A}}{\mathrm{d}t}=\frac{\mathrm{d}A_x(t)}{\mathrm{d}t}\boldsymbol{i}+\frac{\mathrm{d}A_y(t)}{\mathrm{d}t}\boldsymbol{j}+\frac{\mathrm{d}A_z(t)}{\mathrm{d}t}\boldsymbol{k}$$

显然，$A_x(t)$，$A_y(t)$，$A_z(t)$ 是普通的函数，而 $\frac{\mathrm{d}A_x(t)}{\mathrm{d}t}$，$\frac{\mathrm{d}A_y(t)}{\mathrm{d}t}$，$\frac{\mathrm{d}A_z(t)}{\mathrm{d}t}$ 就是普通函数的导数。以后将会看到，应用以上一些矢量的表述和运算，能将力学中的物理量和它们间的关系以严格而简练的形式表达出来，这种矢量表述方法是由物理学家吉布斯首先创立的。物理量的矢量表述已广泛应用于近代科技文献中，读者在今后的学习过程中将会逐渐习惯它、熟悉它。由矢量导数定义可以证明下列公式

$$\frac{\mathrm{d}(\boldsymbol{A}+\boldsymbol{B})}{\mathrm{d}t}=\frac{\mathrm{d}\boldsymbol{A}}{\mathrm{d}t}+\frac{\mathrm{d}\boldsymbol{B}}{\mathrm{d}t}$$

$$\frac{\mathrm{d}(C\boldsymbol{A})}{\mathrm{d}t}=C\frac{\mathrm{d}\boldsymbol{A}}{\mathrm{d}t}\qquad(C\text{ 为常数})$$

$$\frac{\mathrm{d}(\boldsymbol{A}\cdot\boldsymbol{B})}{\mathrm{d}t}=\boldsymbol{A}\cdot\frac{\mathrm{d}\boldsymbol{B}}{\mathrm{d}t}+\boldsymbol{B}\cdot\frac{\mathrm{d}\boldsymbol{A}}{\mathrm{d}t}$$

$$\frac{\mathrm{d}(\boldsymbol{A}\times\boldsymbol{B})}{\mathrm{d}t}=\frac{\mathrm{d}\boldsymbol{A}}{\mathrm{d}t}\times\boldsymbol{B}+\boldsymbol{A}\times\frac{\mathrm{d}\boldsymbol{B}}{\mathrm{d}t}$$

9. 矢量的积分

矢量函数的积分很复杂，下面举两个简单的例子。

1）设 $\boldsymbol{A}$ 和 $\boldsymbol{B}$ 均在同一平面直角坐标系内，且 $\frac{\mathrm{d}\boldsymbol{B}}{\mathrm{d}t}=\boldsymbol{A}$，于是有

$$\mathrm{d}\boldsymbol{B}=\boldsymbol{A}\mathrm{d}t$$

上式积分并略去积分常数，得

$$\begin{aligned}\boldsymbol{B}&=\int\boldsymbol{A}\mathrm{d}t=\int(A_x\boldsymbol{i}+A_y\boldsymbol{j})\mathrm{d}t\\&=\left(\int A_x\mathrm{d}t\right)\boldsymbol{i}+\left(\int A_y\mathrm{d}t\right)\boldsymbol{j}\end{aligned}$$

其中

$$B_x=\int A_x\mathrm{d}t,\quad B_y=\int A_y\mathrm{d}t$$

2）若矢量 $\boldsymbol{A}$ 在平面直角坐标系内沿附图 0-8 所示的曲线变化，那么 $\int\boldsymbol{A}\cdot\mathrm{d}\boldsymbol{s}$ 为这个矢量沿曲线的线积分，由于

$$\boldsymbol{A}=A_x\boldsymbol{i}+A_y\boldsymbol{j}$$
$$\mathrm{d}\boldsymbol{s}=\mathrm{d}x\boldsymbol{i}+\mathrm{d}y\boldsymbol{j}$$

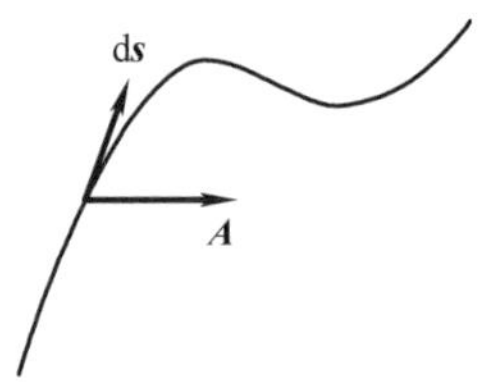

图　0-8

所以

$$\begin{aligned}\int\boldsymbol{A}\cdot\mathrm{d}\boldsymbol{s}&=\int(A_x\boldsymbol{i}+A_y\boldsymbol{j})\cdot(\mathrm{d}x\boldsymbol{i}+\mathrm{d}y\boldsymbol{j})\\&=\int(A_x\mathrm{d}x+A_y\mathrm{d}y)\\&=\int A_x\mathrm{d}x+\int A_y\mathrm{d}y\end{aligned}$$

若上式中 $\boldsymbol{A}$ 为力，$\mathrm{d}\boldsymbol{s}$ 为位移，则上式就变成力做功的计算式。

第1章　质点的运动

1.1　运动的一般描述

为了找出物体随时间发生的各种变化所遵循的规律，我们必须首先描述这些变化，并用某种方式把它们记录下来。要观察的最简单的变化就是物体的位置随时间的明显改变，我们把它称之为机械运动。飞机起飞前，必须沿着跑道滑行多远的距离才能达到起飞的速度？当你将一个棒球竖直向上抛入空中时，它能达到多高？当一个玻璃杯从你的手中滑落时，你若要在它落到地板之前接住它，需要在多少时间内？一个击出的棒球落在哪里由什么因素决定？如何描述过山车沿着弯曲的轨道运动或飞速盘旋呢？如果你把一个小球从窗口水平抛出，它会与直接从该高度掉落的小球同时落到地面吗？学习完本章后，你将能回答这些运动学问题。首先，我们来建立研究对象的物理模型。

1.1.1　中学物理知识回顾

1. 质点模型

（1）质点的定义　通过高中物理的学习我们知道：物体是研究对象的统称，实际物体总有一定的大小、形状和内部结构，而且一般说来，它们在运动中可以同时有旋转、变形等，物体内部各点的位置变化各不相同，物体运动的描述变得十分困难。但是，如果物体的大小和形状在所研究的问题中不起作用或作用很小，或者说把物体的大小和形状对运动有影响的情况另辟领域来研究，我们就可以忽略物体的大小和形状，而把物体抽象为只有质量而没有形状和大小的几何点，这样的研究对象在力学中称为质点。例如，当我们讨论地球公转问题时，并不涉及地球自转所引起的各部分运动的差别，地球的形状、大小无关紧要，因此可以把地球看作是一个质点。质点的机械运动只有它的位置变化，而没有形状变化。

质点是一个抽象的理想化模型，当在一个力学问题中物体的大小、形状可以忽略时，我们可以把它当作一个有质量的点来处理，这就是质点概念。例如我们讨论地球的公转，或讨论气体分子在空间的运动轨迹时，无论地球多么大，分子多么小，我们总可以把它们当作质点来处理，而几乎不会对研究结果引起什么误差。

质点模型的优点是能使复杂的问题在一定的条件下得以简化，使我们能够忽略那些次要因素而专注于问题的主要方面。

（2）实际物体可视为质点的条件　当物体的形状和大小对运动没有影响或其影响可以忽略的情况下，该物体就可以当成质点。

在一个具体问题中，一个物体是否能当成质点，并不在于物体的大小，而在于问题是否确实与物体的大小、形状无关。在上述问题中，地球和分子都当成了质点，但是，如果我们讨论的是地球或分子的自转，就不能把它们当作质点来处理，因为质点是无从考虑自转的。

（3）实际物体可视为多个或无限多个质点的组合　实际物体是由原子、分子组成的，若将每个原子或分子看成质点，物体就可以认为是由多个质点组成的。更一般的情况下，实际物体通过高等数学的无限小分割法（微分），总可以使每个微元无限小进而当成质点，整个物体就可以看成是由无限多个质点组成的。因此，任何物体都能看作质点的集合。所以，讨论质点的运动规律，也就构成了讨论任何复杂事物运动规律的基础。

2. 参考系

(1) 运动描述的相对性　宇宙间所有物体都在永恒不停地运动着，绝对静止的物体是没有的。例如，静止在地球上的物体看来是静止的，但是它们和地球一起绕着太阳公转，并和地球一起绕着地轴转动，即参与地球的公转和自转运动。太阳也不是不动的，太阳相对银河系的中心运动，甚至于我们所在的银河系，从银河系以外的其他星系来看，也是运动着的。这些事实表明，运动是普遍的、绝对的，而“静止”只有相对的意义。

虽然运动具有绝对性，但是，对运动情况的具体描述则具有相对性。例如，在水平匀速前进的火车中，一乘客竖直向上抛出一个小球，车上乘客观察到该小球是沿直线运动的，而站台人员观察到的却是小球沿一条抛物线运动。这是因为车上乘客选择车厢为标准，而站台人员以地面为标准，从而得出不同的结论。可见，一个运动相对于不同的参考标准具有不同的运动描述，这就叫作运动描述的相对性。

(2) 参考系的定义　为了描写物体的运动而选作参考的物体或没有相对运动的物体群，叫参考系。

本章的主要目的是描述质点的机械运动，也就是质点的位置变化。当我们谈到某物体的位置时，总是要相对于另一参考物体而言。例如“电话亭在教学楼南面 50m 处”，描述很清楚。但如果仅仅说：“电话亭在南面 50m 处”，就令人费解了。这个例子中的“教学楼”就是运动描述中的参考系。

最常用的参考系是地球表面。当然，根据研究问题的不同还可以选其他物体作为参考系。

当我们在描述一个运动时必须首先指明它的参考系。唯一的例外是以地球表面为参考系时可以不叙述它。

在运动学中，参考系的选择是任意的。描述同一物体的运动时，选用不同的参考系可以得到不同的结果。例如，当车厢沿轨道行驶时，对固连于车厢的参考系来说，车厢里坐着的乘客是静止的，而对固连于地球上的参考系来说，乘客则是随车厢一起运动的。因此，为了明确起见，必须首先指出问题中的参考系。

实际工作中参考系的选取要考虑运动的性质和研究的方便以及描述结果的简单性。

3. 坐标系

有了参考系，我们就可以定性地描述物体的运动。但是作为一个科学的理论是要对运动进行定量描述的。为了定量描述物体（质点）的运动，应将参考系进行量化。量化后的参考系就称为坐标系。量化方式的不同就形成了不同的坐标系。

坐标系是参考系的一个数学抽象，在同一个参考系中，可以选择不同的坐标系，根据运动的性质和研究的方便恰当地选择坐标系，可以使问题的处理得到简化，并突出科学的简单性原则。质点运动学经常采用直角坐标系、极坐标系、柱坐标系和球坐标系，飞机运动中经常采用机体坐标系、气流坐标系、航迹坐标系等。

(1) 直角坐标系　直角坐标系又可以有平面（见图 1-1）和三维立体坐标系（见图 1-2）之分。

坐标系总是和参考系固定在一起的。我们总是在参考系上选一个点作为坐标原点，选择两个（或三个）相互垂直的方向建立坐标轴，从而形成正交坐标系。

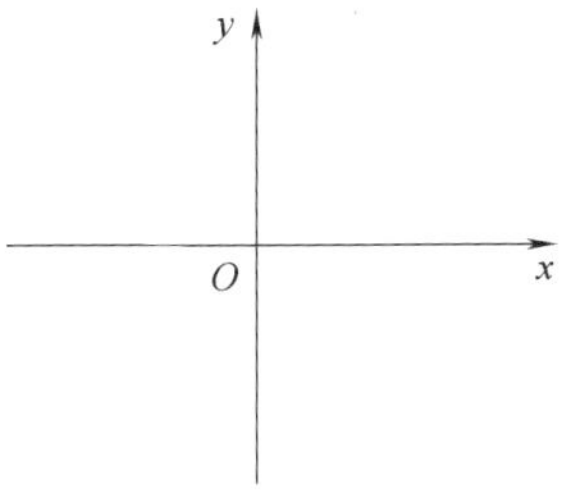

图　1-1

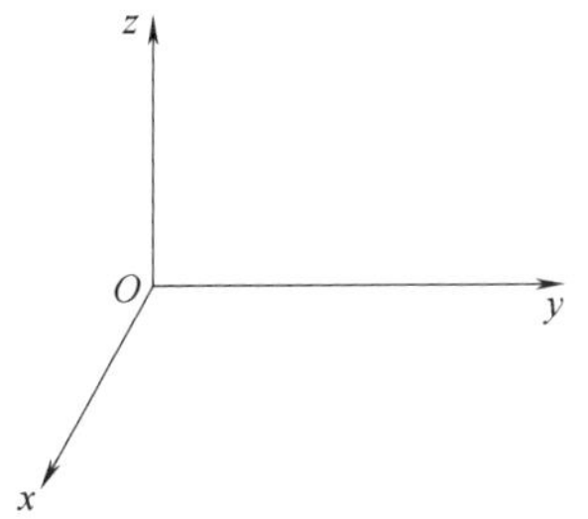

图　1-2

（2）自然坐标系　在已知物体运动轨迹（如铁路、公路、航迹）的前提下，用自然坐标系描述质点的运动更方便。自然坐标系是以质点运动轨迹的切向和法向作为坐标轴的方向建立的坐标系。由于随着质点的运动，不同时刻质点所在位置处轨迹的切向和法向是不同的，因此，自然坐标系是活动坐标系，其单位矢量方向随质点运动而变化。

4. 位置的描述——位置矢量

（1）位置矢量的定义　要描述质点的运动，即质点位置的变化，首先要描述质点位置。质点位置具有相对性，首先要考虑设定参考系。参考系设定后，决定质点位置就只有两个因素：相对于参考系的距离和方向。因此，在最一般的情况下，当确定了坐标系后，由坐标原点（即参考系）指向质点 P 的矢量可以简单、准确地描述质点位置，这个矢量称为位置矢量，简称位矢，常用 $\boldsymbol{r}$ 来表示。在一般的三维空间中，质点运动必须使用这种同时表示了距离和方向的矢量来描述它的位置，除非质点被限定在一个已知的曲线上运动我们才可以使用只表示了距离（或路程）的标量来表述它的位置（如直线运动）。图 1-3 表示了位置矢量的定义。

（2）位置矢量的代数表示　如图 1-3 所示，设 P 点在 x，y，z 三个坐标轴上的坐标为 x，y，z，则可以把 $\boldsymbol{r}$ 表示为 $\boldsymbol{r}=x\boldsymbol{i}+y\boldsymbol{j}+z\boldsymbol{k}$。其中 $\boldsymbol{i}$，$\boldsymbol{j}$，$\boldsymbol{k}$ 为沿三个坐标轴方向的单位矢量（大小为 1，仅表示方向）。x，y，z 称为位矢 $\boldsymbol{r}$ 在三个坐标轴上的分量，坐标轴上的分量是标量，有大小和符号。由位矢的三个坐标轴上的分量可以求出位矢的大小（模）以及表示方向的方向余弦。位矢的大小为

$$r=|\boldsymbol{r}|=\sqrt{x^2+y^2+z^2} \tag{1-1}$$

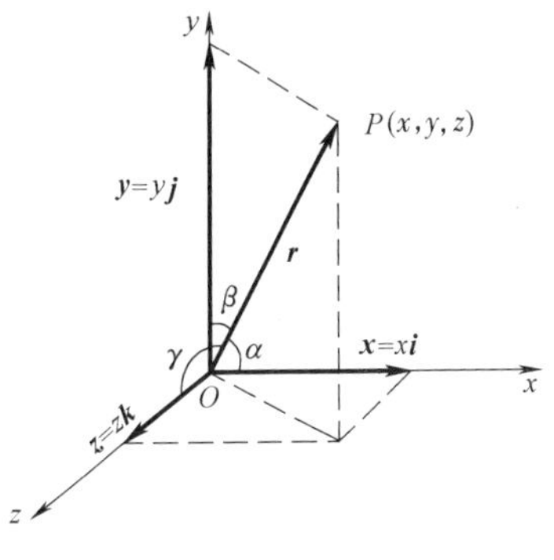

图　1-3

位矢的方向余弦为

$$\cos\alpha=\frac{x}{r},\cos\beta=\frac{y}{r},\cos\gamma=\frac{z}{r} \tag{1-2}$$

α，β，γ 分别是 $\boldsymbol{r}$ 与 x，y，z 三个坐标轴正方向之间的夹角。

（3）运动方程　质点运动时，其位矢 $\boldsymbol{r}$ 随时间变化，也就是说，位矢 $\boldsymbol{r}$ 是时间 t 的函数，这意味着位矢在坐标轴上的分量 x，y，z 是时间的函数。

$$\boldsymbol{r}=\boldsymbol{r}(t)=x(t)\boldsymbol{i}+y(t)\boldsymbol{j}+z(t)\boldsymbol{k} \tag{1-3}$$

这个矢量函数表示了质点位置随时间的变化关系，称为质点的运动方程。上式也可以用坐标轴上的分量表示为

$$x=x(t),y=y(t),z=z(t) \tag{1-4}$$

式（1-4）叫作运动方程的分量形式。在任何一个具体问题中，上式中的 x，y，z 都是具体的函

数。例如，xOy 平面内的平抛运动，质点的位矢 $\boldsymbol{r}=v_0t\boldsymbol{i}+\frac{1}{2}gt^2\boldsymbol{j}$，其坐标轴上的分量为 $x=v_0t$，$y=\frac{1}{2}gt^2$。运动方程表示质点位置随时间变化的规律，由它可以确定质点在任意时刻 t 的位矢 $\boldsymbol{r}$。质点运动方程包含了质点运动中的全部信息，是解决质点运动学问题的关键所在，也是我们解题通常的目标。

矢量式和分量式所反映的物理内容是相同的，矢量式与坐标系的选取无关，用矢量式描述物理规律，其方程式的形式具有不变性，而且形式简洁，物理意义明确；分量式是代数式，便于具体计算。一般来说，描述物理规律用矢量式，解题运算用代数式。分量式在不同的坐标系中有不同的表达形式，选取恰当的坐标系，突出简单性原则，是解决物理问题的基本技能之一。

（4）轨迹与轨迹方程　质点运动时所经过的空间点的集合称为轨迹（或轨迹曲线）。描写此曲线的数学方程叫轨迹方程。在运动方程的分量式中消去时间 t 就得到轨迹方程。由数学概念，运动方程的分量式也可以称为质点运动轨迹的参数方程。

5. 位置变化的描述——位移矢量

（1）位移矢量的定义　如前所述，机械运动就是物体位置的变化。在一般情况下，质点在一个时间段内位置的变化可以用质点初时刻位置指向末时刻位置的矢量来描述，我们把这个矢量定义为位移矢量，常用 $\Delta\boldsymbol{r}$ 来表示。

（2）位移矢量的表示方法　如图 1-4 所示，质点 t 时刻在 P_1 点，位矢为 $\boldsymbol{r}_1$，$t+\Delta t$ 时刻在 P_2 点，位矢为 $\boldsymbol{r}_2$，则由矢量合成法则和位移矢量的定义可知，该时间段内质点的位移为

$$\Delta\boldsymbol{r}=\boldsymbol{r}_2-\boldsymbol{r}_1 \tag{1-5}$$

按位置矢量的分量表示，则有

$$\begin{aligned}\Delta\boldsymbol{r}=\boldsymbol{r}_2-\boldsymbol{r}_1&=(x_2-x_1)\boldsymbol{i}+(y_2-y_1)\boldsymbol{j}+(z_2-z_1)\boldsymbol{k}\\&=\Delta x\boldsymbol{i}+\Delta y\boldsymbol{j}+\Delta z\boldsymbol{k}\end{aligned} \tag{1-6}$$

可见位移矢量的三个分量为

$$\Delta x=x_2-x_1,\Delta y=y_2-y_1,\Delta z=z_2-z_1$$

若知道了位移矢量的三个分量 Δx、Δy 和 Δz，则位移的大小和方向余弦可以按照求位矢的大小和方向相同的方法求出，即

$$|\Delta\boldsymbol{r}|=\sqrt{(\Delta x)^2+(\Delta y)^2+(\Delta z)^2} \tag{1-7}$$

$$\cos\alpha=\frac{\Delta x}{|\Delta\boldsymbol{r}|},\cos\beta=\frac{\Delta y}{|\Delta\boldsymbol{r}|},\cos\gamma=\frac{\Delta z}{|\Delta\boldsymbol{r}|} \tag{1-8}$$

位移与参考系有关，同一个质点的位移，其大小和方向在不同参考系中是不相同的（如从运动火车和静止地面两个参考系观察火车上小球的竖直上抛运动），所以，位移具有相对性。

（3）路程　描述质点位置变化的另一个概念是路程，质点运动过程中经过的轨迹长度叫作路程，常用 s 或 Δs 表示。路程是个**正的标量**。

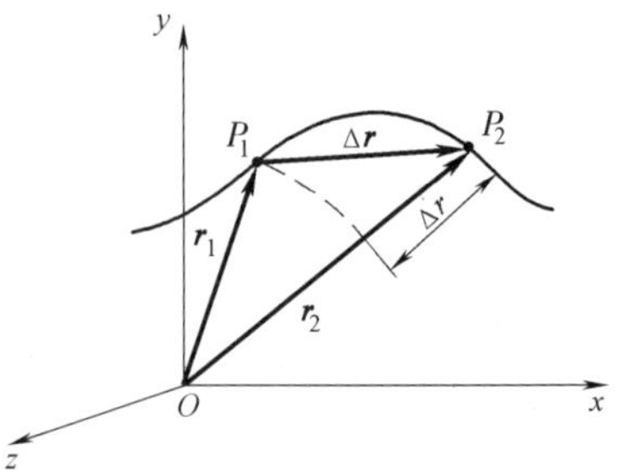

图 1-4

（4）路程与位移的区别和联系　路程只有大小，没有正负符号，更没有方向，这一点容易和位移区别开，而且在一般情况下，路程与位移的大小 $|\Delta\boldsymbol{r}|$ 也不相等。如图 1-4 所示，在 t 到 $t+\Delta t$ 过程中，质点的路程 s 为 P_1 与 P_2 两点之间的弧长 $\widehat{P_1P_2}$，而位移的大小 $|\Delta\boldsymbol{r}|$ 为 P_1 与 P_2 之间线段的长度 $\overline{P_1P_2}$。但是在 $\Delta t\to 0$ 时，路程等于位移的大小，即

$ds=|d\boldsymbol{r}|$。

运动过程中质点到原点 O 的距离 r 的变化用 $\Delta r=\Delta|\boldsymbol{r}|$表示（见图 1-4）。在一般情况下，它与位移的大小$|\Delta\boldsymbol{r}|$也不相等，即 $\Delta r\neq|\Delta\boldsymbol{r}|$。例如圆周运动中，若以圆心为坐标原点，则质点到原点 O 的距离 r 是一个常量，即有 $\Delta r=0$，但是质点位移的大小$|\Delta\boldsymbol{r}|$则显然不为零。

1.1.2　速度与加速度

如前所述，质点位置的变化都是与一段时间相联系的，位置变化的快慢和运动的方向用速度来描述。将位移矢量与时间的比定义为速度，用$\boldsymbol{v}$来表示，它也是一个矢量。它的物理意义是单位时间内质点所发生的位移。

在中学物理中我们定义了平均速度，即把有限长时间内质点位移与时间的比叫作平均速度。数学上表示为

$$\bar{\boldsymbol{v}}=\frac{\Delta\boldsymbol{r}}{\Delta t}\tag{1-9}$$

式中，Δt 为考察的时间段；$\Delta\boldsymbol{r}$ 为该时间段内质点所发生的位移。平均速度对应时间。显然，平均速度是一个矢量，它的方向也就是运动过程中质点位移的方向。按矢量的分量表示方法，可以得到平均速度的三个分量为

$$\bar{v}_x=\frac{\Delta x}{\Delta t},\bar{v}_y=\frac{\Delta y}{\Delta t},\bar{v}_z=\frac{\Delta z}{\Delta t}\tag{1-10}$$

显然，平均速度依赖于时间间隔 Δt，它只能粗略地刻画这段时间内质点运动的平均情况（运动方向和快慢）。一般来说，平均速度有时不具有实际意义（如质点做圆周运动一周，平均速度为0），它只是我们为定义瞬时速度而搭建的中间桥梁。质点运动的方向和快慢可能时刻都在变化，精确刻画质点的运动，就需要知道它在每个时刻的运动情况（瞬时速度）。大学物理将利用高等数学工具给出速度和加速度的严格定义。

1. 速度

（1）瞬时速度　无限短时间内质点位移与时间的比叫作瞬时速度，简称为速度。根据高等数学关于极限的意义，速度可以表示为平均速度的极限，即

$$\boldsymbol{v}=\lim_{\Delta t\to 0}\bar{\boldsymbol{v}}=\lim_{\Delta t\to 0}\frac{\Delta\boldsymbol{r}}{\Delta t}=\frac{d\boldsymbol{r}}{dt}\tag{1-11}$$

即速度定义为位矢对时间的一阶导数（位矢对时间的变化率），显然，瞬时速度对应时刻。

位移与参考系有关，具有相对性。同样，利用位移定义的速度也与参考系有关，具有相对性。

（2）速度的分量形式　在直角坐标系中，由位置矢量的分量形式，我们有

$$\boldsymbol{v}=\frac{d\boldsymbol{r}}{dt}=\frac{dx}{dt}\boldsymbol{i}+\frac{dy}{dt}\boldsymbol{j}+\frac{dz}{dt}\boldsymbol{k}$$

定义速度的三个分量为

$$v_x=\frac{dx}{dt},v_y=\frac{dy}{dt},v_z=\frac{dz}{dt}\tag{1-12}$$

式中，v_x，v_y，v_z分别叫作速度的 x、y 和 z 分量。对比可知

$$\boldsymbol{v}=v_x\boldsymbol{i}+v_y\boldsymbol{j}+v_z\boldsymbol{k}\tag{1-13}$$

速度的大小和方向余弦也可根据矢量运算的一般方法由它的三个分量确定，如

$$|\boldsymbol{v}|=\sqrt{v_x^2+v_y^2+v_z^2}$$

讨论

1）运动的方向：速度是矢量，它的方向即 $\Delta t \to 0$ 时 $\Delta \boldsymbol{r}$ 的极限方向。

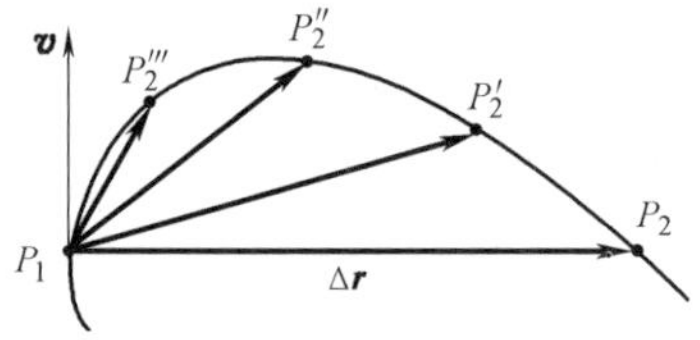

图 1-5

如图 1-5 所示，当 $\Delta t \to 0$ 时 $\Delta \boldsymbol{r}$ 趋于轨道在 P_1 点的切线方向。所以我们说：速度的方向是沿着轨道的切向，且指向前进的一侧。质点的速度描述质点的运动状态，速度的大小表示质点运动的快慢，速度的方向即为质点的运动方向。

2）运动的快慢：运动的快慢也用我们在中小学都有接触的速率概念来描述，下面看严格的定义。

速率：质点所走过的路程与时间的比叫作速率。即单位时间内质点所走过的路程。

平均速率：有限长时间内质点路程与时间的比叫作平均速率。数学上表示为

$$\bar{v} = \frac{\Delta s}{\Delta t}$$

瞬时速率：无限短时间内质点路程与时间的比叫作瞬时速率，简称为速率。同样根据高等数学关于极限的意义，速率可以表示为平均速率的极限，即

$$v = \lim_{\Delta t \to 0} \frac{\Delta s}{\Delta t} = \frac{\mathrm{d}s}{\mathrm{d}t} \tag{1-14}$$

3）速率与速度的区别与联系：速度与速率的区别是非常明显的，首先它们的定义是不同的，其次速度是矢量，而速率是标量。但在 $\Delta t \to 0$ 时由于 $\mathrm{d}s = |\mathrm{d}\boldsymbol{r}|$，而 $\mathrm{d}t$ 永远是正量，所以 $v = \frac{\mathrm{d}s}{\mathrm{d}t} = \left|\frac{\mathrm{d}\boldsymbol{r}}{\mathrm{d}t}\right| = |\boldsymbol{v}|$，即速率等于速度矢量的大小。值得注意的是，这种关系对有限长时间段内的平均速度和平均速率之间则不一定成立。

2. 加速度

在很多情况下，质点运动速度的大小或方向都是变化的，我们常需要知道速度的变化情况。比如火车从车站开出，需要多长时间才能达到它的正常速度，飞机起飞时需要滑行多远，跑道需要多长，这些都和描述速度变化的加速度有关。根据牛顿第二定律，力对物体作用的直接效果是产生加速度，因此，加速度是一个重要的物理量。

速度变化的快慢用加速度来描述。一段时间内速度的增量与时间的比定义为加速度。质点的加速度描述质点速度的大小和方向变化的快慢，由于速度是矢量，所以无论质点的速度大小还是方向发生变化，都意味着质点有加速度。

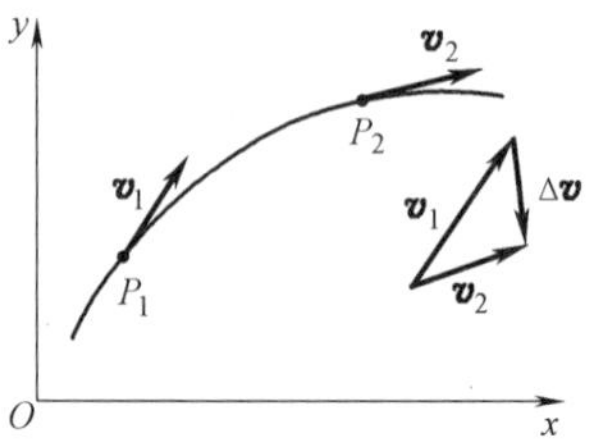

图 1-6

（1）速度增量的概念　在考察的时间段内，质点末时刻的速度（简称为末速度）与初时刻的速度（简称为初速度）的矢量差叫作速度的增量。如图 1-6 所示，$\boldsymbol{v}_2$ 表示末速度，$\boldsymbol{v}_1$ 表示初速度，而 $\Delta\boldsymbol{v}$ 表示速度的增量。

（2）平均加速度　在有限长时间段内速度增量与时间的比叫作平均加速度。

设质点在 t 时刻速度为 $\boldsymbol{v}_1$，在 $t+\Delta t$ 时刻速度为 $\boldsymbol{v}_2$，速度增量 $\Delta\boldsymbol{v} = \boldsymbol{v}_2 - \boldsymbol{v}_1$，则平均加速度为

$$\bar{\boldsymbol{a}} = \frac{\Delta \boldsymbol{v}}{\Delta t} \tag{1-15}$$

平均加速度在课程学习中使用较少，它的分量形式这里就不介绍了。

（3）加速度矢量的定义　在无限短时间内速度增量与时间的比叫作瞬时加速度，简称加速度。结合高等数学中极限的思想，加速度可以表示为 $\Delta t \to 0$ 时平均加速度的极限

$$\boldsymbol{a} = \lim_{\Delta t \to 0} \overline{\boldsymbol{a}} = \lim_{\Delta t \to 0} \frac{\Delta \boldsymbol{v}}{\Delta t} = \frac{\mathrm{d}\boldsymbol{v}}{\mathrm{d}t} = \frac{\mathrm{d}^2 \boldsymbol{r}}{\mathrm{d}t^2} \tag{1-16}$$

即加速度为速度对时间的变化率（速度对时间的一阶导数，或位置矢量对时间的二阶导数）。很明显，加速度与速度的关系类似于速度与位矢的关系。加速度矢量 $\boldsymbol{a}$ 的方向为 $\Delta t \to 0$ 时速度变化 $\Delta \boldsymbol{v}$ 的极限方向。在直线运动中，加速度的方向与速度方向相同或相反，相同时速率增加，如自由落体运动；相反时速率减小，如竖直上抛运动。而在曲线运动中，加速度方向与速度方向并不一致，如斜抛运动中速度方向沿抛物线轨迹的切向，而加速度方向始终在竖直向下的方向上。在直角坐标系中加速度可表示为

$$\boldsymbol{a} = a_x \boldsymbol{i} + a_y \boldsymbol{j} + a_z \boldsymbol{k} \tag{1-17}$$

式中，a_x，a_y，a_z 分别叫作加速度的 x，y 和 z 分量。根据速度的分量表达式可以得到加速度矢量的三个分量

$$a_x = \frac{\mathrm{d}v_x}{\mathrm{d}t} = \frac{\mathrm{d}^2 x}{\mathrm{d}t^2} \tag{1-18}$$

$$a_y = \frac{\mathrm{d}v_y}{\mathrm{d}t} = \frac{\mathrm{d}^2 y}{\mathrm{d}t^2} \tag{1-19}$$

$$a_z = \frac{\mathrm{d}v_z}{\mathrm{d}t} = \frac{\mathrm{d}^2 z}{\mathrm{d}t^2} \tag{1-20}$$

由加速度的三个分量可以确定加速度的大小和方向余弦，如

$$|\boldsymbol{a}| = \sqrt{a_x^2 + a_y^2 + a_z^2}$$

关于加速度概念需要注意的是：①加速度是矢量，是速度对时间的变化率，不管是速度的大小改变或方向改变，都一定有非零的加速度；②加速度描述速度的变化，某时刻的加速度与该时刻的速度值没有关系；③加速度是个瞬时量。

1.1.3　运动学问题的分类与解题方法

运动学问题的分类　位矢、位移、速度和加速度四个物理量可以完备地描述质点的运动，运动学的问题一般可以分为几类。以下为两类常见问题，它们有固定的求解方法。

1. 已知运动方程求速度、加速度的问题（在曲线运动中还可以求运动轨迹）

这类问题称为第一类运动学问题，其求解方法非常简单。根据在前面学习的公式，读者可以看到对运动方程求时间的一阶导数就得到速度，再求一次导数就得到加速度。再将具体的时刻代入到速度和加速度公式中就可以求得任意时刻的速度和加速度。

【例 1-1】　一质点在 xOy 平面内运动，其运动学方程的参数方程为 $x = 2t$，$y = 19 - 2t^2$（SI），求：

（1）质点的轨迹方程；

（2）第 2s 末的位矢；

（3）第 2s 末的速度及加速度。

【解】　（1）消去参数 t，建立 $y = f(x)$ 关系式即为轨迹方程。由题设条件知 $t = x/2$，代入 y 的关系式得轨迹方程

$$y = 19 - 2\left(\frac{x}{2}\right)^2 = 19 - \frac{x^2}{2}$$

（2）位矢常用表达式为坐标式，将 $t = 2\mathrm{s}$ 的坐标 x、y 值代入运动学方程得位矢

$$\boldsymbol{r} = x\boldsymbol{i} + y\boldsymbol{j} = (4\boldsymbol{i} + 11\boldsymbol{j})\,\mathrm{m}$$

(3) 先据定义求出速度及加速度的表达式，然后将 $t=2\mathrm{s}$ 代入即为所求。

$$\boldsymbol{v}(2)=\left(\frac{\mathrm{d}x}{\mathrm{d}t}\boldsymbol{i}+\frac{\mathrm{d}y}{\mathrm{d}t}\boldsymbol{j}\right)_{t=2}=(2\boldsymbol{i}-4t\boldsymbol{j})_{t=2}=(2\boldsymbol{i}-8\boldsymbol{j})\,\mathrm{m}\cdot\mathrm{s}^{-1}$$

$$\boldsymbol{a}(2)=\left(\frac{\mathrm{d}^2x}{\mathrm{d}t^2}\boldsymbol{i}+\frac{\mathrm{d}^2y}{\mathrm{d}t^2}\boldsymbol{j}\right)_{t=2}=[0\boldsymbol{i}+(-4)\boldsymbol{j}]\,\mathrm{m}\cdot\mathrm{s}^{-2}=-4\boldsymbol{j}\,\mathrm{m}\cdot\mathrm{s}^{-2}$$

2. 已知加速度和初始条件求速度、运动方程的问题（在曲线运动中还可以求运动轨迹）

这类问题称为第二类运动学问题，在数学上看是典型的积分问题。积分常数的确定常常需要一些已知条件，即初始条件。初始条件是指问题给定时刻（通常是 t 为零的时刻，但也有 t 不为零的情况）质点运动的速度和位置（常用 $\boldsymbol{v}_0$ 和 $\boldsymbol{r}_0$ 来表示）。下面我们来详细讨论这类问题的求解方法。

在加速度为已知的情况下，由 $\boldsymbol{a}=\frac{\mathrm{d}\boldsymbol{v}}{\mathrm{d}t}$ 可得 $\mathrm{d}\boldsymbol{v}=\boldsymbol{a}\mathrm{d}t$，把此式对过程积分可得到速度与加速度的积分关系

$$\Delta\boldsymbol{v}=\boldsymbol{v}-\boldsymbol{v}_0=\int_0^t\boldsymbol{a}\mathrm{d}t \tag{1-21}$$

式中，$\boldsymbol{v}_0$ 为 $t=0$ 时质点的速度（初始条件中的初速度），它的分量形式为

$$v_x-v_{0x}=\int_0^t a_x\mathrm{d}t \tag{1-22}$$

$$v_y-v_{0y}=\int_0^t a_y\mathrm{d}t \tag{1-23}$$

$$v_z-v_{0z}=\int_0^t a_z\mathrm{d}t \tag{1-24}$$

通过上面的积分我们求得了速度，再由速度定义可得 $\mathrm{d}\boldsymbol{r}=\boldsymbol{v}\mathrm{d}t$，此式表示，在 $\Delta t\to 0$ 时，质点的位移 $\mathrm{d}\boldsymbol{r}$ 等于速度 $\boldsymbol{v}$ 与时间间隔 $\mathrm{d}t$ 的乘积。这很像匀速运动，因为在极短的时间内，速度确实是可以近似看作不变的。把上式对过程积分，若初始条件为 $t=0$ 时质点位矢为 $\boldsymbol{r}_0$，又设在任意 t 时刻质点位矢为 $\boldsymbol{r}$，则有积分

$$\int_{\boldsymbol{r}_0}^{\boldsymbol{r}}\mathrm{d}\boldsymbol{r}=\int_0^t\boldsymbol{v}\mathrm{d}t \tag{1-25}$$

即

$$\Delta\boldsymbol{r}=\boldsymbol{r}-\boldsymbol{r}_0=\int_0^t\boldsymbol{v}\mathrm{d}t \tag{1-26}$$

上式为位移与速度的积分关系，称为位移公式。用这个公式可由速度 $\boldsymbol{v}$ 来求位移 $\Delta\boldsymbol{r}$，进而通过初始位置 $\boldsymbol{r}_0$ 来求位矢 $\boldsymbol{r}$。同理可得到位矢公式的三个分量式

$$x=x_0+\int_0^t v_x\mathrm{d}t,\quad y=y_0+\int_0^t v_y\mathrm{d}t,\quad z=z_0+\int_0^t v_z\mathrm{d}t \tag{1-27}$$

上述公式说明了在已知加速度和初始条件的情况下求解速度和运动方程的一般方法。

【例 1-2】 物体以某一初速度抛出，它在竖直平面内的运动叫作抛体运动。不计空气阻力，抛体运动的加速度为重力加速度。设抛体的初始速度为 $\boldsymbol{v}_0$，与水平面的夹角为 θ，选抛出点为坐标原点，如图 1-7 所示。求 $\boldsymbol{v}$，$\boldsymbol{r}$ 和轨迹方程。

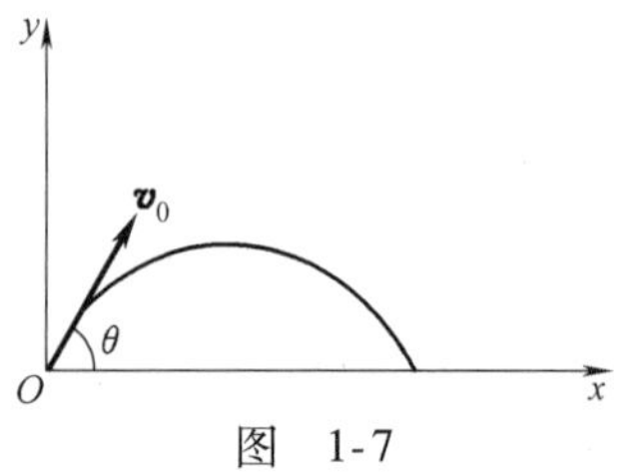

图 1-7

【解】 在直角坐标系中，物体的加速度 $\boldsymbol{a}$、初始速度 $\boldsymbol{v}_0$ 和初始位矢 $\boldsymbol{r}_0$ 分别为

$$\boldsymbol{a} = -g\boldsymbol{j},\quad \boldsymbol{v}_0 = v_0\cos\theta\boldsymbol{i} + v_0\sin\theta\boldsymbol{j},\quad \boldsymbol{r}_0 = 0$$

由加速度定义得

$$\mathrm{d}\boldsymbol{v} = -g\boldsymbol{j}\mathrm{d}t$$

两边同时积分

$$\int_{v_0}^{v}\mathrm{d}\boldsymbol{v} = \int_0^t -g\boldsymbol{j}\mathrm{d}t$$

得

$$\boldsymbol{v} - \boldsymbol{v}_0 = -g\boldsymbol{j}t$$

即

$$\boldsymbol{v} = v_0\cos\theta\boldsymbol{i} + (v_0\sin\theta - gt)\boldsymbol{j}$$

可见，抛体运动可视为 x 方向的匀速直线运动与 y 方向的匀变速直线运动的叠加。

$$\mathrm{d}\boldsymbol{r} = \mathrm{d}x\boldsymbol{i} + \mathrm{d}y\boldsymbol{j} = v_0\cos\theta\mathrm{d}t\boldsymbol{i} + (v_0\sin\theta - gt)\mathrm{d}t\boldsymbol{j}$$

两边积分

$$\int_0^r\mathrm{d}\boldsymbol{r} = \boldsymbol{i}\int_0^t v_0\cos\theta\mathrm{d}t + \boldsymbol{j}\int_0^t(v_0\sin\theta - gt)\mathrm{d}t$$

得到

$$\boldsymbol{r} = v_0t\cos\theta\boldsymbol{i} + \left(v_0t\sin\theta - \frac{1}{2}gt^2\right)\boldsymbol{j}$$

则有

$$x = v_0t\cos\theta$$

$$y = v_0t\sin\theta - \frac{1}{2}gt^2$$

消去 t 得轨迹方程为

$$y = x\tan\theta - \frac{g}{2v_0^2\cos^2\theta}x^2$$

注意：在上面的抛体运动中，当 θ 为 0°时表示平抛运动；θ 为 90°时表示竖直上抛运动；当 θ 为 −90°时表示竖直下抛运动（在这种情况下若 v_0 也为零，则为自由落体运动）。

通过以上分析可以看出，运动具有叠加性。抛体运动可以视为水平方向的匀速直线运动与竖直方向的匀变速直线运动的叠加，水平方向和竖直方向的运动可以分别计算。对于平面曲线运动，可视为 x 轴与 y 轴两个方向运动的叠加。大量的观察和实验结果指出，如果一个物体同时参与几个方向上的分运动，那么，任何一个方向上的分运动不会因为同时存在其他方向上的运动而受影响，运动的这种属性称为运动的独立性。换句话说，一个运动可以看成几个各自独立进行的分运动的叠加，这个结论称为运动叠加原理。叠加原理和运动的独立性在本质上是同一概念的两个侧面。

根据运动叠加原理，曲线运动可以看成是几个直线运动的叠加。处理问题时，我们可以对每一个分运动单独进行分析，就好像其他分运动根本不存在一样。将曲线运动分解成几个直线运动进行研究，这就是研究曲线运动的基本方法。显然，掌握直线运动的研究方法和规律是研究曲线运动的基础。

在无阻力抛体运动中，将一个运动分解为两个相互垂直方向并相互独立的运动并不是一个普遍适用的法则，即并不是任何运动都可以看作两个（或三个）沿相互垂直方向，并相互独立的运动的叠加，因为分运动的独立性（某个分运动不会因为其他分运动存在与否而变化）是有

条件的，因此运动叠加原理也是有适用条件的。

3. 直线运动应用示例

所谓直线运动，是指质点运动的轨迹是直线。在这种情况下，我们将坐标系的一个坐标轴建立在该直线轨迹上，能够使数学处理大大简化。对直线运动进行描述，即是回答描述运动的四个物理量的问题。

（1）直线运动的描述 **位置**：使用位置坐标 x（标量）来确定。运动方程为

$$x = x(t) \tag{1-28}$$

位移：设质点在 t 时刻位置坐标为 x_1，$t+\Delta t$ 时刻位置坐标为 x_2。质点的位移使用标量 Δx 来确定：

$$\Delta x = x_2 - x_1$$

位移的大小为 $|\Delta x|$，**位移的方向由 Δx 的正负来决定**，$\Delta x>0$ 表示沿 x 轴正向运动。

速度：

$$v = v_x = \frac{\mathrm{d}x}{\mathrm{d}t} \tag{1-29}$$

加速度：

$$a = a_x = \frac{\mathrm{d}v}{\mathrm{d}t} = \frac{\mathrm{d}^2 x}{\mathrm{d}t^2} \tag{1-30}$$

上述公式是直线运动中的基本公式。在上述结论中，v 和 a 通常不再加粗体，因为它们的正负可以表明方向。例如，如果 v 为正，表明速度方向与 x 轴的正向一致；v 为负，表明速度方向为 x 轴的负向。

（2）第二类运动学问题的深入讨论 在直线运动中第二类运动学问题可以简化为

$$v - v_0 = \int_0^t a\mathrm{d}t \tag{1-31}$$

$$x - x_0 = \int_0^t v\mathrm{d}t \tag{1-32}$$

中学物理中只研究了匀变速直线运动，即 a 是常数的情形。此时式（1-31）和式（1-32）积分后得

$$v = v_0 + at \tag{1-33}$$

$$x = x_0 + \frac{1}{2}at^2 \tag{1-34}$$

显然，这是大家在中学非常熟悉的公式。但是在实际生活中遇到的加速度往往是随时间或空间变化的函数，如

1）加速度是速度的函数，即 $a=a(v)$ 的情况：

当加速度是速度的函数时，上述加速度的时间积分是不能进行的。这时应该先把加速度的微分定义式进行变量调整，即

$$a = \frac{\mathrm{d}v}{\mathrm{d}t} \Rightarrow \mathrm{d}t = \frac{\mathrm{d}v}{a(v)} \tag{1-35}$$

然后进行积分，即

$$\int_0^t \mathrm{d}t = \int_{v_0}^{v} \frac{\mathrm{d}v}{a(v)} \tag{1-36}$$

积分完成后，求一次反函数就可以得到速度随时间的变化关系，然后将速度对时间积分就得到运动学方程。

2）加速度是位置的函数，即 $a=a(x)$ 情况：

当加速度是位置的函数时，计算是较为复杂的。首先将加速度公式进行如下变形：

$$a = \frac{\mathrm{d}v}{\mathrm{d}t} \Rightarrow a = \frac{\mathrm{d}v}{\mathrm{d}x}\frac{\mathrm{d}x}{\mathrm{d}t} = \frac{v\mathrm{d}v}{\mathrm{d}x} \Rightarrow a(x)\mathrm{d}x = v\mathrm{d}v \tag{1-37}$$

将上述等式两边同时进行积分

$$\int_{x_0}^{x} a(x)\mathrm{d}x = \int_{v_0}^{v} v\mathrm{d}v \tag{1-38}$$

将得到速度随位置的变化关系（函数）。当 a 为常数时，上式积分结果为

$$2a(x - x_0) = v^2 - v_0^2,$$

这是我们中学非常熟悉的匀变速直线运动公式。

为了计算出运动方程，还得将速度公式进行如下变化：

$$v = \frac{\mathrm{d}x}{\mathrm{d}t} \Rightarrow \mathrm{d}t = \frac{\mathrm{d}x}{v} \tag{1-39}$$

这时才能积分，即

$$\int_0^t \mathrm{d}t = \int_{x_0}^{x} \frac{\mathrm{d}x}{v} \tag{1-40}$$

积分完成后，通过求反函数得到位置 x 随时间的变化（即运动学方程）。

上述情况和计算方法在大学物理中经常碰到。希望读者能够准确掌握。更为复杂的情况在大学物理中不要求，可以在其他课程中学习到。

【例 1-3】 一质点沿 x 轴运动，其速度与位置的关系为 $v = -kx$，其中 k 为一正值常量。若 $t=0$ 时质点在 $x=x_0$ 处，求任意时刻 t 质点的位置、速度和加速度。

【解】 按题意有 $v = -kx$，按速度的定义把上式改写为

$$\frac{\mathrm{d}x}{\mathrm{d}t} = -kx$$

这是一个简单的一阶微分方程，可以通过分离变量法求解。分离变量有

$$\frac{\mathrm{d}x}{x} = -k\mathrm{d}t$$

对方程积分，按题意 $t=0$ 时质点位置在 x_0，又设 t 时刻质点位置在 x，有

$$\int_{x_0}^{x} \frac{\mathrm{d}x}{x} = \int_0^t -k\mathrm{d}t$$

积分得

$$\ln \frac{x}{x_0} = -kt$$

解出质点位置为

$$x = x_0 \mathrm{e}^{-kt}$$

质点速度

$$v = \frac{\mathrm{d}x}{\mathrm{d}t} = -kx_0\mathrm{e}^{-kt}$$

质点加速度

$$a = \frac{\mathrm{d}v}{\mathrm{d}t} = k^2 x_0 \mathrm{e}^{-kt}$$

物理知识应用案例：飞机地面滑跑距离

【例 1-4】 飞机起飞过程分为地面加速滑跑和离地加速上升两个阶段，如图 1-8 所示。设飞机在地面滑跑中的加速度为 $a=a_0-cv^2$，飞机离地速度为 v_{ld}，求飞机地面滑跑距离 d_1 和时间 t_1。

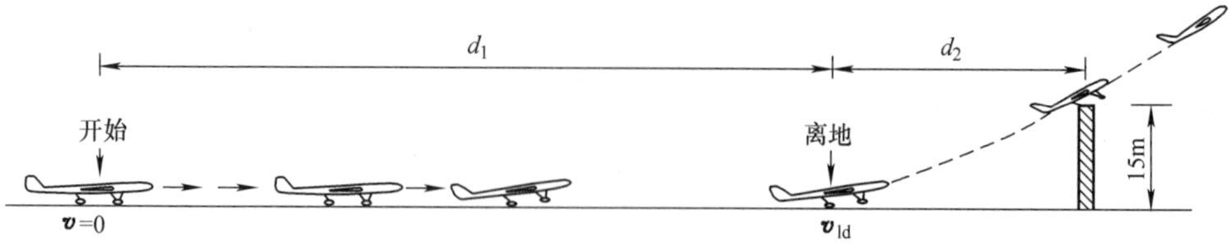

图 1-8

【解】 本题为一维运动第二类基本问题

$$a=\frac{\mathrm{d}v}{\mathrm{d}t}=a_0-cv^2$$

$$\Rightarrow \mathrm{d}t=\frac{\mathrm{d}v}{a_0-cv^2}$$

上式两边进行积分，得

$$\int_0^{t_1}\mathrm{d}t=\int_0^{v_{\mathrm{ld}}}\frac{\mathrm{d}v}{a_0-cv^2}=\frac{1}{2\sqrt{ca_0}}\int_0^{v_{\mathrm{ld}}}\left[\frac{-\mathrm{d}(\sqrt{a_0}-\sqrt{c}v)}{\sqrt{a_0}-\sqrt{c}v}+\frac{\mathrm{d}(\sqrt{a_0}+\sqrt{c}v)}{\sqrt{a_0}+\sqrt{c}v}\right]$$

$$t_1=\frac{1}{2\sqrt{ca_0}}\ln\frac{\sqrt{a_0}+\sqrt{c}v}{\sqrt{a_0}-\sqrt{c}v}\Big|_0^{v_{\mathrm{ld}}}=\frac{1}{2\sqrt{ca_0}}\ln\frac{\sqrt{a_0}+\sqrt{c}v_{\mathrm{ld}}}{\sqrt{a_0}-\sqrt{c}v_{\mathrm{ld}}}$$

为求飞机地面滑跑距离 d_1，把加速度变形为

$$a=\frac{\mathrm{d}v}{\mathrm{d}x}\frac{\mathrm{d}x}{\mathrm{d}t}=\frac{\mathrm{d}v}{\mathrm{d}x}v=a_0-cv^2$$

移项得

$$\frac{v}{a_0-cv^2}\mathrm{d}v=\mathrm{d}x$$

上式两边进行积分，得

$$\int_0^{v_{\mathrm{ld}}}\frac{v}{a_0-cv^2}\mathrm{d}v=\int_0^{d_1}\mathrm{d}x$$

$$d_1=-\frac{1}{2c}\int_0^{v_{\mathrm{ld}}}\frac{1}{a_0-cv^2}\mathrm{d}(a_0-cv^2)=\frac{1}{2c}\ln\frac{a_0}{a_0-cv_{\mathrm{ld}}^2}$$

【例 1-5】 如图 1-9 所示，河岸上有人在 h 高处通过定滑轮以速度 $\boldsymbol{v}_0$ 收绳拉船靠岸。求船在距岸边为 x 处时的速度和加速度。

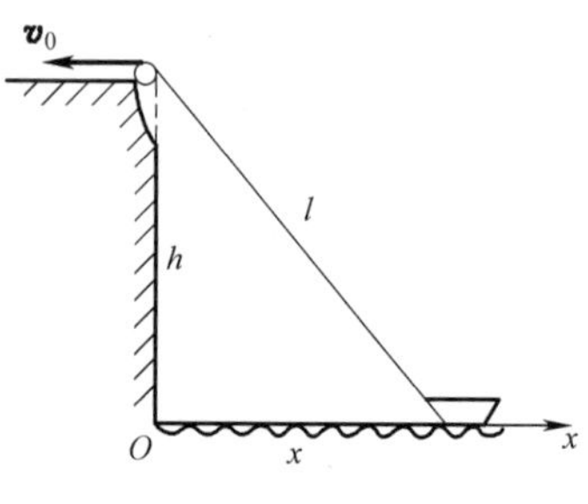

图 1-9

【解】 本题为一维运动求速度问题，只要找出船的坐标 x（运动方程），再对时间求导，即可解（即属于第一类运动学问题）。

建立如图 1-9 所示坐标轴（x 轴），设小船到岸边距离为 x，绳子长度为 l，则船离岸的坐标

$$x = \sqrt{l^2 - h^2} = (l^2 - h^2)^{\frac{1}{2}} \qquad ①$$

故船速

$$v = \frac{dx}{dt} = \frac{dx}{dl}\frac{dl}{dt} = -v_0\frac{dx}{dl}$$

$$= -v_0\frac{l}{\sqrt{l^2 - h^2}} = -v_0\frac{\sqrt{h^2 + x^2}}{x}$$

小船的加速度为

$$a = \frac{dv}{dt} = \frac{d}{dt}\left(-v_0\frac{l}{x}\right) = \frac{-v_0}{x^2}\left(\frac{dl}{dt}x - l\frac{dx}{dt}\right) = \frac{-v_0}{x^2}\left(-v_0 x + l\frac{v_0 l}{x}\right) = -\frac{h^2 v_0^2}{x^3}$$

在上式的推导中用到了$\frac{dx}{dt}=v$，即为小船的速度。

1.2　平面曲线运动的描述

1.2.1　平面自然坐标系中位置、位移和速度的描述

若已知质点运动轨迹 $y=y(x)$，则两个标量函数只有一个是独立的，即此时只需一个标量函数即可完成对质点位置的描述，在这种情况下就可以选用平面自然坐标系（简称自然坐标系）对质点的运动状态进行描述。

自然坐标系是沿质点运动轨迹建立起来的坐标系，由于平面曲线运动中质点的轨迹为曲线，所以自然坐标系的坐标轴同样为一条弯曲的曲线。如图 1-10 所示，在轨迹上选取一点 O 作为坐标系的原点，由原点至质点位置 P 的弧长 s 为质点的位置坐标，确定沿轨迹的某一方向为正方向，因此这里的弧长，并不同于一般仅说明长度的弧长，也不同于运动学中的路程，根据原点与正方向的确定，s 可正可负。已知质点位置的弧坐标即可确定质点位置，故质点运动学方程在自然坐标系中可表示为

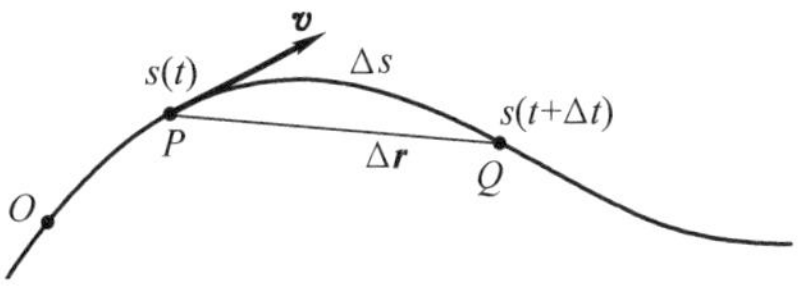

图　1-10

$$s = s(t)$$

可见，在自然坐标系中，对于质点运动位置的描述不同于直角坐标系，为一可正可负的标量。在自然坐标系中位移可表示为

$$\Delta s = s(t + \Delta t) - s(t)$$

用自然坐标描述质点的平面曲线运动时，取以质点所在点的切线方向和法线方向为垂直轴建立二维坐标系，一般切线方向指向自然坐标的正向，法线方向指向轨迹曲线凹侧，切向和法向的单位矢量分别记作 $\boldsymbol{\tau}$ 和 $\boldsymbol{n}$，显然，自然坐标中单位矢量 $\boldsymbol{\tau}$ 和 $\boldsymbol{n}$ 的方向随质点在轨迹上的位置不同而变化（见图 1-11），一般来说 $\boldsymbol{\tau}$ 和 $\boldsymbol{n}$ 不是恒矢量。需要注意的是，在直角坐标系中沿坐标轴的各个单位矢量均为恒矢量，即其方向不会随时间变化而变化。而在自然坐标系中，两个单位矢量 $\boldsymbol{\tau}$ 和 $\boldsymbol{n}$ 将随质点在轨迹上位置的不同而改变其方向。

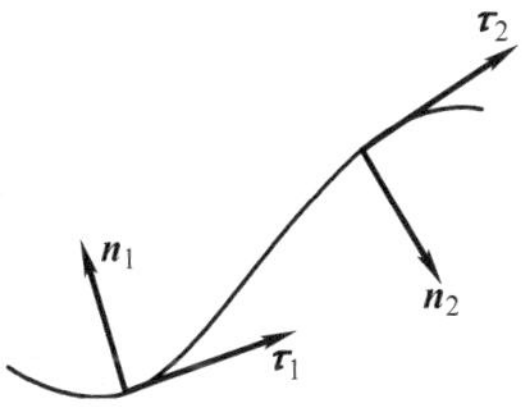

图　1-11

下面讨论当质点做曲线运动且轨迹为已知时，如何用自然坐标来确定其速度。设质点沿曲线轨迹运动（见图 1-10），时刻 t 时质点位于 P 点，自然坐标为 $s(t)$，时刻 $t+\Delta t$ 时质点位于 Q 点，自然坐标为 $s(t+\Delta t)$，在时间 Δt 内质点位移为 $\Delta \boldsymbol{r}$，自然坐标的增量为 Δs，即

$$\Delta s = s(t + \Delta t) - s(t)$$

根据速度的定义，可得

$$\boldsymbol{v} = \lim_{\Delta t \to 0} \frac{\Delta \boldsymbol{r}}{\Delta t} = \lim_{\Delta t \to 0} \frac{\Delta \boldsymbol{r} \Delta s}{\Delta s \Delta t} = \lim_{\Delta s \to 0} \frac{\Delta \boldsymbol{r}}{\Delta s} \lim_{\Delta t \to 0} \frac{\Delta s}{\Delta t} = \lim_{\Delta s \to 0} \frac{\Delta \boldsymbol{r}}{\Delta s} \frac{\mathrm{d}s}{\mathrm{d}t}$$

当 $\Delta t \to 0$ 时，Q 点趋近于 P 点，故上式右边第一部分的绝对值为

$$\lim_{\Delta s \to 0} \left| \frac{\Delta \boldsymbol{r}}{\Delta s} \right| = 1$$

当 $\Delta s \to 0$ 时，Δr 的方向趋近于 P 点处轨迹的切线方向，若以 $\boldsymbol{\tau}$ 表示沿 P 点处切线正方向的单位矢量（切线正方向的指向与自然坐标的正向相同），则上式右边第一部分可写成

$$\lim_{\Delta s \to 0} \frac{\Delta \boldsymbol{r}}{\Delta s} = \boldsymbol{\tau}$$

从而可得

$$\boldsymbol{v} = \frac{\mathrm{d}s}{\mathrm{d}t} \boldsymbol{\tau}$$

由上式可知，质点速度的大小由自然坐标 s 对时间的一阶导数决定。方向沿着质点所在处轨迹的切线方向。$\mathrm{d}s/\mathrm{d}t > 0$，速度指向切线正方向；$\mathrm{d}s/\mathrm{d}t < 0$，速度指向切线负方向。

在自然坐标中，加速度又如何表示呢？我们知道，物体的加速度定义为速度对时间的一阶导数，即 $\boldsymbol{a} = \frac{\mathrm{d}\boldsymbol{v}}{\mathrm{d}t}$，这就是说，只要速度发生了变化，就一定有加速度，然而速度是个矢量，无论速度在方向上发生变化，还是在大小上发生变化，都是速度的变化，会产生相应的加速度，在自然坐标中速度方向变化引起的加速度称为法向加速度，速度大小变化引起的加速度称为切向加速度，下面我们以质点的圆周运动为例，探究自然坐标中的加速度，从而掌握加速度的方向问题并将其推广到一般的曲线运动中去。匀速圆周运动速度大小不变，凸显速度方向变化产生的加速度，我们先来研究它。

1.2.2 平面自然坐标系中加速度的描述

1. 匀速圆周运动与法向加速度

在加速度定义中我们知道，速度方向的变化也会有加速度。由于质点在固定的圆周上运动，速度方向变化的快慢显然与速率的大小有关。因此，在匀速圆周运动中质点的加速度也是与速率相关的。下面我们详细地讨论它的大小和方向。

如图 1-12 所示，质点从 P 点运动到 Q 点有速度增量 $\Delta \boldsymbol{v}$ 存在。根据加速度的定义可得加速度为

$$\boldsymbol{a} = \lim_{\Delta t \to 0} \frac{\Delta \boldsymbol{v}}{\Delta t}$$

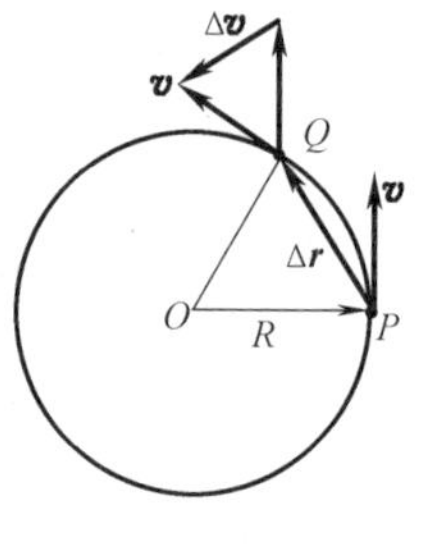

图 1-12

显然，当 $\Delta t \to 0$ 时 Q 点将无限靠近 P 点，$\Delta \boldsymbol{v}$ 的极限方向为由 P 点指向 O 点，即圆周在 P 点的法向。由于质点在运动的过程中此加速度的方向一直指向 O 点，中学教材中将它叫作向心加速度。在大学物理中我们将它称为法向加速度，以利于在一般情况下与切向加速度以及总加速度相区分。利用明显的相似三角形关系，我们有

$$\frac{v}{R} = \frac{|\Delta \boldsymbol{v}|}{|\Delta \boldsymbol{r}|} \tag{1-41}$$

于是，加速度的大小为

$$|\boldsymbol{a}| = \left|\lim_{\Delta t\to 0}\frac{\Delta \boldsymbol{v}}{\Delta t}\right| = \lim_{\Delta t\to 0}\frac{|\Delta \boldsymbol{v}|}{\Delta t} = \lim_{\Delta t\to 0}\frac{v}{R}\frac{|\Delta \boldsymbol{r}|}{\Delta t} = \frac{v^2}{R} \tag{1-42}$$

使用矢量可以同时将匀速圆周运动中法向加速度的大小和方向表示出来，为

$$\boldsymbol{a}_n = \frac{v^2}{R}\boldsymbol{n}$$

式中，$\boldsymbol{n}$ 表示轨迹法向的单位矢量，上述分析可见，法向加速度将导致运动速度方向的改变。

2. 变速圆周运动与切向加速度

如图 1-13a 所示，一质点沿一圆周运动，圆心在 O，半径为 R。为了便于阐述，我们在圆中设立了一个平面直角坐标来帮助分析。设质点在 t 时刻位于 P_1 点，位矢为 $\boldsymbol{r}$，速度为$\boldsymbol{v}$；在 $t+\Delta t$ 时刻质点位于 P_2 点，位矢为 $\boldsymbol{r}+\Delta\boldsymbol{r}$。其中，$\Delta\boldsymbol{r}$ 为过程中质点的位移，$\Delta\boldsymbol{v}$为速度的增量。

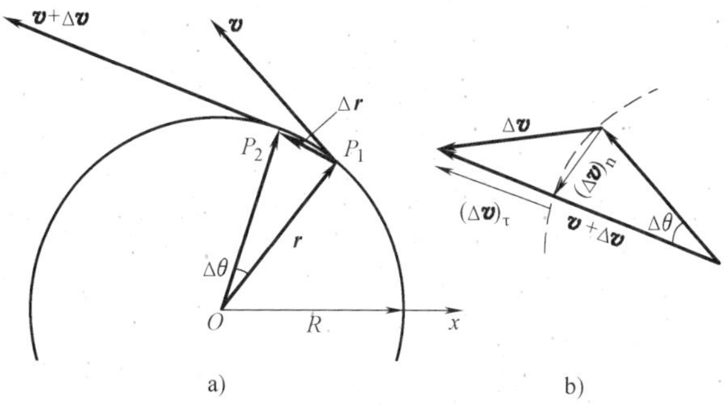

图　1-13

速度增量的矢量图见图 1-13b，在图中，我们过$\boldsymbol{v}$矢量末端点用 $(\Delta\boldsymbol{v})_n$矢量在 $\boldsymbol{v}+\Delta\boldsymbol{v}$矢量上截取顶角为 $\Delta\theta$ 的等腰三角形，显然

$$\Delta\boldsymbol{v} = (\Delta\boldsymbol{v})_n + (\Delta\boldsymbol{v})_\tau \tag{1-43}$$

式中，$(\Delta\boldsymbol{v})_n$与初速度$\boldsymbol{v}$构成一个等腰三角形，而 $(\Delta\boldsymbol{v})_\tau$则沿着末速度$\boldsymbol{v}+\Delta\boldsymbol{v}$的方向，这两个分矢量的含义不同：$(\Delta\boldsymbol{v})_n$代表速度方向的改变，$(\Delta\boldsymbol{v})_\tau$代表速度大小的改变。把上式两边同时除以过程的时间间隔 Δt，并令 $\Delta t\to 0$ 有

$$\frac{\mathrm{d}\boldsymbol{v}}{\mathrm{d}t} = \frac{(\mathrm{d}\boldsymbol{v})_n}{\mathrm{d}t} + \frac{(\mathrm{d}\boldsymbol{v})_\tau}{\mathrm{d}t} \tag{1-44}$$

记为

$$\boldsymbol{a} = \boldsymbol{a}_n + \boldsymbol{a}_\tau \tag{1-45}$$

式子左边 $\boldsymbol{a}=\frac{\mathrm{d}\boldsymbol{v}}{\mathrm{d}t}$为质点在 t 时刻的（总）加速度，右边第一项

$$\boldsymbol{a}_n = \frac{(\mathrm{d}\boldsymbol{v})_n}{\mathrm{d}t} \tag{1-46}$$

称为法向加速度，第二项

$$\boldsymbol{a}_\tau = \frac{(\mathrm{d}\boldsymbol{v})_\tau}{\mathrm{d}t} \tag{1-47}$$

称为切向加速度，它们的大小和方向将在下面分析。式（1-44）的涵义是：质点的加速度为法向加速度和切向加速度的矢量和。

下面我们先分析法向加速度 $\boldsymbol{a}_n$，这个分析与匀速率圆周运动中讨论向心加速度的过程完全相同。图 1-13 中位矢 $\boldsymbol{r}$ 和位移 $\Delta\boldsymbol{r}$ 构成的等腰三角形与速度$\boldsymbol{v}$和速度增量的法向分量$(\Delta\boldsymbol{v})_n$ 构成的等腰三角形相似，所以有

$$\frac{|(\Delta\boldsymbol{v})_n|}{|\boldsymbol{v}|} = \frac{|\Delta\boldsymbol{r}|}{|\boldsymbol{r}|} \tag{1-48}$$

式中，$|\boldsymbol{v}|$为质点在 P_1处的速率 v；$|\boldsymbol{r}|$为位矢大小，即圆半径 R。故上式可记为

$$\frac{|(\Delta\boldsymbol{v})_{\mathrm{n}}|}{v}=\frac{|\Delta\boldsymbol{r}|}{R}$$

将此式两边同除以 Δt，并令 $\Delta t\to 0$，得到

$$\frac{1}{v}\left|\frac{(\mathrm{d}\boldsymbol{v})_{\mathrm{n}}}{\mathrm{d}t}\right|=\frac{1}{R}\left|\frac{\mathrm{d}\boldsymbol{r}}{\mathrm{d}t}\right|$$

按式（1-46），$|(\mathrm{d}\boldsymbol{v})_{\mathrm{n}}/\mathrm{d}t|$为法向加速度的大小，记为 a_{n}，而$|\mathrm{d}\boldsymbol{r}/\mathrm{d}t|$为速度的大小即速率 v，因而上式简化为

$$\frac{a_{\mathrm{n}}}{v}=\frac{v}{R}$$

于是我们得到质点法向加速度的大小为

$$a_{\mathrm{n}}=\frac{v^2}{R} \tag{1-49}$$

法向加速度的方向按式（1-46）应为$(\mathrm{d}\boldsymbol{v})_{\mathrm{n}}$的方向，即 $\Delta t\to 0$ 时$(\Delta\boldsymbol{v})_{\mathrm{n}}$的极限方向，它显然与速度$\boldsymbol{v}$垂直，并指向圆心，而$\boldsymbol{v}$是在轨迹的切向，故 $\boldsymbol{a}_{\mathrm{n}}$ 也称为法向加速度。

下面分析切向加速度 $\boldsymbol{a}_{\tau}$。在图 1-13b 中可以看到，$\Delta\boldsymbol{v}$的分量$(\Delta\boldsymbol{v})_{\tau}$的大小等于速率的增量，记为

$$|(\Delta\boldsymbol{v})_{\tau}|=\Delta v \tag{1-50}$$

将此式两边同除以 Δt，并令 $\Delta t\to 0$，有

$$\left|\frac{(\mathrm{d}\boldsymbol{v})_{\tau}}{\mathrm{d}t}\right|=\frac{\mathrm{d}v}{\mathrm{d}t} \tag{1-51}$$

按式（1-47），$|(\mathrm{d}\boldsymbol{v})_{\tau}/\mathrm{d}t|$即为切向加速度的大小，记为 a_{τ}，而 $\mathrm{d}v/\mathrm{d}t$ 为速率的变化率，于是得出结论：切向加速度的大小等于速率的变化率，即 $a_{\tau}=\mathrm{d}v/\mathrm{d}t$，切向加速度的方向按式（1-47）应为$(\mathrm{d}\boldsymbol{v})_{\tau}$，即 $\Delta t\to 0$ 时$(\Delta\boldsymbol{v})_{\tau}$的极限方向，因它沿速度$\boldsymbol{v}$的方向，故称为切向加速度。

以上结论是按质点的速率增加得到的。若质点的速率是在减少，则速度增量的分解应如图 1-14 所示。此时若令$\Delta t\to 0$ 则$(\Delta\boldsymbol{v})_{\tau}$的极限方向应与速度$\boldsymbol{v}$的方向相反，即切向加速度将逆着速度$\boldsymbol{v}$的方向。

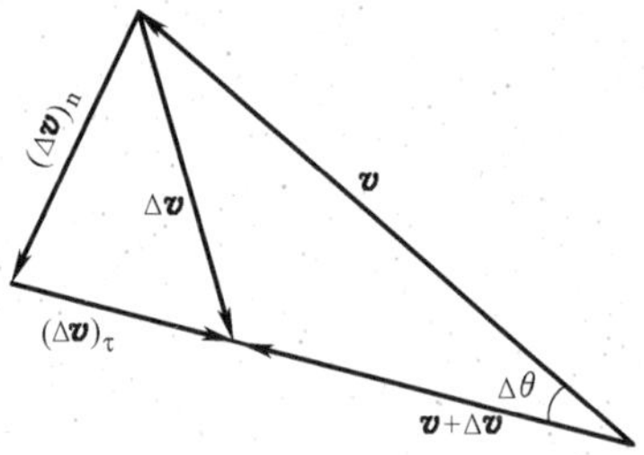

图 1-14

综合以上两种情况，我们把切向加速度用一个带符号的量值（标量）来表示，其值为

$$a_{\tau}=\frac{\mathrm{d}v}{\mathrm{d}t} \tag{1-52}$$

当质点速率增加时，$a_{\tau}>0$，表示切向加速度 a_{τ}沿速度$\boldsymbol{v}$的方向；当质点速率减小时，$a_{\tau}<0$，表示切向加速度逆着速度的方向。

把质点的加速度分解为切向加速度和法向加速度是自然坐标描述的主要特点，其好处是两个分量的物理意义十分清晰：切向加速度描述质点速度大小变化的快慢，而法向加速度则描述质点速度方向变化的快慢。沿切向和法向来分解加速度仍属于正交分解（见图 1-15），故质点加速度的大小为

$$a=\sqrt{a_{\tau}^2+a_{\mathrm{n}}^2} \tag{1-53}$$

质点加速度与速度的夹角 φ 满足

$$\tan\varphi=\frac{a_{\mathrm{n}}}{a_{\tau}} \tag{1-54}$$

式中，a_n为法向加速度的大小；a_τ为切向加速度的大小。若质点的速率在增加，$a_\tau>0$，即切向加速度a_τ沿速度$\boldsymbol{v}$的方向，此时$\tan\varphi>0$，即φ为锐角；若质点速率在减小，$a_\tau<0$，即a_τ与$\boldsymbol{v}$反向，此时$\tan\varphi<0$，φ为钝角。但无论速率是增加或减小，从图1-15中可以看到，由于法向加速度a_n总是指向圆心（轨迹曲线的法向），所以加速度总是指向轨道凹的一侧。

3. 曲线运动中的法向加速度与切向加速度

一般曲线运动的轨迹不是一个圆周，但轨迹上任何一点附近的一段极小的线元都可以看作是某个半径的圆的一段圆弧，这个圆叫作轨迹在该点的曲率圆，如图1-16所示，其半径叫曲率半径，曲率半径的倒数叫曲率。当质点运动到这一点时，其运动可以看作在曲率圆上进行的，所以前述的对圆周运动法向和切向加速度的讨论及结论此时仍能适用。不同的是，在一般曲线运动中法向加速度的大小$a_n=\dfrac{v^2}{\rho}$，其中的ρ应是考察点的曲率半径，法向加速度的方向应是指向考察点的曲率中心。圆周运动是一种特殊的曲线运动，对圆周上的任一点，只有一个曲率圆即圆周自身，而一般曲线运动在轨迹的不同点有不同的曲率圆和不同的曲率中心（见图1-16）。

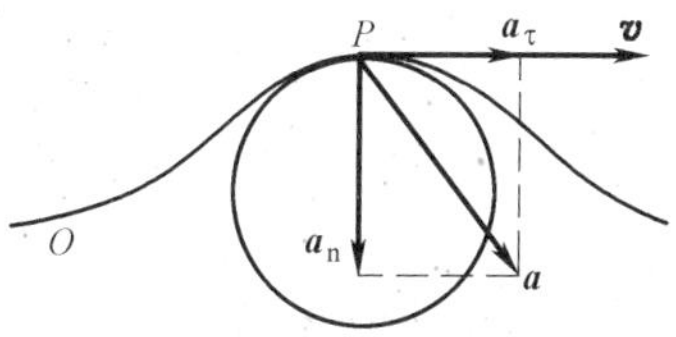

图 1-15

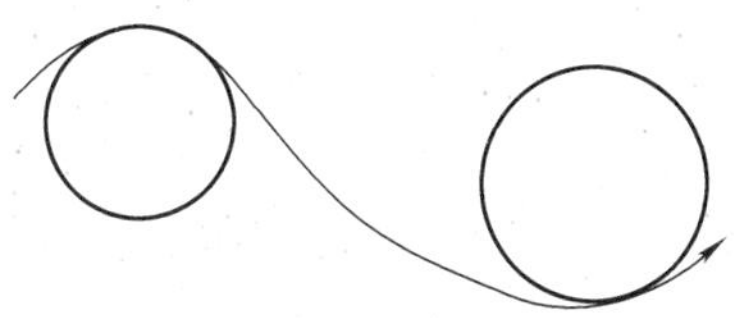

图 1-16

对于一个直角坐标系，我们把质点的加速度分解为a_x，a_y，a_z三个分量，x，y，z的指向是完全确定的。而对于自然坐标系，当我们把加速度分解为a_τ和a_n两个分量时，在轨道上不同的点，切向和法向的指向往往是各不相同的，这一点应该引起注意。在一个具体问题中究竟采用什么坐标系，这需要具体分析。对斜抛运动，用直角坐标方便一些，此时质点加速度$a_x=0$，$a_y=-g$，但用自然坐标系则麻烦一些。对匀速圆周运动，用自然坐标系则方便一些，此时质点的切向加速度$a_\tau=0$，法向加速度$a_n=v^2/R$，用直角坐标系则麻烦一些。

1.2.3 圆周运动的角量描述

圆周运动是我们在日常生活和工作中常见的物体运动形式。许多机器的运转都与圆周运动有关。研究圆周运动的特点具有非常重要的现实意义，是运动学研究的重要运动形式之一。要注意研究圆周运动的思想和方法与前面直线运动的情况做类比。

1. 角位置与角位移

对圆周运动而言，由于圆周的半径是确定的，所以质点的位置可以使用角量的方法来确定。这种方法叫作圆周运动的角量描述。

圆周运动的角量描述是一种简化的平面极坐标表示方法。平面极坐标系的构成如图1-17所示，以平面上O点为原点（极点），Ox轴为极轴，建立起一个平面极坐标系。平面上任一点P的位置可用P到O的距离（极径）r以及r与x轴的夹角（极角）θ来表示。

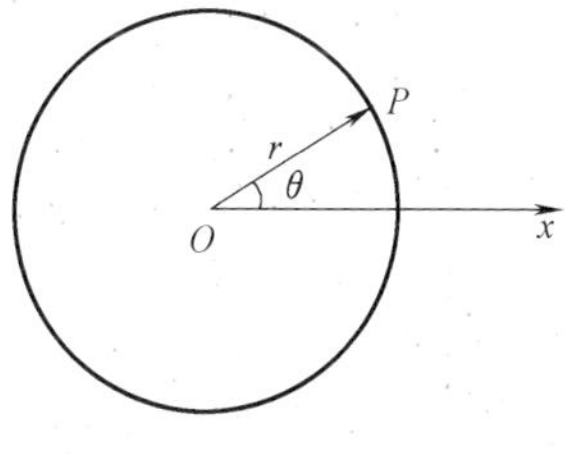

图 1-17

平面极坐标系适于描述质点的圆周运动。以圆心为极点，再沿一半径方向设一极轴Ox，则质点到O点的距离r即为圆半径

R，它是一个常量，故质点位置仅用夹角 θ 即可确定。θ 称为质点的角位置，它实际上只代表质点相对于原点的方向。θ 随时间 t 变化的关系式为

$$\theta = \theta(t) \tag{1-55}$$

称为角量运动方程。质点在从 t 到 $t+\Delta t$ 过程中角位置的变化叫作角位移，即

$$\Delta\theta = \theta(t+\Delta t) - \theta(t) \tag{1-56}$$

通常取逆时针转向的角位移为正值。

2. 角速度

当质点做圆周运动时，在有限长时间段内的角位移与时间间隔的比值定义为平均角速度，即

$$\bar{\omega} = \frac{\Delta\theta}{\Delta t} \tag{1-57}$$

而在无限短时间内角位移与时间间隔的比值定义为瞬时角速度，简称角速度。根据极限的概念，在 $\Delta t\to 0$ 时平均角速度的极限就是质点在 t 时刻的瞬时角速度，即

$$\omega = \lim_{\Delta t\to 0}\frac{\Delta\theta}{\Delta t} = \frac{d\theta}{dt} \tag{1-58}$$

即角速度为角位置的时间变化率（角位置对时间的一阶导数），通常以逆时针转动的角速度为正。角速度的单位是 $rad\cdot s^{-1}$（弧度每秒）或 s^{-1}。

3. 角加速度

在圆周运动过程中，角速度增量与时间间隔的比值定义为角加速度，常用 β 表示。所谓角速度增量是指质点在 t 到 $t+\Delta t$ 过程中末角速度与初角速度之差，即

$$\Delta\omega = \omega(t+\Delta t) - \omega(t) \tag{1-59}$$

在有限长的时间段内角速度增量与其时间间隔 Δt 之比称为平均角加速度：$\bar{\beta} = \dfrac{\Delta\omega}{\Delta t}$。

在无限短的时间间隔内角速度增量与其时间间隔之比称为瞬时角加速度，简称角加速度。同样，根据极限的概念，在 $\Delta t\to 0$ 时，平均角加速度的极限即为质点在 t 时刻的瞬时角加速度，即

$$\beta = \lim_{\Delta t\to 0}\frac{\Delta\omega}{\Delta t} = \frac{d\omega}{dt} = \frac{d^2\theta}{dt^2} \tag{1-60}$$

亦即角加速度为角速度对时间的变化率（即角速度对时间的一阶导数，或角位置对时间的二阶导数）。角加速度的单位是 $rad\cdot s^{-2}$ 或 s^{-2}。

圆周运动角量的运动学问题完全类似于直线运动的情况。如果已知角运动方程求角速度和角加速度，则使用求导数的方法；如果已知角加速度和初始条件求角速度和角运动方程，则使用积分的方法。具体讲，由 $\omega = \dfrac{d\theta}{dt}$ 可得 $d\theta = \omega dt$，把此式对过程积分，并设 $t=0$ 时质点角位置为 θ_0，t 时刻角位置为 θ，则有角位移公式

$$\theta - \theta_0 = \int_0^t \omega dt \tag{1-61}$$

用同样的方法可由 $\beta = \dfrac{d\omega}{dt}$ 得到角速度公式

$$\omega - \omega_0 = \int_0^t \beta dt \tag{1-62}$$

式中，ω_0 和 ω 分别为 $t=0$ 时刻及 t 时刻的角速度。

当碰到角加速度与角速度有关或角加速度与角位置有关的情况时，积分的处理方法与前面

直线运动的情况相类似。

4. 圆周运动中角量与线量的关系

质点的圆周运动常用平面极坐标系和自然坐标系描述。极坐标是用角位置、角速度和角加速度等物理量来描述圆周运动，称为角量描述，而自然坐标是用路程、速率、切向加速度及法向加速度来描述圆周运动，称为线量描述。两种描述之间的关系比较简单，如图 1-18 所示。设质点沿半径为 R 的圆周运动，以 P 点为路程起点，以运动方向为正方向，也就是角位置 θ 和路程 s 增加的方向。设质点 t 时刻在 P_1点，其角位置为 θ，路程为 s，则有

$$s = R\theta \tag{1-63}$$

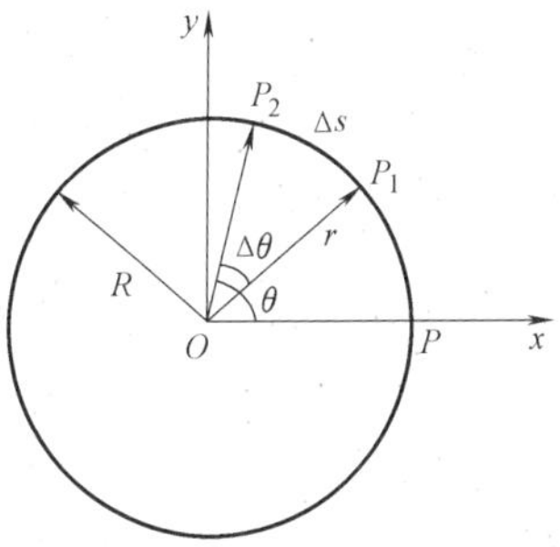

图　1-18

若在 $t+\Delta t$ 时刻质点运动到 P_2点，过程中质点走过的路程为 Δs，角位移为 $\Delta\theta$，则角位移与路程的关系为

$$\Delta s = R\Delta\theta \tag{1-64}$$

将式（1-64）两边同时除以 Δt 并令 $\Delta t\to 0$ 取极限，可以得到质点的速率

$$v = \frac{\mathrm{d}s}{\mathrm{d}t} = R\frac{\mathrm{d}\theta}{\mathrm{d}t} = R\omega \tag{1-65}$$

再将上式对时间 t 求导得质点的切向加速度

$$a_\tau = \frac{\mathrm{d}v}{\mathrm{d}t} = R\frac{\mathrm{d}\omega}{\mathrm{d}t} = R\beta \tag{1-66}$$

而质点的法向加速度为

$$a_n = \frac{v^2}{R} = v\omega = R\omega^2 \tag{1-67}$$

有时，质点在圆周上运动的方向是变化的，此时式（1-63）和式（1-65）中的 θ 和 ω 可能为负值，式中 s 和 v 也为负值，此时可把 s 看作弧坐标，v 看作速度，均设为标量。这时，若 s、v 及 a_τ为负，表示它们与所设的正方向反向。

物理知识应用案例：雷达跟踪

【例 1-6】　图 1-19 表示一个以不变的高度 h 和不变的水平速度 $\boldsymbol{v}$ 飞行着的飞机。求地面雷达跟踪装置的角速度 ω 和角加速度 β。角度的位置以跟踪装置处的垂线为基准。

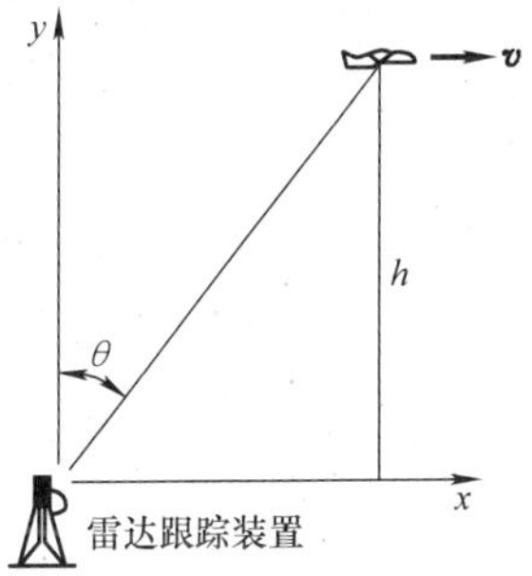

图　1-19

【解】　本题属于运动学第一类问题，首先确定雷达跟踪装置转动运动方程。角度的位置以跟踪装置处的垂线为基准，即 $t=0$ 时 $\theta=0$，由题中约束条件得

$$vt = h\tan\theta$$

方程两边对 t 求导，得

$$v = h\sec^2\theta\frac{\mathrm{d}\theta}{\mathrm{d}t}$$

$$\omega = \frac{\mathrm{d}\theta}{\mathrm{d}t} = \frac{v}{h\sec^2\theta}$$

$$\beta=\frac{\mathrm{d}\omega}{\mathrm{d}t}=\frac{v}{h}\frac{\mathrm{d}\cos^2\theta}{\mathrm{d}t}=\frac{-2v\cos\theta\sin\theta}{h}\frac{\mathrm{d}\theta}{\mathrm{d}t}=\frac{-2v^2\cos^3\theta\sin\theta}{h^2}$$

1.3 相对运动

飞机在与空气做相对运动的同时，要随空气团一起对地面运动，因而飞机对地面的运动必然是飞机对空气的运动和空气对地面的运动的合成运动。在飞行特技表演中（见图1-20）飞行员面临一个涉及相对速度的复杂问题。他们必须密切注意所驾飞机相对于空气运动的情况（飞行状态参数）、相对于其他飞机的位置（保持紧密的队形，且没有碰撞）和相对于地面观众的位置（保持在观众的视线范围内）。

图 1-20

我们也需要考虑由具有相对运动的不同观察者来描述的同一质点运动情况。在本书后面部分，当研究碰撞、探索电磁现象、介绍爱因斯坦的狭义相对论时，相对速度的概念将扮演一个非常重要的角色。

1.3.1 相对运动中的速度关系

在不同的参考系中考察同一物体的运动时，其描述的结果是不相同的，这反映了运动描述的相对性。在大学物理中我们用直角坐标系来讨论这个问题，而且只讨论坐标系之间平动的情况（坐标系之间转动的情况会在理论力学等课程中讨论），这时，两个坐标系 $Oxyz$ 和 $O'x'y'z'$各轴的指向始终相同，如图1-21所示。

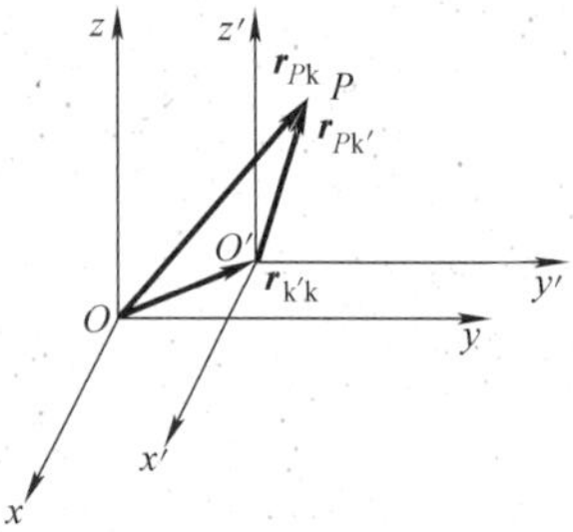

图 1-21

运动描述的相对性首先表现在对质点位置的描述上。相对于上述两个坐标系 $Oxyz$ 和 $O'x'y'z'$（简称为 k 系和 k′系），若质点 t 时刻在 P 点，它相对于 k 系的位矢是 $\boldsymbol{r}_{Pk}$，相对于 k′系的位矢是 $\boldsymbol{r}_{Pk'}$，而 k′系相对于 k 系的位矢用 $\boldsymbol{r}_{k'k}$表示，这三个相对位矢有如下关系：

$$\boldsymbol{r}_{Pk}=\boldsymbol{r}_{Pk'}+\boldsymbol{r}_{k'k} \tag{1-68}$$

这表示同一质点对于 k 和 k′两个坐标系的位矢 $\boldsymbol{r}_{Pk}$ 和 $\boldsymbol{r}_{Pk'}$ 不相等。上式描述的相对位置之间的关系，也称为位置变换。

在质点的运动过程中，两个坐标系中质点的位置矢量一般是变化的，同时两个坐标系之间还可能有相对运动，因此，$\boldsymbol{r}_{Pk}$、$\boldsymbol{r}_{Pk'}$和 $\boldsymbol{r}_{k'k}$都随时间变化，将其分别对时间求一阶导数，则由位置变换可得到相对速度之间的关系即速度变换为

$$\boldsymbol{v}_{Pk}=\boldsymbol{v}_{Pk'}+\boldsymbol{v}_{k'k} \tag{1-69}$$

式中，$\boldsymbol{v}_{Pk}$、$\boldsymbol{v}_{Pk'}$和$\boldsymbol{v}_{k'k}$分别表示质点相对于 k 系的速度、质点相对于 k′系的速度和 k′系相对于 k 系的速度。将其表示成 x、y、z 三个坐标轴上分量的形式为

$$v_{Pkx}=v_{Pk'x}+v_{k'kx} \tag{1-70}$$

$$v_{Pky}=v_{Pk'y}+v_{k'ky} \tag{1-71}$$

$$v_{Pkz}=v_{Pk'z}+v_{k'kz} \tag{1-72}$$

上述关系表明，同一质点的速度在不同参考系中来测量其结果是不同的，除非$\boldsymbol{v}_{k'k}$为零（即两个参考系之间没有相对运动）。读者在处理相对运动的速度关系时应该注意的重点是确认已知的和未知的速度是公式中的哪一个速度。只要确认无误，计算就将非常简单，并且不会出错。

1.3.2　相对运动中的加速度关系

读者考虑一下就可以知道，两个系中质点的速度一般可能是变化的，同时两个坐标系之间相对运动的速度也可能是变化的，因此，将$\boldsymbol{v}_{P\mathrm{k}}$、$\boldsymbol{v}_{P\mathrm{k}'}$和$\boldsymbol{v}_{\mathrm{k}'\mathrm{k}}$再分别对时间求一阶导数，则由速度变换可得到加速度之间的关系即加速度变换为

$$\boldsymbol{a}_{P\mathrm{k}} = \boldsymbol{a}_{P\mathrm{k}'} + \boldsymbol{a}_{\mathrm{kk}'} \tag{1-73}$$

式中，$\boldsymbol{a}_{P\mathrm{k}}$、$\boldsymbol{a}_{P\mathrm{k}'}$和$\boldsymbol{a}_{\mathrm{k}'\mathrm{k}}$分别表示质点相对于 k 系的加速度、质点相对于 k′系的加速度和 k′系相对于 k 系的加速度。将其表示成 x、y、z 三个坐标轴上分量的形式为

$$a_{P\mathrm{k}x} = a_{P\mathrm{k}'x} + a_{\mathrm{k}'\mathrm{k}x} \tag{1-74}$$

$$a_{P\mathrm{k}y} = a_{P\mathrm{k}'y} + a_{\mathrm{k}'\mathrm{k}y} \tag{1-75}$$

$$a_{P\mathrm{k}z} = a_{P\mathrm{k}'z} + a_{\mathrm{k}'\mathrm{k}z} \tag{1-76}$$

上述关系表明，同一质点的加速度在不同参考系中来测量结果是不同的，除非$\boldsymbol{a}_{\mathrm{k}'\mathrm{k}}$为零（即两个参考系之间是匀速直线运动或相对静止）。读者在处理相对运动的加速度关系时应该注意的重点同样是确认已知的和未知的加速度是公式中的哪一个加速度。只要确认无误，计算也将非常简单并且不会出错。

物理知识应用案例：飞机航向

【例 1-7】　飞机罗盘指示飞机向东飞行，空速 V；地面气象站指出风向正南吹，风速 U。试求飞机相对地面的速度。

【解】　这里讨论的是飞机、空气、地面三者之间的相对运动，设飞机相对地面的速度为$\boldsymbol{v}_{机对地} = \boldsymbol{W}$；飞机相对空气的速度为$\boldsymbol{v}_{机对气} = \boldsymbol{V}$，方向朝正东；空气相对地面的速度为$\boldsymbol{v}_{气对地} = \boldsymbol{U}$，方向朝正南，因为

$$\boldsymbol{v}_{机对地} = \boldsymbol{v}_{机对气} + \boldsymbol{v}_{气对地}$$

即

$$\boldsymbol{W} = \boldsymbol{V} + \boldsymbol{U}$$

由此式可画出速度合成的矢量图，如图 1-22 所示。飞机相对地面的飞行方向为东偏南 θ 角，θ 由下式给出：

$$\tan\theta = \frac{U}{V}$$

飞机相对地面的速率为

$$W = v_{机对地} = \sqrt{v_{机对气}^2 + v_{气对地}^2} = \sqrt{V^2 + U^2}$$

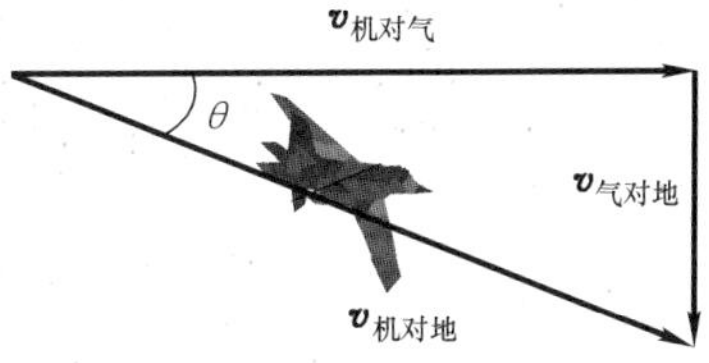

图　1-22

本章总结

1. 描述质点运动的物理量

位置矢量　$\boldsymbol{r} = x\boldsymbol{i} + y\boldsymbol{j} + z\boldsymbol{k}$

运动方程　位置矢量随时间变化的函数关系式

$$\boldsymbol{r}(t) = x(t)\boldsymbol{i} + y(t)\boldsymbol{j} + z(t)\boldsymbol{k}$$

位移　$\Delta\boldsymbol{r} = \boldsymbol{r}_2 - \boldsymbol{r}_1$

速度　$\boldsymbol{v} = \lim\limits_{\Delta t\to 0}\dfrac{\Delta\boldsymbol{r}}{\Delta t}$

在直角坐标系内 $\boldsymbol{v}=\dfrac{\mathrm{d}\boldsymbol{r}}{\mathrm{d}t}=\dfrac{\mathrm{d}x}{\mathrm{d}t}\boldsymbol{i}+\dfrac{\mathrm{d}y}{\mathrm{d}t}\boldsymbol{j}+\dfrac{\mathrm{d}z}{\mathrm{d}t}\boldsymbol{k}$

在自然坐标系内速度大小 $v=\dfrac{\mathrm{d}s}{\mathrm{d}t}$（$s$ 为路程），方向沿轨迹的切线方向

加速度 $\boldsymbol{a}=\dfrac{\mathrm{d}\boldsymbol{v}}{\mathrm{d}t}=\dfrac{\mathrm{d}^2\boldsymbol{r}}{\mathrm{d}t^2}$

在直角坐标系内 $\boldsymbol{a}=\dfrac{\mathrm{d}v_x}{\mathrm{d}t}\boldsymbol{i}+\dfrac{\mathrm{d}v_y}{\mathrm{d}t}\boldsymbol{j}+\dfrac{\mathrm{d}v_z}{\mathrm{d}t}\boldsymbol{k}$

在自然坐标系内 $\boldsymbol{a}=\boldsymbol{a}_{\mathrm{n}}+\boldsymbol{a}_{\tau}=\dfrac{v^2}{\rho}\boldsymbol{n}+\dfrac{\mathrm{d}v}{\mathrm{d}t}\boldsymbol{\tau}$

2. 两类运动学问题

由运动方程求速度、加速度时用导数；由速度（加速度）求位移（速度）时用积分。具体运算时先将求导或求积分的矢量函数在一定坐标系中表达为矢量解析式，然后对各分量求导或求积，再将结果用矢量解析式来表达。

由加速度 $\boldsymbol{a}$ 求速度 $\boldsymbol{v}$ 时，根据函数的具体形式，采用不同的方法：

若 $\boldsymbol{a}=\boldsymbol{a}(t)$，可直接积分 $\int_{v_0}^{v}\mathrm{d}\boldsymbol{v}=\int_0^t\boldsymbol{a}(t)\,\mathrm{d}t$

若 $a=a(v)$，先分离变量再积分 $a(v)=\dfrac{\mathrm{d}v}{\mathrm{d}t},\int_0^t\mathrm{d}t=\int_{v_0}^{v}\dfrac{\mathrm{d}v}{a(v)}$

若 $a=a(x)$，先换元再积分 $a(x)=\dfrac{\mathrm{d}v}{\mathrm{d}t}=\dfrac{\mathrm{d}v}{\mathrm{d}x}\dfrac{\mathrm{d}x}{\mathrm{d}t}=v\dfrac{\mathrm{d}v}{\mathrm{d}x}$

$$\int_{x_0}^{x}a(x)\,\mathrm{d}x=\int_{v_0}^{v}v\mathrm{d}v$$

3. 圆周运动

角位置 θ：质点的位矢与 x 轴的夹角

角位移 $\Delta\theta$：在 Δt 时间内，位矢转过的角度 $\Delta\theta=\theta_2-\theta_1$

角速度 ω：质点角位置对时间的变化率 $\omega=\dfrac{\mathrm{d}\theta}{\mathrm{d}t}$

角加速度 β：质点角速度对时间的变化率 $\beta=\dfrac{\mathrm{d}\omega}{\mathrm{d}t}$

角量与线量的关系：$v=R\omega$，$a_\tau=R\beta$，$a_{\mathrm{n}}=\dfrac{v^2}{R}=\omega^2R$

习 题

（一）填空题

1-1 一质点沿 x 轴做直线运动，它的运动学方程为 $x=3+5t+6t^2-t^3$（SI），则

（1）质点在 $t=0$ 时刻的速度 $v_0=$______________；

（2）加速度为零时，该质点的速度 $v=$______________。

1-2 质点 p 在一直线上运动，其坐标 x 与时间 t 有如下关系：$x=-A\sin\omega t$（SI）（A 为常数），则

（1）任意时刻 t，质点的加速度 $a=$______________；

（2）质点速度为零的时刻 $t=$______________。

1-3 如习题 1-3 图所示，一人自原点出发，25s 内向东走 30m，又在 10s 内向南走 10m，再在 15s 内向正西北走 18m。求在这 50s 内，平均速度的大小为__________，方向为__________，平均速率为__________。

1-4 在 x 轴上做变加速直线运动的质点，已知其初速度为 v_0，初始位置为 x_0，加速度 $a=Ct^2$（其中 C 为常量），则其速度与时间的关系为 $v=$______________，运动学方程为 $x=$______________。

1-5 一质点沿半径为 R 的圆周运动，其路程 s 随时间 t 变化的规律为 $s=bt-ct^2/2$(SI)，式中，b、c 为大于零的常量，且 $b^2>Rc$。则此质点运动的切向加速度 $a_\tau=$______；法向加速度 $a_n=$______。

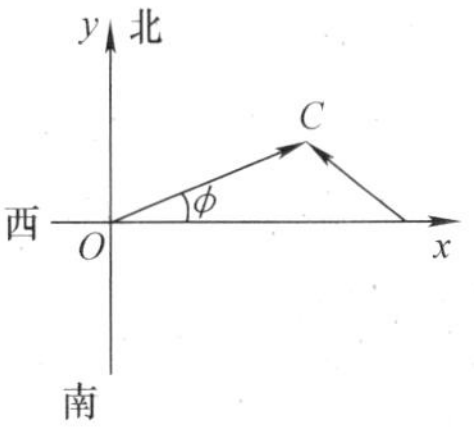

习题 1-3 图

1-6 在 xOy 平面内有一运动质点，其运动学方程为 $\boldsymbol{r}=10\cos5t\boldsymbol{i}+10\sin5t\boldsymbol{j}$(SI)，则 t 时刻其速度 $\boldsymbol{v}=$______；其切向加速度的大小 $a_\tau=$______；该质点运动的轨迹是______。

1-7 一质点沿半径为 0.1m 的圆周运动，其角位移随时间 t 的变化规律是 $\theta=2+4t^2$(SI)。在 $t=2$s 时，它的法向加速度 $a_n=$______；切向加速度 $a_\tau=$______。

1-8 一质点沿直线运动，其运动学方程为 $x=6t-t^2$(SI)，则在 t 由 0 至 4s 的时间间隔内，质点的位移大小为______，在 t 由 0 到 4s 的时间间隔内质点走过的路程为______。

1-9 试说明质点做何种运动时，将出现下述各种情况（$v\neq0$）：

（1）$a_\tau\neq0$，$a_n\neq0$；______

（2）$a_\tau\neq0$，$a_n=0$。______

1-10 一物体做如习题 1-10 图所示的斜抛运动，若测得在轨道 A 点处速度 $\boldsymbol{v}$的大小为 v，其方向与水平方向夹角成 30°，则物体在 A 点的切向加速度 $a_\tau=$______，轨道的曲率半径 $\rho=$______。

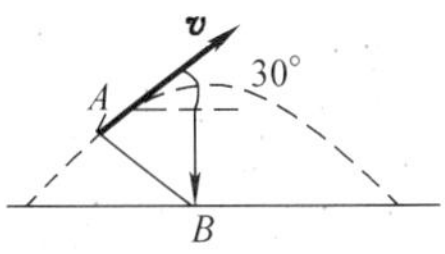

习题 1-10 图

（二）计算题

1-11 一质点沿 x 轴运动，其加速度为 $a=4t$（SI），已知 $t=0$ 时，质点位于 $x_0=10$m 处，初速度 $v=0$。试求其位置和时间的关系式。

1-12 一质点沿半径为 R 的圆周运动。质点所经过的弧长与时间的关系为 $s=bt+ct^2/2$，其中 b、c 是大于零的常量，求从 $t=0$ 开始到切向加速度与法向加速度大小相等时所经历的时间。

1-13 对于在 xOy 平面内以原点 O 为圆心做匀速圆周运动的质点，

（1）试用半径 r，角速度 ω 和单位矢量 $\boldsymbol{i}$，$\boldsymbol{j}$ 表示其 t 时刻的位置矢量。已知在 $t=0$ 时，$y=0$，$x=r$，角速度为 ω，如习题 1-13 图所示。

（2）由（1）导出速度$\boldsymbol{v}$与加速度 $\boldsymbol{a}$ 的矢量表示式。

（3）试证加速度指向圆心。

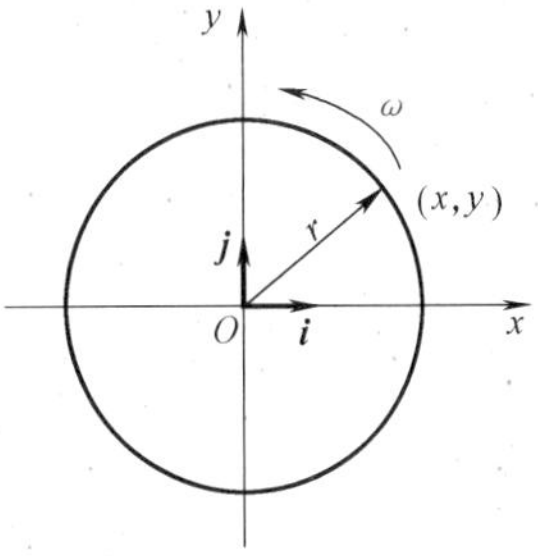

习题 1-13 图

1-14 一质点沿 x 轴运动，其加速度 a 与位置坐标 x 的关系为

$$a=2+6x^2\text{(SI)}$$

如果质点在原点处的速度为零，试求其在任意位置处的速度。

1-15 如习题 1-15 图所示，质点 P 在水平面内沿一半径 $R=2$m 的圆轨道上转动。转动的角速度 ω 与时间 t 的函数关系为 $\omega=kt^2$（k 为常量）。已知 $t=2$s 时，质点 P 的速度大小为 $32\text{m}\cdot\text{s}^{-1}$。试求 $t=1$s 时，质点 P 的速度与加速度的大小。

1-16 已知一个质点做直线运动，其加速度 $a=3v+2$。在 $t=0$ 的初始时刻，其位置在 $x=0$ 处，速度为 0。试求任意时刻质点运动的速度和位置。

1-17 雷达与火箭发射台的距离为 l，观测沿竖直方向向上发射的火箭，如习题 1-17 图所示。观测得 θ 的规律为 $\theta=kt$（k 为常数）。试写出火箭的运动学方程，并求出当 $\theta=\pi/6$ 时，火箭的速度和加速度。

1-18 喷气发动机的涡轮做匀加速转动，初瞬时转速 $n_0=9000\text{r}\cdot\text{min}^{-1}$，经过 30s，转速达到 $12600\text{r}\cdot\text{min}^{-1}$，求涡轮的角加速度以及在这段时间内转过的转数。

1-19 一飞机驾驶员想往正北方向航行，而风以 $60\text{km}\cdot\text{h}^{-1}$的速度由东向西刮来，如果飞机的航速（在静止空气中的速率）为 $180\text{km}\cdot\text{h}^{-1}$，试问驾驶员应取什么航向？飞机相对于地面的速率为多少？试用矢量图说明。

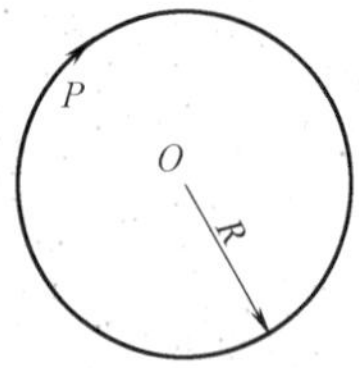

习题 1-15 图

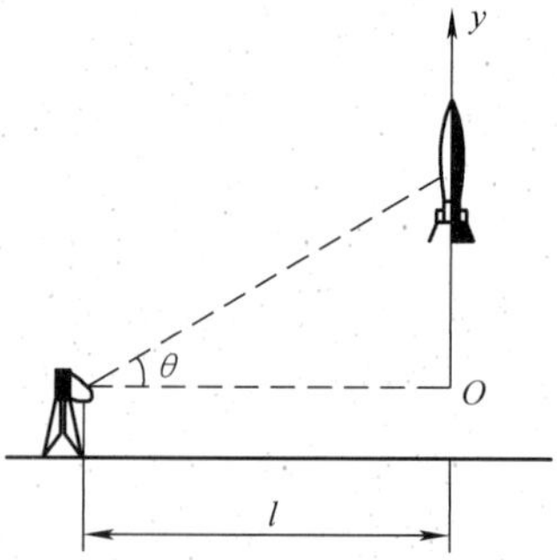

习题 1-17 图

1-20 一个跳伞员离开飞机后自由下落 50m，这时她张开降落伞，其后她以 $2.0\mathrm{m}\cdot\mathrm{s}^{-2}$ 大小的加速度减速下降，她到达地面时的速率为 $3.0\mathrm{m}\cdot\mathrm{s}^{-1}$。问：(1) 她在空中下落的时间多长？(2) 她在多高的地方离开飞机？

1-21 一名宇航员坐在半径为 5.0m 的离心机内转动。

(1) 向心加速度的大小为 $7.0g$ 时宇航员的速率是多少？

(2) 产生这个加速度需要每分钟转多少转？

(3) 运动的周期是多少？

工程应用阅读材料——惯性导航

惯性导航（制导）是一种自主性强、精度高、安全可靠的精密导航技术。它能够及时地输出各种导航数据，并且能为运载体提供精确的姿态基准，在航空、航海和宇航技术领域中都有着极其广泛的应用。随着现代科学技术的不断发展，航空、航海和宇航技术对惯性导航的要求更加迫切，对导航精度的要求也越来越高。

什么是惯性导航呢？在运载体上安装加速度计，经过计算（一次积分和二次积分），求得运动轨道（载体的运动速度和位置矢量），从而进行导航的技术称为惯性导航。无论是惯性导航还是惯性制导都是以加速度计敏感测量载体运动加速度为基础的。因此，加速度计在惯性导航与惯性制导系统中的重要作用是显而易见的。H. 梅耳曼在美国的《导航》杂志上曾指出：“惯性导航系统的心脏是加速度计”“在惯性导航系统中，陀螺仪的重要性仅次于加速度计”。

加速度计是惯性导航系统的关键部件，它的重要性已经越来越为人们所理解。在各种运载体的导航定位中，通过测量位置、速度或加速度都可以得到运动物体的轨迹。但是在运动物体内部能够测量的量只有加速度。依据牛顿第二定律，利用加速度计来测量运动物体的加速度，通过积分获得定位所需要的速度和位置，这便是惯性导航名称的由来。

从应用磁针和空速数据作为输入的简单航行推算装置，到比较复杂的应用多普勒雷达、自动星座跟踪器、无线电系统（如劳兰系统等）和惯性导航系统，其中，只有惯性导航系统不受敌方无线电波的干扰，不需要与地面基地保持联系，不受变化莫测的气候影响，也不受磁差的影响。其他导航系统在没有外界的参考基准（如星体、陆标等）时，就不能决定运载体的速度，也不能决定其行程。

1. 结构组成及简单分类

惯性导航系统通常由陀螺仪、加速度计、计算机和控制显示装置等组成。它属于一种推算导航方式，即从一已知时间的位置根据连续测得的运载体航向角和速度推算出其下一时间的位置。

按照陀螺仪和加速度计在航行体上安装方式的不同，惯性导航系统可分为平台式和捷联式两种。平台式系统的加速度计安装在由陀螺仪稳定的惯性平台上。平台的作用是为加速度计提供一个参考坐标，同时隔离航行体的角运动。这样，既可简化导航计算，又能为惯性仪表创造良好的工作环境。捷联式系统是将相互正交的加速度计和陀螺仪直接安装在航行体上，这样测得的加速度、姿态角与角速度必须经过计算机进行坐标变换和计算才能得到所需的导航参数。

2. 惯性导航系统的定位

两个加速度计 A_N 和 A_E 互相垂直地水平放置在惯性平台上，并分别测出北向及东向加速度 a_N 和 a_E，这些加速度信号除包含有舰船相对地球的运动加速度以外，还含有哥氏加速度与离心加速度等有害加速度 a_{BN}、a_{BE} 在内。因此，对测得的加速度信号输入到导航计算机之后，首先将有害加速度 a_{BN}、a_{BE} 加以补偿，经过一次积分即可得到速度分量

$$v_N(t) = \int_0^t (a_N - a_{BN})\mathrm{d}t + v_{N0} \quad (v_{N0}\text{ 为北向初始速度})$$

$$v_E(t) = \int_0^t (a_E - a_{BE})\mathrm{d}t + v_{E0} \quad (v_{E0}\text{ 为东向初始速度})$$

此速度分量再经过一次积分及一些运算之后，得到舰船相对地球的经纬度变化量 $\Delta\lambda$ 及 $\Delta\varphi$。如果输入起始点的经纬度 λ_0、φ_0，就可得出舰船的瞬时经纬度 $\lambda(t)$ 及 $\varphi(t)$，即舰船的瞬时位置。

$$\varphi(t) = \varphi_0 + \frac{1}{R_m}\int_0^t v_N(t)\mathrm{d}t \qquad (R_m\text{ 为子午面内的曲率半径})$$

$$\lambda(t) = \lambda_0 + \frac{1}{R_N}\int_0^t v_E(t)\sec\varphi \mathrm{d}t + v_{E0} \quad (R_N\text{ 为法平面内的曲率半径})$$

这样，惯性导航系统就完成了其自由式导航。它可以输出如下导航信息：航速、航程、航向、经度、纬度、纵摇姿态角、横摇姿态角等。

3. 惯性导航的应用及发展

由于惯性导航原理决定了单一惯性导航系统的导航误差将随时间而累积，导航精度随时间而发散，因此，惯性导航系统不能单独长时间工作，需定期校准。随着现代控制理论及微电子、计算机和信息融合等技术的发展，在导航领域展开了以惯性导航系统为主的多导航系统组合导航的研究。组合导航的基本原理是利用信息融合技术，通过最优估计、数字滤波等信号处理方法把各种导航系统如无线电、卫星、天文、地形及景象匹配等导航系统进行结合，以发挥各种导航技术优势，达到比任何单一导航方式更高的导航精度和可靠性。常见的有以惯性导航和 GPS 卫星导航组合的（INS/GPS）导航系统。与惯性导航相比，GPS 具有成本低、导航精度高、且误差不随时间积累等优点，GPS 导航系统输出的导航信息作为系统状态的观测量，通过卡尔曼滤波对系统的状态（位置、速度等）及误差进行最优估计，以实现对惯性导航系统的校准和误差补偿。而惯性导航系统自主、实时、连续等优点可弥补 GPS 易受干扰、动态环境可靠性差的不足。

随着多传感器融合理论的发展，组合导航系统从 INS/多普勒、INS/天文、INS/VOR/DEM、INS/LORAN 等，发展到 INS/地形匹配、INS/GPS 和 INS/图像匹配，及多种系统和传感器组合的 INS/GPS/地形轮廓/景象匹配。

第 2 章　牛顿运动定律

在质点运动学中，我们只描述了质点的运动，没有涉及运动状态发生变化的原因。是什么原因引起运动的呢？比如，一个螺旋桨是怎样推动一个比自己重得多的巡洋舰运动的呢？从本章开始的质点动力学，将以牛顿运动定律为基础，研究物体运动状态发生变化的原因及其规律。牛顿提出的三条运动定律，不仅是质点运动的基本定律，而且是整个经典力学的基础。

2.1　牛顿运动定律的内容

2.1.1　中学物理知识回顾与拓展

1. 牛顿第一定律

牛顿第一定律的表述：物体将保持静止或做匀速直线运动，直到其他物体对它的作用力迫使其改变这种状态为止。

牛顿第一定律给出了两个重要概念。第一，它给出了力的科学定义：力是一个物体对另一个物体的作用。力的作用效果是使受力作用的物体改变原来的运动状态，而不是维持物体的运动状态。在国际单位制中，力的单位是牛［顿］，符号是 N。第二，它表明任何物体都具有保持其运动状态不变的固有属性（惯性）。

1）惯性的定义：由牛顿第一定律可知，物体之所以静止或做匀速直线运动是由物体的本性造成的。这种本性叫作物体的惯性。

2）惯性的大小可以使用一个物理量——质量来描述，质量也称为物体的惯性质量。在国际单位制中，质量的单位是千克（kg）。物体质量越大，惯性就越大，保持原有运动状态的本领也越强。

力在物理学中是一个核心物理量。以下是日常生活中存在的力的数量级的几个例子，它们有助于读者加深对力的认识。

DNA 双螺旋分子之间的相互作用力为 10^{-14}N。

电子与质子之间的相互作用力为 10^{-9}N。

耳机声音对耳膜的作用力为 10^{-4}N（对于 10^{-13}N 的作用力人的听力仍然能够感知到）。

水对水坝的作用力为 10^{11}N。

太阳对地球的引力为 10^{22}N。

2. 牛顿第二定律

牛顿第二定律的表述：物体受到外力作用时将产生加速度，加速度的大小与合外力的大小成正比，与物体自身的质量成反比，加速度的方向在合外力的方向上。

牛顿第一定律从力的有无的角度对力做了说明，牛顿第二定律是牛顿第一定律逻辑上的延伸，它进一步定量地阐明了物体受到外力作用时运动状态是如何变化的（使物体产生加速度）。牛顿第二定律的定量数学表达式为

$$\boldsymbol{F} = km\boldsymbol{a}$$

在国际单位制下，加速度以 $m \cdot s^{-2}$ 为单位，质量以 kg 为单位时，$k=1$。故有

$$\boldsymbol{F} = m\boldsymbol{a} = m\frac{\mathrm{d}\boldsymbol{v}}{\mathrm{d}t} = m\frac{\mathrm{d}^2\boldsymbol{r}}{\mathrm{d}t^2} \tag{2-1}$$

式（2-1）是矢量形式，叫作牛顿运动方程。牛顿运动方程在直角坐标系和自然坐标系中的分量式分别可以表示为

$$\begin{cases} F_x = ma_x = m\dfrac{\mathrm{d}v_x}{\mathrm{d}t} \\ F_y = ma_y = m\dfrac{\mathrm{d}v_y}{\mathrm{d}t} \\ F_z = ma_z = m\dfrac{\mathrm{d}v_z}{\mathrm{d}t} \end{cases} \tag{2-2}$$

和

$$\begin{cases} F_{\mathrm{n}} = ma_{\mathrm{n}} = m\dfrac{v^2}{R} \\ F_{\tau} = ma_{\tau} = m\dfrac{\mathrm{d}v}{\mathrm{d}t} \end{cases} \tag{2-3}$$

由式（2-3）可见，合外力的切向分量决定了物体速度大小的变化率，法向分量决定了物体速度方向的变化。

牛顿第二定律定量地说明了力与物体运动状态变化之间的关系。同一个物体在不同的外力作用下，物体的加速度与外力之间始终保持同向、正比的关系；不同的物体在相同外力作用下，质量大的物体产生的加速度小，说明物体的惯性大；质量小的物体产生的加速度大，说明物体的惯性小。质量是物体惯性大小的量度。如果说第一定律给出了惯性概念，第二定律则对惯性概念做了定量的叙述。

在牛顿定律的应用中，读者特别要注意的是第二定律中的 $\boldsymbol{F}$ 是物体所受的合力。当有多个力作用在物体上时，由矢量合成规律可以得到

$$\boldsymbol{F} = \sum_{i=1}^{n}\boldsymbol{F}_i \tag{2-4}$$

式中，$\boldsymbol{F}_i$ 是第 i 个分力，上式称为力的叠加原理。在一般情况下，物体同时受到多个力的作用，$\boldsymbol{F}$ 表示合力，$\boldsymbol{a}$ 表示合力作用下产生的总加速度。

牛顿第二定律是瞬时关系式，即 $\boldsymbol{F}(t) = m\boldsymbol{a}(t)$。物体在 t 时刻具有的加速度与同一时刻所受的力的大小成正比，方向相同，并且表现为时间 t 的函数。在某些情况下，物体所受的力为恒力，物体具有的加速度为匀加速度，例如自由落体运动，这时力与加速度都不随时间 t 变化。但是更普遍的情况表现为物体所受的力为变力，力的大小方向都可能发生变化，相应物体的加速度也是变化的，这时物体的加速度与力在时间上应表现为一一对应的关系。

3. 牛顿第三定律

牛顿第三定律有多种表述形式，这里我们要求读者掌握如下的表述：物体之间的作用力与反作用力大小相等，方向相反，作用在不同的物体上。其数学表达式为

$$\boldsymbol{F} = -\boldsymbol{F}' \tag{2-5}$$

牛顿第三定律在逻辑上是牛顿第一、第二定律的延伸。在牛顿第一、第二定律中都使用了力的概念，但什么是力，力有什么特点，都没有具体介绍。牛顿第三定律就是来补充力的特点和规律的定律。

根据牛顿第三定律，我们可以将力定义为：力就是物体间的相互作用。当两个物体相互作用

时，受力的物体也是施力的物体。这种相互作用分别叫作作用力与反作用力。从牛顿第三定律我们知道，作用力与反作用力之间有如下的特点：

1）作用力与反作用力大小相等，方向相反。力的作用线是在同一直线上的。

2）作用力与反作用力不能抵消，因为它们是作用在不同的物体上的。

3）作用力与反作用力同时产生，同时消失，互为存在条件。由于作用力和反作用力是分别作用在两个物体上，而产生各自的效果，所以它们永远不会相互抵消；作用力与反作用力的类型也是相同的。如果作用力是万有引力，则反作用力也是万有引力。

与第一定律和第二定律不同，牛顿第三定律在任何参考系中都成立，而第一定律和第二定律只在惯性系中成立。

4. 牛顿运动定律的适用范围

在牛顿三大定律中，牛顿第二定律是核心。通常把牛顿第二定律的数学表达式称为质点动力学的基本方程式。在处理实际问题时，往往是把三条定律结合起来应用的。在应用牛顿运动定律时要注意：

（1）牛顿运动定律适用于质点 牛顿运动定律中的“物体”是指质点，$\boldsymbol{F}=m\boldsymbol{a}$ 或 $\boldsymbol{F}=m\dfrac{\mathrm{d}\boldsymbol{v}}{\mathrm{d}t}$ 均针对质点成立。如果一个物体的大小、形状在讨论问题时不能够忽略不计，可以将该物体处理为由许许多多质点构成的质点系统，简称为质点系。质点系中每一个质点的运动规律都应当遵从牛顿运动定律。

（2）牛顿力学适用于宏观物体的低速运动情况 在牛顿于1687年提出著名的牛顿三大定律后的很长一段时期，人们对物质及其运动的认识还仅仅局限于宏观物体的低速运动。低速是指物体的运动速度远远小于光在真空中的传播速度。牛顿力学在宏观物体低速运动的范围内描述物体的运动规律是极为成功的。但是到了19世纪末期，随着物理学在理论上和实验技术上的不断发展，人类观察的领域不断扩大，实验上相继观察到了微观领域和高速运动领域中的许多现象，例如电子、放射性射线等。人们发现用牛顿力学解释这些现象是不成功的。直到20世纪初，量子力学的诞生，才对微观粒子的运动规律给予了正确的解释，而对于高速运动的物理图像，则必须用爱因斯坦的相对论进行讨论。

（3）牛顿力学只适用于惯性参考系 关于惯性系与非惯性系的问题我们将在以后专门讨论。

5. 物理量的单位

历史上物理量的单位制有很多种，这不仅给工农业生产和人民生活带来许多不便，而且也不规范。1984年2月27日，我国颁布实行以国际单位制（SI）为基础的法定单位制，如无特别说明，本书一律采用这种法定单位制。

物理量虽然很多，但只要选定一组数目最少的物理量作为基本量，把它们的单位规定为基本单位，其他物理量的单位就可以通过定义或定律导出。从基本量导出的量称为导出量，相应的单位称为导出单位。

SI以长度、质量、时间、电流、热力学温度、物质的量和发光强度这7个量作为基本量，因此，这些量的单位就是SI基本单位。

在这7个量中，长度、质量和时间是力学的基本量。SI规定：长度的单位名称为“米”，符号为m；质量的单位名称为“千克”，符号为kg；时间的单位名称为“秒”，符号为s。其他力学量都是导出量。

据此规定，速度的单位名称为“米每秒”，符号为 $\mathrm{m\cdot s^{-1}}$；角速度的单位名称为“弧度每秒”，符号为 $\mathrm{rad\cdot s^{-1}}$；加速度的单位名称为“米每二次方秒”，符号为 $\mathrm{m\cdot s^{-2}}$；角加速度的单位名称为“弧度每二次方秒”，符号为 $rad \cdot s^{-2}$；力的单位名称为“牛顿”，简称“牛”，符号为 N；力的 SI 单位是在确定质量和加速度的单位之后，令牛顿第二定律表达式中的比例系数等于 1 导出的，即 $1N = 1kg \cdot m \cdot s^{-2}$。其他物理量的名称和符号，以后将陆续介绍。

6. 力学中常见的力

（1）重力　重力来源于地球表面附近的物体受到的地球作用的万有引力。若近似地将地球视为一个半径为 R，质量为 m_E 的均匀分布的球体，质量为 m 的物体视为质点处理，则当物体距离地球表面 h（$h \ll R$）高度处时，所受地球的引力（重力）大小为

$$F = G\frac{m_E m}{(R+h)^2} \approx \frac{Gm_E}{R^2}m = mg \tag{2-6}$$

式中，$g = Gm_E/R^2$ 为重力加速度，数值上等于单位质量的物体受到的重力，故也可称为重力场的场强。在一般的学习性计算中 g 取值为 $9.8m \cdot s^{-2}$。

（2）弹力　两个物体彼此相互接触产生了挤压或者拉伸，出现了形变，物体具有消除形变回复原来形状的趋势并因而产生了弹力。弹力的表现形式多种多样，以下三种最为常见。

1）正压力。正压力是两个物体彼此接触产生了挤压而形成的。由于物体有回复形变的趋势，从而形成正压力。因此，正压力必然表现为一种排斥力。正压力的方向沿着接触面的法线方向，即与接触面垂直，大小则视挤压形变的程度而决定。很显然，两物体接触紧密，挤压及形变程度高，正压力就大。两物体接触轻微，挤压及形变程度低，正压力就小。两物体接触是否紧密，挤压及形变程度究竟有多高，将取决于物体所处的整个力学环境。图 2-1 中质量为 m 的物体分别置于水平地面及斜面上，其所受正压力的大小是不同的。物体所受正压力的大小取决于外部环境（物体所受的其他力）对它的约束程度，因此也称为约束力（或被动力）。在动力学中，正压力常常需要在求解了整个系统的运动情况后才能最后确定，因而它常常是题目的未知量。图 2-2a 为夹具中的球体受正压力的示意图，图 2-2b 为一重杆斜靠墙角时杆所受正压力的示意图。显然，不同的力学环境下物体所受正压力的大小不一样。

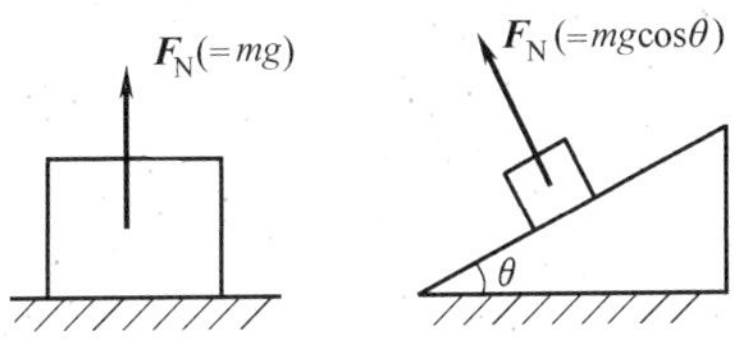

图　2-1

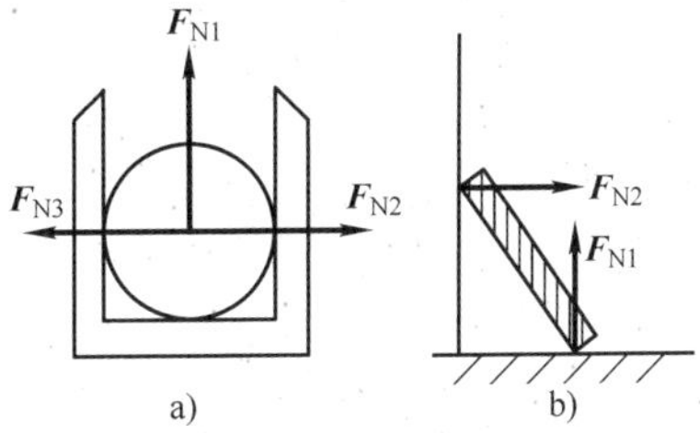

图　2-2

2）张力（拉力）。不论什么原因造成杆或绳发生形变，杆或绳上互相紧靠的质量元间彼此拉扯，从而形成拉力，通常也称为张力。在杆或柔绳上，拉力的方向沿杆或绳的切线方向。因此弯曲的柔绳可以起改变力的方向的作用。拉力的大小要视拉扯的程度而定，也是一种约束力。

对于一段有质量的杆或绳，其上各点的拉力是否相等呢？图 2-3 所示为一段质量为 Δm 的绳，$\boldsymbol{F}_{T1}$ 为该段绳左端点上的拉力，$\boldsymbol{F}_{T2}$ 为右端点上的拉力。根据牛顿第二定律有 $F_{T2} - F_{T1} = \Delta m \cdot a$，只要加速度 a 不等于零，就有 $F_{T2} \neq F_{T1}$，绳上拉力各点不同。这个例子说明，力和加速度都是通过绳的质量起作用的，这也是实际中真实的情况。在一般教科书的讨论中或者简单实际问

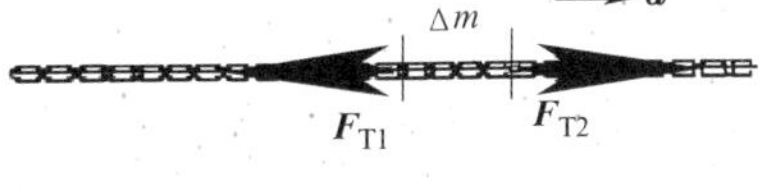

图　2-3

题处理上，为了将分析的着重点集中到研究对象身上，常常在忽略次要因素的原则下忽略绳或杆的质量，即令 $\Delta m \to 0$，称为轻绳或轻杆。此时由 $F_{T2} - F_{T1} = \Delta m \cdot a = 0$，可以得到 $F_{T2} = F_{T1}$ 的结果，也就是轻绳或轻杆上拉力处处相等。这个结论显然是理想模型的结果。

3）弹簧的弹性力。弹簧在受到拉伸或压缩的时候产生弹性力，这种力总是试图使弹簧恢复原来的形状，称为回复力。设弹簧被拉伸或被压缩 x，则在弹性限度内，弹性力由胡克定律给出

$$F = -kx \tag{2-7}$$

式中，k 为弹簧的劲度系数；x 为弹簧相对于原长的形变量，弹性力与弹簧的形变成正比；负号表示弹性力的方向始终与弹簧形变的方向相反，指向弹簧回复原长的方向。

（3）摩擦力　两个物体相互接触并同时具有相对运动或者相对运动的趋势，则沿它们接触的表面将产生阻碍相对运动或相对运动趋势的阻力，称为摩擦力。摩擦力的起因及微观机理十分复杂，因相对运动的方式以及相对运动的物质不同而有所差别，摩擦力有干摩擦与湿摩擦之分，还有静摩擦、滑动摩擦及滚动摩擦之分。有关理论研究认为，各种摩擦都源自于接触面分子或原子之间的电磁相互作用。这里我们只简单讨论静摩擦与滑动摩擦。

1）静摩擦。静摩擦是两个彼此接触的物体相对静止但具有相对运动趋势时出现的。静摩擦力出现在接触面的表面上，力的方向沿着表面的切线方向，与相对运动的趋势相反，阻碍相对运动的发生。静摩擦力的大小可以通过一个简单的例子来说明：给予水平粗糙地面上的物体一个向右的水平力 $\boldsymbol{F}$，物体并没有动，但是具有了向右运动的趋势，这时在物体与地面的接触面上将产生静摩擦力 $\boldsymbol{F}_s$。由于物体相对于地面静止不动，静摩擦力的大小与水平外力的大小相等。经验告诉我们，在外力 $\boldsymbol{F}$ 逐渐增大到某一值之前，物体一直能保持对地静止，这说明在外力 $\boldsymbol{F}$ 增大的过程中，静摩擦力 $\boldsymbol{F}_s$ 也在增大，因此，静摩擦力是有一个变化范围的。当外力 $\boldsymbol{F}$ 增至某一值时，物体开始对地滑动，这时静摩擦力也达到最大，以后变为滑动摩擦力，实验表明，最大静摩擦力与两物体之间的正压力 $\boldsymbol{F}_N$ 的大小成正比

$$F_{s\,max} = \mu_s F_N \tag{2-8}$$

式中，μ_s 为静摩擦系数，它与接触物体的材质和表面情况有关。由以上分析可知，静摩擦力的规律应为

$$0 \leqslant F_s \leqslant F_{s\,max} \tag{2-9}$$

在涉及静摩擦力的讨论中，最大静摩擦力往往作为相对运动起动的临界条件。

由于静摩擦力的方向与相对运动的趋势相反，所以判断静摩擦力方向的关键是判断两个物体间相对运动的趋势的方向。

2）滑动摩擦。相互接触的物体之间有相对滑动时，接触面的表面出现的阻碍相对运动的阻力称为滑动摩擦力。滑动摩擦力的方向沿接触面的切线方向，与相对运动方向相反。滑动摩擦力的大小与物体的材质、表面情况以及正压力等因素有关，一般还与接触物体的相对运动速率有关。在相对运动速率不是太大或太小的时候，可以认为滑动摩擦力的大小与物体间正压力 $\boldsymbol{F}_N$ 的大小成正比，即

$$F_k = \mu_k F_N \tag{2-10}$$

式中，μ_k 是动摩擦系数。一些典型材料的动摩擦系数 μ_k 和静摩擦系数 μ_s 可以查阅有关的工具书，二者有明显的区别（见表 2-1）。一般的教科书常常将 μ_k 和 μ_s 不加区别地使用，为的是将注意力集中在摩擦力而不是摩擦系数上。

表 2-1 一些材料间的摩擦系数

接触面	Ⅰ	钢铁	铸铁	玻璃	带	钢铁	轮胎
	Ⅱ	钢铁	铸铁	玻璃	生铁	冰	柏油路面
静摩擦系数	干	0.58		0.90~1.0	0.56	0.01~0.02	0.5~0.7
	涂油	0.05~0.10	0.20	0.35			湿 0.3~0.45
动摩擦系数	干	0.50	0.15	0.40			
	涂油	0.03~0.10	0.07	0.09			

2.1.2 基本自然力

自然界中力的具体表现形式多种多样。人们按力的表现形式不同，习惯地将其分别称为重力、正压力、弹力、摩擦力、电力、磁力、核力……，但是，究其本质而言，所有的这些力都来源于四种基本的自然力，即引力相互作用、电磁相互作用、强相互作用、弱相互作用。下面分别做简单的介绍。

1. 引力相互作用

万有引力是存在于一切物体之间的相互吸引力。万有引力遵循的规律在 1687 年由牛顿总结为万有引力定律：任何两个质点都相互吸引，引力的大小与它们的质量的乘积成正比，与它们的距离的二次方成反比，力的方向沿两质点的连线方向。设有两个质量分别为 m_1 和 m_2 的质点，相对位置矢量为 r，则两者之间的万有引力 $\boldsymbol{F}$ 的大小和方向由下式给出：

$$\boldsymbol{F} = -G\frac{m_1 m_2}{r^2}\boldsymbol{e}_r \tag{2-11}$$

式中，$\boldsymbol{e}_r$ 为 $\boldsymbol{r}$ 方向的单位矢量。负号表示 $\boldsymbol{F}$ 与 $\boldsymbol{r}$ 方向相反，表现为引力。G 为引力常量，$G = 6.67\times10^{-11}\mathrm{m^3\cdot kg\cdot s^{-2}}$。$m_1$ 和 m_2 称为物体的引力质量，是物体具有产生引力和感受引力的属性的量度。引力质量与牛顿运动定律中反映物体惯性大小的惯性质量是物体两种不同属性的体现，在认识上应加以区别。但是精确的实验表明，引力质量与惯性质量在数值上是相等的，因而一般教科书在做了简要说明之后不再加以区分。引力质量等于惯性质量这一重要结论，是爱因斯坦广义相对论基本原理之一——等效原理的实验事实。在国际单位制中，质量的单位是千克（kg）。

2. 电磁相互作用

静止电荷之间存在电力，运动电荷之间不仅存在电力还存在磁力。按照相对论的观点，运动电荷受到的磁力是其他运动电荷对其作用的电力的一部分，故将电力与磁力合称为电磁相互作用（或称为电磁力）。

两个静止点电荷之间的电磁力遵从库仑定律。设点电荷 q_1、q_2，它们的相对位置矢量为 $\boldsymbol{r}$，其相互作用的电磁力

$$\boldsymbol{F} = \frac{1}{4\pi\varepsilon_0}\frac{q_1 q_2}{r^2}\boldsymbol{e}_r \tag{2-12}$$

式中，ε_0 为真空电容率，是一个常数。库仑定律在数学形式上与万有引力定律有相似之处，与万有引力不同的是，电磁力可以表现为引力，也可以表现为斥力。电磁力的强度也比较大（见表 2-2）。

3. 强相互作用

强相互作用是作用于基本粒子（现在均改称为“粒子”）之间的一种强相互作用力，它是物

理学研究深入到原子核及粒子范围内才发现的一种基本作用力。原子核由带正电的质子和不带电的中子组成，质子和中子统称为核子。核子间的引力相互作用是很弱的，约为 10^{-34}N。质子之间的库仑力表现为排斥力，约为 10^{2}N，较之于引力相互作用大得多，但是绝大多数原子核相当稳定，且原子核体积极小，密度极大，说明核子之间一定存在着远比电磁相互作用和引力相互作用强大得多的一种作用力，它能将核子紧紧地束缚在一起形成原子核，这就是强相互作用。（在原子核问题的讨论中，特称为核力。）由表 2-2 可以看到，相邻两核子间的强相互作用的强度比电磁相互作用的强度大两个数量级。

强相互作用是一种作用范围非常小的短程力。粒子之间的距离为 $0.4\times10^{-15}\sim1.0\times10^{-15}$m 时表现为引力，距离小于 0.4×10^{-15}m 时表现为斥力，距离大于 1.0×10^{-15}m 后迅速衰减，可以忽略不计。强相互作用也是靠场传递的，粒子的场彼此交换被称为“胶子”的媒介粒子实现强相互作用。由于强相互作用的强度大而力程短，它是粒子间最重要的相互作用力。

4. 弱相互作用

弱相互作用也是各种粒子之间的一种相互作用，它支配着某些放射性现象，在 β 衰变等过程中显示出重要性。弱相互作用的力程比强相互作用更短，仅为 10^{-17}m 级，强度也很弱。弱相互作用是通过粒子的场彼此交换“中间玻色子”传递的。由于在本书的讨论中不涉及强相互作用和弱相互作用，对此有兴趣的读者可以参阅核物理和粒子物理的有关书籍。

表 2-2 四种基本自然力（以强相互作用强度为参考标准）

类型	相互作用的物体	强度	作用距离	宏观表现
引力相互作用	一切微粒和物体	10^{-38}	长	有
弱相互作用	大多数微粒	10^{-13}	短（$\approx10^{-18}$m）	无
电磁相互作用	电荷微粒或物体	10^{-2}	长	有
强相互作用	核子、介子等	1	短（$\approx10^{-15}$m）	无

这四种相互作用的力程和强度有着天壤之别，物理学家总是试图发现它们之间的联系。20 世纪 60 年代提出“电弱统一理论”（电磁相互作用和弱相互作用的统一），并在 70 年代和 80 年代初被实验证实。现在正进行电磁相互作用、弱相互作用和强相互作用统一的研究，并期盼把引力相互作用也包括在内，以实现相互作用理论的“大统一”。寻求大统一和超统一理论的研究，虽然尚未取得有实际意义的结果，但是人们追求自然界相互作用统一的理想和为此而做的努力将不断地把物理学向前推进。

2.1.3 量纲

若忽略所有的数字因素以及矢量等特性，则任一物理量都可表示为基本量的幂次之积，称为该物理量对选定的一组基本量的量纲。幂次指数称为量纲指数。我们用 L、M、T、I、Θ、N 和 J 分别表示长度、质量、时间等 7 个基本量的量纲，则任一物理量 Q 的量纲可表示为

$$[Q] = \mathrm{L}^{\alpha}\mathrm{M}^{\beta}\mathrm{T}^{\gamma}\mathrm{I}^{\delta}\Theta^{\varepsilon}\mathrm{N}^{\zeta}\mathrm{J}^{\eta} \tag{2-13}$$

其量纲指数为 α、β、γ、δ、ε、ζ、η，所有量纲指数都等于零的量，称为无量纲量，显然，其量纲等于 1。

例如，速度的量纲是 $[v]=\dfrac{[r]}{[t]}=\mathrm{LT}^{-1}$，加速度的量纲是 $[a]=\dfrac{[v]}{[t]}=\mathrm{LT}^{-2}$，力的量纲是 $[F]=[m][a]=\mathrm{LMT}^{-2}$，等等。

量纲可以用来确定同一物理量中不同单位之间的换算因数。量纲也可以用来检核等式。因为只有量纲相同的物理量才能相加减或用等号连接，而指数函数应是无量纲量，所以只要考察等式两边各项量纲是否相同，就可初步检核等式的正确性。例如，匀变速直线运动中有

$$x = x_0 + v_0 t + \frac{1}{2}at^2 \tag{2-14}$$

容易看出，式中每一项的量纲均为 L，可知这个方程有可能是正确的（式中数字系数正确与否，不能用量纲检核出来）。如果式中有一项量纲与其他项的量纲不同，则可以断言，该式一定有误。这种方法称为量纲检查法。读者应当学会在求证、解题过程和科学实验中使用量纲来检查所得结果。

2.2 牛顿运动定律的应用

牛顿运动定律被广泛地应用于科学研究和生产技术中，也大量地体现在人们的日常生活中。这里所指的应用主要涉及用牛顿运动定律解题，也就是对实际问题中抽象出的理想模型进行分析及计算。

牛顿运动定律的应用大体上可以分为两个方面。一是已知物体的运动状态，求物体所受的力。例如，已知物体的加速度、速度或运动方程，求物体所受的力。可以是求合力，也可以是求某一分力，或者是与此相关的物理量，比如摩擦系数、物体质量等。另一方面是已知物体的受力情况，求物体的运动状态，例如，求物体的加速度和速度，进而求物体的运动方程。若已知受力情况求解物体的加速度，直接应用牛顿运动方程就可以了；如果还要进而求解物体的速度或者运动方程，就转化为运动学的第二类问题来求解。然而，更为常见的情况是只已知部分受力而求解加速度和其他力（通常是被动力），这时使用如下处理步骤将是非常有益的。

1. 隔离物体，进行受力分析

该步骤的实质是选择研究对象。研究对象可能是一个也可能是若干个，分别将这些研究对象隔离出来，依次对其进行受力分析，画出受力图。凡两个物体彼此有相对运动，或者需要讨论两个物体的相互作用时，都应该隔离物体再进行受力分析。牛顿运动定律是紧紧围绕“力”而展开的，正确分析研究对象受力大小、方向，以及受力分析的完整性都是正确完成后续步骤并得到正确解答的前提。

2. 对研究对象的运动状况进行定性分析

根据题目给出的条件，分析研究对象是做直线运动还是曲线运动，是否具有加速度。研究对象不止一个时，彼此之间是否具有相对运动？它们的加速度、速度、位移具有什么联系？对研究对象的运动建立起大致的图像，对定量计算是有帮助的。

3. 建立恰当的坐标系

坐标系设置得恰当，可以使方程的数学表达式以及运算求解达到最大的简化。例如，斜面上的运动，既可以沿斜面方向和垂直于斜面方向建立直角坐标系，也可以沿水平方向和铅直方向建立直角坐标系等，选择哪一种设置方法，应该根据研究对象的运动情况来确定，一般来说，运动方向是重要方向。

坐标系建立后，应当在受力图上一并标出，使力和运动沿坐标方向的分解一目了然。

4. 列方程

一般情况下可以先列出牛顿运动定律的分量式方程，有时也直接使用矢量方程。方程的表述应当使得物理意义清晰，等式的左边为物体所受的合外力，等式右边为力作用的效果，即物体

的质量乘以加速度，表明物体的加速度与所受合外力成正比且同方向的关系。不要在一开始列方程时就将某一分力随意移项到等式的右边，使方程表达的物理意义不清晰（这个问题在后续课程的学习中也要引起注意）。如果物体受到了约束或各个物体之间有某种联系应列出相应的约束方程。例如，与摩擦力相关的方程，与相对运动相关的方程。如果需要进一步求解速度、运动方程等，则还应该根据题意列出初始条件。

5. 求解方程并分析结果

求解方程的过程应当用文字符号进行运算并给出以文字符号表述的结果，检查无误之后再代入具体的数值。以文字符号表述的方程和结果可以使各物理量的关系清楚，所表述的规律一目了然，既便于定性分析和量纲分析，还可以避免数值的重复计算。

下面我们以具体的例题来讲解牛顿运动定律的应用。

【例 2-1】 一枚质量为 3.03×10^3kg 的火箭，在与地面成 58.0°倾角的发射架上，点火后发动机以恒力 61.2kN 作用于火箭，火箭的姿态始终与地面成 58.0°夹角。经 48.0s 后关闭发动机，计算此时火箭的高度和距发射点的距离。（忽略燃料质量和空气阻力）

分析 这是恒力作用下火箭在铅垂平面的运动，这里火箭所受的力包括发动机的恒定推力 $\boldsymbol{F}$ 和火箭的重力 $\boldsymbol{P}$，它们都是恒力（力的大小和方向都不变），将它们分解到图 2-4所示的二维坐标中，即可列出动力学方程，并结合运动学关系求解。

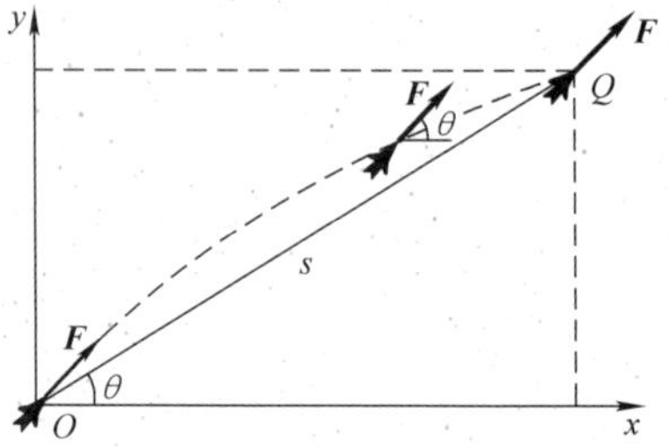

图 2-4

【解】 建立图示 Oxy 坐标系，列出动力学方程

$$F\cos\theta = ma_x$$

$$F\sin\theta - mg = ma_y$$

由于加速度是恒量，根据初始条件，由运动学方程可得点 Q 的位置坐标为

$$x = \frac{1}{2}a_x t^2 = \frac{F\cos\theta}{2m}t^2 = 1.23\times10^4\text{m}$$

$$y = \frac{1}{2}a_y t^2 = \frac{F\sin\theta - mg}{2m}t^2 = 8.44\times10^3\text{m}$$

火箭距发射点 O 的距离为

$$s = \sqrt{x^2 + y^2} = 1.49\times10^4\text{m}$$

【例 2-2】 如图 2-5a 所示，已知 $F=4.0$N，物体 1 和物体 2 的质量分别为 $m_1=0.30$kg，$m_2=0.20$kg，两物体与水平面间的摩擦系数 $\mu=0.20$。设绳和滑轮的质量以及绳与滑轮间的摩擦力都可忽略不计，连接物体的绳长一定，求物体 2 的加速度以及绳对它的张力。

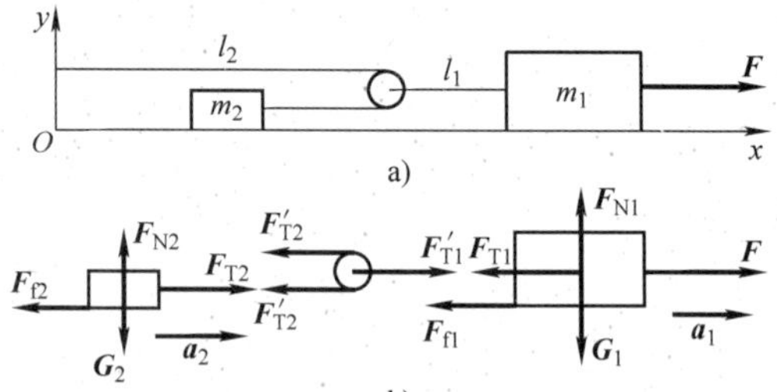

图 2-5

【解】 以物体 2、滑轮、物体 1 为研究对象，对每个隔离体进行受力分析，得到如图 2-5b的受力图。图中，G_1 和 G_2 为重力，$G_1=m_1g$，$G_2=m_2g$，F_{N1} 和 F_{N2} 为桌面对两物体的支持力，F_{f1}、F_{f2} 分别为物体 1、2 受的摩擦力，$F_{f1}=\mu F_{N1}$，$F_{f2}=\mu F_{N2}$，F_{T1}、F_{T2}、F'_{T1}、F'_{T2} 分别为绳对物体 1、物体 2 和滑轮的拉力。设物体 1、物体 2 的加速度分别为 a_1 和 a_2。建立坐标系 Oxy（见图 2-5a），物体 1、物体 2 的牛顿第二定律分量式

分别为

$$F - F_{T1} - \mu F_{N1} = m_1 a_1 \quad ①$$

$$F_{N1} - m_1 g = 0 \quad ②$$

$$F_{T2} - \mu F_{N2} = m_2 a_2 \quad ③$$

$$F_{N1} - m_2 g = 0 \quad ④$$

由于滑轮质量忽略不计，有 $F'_{T1} - 2F'_{T2} = 0$；绳质量忽略不计，有 $F'_{T1} = F_{T1}$，$F'_{T2} = F_{T2}$，故

$$F_{T1} = 2F_{T2} \quad ⑤$$

由式③、式④可得

$$F_{T2} - \mu m_2 g = m_2 a_2 \quad ⑥$$

由式①、式②可得

$$F - F_{T1} - \mu m_1 g = m_1 a_1 \quad ⑦$$

式⑤~式⑦中含 F_{T1}、F_{T2}、a_1、a_2 四个未知量，所以需要由约束条件寻找一个辅助方程。设物体1、物体2的坐标分别为 x_1、x_2，则

$$x_1 = x_2 + \frac{l_2 - x_1}{2} + l_1$$

上式两端同时对时间求二阶导数，考虑到绳长 l_1、l_2 不变，得到

$$\frac{d^2 x_1}{dt^2} = \frac{1}{2}\frac{d^2 x_2}{dt^2}$$

即

$$a_1 = \frac{1}{2}a_2 \quad ⑧$$

式⑤~式⑧联立解得

$$a_2 = \frac{2F - 2\mu m_1 g - 4\mu m_2 g}{m_1 + 4m_2}$$

$$F_{T2} = \frac{m_2}{m_1 + 4m_2}(2F - \mu m_1 g)$$

将题目中的已知数据代入上面两式，便得到物体2的加速度、绳对它的张力分别为

$$a_2 = 4.8\text{m} \cdot \text{s}^{-1}, \quad F_{T2} = 1.4\text{N}$$

由本题看出，当多个物体相互联系时，选取的研究对象可能不止一个。这时就需要对研究对象逐个隔离。如果列出的方程式的数目少于未知量的数目时，还需要根据物体间的约束条件，列出辅助方程式。类似的方法和技巧读者需要在学习物理的过程中逐步积累。

【例2-3】 设卫星 M 在固定平面 xOy 内运动（见图2-6），已知卫星的质量为 m，运动方程是

$$x = A\cos kt$$

$$y = B\sin kt$$

式中 A，B，k 都是常量。求作用于卫星 M 的力 $\boldsymbol{F}$。

【解】 本例属第一类问题。由运动方程求导得到质点的加速度在固定坐标轴 x 和 y 上的投影，即

$$a_x = \frac{d^2 x}{dt^2} = -k^2 A\cos kt = -k^2 x$$

$$a_y = \frac{d^2 y}{dt^2} = -k^2 A\sin kt = -k^2 y$$

代入式（2-2）得

$$F_x = -mk^2x, F_y = -mk^2y$$

于是力 **F** 可表示成

$$\boldsymbol{F} = F_x\boldsymbol{i} + F_y\boldsymbol{j} = -mk^2(x\boldsymbol{i} + y\boldsymbol{j}) = -mk^2\boldsymbol{r}$$

将卫星 M 置于固定坐标系 Oxy 的一般位置分析如图 2-6 所示。可见力 **F** 恒指向固定点 O，与卫星 M 的矢径 **r** 的方向相反。这种作用线恒通过固定点的力称为有心力，这个固定点称为力心。

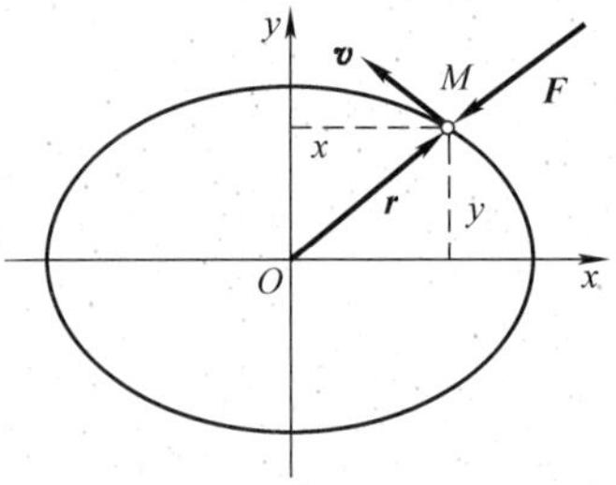

图 2-6

【例 2-4】 一质量为 m 的物体在力 $F=kt$ 的作用下，由静止开始沿直线运动。试求该物体的运动学方程。

【解】 选物体的运动方向为 x 轴的正方向，设 $t=0$ 时，物体的坐标 $x_0=0$，依题意，物体的初速度 $v_0=0$。根据牛顿第二定律得到物体的加速度

$$\frac{\mathrm{d}v}{\mathrm{d}t} = \frac{F}{m} = \frac{k}{m}t$$

由此可得

$$\mathrm{d}v = \frac{k}{m}t\mathrm{d}t$$

两边积分，得

$$\int_0^v \mathrm{d}v = \frac{k}{m}\int_0^t t\mathrm{d}t$$

$$v = \frac{k}{2m}t^2$$

由

$$\frac{\mathrm{d}x}{\mathrm{d}t} = \frac{k}{2m}t^2$$

得

$$\mathrm{d}x = \frac{k}{2m}t^2\mathrm{d}t$$

对等式两边积分，得

$$x = \frac{k}{6m}t^3$$

这就是所求的运动学方程。

由例 2-4 可以看出，求解变力问题必须将牛顿第二定律写成微分方程形式，根据初始条件经过积分运算求解。在积分过程中，时常用到换元积分法进行变量代换，这是必须掌握的。

物理知识应用案例

1. 飞机斤斗

斤斗是飞机在铅垂平面内做360°的曲线运动时的一种机动飞行（见图2-7）。斤斗由跃升、倒飞、改出俯冲等若干基本动作所组成，是驾驶员的基本训练科目之一，同时也用来衡量飞机的机动性。完成一个斤斗所需时间越短，飞机的机动性越好。

为了实现斤斗飞行，必须首先加速，然后操纵升降舵使航迹向上弯曲，造成法向过载。飞机在上升过程中速度逐渐减小，到达斤斗顶点飞机呈倒飞状态时，速度为最小。此后飞机沿弧形下降，速度增加，最后改出俯冲，飞机转入平飞。

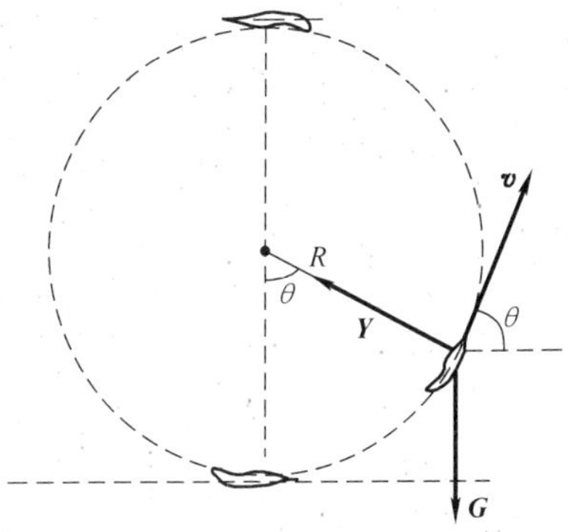

图　2-7

【例 2-5】 一个重量为 G 的飞机在铅垂平面内做半径为 R 的理想圆周斤斗运动，假设飞机推力和阻力相等，飞机进入斤斗的速度为 $\boldsymbol{v}_0$，求：（1）航迹倾角为 θ 时，飞机的速率和升力；（2）$\boldsymbol{v}_0$ 为何值时飞机刚好能做完整的圆周运动。

【解】 （1）以飞机为研究对象，对飞机在铅垂平面进行受力分析（见图 2-7），列出动力学方程

$$\begin{cases} Y - mg\cos\theta = m\dfrac{v^2}{R} \\ -mg\sin\theta = m\dfrac{dv}{dt} \end{cases}$$

$v = R\dfrac{d\theta}{dt}$ 和 $\dfrac{dv}{dt} = \dfrac{dv}{d\theta}\dfrac{d\theta}{dt} = \dfrac{v}{R}\dfrac{dv}{d\theta}$ 代入上式有

$$\frac{dv}{d\theta}\frac{d\theta}{dt} = \frac{v}{R}\frac{dv}{d\theta} = -g\sin\theta \qquad ①$$

$$m\frac{v^2}{R} = Y - mg\cos\theta \qquad ②$$

由式①得

$$v dv = -gR\sin\theta d\theta \qquad ③$$

设 $t=0$ 时，飞机在最低点，$v=v_0$，$\theta=0$，对式③两边积分，有

$$\int_{v_0}^{v} v dv = -gR\int_0^{\theta}\sin\theta d\theta$$

解得飞机速率为

$$v = \sqrt{v_0^2 - 2gR(1-\cos\theta)}$$

将此结果代入式②，解得飞机升力为

$$Y = m\frac{v_0^2}{R} + mg(3\cos\theta - 2) \qquad ④$$

（2）飞机刚好能做完整圆周运动的条件是在最高点时升力 $Y=0$。将 $\theta=\pi$，$Y=0$ 代入式④，得到飞机刚好能做圆周运动时

$$v_0 = \sqrt{5gR}$$

2. 航空跳伞

物体在空气中运动时所受的阻力与两物体相互接触、相对运动所产生的滑动摩擦力是不同的。空气阻力与物体速度密切相关，实验证明，物体速度增加时空气阻力也随之增大。用公式表示为

$$F_{drag} = k_0 + k_1 v + k_2 v^2 + \cdots \quad (k_0, k_1, k_2 \text{ 由实验决定})$$

k 与很多因素有关，包括物体与空气接触表面积 S、空气密度 ρ，面积越大阻力越大；同时还和物体的尺寸、物体与运动方向倾角、空气黏滞性和可压缩性有关，这些因素的影响统一用黏滞系数 c_d 表示。k 用公式表示为

$$k = \frac{1}{2}c_d S\rho \qquad (2\text{-}15)$$

于是，人们设想利用增大空气阻力的方法来减小着陆速度，这就是制造降落伞的出发点。世界上最早设计

出降落伞图纸的是15世纪意大利文艺复兴时期的杰出画家达·芬奇，他设计的降落伞是用边长为7m的布制成的四方尖顶天盖，天盖下可以吊一个人。这幅设计图现在仍保存在意大利达·芬奇博物馆里。据说，达·芬奇曾亲自使用过这种降落伞从一个塔上跳下进行试验。下面分析一个具体的航空跳伞问题。

【例2-6】 跳伞员和伞具的总质量为 m，在空中某处由静止开始下落，设降落伞受到的空气阻力与速率成正比，即空气阻力 $F=-kv$，k 是比例常量。求跳伞员运动速率随时间变化的规律。

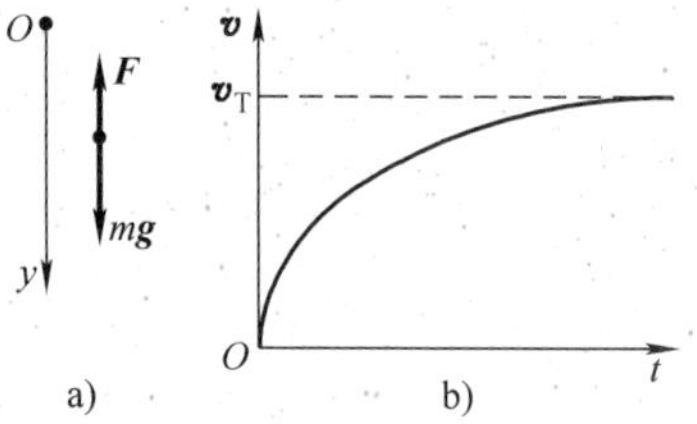

图 2-8

【解】 在跳伞员下落过程中，受到空气阻力 $\boldsymbol{F}=-k\boldsymbol{v}$ 和重力 $\boldsymbol{G}=m\boldsymbol{g}$ 作用，如图2-8a所示。取竖直向下为坐标轴正方向，以开始下落处为坐标原点，由牛顿第二定律，有

$$mg-kv=m\frac{\mathrm{d}v}{\mathrm{d}t} \quad ①$$

分离变量得

$$\frac{\mathrm{d}v}{g-\frac{k}{m}v}=\mathrm{d}t$$

依题意，$t=0$ 时，$v_0=0$。对上式积分

$$\int_0^v\frac{\mathrm{d}v}{g-\frac{k}{m}v}=\int_0^t\mathrm{d}t$$

得到

$$\ln\frac{g-\frac{k}{m}v}{g}=-\frac{k}{m}t$$

由此得出速率随时间变化的规律为

$$v=\frac{mg}{k}\left(1-\mathrm{e}^{-\frac{k}{m}t}\right) \quad ②$$

下面对例2-6结果进行讨论。

1）由式②可知，速率随时间 t 增加而变大。其变化曲线如图2-8b所示。这是一条指数函数曲线。

2）当 $t\to\infty$ 时，v 趋于一极限值 $v_T=\frac{mg}{k}$，v_T 称为终极速度（即物体在黏性流体中下落时能达到的极限速度）。物体达到终极速度后，就做匀速直线运动了。在物理学中，$t\to\infty$ 是指时间足够长。由式②可知，当 $t=\frac{m}{k}$ 时，$v=v_T\left(1-\frac{1}{\mathrm{e}}\right)\approx0.63v_T$，所以只要 $t>>\frac{m}{k}$，就可以认为 $v\approx v_T$。当 $t=\frac{5m}{k}$ 时，$v=0.993v_T$，一般认为当 $t\geqslant\frac{5m}{k}$ 时，速率已经非常接近于 v_T 了。

一切固体在液体或气体中运动时都要受到黏滞力作用，黏滞力的大小随相对运动速率的增加而增大。当相对运动速率较小时，黏滞力大小与速率成正比。固体在液体或气体中运动，当黏滞力与推力大小相等时，就以终极速度做匀速运动。轮船在水中航行、飞机在空中飞行、航空跳伞、雨滴的下落等，经过一段时间之后都是以终极速度做匀速运动。

2.3　非惯性系　惯性力

2.3.1　惯性力

我们在讨论牛顿运动定律的知识点时曾经明确指出，牛顿运动定律只在惯性参考系中成立。这句话包含着两层意思：第一、参考系有惯性参考系和非惯性参考系两类；第二、在惯性参考系中，牛顿运动定律成立，而在非惯性参考系中牛顿运动定律不成立。

通常我们把牛顿运动定律成立的参考系叫作惯性系，而牛顿运动定律不成立的参考系叫作非惯性系。以地球表面为参考系，牛顿运动定律较好地与实验一致，所以可以近似地认为固着在地球表面上的地面参考系是惯性参考系。判断一个参考系是不是惯性系，只能通过实验和观察。如果我们确认了某一参考系是惯性系，则相对于此参考系静止或做匀速直线运动的其他参考系也都是惯性系；而绝对惯性系是不存在的。太阳参考系可以认为是一个很好的惯性系。地球由于公转和自转，不是很精确的惯性系，但在较小的空间范围和在较短的时间内测量，可以近似地把地球看成惯性系。

由相对运动的知识可知，凡是相对于地面做匀速直线运动的参考系都是惯性参考系，例如，做匀速直线运动的列车。凡是相对于地面做加速运动的参考系都不是惯性参考系，而是非惯性参考系，例如，正在起动或制动的车辆、升降机，旋转着的转盘等。这可以用一个简单的例子来说明，在图 2-9 中，水平地面上有一个质量为 m 的石块相对地面静止不动。以地面为惯性参考系 K，地面上的观察者观测到石块水平方向不受外力作用，因此，静止不动，符合牛顿运动定律。现在有一辆运动着的小车，小车上的观察者会观测到什么结果呢？

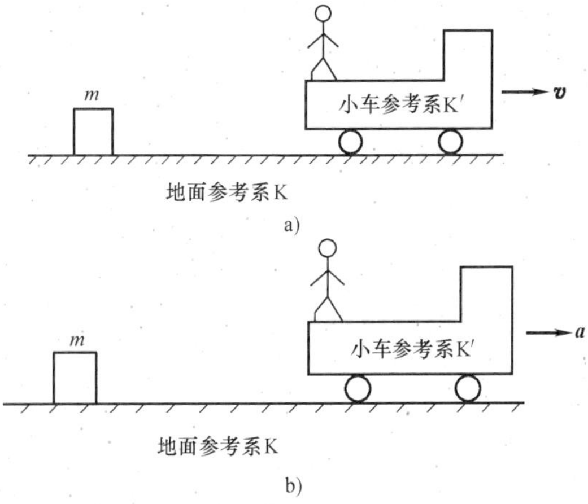

图　2-9

1）设小车相对地面做速度为 $\boldsymbol{v}$ 的匀速运动，此时小车也是一惯性参考系，记作 K′。小车上的观察者看不到小车的运动，他看到的是石块以 $-\boldsymbol{v}$ 向车尾方向匀速运动，这也符合牛顿运动定律，因为石块水平方向不受外力作用，应当保持静止或者匀速直线运动的状态。

2）设小车相对于地面以加速度 $\boldsymbol{a}$ 运动，这时小车参考系 K′变成了非惯性参考系。小车上的观察者发现石块水平方向不受外力作用，却以加速度（$-\boldsymbol{a}$）向车尾方向做加速运动！这显然违背牛顿第二定律。所以，在非惯性系中牛顿运动定律不再适用。

然而许多实际的力学问题放在非惯性参考系中分析和处理是非常简洁和方便的。怎样在非惯性参考系中处理这些问题呢？设 K′系以加速度 $\boldsymbol{a}_0$ 相对某一惯性系 K 做直线运动，质量为 m 的质点在合外力 F 的作用下相对 K 系的加速度为 $\boldsymbol{a}$，相对 K′系的加速度为 $\boldsymbol{a}'$，在 K 系中，根据牛顿第二定律，有 $\boldsymbol{F}=m\boldsymbol{a}$，由相对运动公式可知，在 K′系中 $\boldsymbol{a}=\boldsymbol{a}'+\boldsymbol{a}_0$，于是

$$\boldsymbol{F}+(-m\boldsymbol{a}_0)=m\boldsymbol{a}' \tag{2-16}$$

式（2-16）表明，在非惯性系 K′中，质点所受合外力 F 并不等于 ma'，即牛顿第二定律在

K′系中不成立。但是，如果我们假设质点在K′系中还受到一个大小和方向由（$-m\boldsymbol{a}_0$）表示的力的作用，那么，就可以认为式（2-16）是牛顿第二定律在K′系中的数学表达式了。于是我们引入惯性力$\boldsymbol{F}_i$

$$\boldsymbol{F}_i=-m\boldsymbol{a}_0 \tag{2-17}$$

这样，在非惯性系中，牛顿第二定律的表达式为

$$\boldsymbol{F}+\boldsymbol{F}_i=m\boldsymbol{a}' \tag{2-18}$$

式中，$\boldsymbol{a}'$是质点在非惯性系中的加速度，$\boldsymbol{F}$是质点所受的真实力，$\boldsymbol{F}_i$是虚拟力，它与真实力的最大区别在于它不是因物体之间相互作用而产生，它没有施力者，也不存在反作用力，牛顿第三定律对于惯性力并不适用。人们常说的离心力就是典型的惯性力。如果我们只在惯性系中讨论力学问题就没有惯性力的概念。惯性力是参考系的非惯性运动的表现。

例如，对于图2-9b中的小车非惯性参考系，若假设石块在水平方向受到了一个惯性力$\boldsymbol{F}_i=-m\boldsymbol{a}_0$的作用，则石块以（$-\boldsymbol{a}_0$）的加速度向车尾方向加速运动就顺理成章了。

引入惯性力后，在非惯性参考系K′中牛顿第二定律在形式上仍然保持不变。所有牛顿定律应用的方法和技巧都可以使用。

2.3.2　转动参考系中的惯性力

这里再讨论一种最简单的情形——质点相对转动参考系静止的情形。一水平转盘，如图2-10所示。在地面参考系中观察，质量为m的小球在光滑的沟槽内随圆盘一起以角速度ω绕中心轴转动。弹簧对小球的作用力$F_{弹}$恰好是小球做圆周运动的向心力，即

$$\boldsymbol{F}_{弹}=m\omega^2 r\boldsymbol{n} \tag{2-19}$$

式中，r为小球至转轴的距离；$\boldsymbol{n}$为沿半径指向圆心的单位矢量。

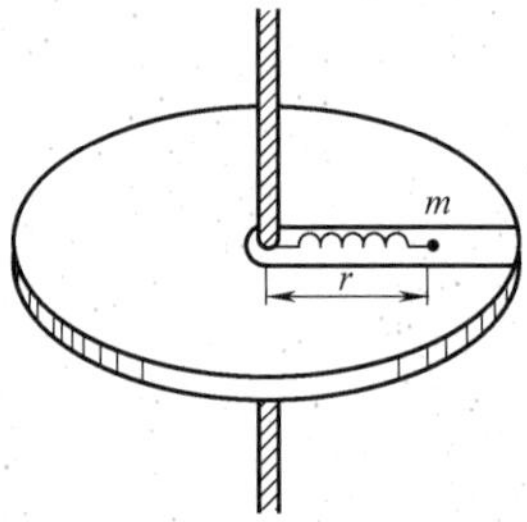

图　2-10

在圆盘参考系中观察，小球在$F_{弹}$作用下是静止的。为此，引入惯性力F_i，使

$$\boldsymbol{F}_{弹}+\boldsymbol{F}_i=0 \tag{2-20}$$

比较式（2-19）和式（2-20），得

$$\boldsymbol{F}_i=-m\omega^2 r\boldsymbol{n} \tag{2-21}$$

这种惯性力称为惯性离心力。

物理知识应用案例：加速度计和惯性引信原理

在惯性导航系统中，为了确定运载体的位置，必须测量它的加速度。因此，必须使用加速度计。加速度计与陀螺是惯性导航系统的两个基本测量元件。

加速度计是惯性导航系统的惯性敏感元件，输出与运载体（飞机、导弹等）的加速度成比例或成一定函数关系的信号。加速度计的类型很多，但其作用原理都是基于牛顿第二定律的。加速度计的核心是一个检测质量m，当加速度计随运载体一起以加速度$\boldsymbol{a}$运动时，将有惯性力

$$\boldsymbol{F}=-m\boldsymbol{a} \tag{2-22}$$

作用在检测质量上，作用点是m的质量中心，方向与加速度方向相反。如图2-11所示，用标准检测质量m与劲度系数为k的弹簧感测惯性力的大小，连接在检测质量m上的电刷与中间接地的电位计可以用来输出所感测的信号。

假设加速度计装在飞机上，其纵轴与飞机纵轴一致。当飞机向前加速运动时，由于惯性力的作用，检

测质量 m 向后移动，同时弹簧发生变形；当检测质量 m 向后移动离开原有的零位置时，感测其偏移的信号器就会有信号输出，经过放大再馈送到产生回复力的装置——力发生器，它所产生的力又使检测质量 m 返回零位置。这样，加速度越大，要产生平衡它的力所需的电流也就越大。很显然，测量流入力发生器的电流值，就可以知道加速度的大小。在实际惯性导航系统中，把这个信号同时送到第一积分器，求出地速，再经过第二积分器，就可求出飞机飞过的距离。这是一个方向工作的情形，与其垂直的另一个方向的加速度计的工作情形也与此类似。

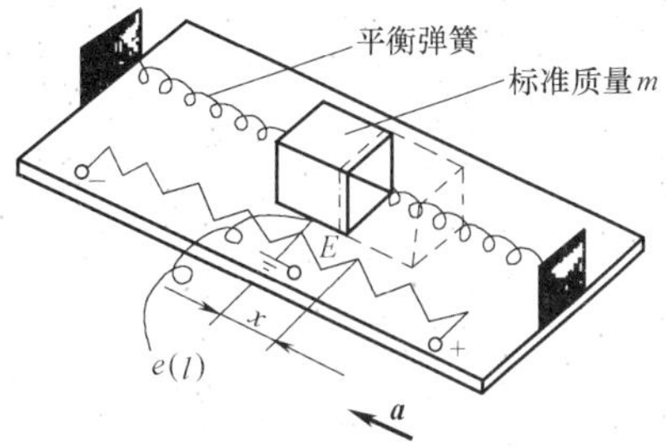

图　2-11

但是，上面所讲的加速度计都是固定地安装在飞机上，而且加速度方向完全与地面平行的情形。事实上，飞机不可能始终保持水平飞行。在飞行中，飞机经常要产生倾斜和俯仰姿态。这样，加速度计就会随着倾斜，且在重力作用下，检测质量 m 就会离开零位置，加速度计就会有错误的信号输出，从而积分器会输出错误的速度和距离。为了解决这一问题，通常把加速度计装在一个准确性很高的稳定平台上，当飞机处于任何姿态时，它始终保持水平状态。

炮弹上安装的惯性引信同样是利用惯性力的作用来引爆炮弹的。图 2-12 是炮弹引信的示意图，当炮弹静止时，击针座 Z 被弹簧 K_1 顶住，击针不会撞击雷管 G 而引爆。为了安全起见，在击针座上还安装了离心保险装置，平时由于离心子 L 受弹簧 K_2 的推力将击针座 Z 卡住，即使炮弹在搬运过程中不慎落地，击针座也不致移动而引起自爆。当炮弹发射后，由于炮弹的旋转，离心子 L 受惯性离心力作用而压缩弹簧 K_2，于是离心子 L 与击针座 Z 脱离接触，解除保险，这时击针座可以沿炮弹的前进方向前后移动，当炮弹撞击目标时，弹体受目标的作用有向后的加速度，于是击针座受到一向前的惯性力，急剧压缩弹簧 K_1，使击针与雷管相撞，引起炮弹爆炸。

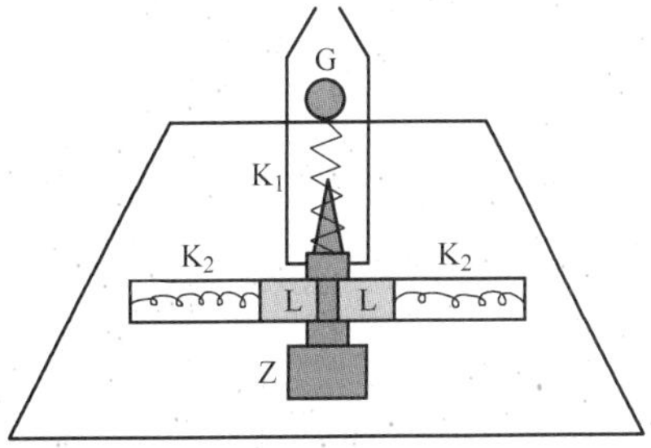

图　2-12

【例 2-7】　如图 2-13 所示，设电梯相对地面以加速度 $\boldsymbol{a}$ 上升，电梯中有一质量可忽略不计的滑轮，在滑轮的两侧用轻绳挂着质量为 m_1 和 m_2 的重物，已知 $m_1>m_2$，试求：(1) m_1 和 m_2 相对电梯的加速度；(2) 绳中张力。

【解】　如图 2-14 所示，设 m_1 和 m_2 相对电梯的加速度大小为 a'，绳中张力大小为 F_T，以电梯为参考系，这是一个非惯性系，在此参考系中，m_1 和 m_2 受重力、绳的拉力和惯性力，惯性力方向与电梯相对地面加速度 $\boldsymbol{a}$ 的方向相反，有

$$F_{i1}=m_1a,\quad F_{i2}=m_2a$$

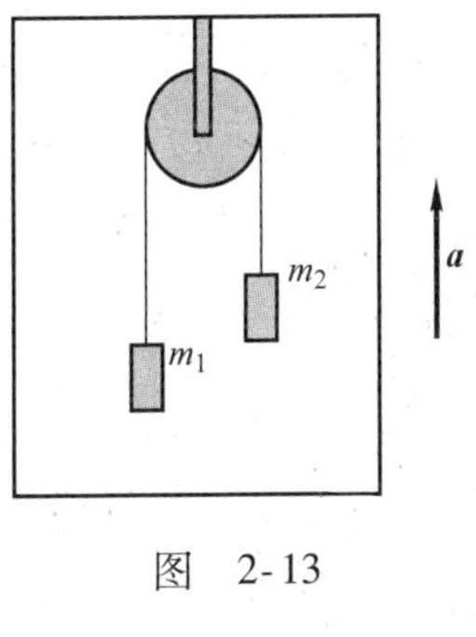

图　2-13

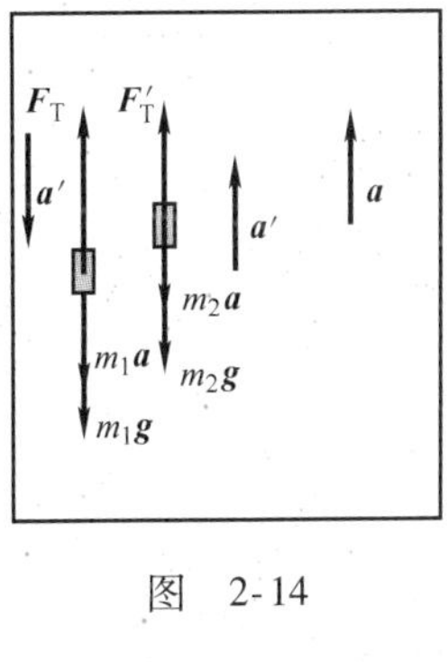

图　2-14

对 m_1 和 m_2 分别以各自相对电梯的加速度为正方向，于是有

$$m_1 g + m_1 a - F_T = m_1 a'$$

$$F'_T - m_2 g - m_2 a = m_2 a'$$

因绳子和滑轮的质量忽略不计，所以有

$$F_T = F'_T$$

三式联立求解，得

$$a' = \frac{m_1 - m_2}{m_1 + m_2}(g - a)$$

$$F_T = \frac{2m_1 m_2}{m_1 + m_2}(g + a)$$

如以地面为参考系，也可得出相同的结果，读者可自行验证。

本章总结

1. 力学中的常见力

力学中的常见力：万有引力、重力、弹性力、摩擦力。

平动加速系中的惯性力： $\boldsymbol{F}_i = -m\boldsymbol{a}_0$

转动参考系中的惯性离心力： $\boldsymbol{F}_i = -mR\omega^2\boldsymbol{n}$

2. 力的瞬时作用规律（牛顿运动定律）

在惯性参考系中

$$\boldsymbol{F} = \frac{\mathrm{d}(m\boldsymbol{v})}{\mathrm{d}t},\quad \boldsymbol{F} = m\frac{\mathrm{d}(\boldsymbol{v})}{\mathrm{d}t} = m\boldsymbol{a}(m\text{ 不变})$$

其分量式为

$$\begin{cases} F_x = ma_x = m\dfrac{\mathrm{d}v_x}{\mathrm{d}t} \\ F_y = ma_y = m\dfrac{\mathrm{d}v_y}{\mathrm{d}t} \\ F_z = ma_z = m\dfrac{\mathrm{d}v_z}{\mathrm{d}t} \end{cases},\quad \begin{cases} F_n = ma_n = m\dfrac{v^2}{R} \\ F_\tau = ma_\tau = m\dfrac{\mathrm{d}v}{\mathrm{d}t} \end{cases}$$

非惯性参考系中

$$\boldsymbol{F} + \boldsymbol{F}_i = m\boldsymbol{a}'$$

习　　题

（一）填空题

2-1　倾角为30°的一个斜面体放置在水平桌面上。一个质量为2kg的物体沿斜面下滑，下滑的加速度大小为 $3.0\mathrm{m\cdot s^{-2}}$。若此时斜面体静止在桌面上不动，则斜面体与桌面间的静摩擦力 $F_f =$ ________。

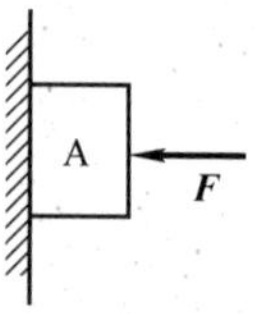

习题2-2图

2-2　如习题2-2图所示，沿水平方向的外力 $\boldsymbol{F}$ 将物体A压在竖直墙上，由于物体与墙之间有摩擦力，此时物体保持静止，并设其所受静摩擦力为 F_{f0}，若外力增至 $2F$，则此时物体所受静摩擦力的大小为________。

2-3　如习题 2-3 图所示，在光滑水平桌面上，有两个物体 A 和 B 紧靠在一起。它们的质量分别为 $m_A=2\text{kg}$，$m_B=1\text{kg}$。今用一水平力 $F=3\text{N}$ 推物体 B，则 B 推 A 的力等于________。若用同样大小的水平力从右边推 A，则 A 推 B 的力等于________。

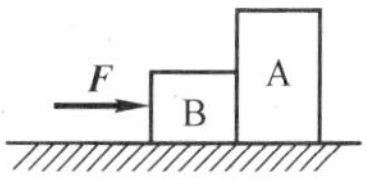

习题 2-3 图

2-4　如习题 2-4 图所示，质量相等的两物体 A 和 B 分别固定在弹簧的两端，竖直放在光滑水平面 C 上。弹簧的质量与物体 A、B 的质量相比可以忽略不计。若把支持面 C 迅速移走，则在移开的一瞬间，A 的加速度大小 $a_A=$________，B 的加速度的大小 $a_B=$________。

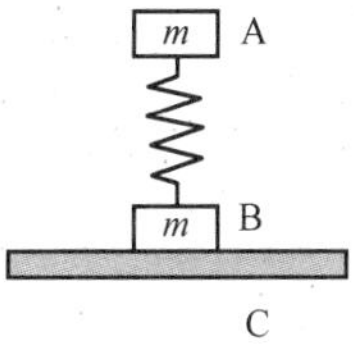

习题 2-4 图

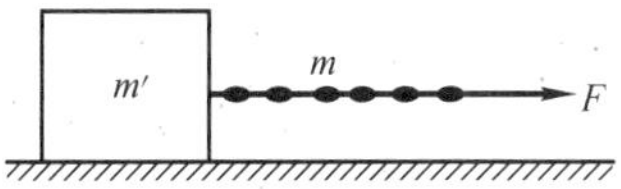

习题 2-5 图

2-5　如习题 2-5 图所示，一物体质量为 m'，置于光滑水平地板上。今用一水平力 F 通过一质量为 m 的绳拉动物体前进，则物体的加速度 $a=$________，绳作用于物体上的力 $F_T=$________。

2-6　如果一个箱子与货车底板之间的静摩擦系数为 μ，当这货车爬一与水平方向成 θ 角的平缓山坡时，要使箱子在车底板上不滑动，车的最大加速度 $a_{max}=$________。

2-7　如习题 2-7 图所示，一个小物体 A 靠在一辆小车的竖直前壁上，A 和车壁间静摩擦系数是 μ_s，若要使物体 A 不致掉下来，小车的加速度的最小值应为 $a=$________。

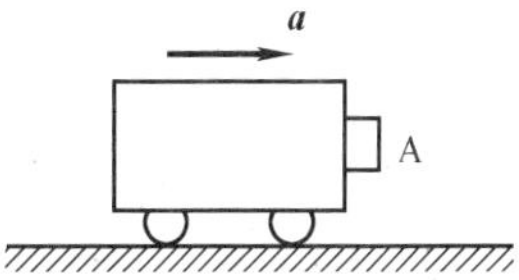

习题 2-7 图

2-8　质量分别为 m_1、m_2、m_3 的三个物体 A、B、C，用一根细绳和两根轻弹簧连接并悬于固定点 O，如习题 2-8 图所示。取向下为 x 轴正向，开始时系统处于平衡状态，后将细绳剪断，则在刚剪断瞬时，物体 B 的加速度 $a_B=$________；物体 A 的加速度 $a_A=$________。

2-9　质量为 m 的小球，用轻绳 AB 和 BC 连接，如习题 2-9 图所示，其中 AB 水平。剪断绳 AB 前后的瞬间，绳 BC 中的张力比 $F_T:F'_T=$________。

2-10　如习题 2-10 图所示，一圆锥摆摆长为 l，摆锤质量为 m，在水平面上做匀速圆周运动，摆线与铅直线夹角为 θ，则

（1）摆线的张力 $F_T=$____________________；

（2）摆锤的速率 $v=$____________________。

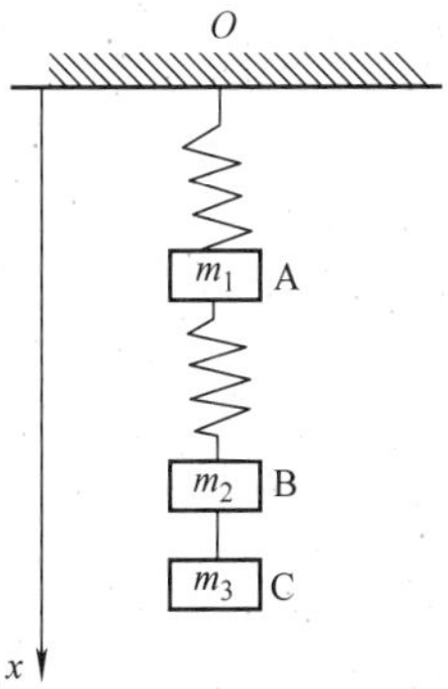

习题 2-8 图

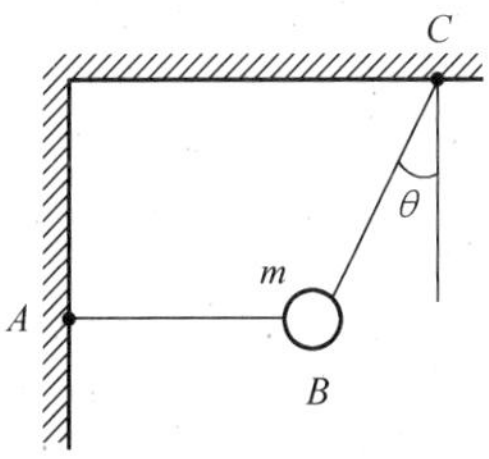

习题 2-9 图

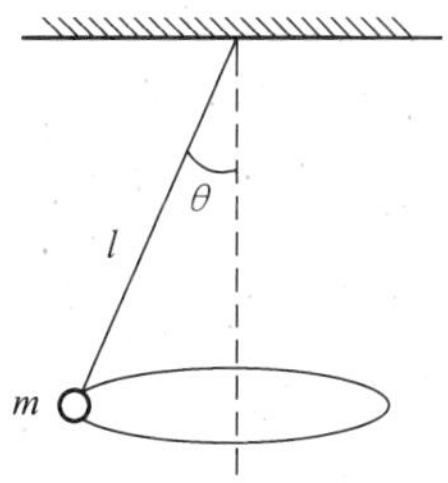

习题 2-10 图

（二）计算题

2-11 如习题2-11图所示，质量为 m 的钢球 A 沿着中心为 O、半径为 R 的光滑半圆形槽由静止下滑。当 A 滑到图示的位置时，其速率为 v，钢球中心与 O 的连线 OA 和竖直方向成 θ 角，求这时钢球对槽的压力和钢球的切向加速度。

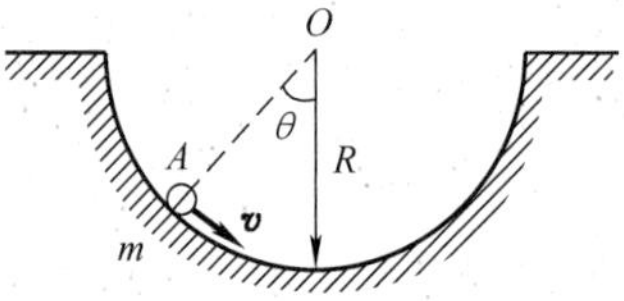

习题2-11图

2-12 已知一质量为 m 的质点在 x 轴上运动，质点只受到指向原点的引力的作用，引力大小与质点离原点的距离 x 的二次方成反比，即 $F=-k/x^2$，k 是比例常数。设质点在 $x=A$ 时的速度为零，求质点在 $x=A/4$ 处时速度的大小。

2-13 质量为 m 的物体系于长度为 R 的绳子的一个端点上，在竖直平面内绕绳子另一端点（固定）做圆周运动。设 t 时刻物体瞬时速度的大小为 v，绳子与竖直向上的方向成 θ 角，如习题2-13图所示。

（1）求 t 时刻绳中的张力 F_T 和物体的切向加速度 a_τ；

（2）说明在物体运动过程中 a_τ 的大小和方向如何变化。

2-14 如习题2-14图所示，一条轻绳跨过一轻滑轮（滑轮与轴间摩擦可忽略），在绳的一端挂一质量为 m_1 的物体，在另一端有一质量为 m_2 的环，求当环相对于绳以恒定的加速度 a_2 沿绳向下滑动时，物体和环相对于地面的加速度各是多少？环与绳间的摩擦力多大？

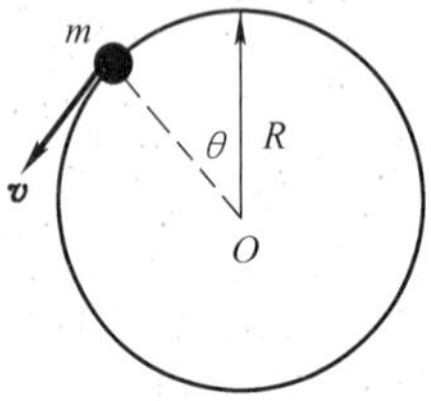

习题2-13图

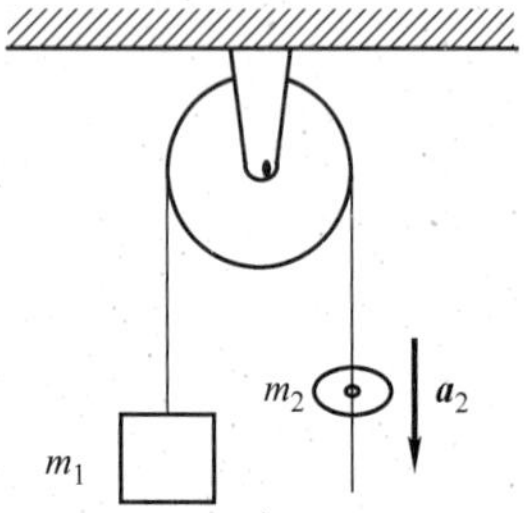

习题2-14图

2-15 初速度为 $\boldsymbol{v}_0$、质量为 m 的物体在水平面内运动，所受摩擦力的大小正比于质点速率的平方根，比例系数为 k。求物体从开始运动到停止所需的时间。

2-16 质量为 m 的雨滴下降时，因受空气阻力作用，在落地前已是匀速运动，其速率为 $v=5.0\mathrm{m\cdot s^{-1}}$。设空气阻力大小与雨滴速率的二次方成正比，问：当雨滴下降速率为 $v=4.0\mathrm{m\cdot s^{-1}}$ 时，其加速度 a 多大？

2-17 表面光滑的直圆锥体，顶角为 2θ，底面固定在水平面上，如习题2-17图所示。质量为 m 的小球系在绳的一端，绳的另一端系在圆锥的顶点。绳长为 l，且不能伸长，质量不计。今使小球在圆锥面上以角速度 ω 绕 OH 轴匀速转动，求：

（1）锥面对小球的支持力 F_N 和细绳的张力 F_T；

（2）当 ω 增大到某一值 ω_c 时小球将离开锥面，这时 ω_c 及 F_T 又各是多少？

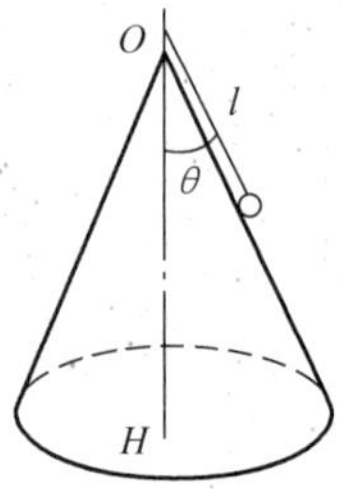

习题2-17图

2-18 有一物体放在地面上，重力为 G，它与地面间的摩擦系数为 μ。今用力使物体在地面上匀速前进，问此力 F 与水平面夹角 θ 为多大时最省力。

2-19 如习题2-19图所示，质量为 $m=2\mathrm{kg}$ 的物体A放在倾角 $\alpha=30°$ 的固定斜面上，斜面与物体A之间的摩擦系数 $\mu=0.2$。今以大小为 $F=19.6\mathrm{N}$ 的水平力作用在A上，求物体A的加速度的大小。

2-20 一架轰炸机在俯冲后沿一竖直面内的圆周轨道飞行，如习题2-20图所示，如果飞机的飞行速率为一恒值 $v=640\mathrm{km\cdot h^{-1}}$，为使飞机在最低点的加速度不超过重力加速度的7倍（$7g$），求此圆周轨道的最小半径 R。若驾驶员的质量为70kg，在最小圆周轨道的最低点，求他的视重（即人对坐椅的压力）F'_N。

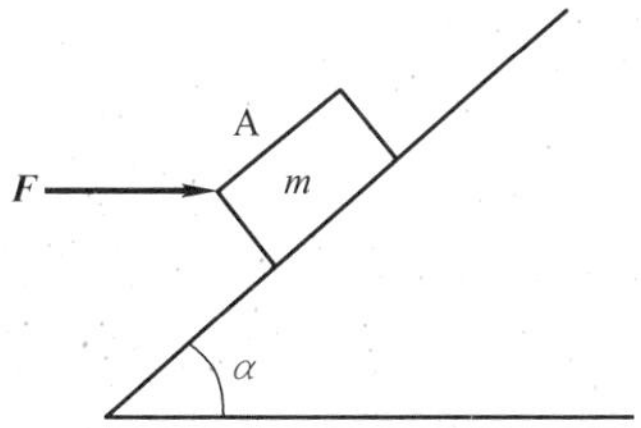

习题 2-19 图

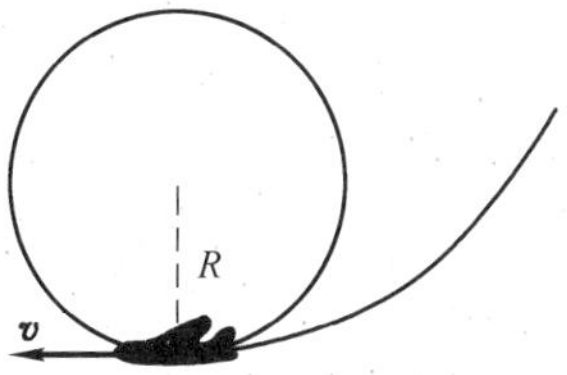

习题 2-20 图

2-21　如习题 2-21 图所示，将质量为 m 的小球用细线挂在倾角为 θ 的光滑斜面上。求

（1）若斜面以加速度 a 沿图示方向运动时，求细线的张力及小球对斜面的正压力；

（2）当加速度 a 取何值时，小球刚可以离开斜面。

2-22　如习题 2-22 图所示，一架海军的喷气式飞机重 231kN，需要达到 $85\mathrm{m}\cdot\mathrm{s}^{-1}$ 的速度才能起飞。发动机最大可提供 107kN 的推力，但并不足以使飞机在航空母舰 90m 长的跑道上达到起飞速率。求舰上的弹射器最少需提供多大的力（设为恒定）来帮助弹射飞机？（假定弹射器和飞机上的发动机在 90m 的起飞过程中都施以恒力）

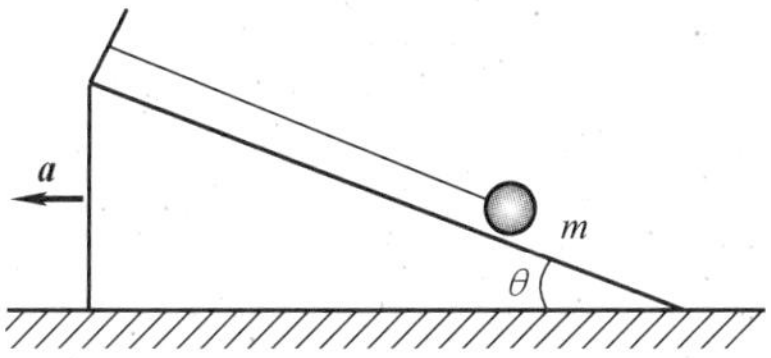

习题 2-21 图

习题 2-22 图

2-23　如习题 2-23 图所示，在赛车比赛中参赛者开到了一个斜坡上，当车的轮胎与斜面间的静摩擦系数 $\mu_s=0.62$，转弯半径 $R=110\mathrm{m}$，斜面的倾斜角度 $\theta=21.1°$时，赛车的最大转弯速度是多少？

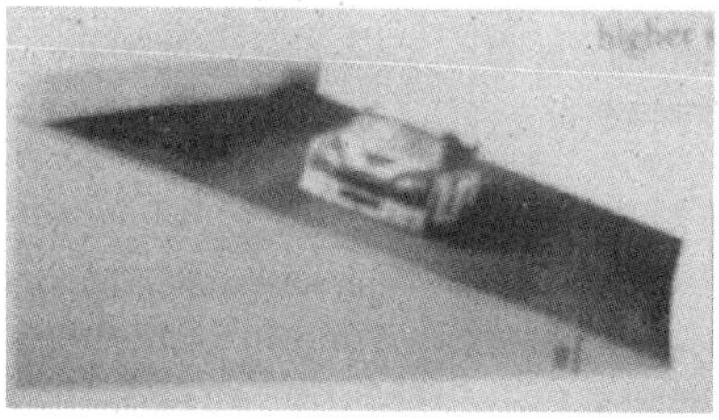

习题 2-23 图

2-24　轻型飞机连同驾驶员总质量为 1.0×10^3 kg，飞机以 $55.0\mathrm{m}\cdot\mathrm{s}^{-1}$ 的速率在水平跑道上着陆后，驾驶员开始制动，若阻力与时间成正比，比例系数 $\alpha=5.0\times10^2\ \mathrm{N}\cdot\mathrm{s}^{-1}$，求：（1）10s后飞机的速率；（2）飞机着陆后 10s 内滑行的距离。

2-25　设直升机重力大小为 G，它竖直上升的螺旋桨的牵引力大小为 $1.5G$，空气阻力大小为 $F=kGv$。求直升机上升的极限速度。

工程应用阅读材料——微加速度计

随着微机电系统（Micro Electro Mechanical System，MEMS）技术的发展，微加速度计的制作技术越来越成熟，国内外都将微加速度计开发作为微机电系统产品化的优先项目。微加速度计与通常的加速度计相比，具有很多优点：体积小、重量轻、成本低、功耗低、可靠性好等。它可以广泛地运用于航空航天、汽车工业、工业自动化及机器人等领域，具有广阔的应用前景。常见的微加速度计按敏感原理的不同可以分为：压阻式微加速度计、压电式微加速度计、隧道效应式微加速度计、电容式微加速度计及热敏式微加速度计等。按照工艺方法又可以分为体硅工艺微加速度计和表面工艺微加速度计。

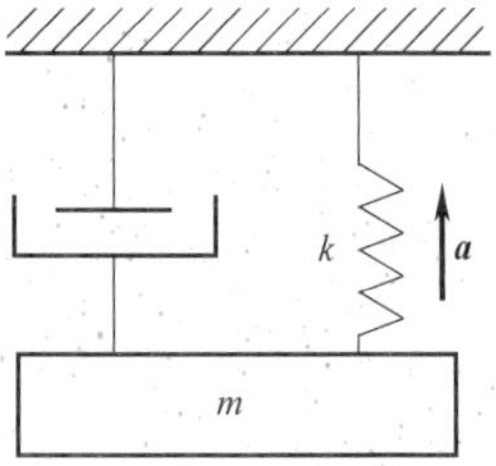

图 2-15

常见的振动式微硅加速度计由振动质量块和支撑弹性横梁构成，如图2-15所示。当有加速度输入时，质量块由于惯性力作用而发生位移，位移变化量与输入加速度的大小有确定的对应关系，可以描述为一个单自由度二阶弹簧阻尼振动系统，系统的数学模型即为

$$ma = kx + c\frac{\mathrm{d}x}{\mathrm{d}t} + m\frac{\mathrm{d}^2x}{\mathrm{d}t^2} \tag{2-23}$$

式中，k 为劲度系数；c 为等效阻尼系数；m 为等效惯性质量；a 为输入加速度。根据式（2-23）可以求出位移量和输入加速度的关系公式。

1. 常见微加速度计

(1) 压阻式微加速度计　压阻式微加速度计是由悬臂梁和质量块以及布置在梁上的压阻组成，横梁和质量块常为硅材料。当悬臂梁发生变形时，其固定端一侧变形量最大，故压阻薄膜材料就被布置在悬臂梁固定端一侧。当有加速度输入时，悬臂梁在质量块受到的惯性力牵引下发生变形，导致固连的压阻膜也随之发生变形，其电阻值就会由于压阻效应而发生变化，导致压阻两端的检测电压值发生变化，从而可以通过确定的数学模型推导出输入加速度与输出电压值的关系。

(2) 电容式微加速度计　其基本原理就是将电容作为检测接口，来检测由于惯性力作用导致惯性质量块发生的微位移。质量块由弹性微梁支撑连接在基体上，检测电容的一个极板一般配置在运动的质量块上，一个极板配置在固定的基体上。电容式微加速度计的灵敏度和测量精度高、稳定性好、温度漂移小、功耗极低，而且过载保护能力较强；能够利用静电力实现反馈闭环控制，显著提高传感器的性能。

(3) 扭摆式微加速度计　它的敏感单元是不对称质量平板，通过扭转轴与基座相连，基座上表面布置有固定电极，敏感平板下表面有相应的运动电极，形成检测电容。当有加速度作用时，不对称平板在惯性力作用下，将发生绕扭转轴的转动。转动角与加速度成比例关系，其基本特点与电容式类似。

(4) 隧道式微加速度计　隧道效应就是平板电极和隧道针尖电极距离达到一定的条件，可以产生隧道电流。隧道电流与极板之间的间隙呈负指数关系。隧道式微加速度计常用悬臂梁或者双端固支梁支撑惯性质量块，质量块在惯性力的作用下，位置将发生偏移，这个偏移量直接影响到隧道电流的变化，通过检测隧道电流变化量来间接检测加速度值。隧道式微加速度计具有极高的灵敏度，易检测，线性度好，温漂小，抗干扰能力强，可靠性高。但是由于隧道针尖制作比较复杂，所以其工艺比较困难。还有其他一些新型加速度计，譬如基于热阻抗原理的热加速度计，也具有很好的实验结果。

2. 微加速度计的发展趋势

自1977年美国斯坦福大学首先利用微加工技术制作了一种开环微加速度计以来，国内外开发出了各种结构和原理的加速度计，国外一些公司已经实现了部分类型微加速度计的产品化，例如，美国AD公司1993年就开始批量化生产基于平面工艺的电容式微加速度计。微机电系统技术的进步和工艺水平的提高，也给微加速度计的发展带来了新的机遇。

微加速度计是武器装备所需的关键传感器之一，具有广阔的军事运用前景。国外已有文献报道将微加速度计与微陀螺运用于增程制导弹药上，能有效改善弹药的战斗性能，但目前大部分微加速度计的精度都不高，不能适应军事装备发展的需求。未来微加速度计的发展要注意下面一些问题：

1）高分辨率和大量程的微硅加速度计成为研究的重点。由于惯性质量块比较小，所以用来测量加速度和角速度的惯性力也相应比较小，系统的灵敏度相对较低，这样开发出高灵敏度的加速度计显得尤为重要。

2）温漂小、迟滞效应小成为新的性能目标。选择合适的材料，采用合理的结构，以及应用新的低成本温度补偿环节，能够大幅度提高微加速度计的精度。

3）多轴加速度计的开发成为新的方向。已经有文献报道开发出三轴微硅加速度计，但是其性能离实用还有一段距离，多轴加速度计的解耦是结构设计中的难点。

4）将微加速度计表头和信号处理电路集成在单片基体上，也能够减小信号传输损耗，降低电路噪声，抑制电路寄生电容的干扰。

5）选择合理的工艺手段，降低制作成本，为微加速度计批量化生产提供工艺路线。同时，标准化微机电系统工艺，为微加速度计批量生产提供一套利于操作、重复性好的工艺方法，也是微硅加速度计发展的重要方向。

第3章 功 和 能

3.1 功 动能定理

牛顿第二定律反映了力和加速度的瞬时关系。但物体间的相互作用总是在空间和时间里发生的，因此，我们可以考虑力的空间累积和力的时间累积作用。

3.1.1 中学物理知识回顾

1. 功的定义

功就是力的空间累积。在力的持续作用过程中，如果力的作用点由初位置变化到末位置，就形成了力对空间的累积。物理学上用功这个物理量来表示力的空间累积，记为 A。下面讨论功的定义的数学形式和计算。

2. 恒力功的计算

设有一个恒力 $\boldsymbol{F}$ 作用在质点上，在恒力 $\boldsymbol{F}$ 作用下质点沿着直线发生了一段位移 $\Delta\boldsymbol{r}$，如图3-1所示。在质点的这段位移过程中，力 $\boldsymbol{F}$ 做的功定义为力在位移方向的分量（力的切向分量）与位移大小的乘积

$$A = |\boldsymbol{F}|\cos\theta \cdot |\Delta\boldsymbol{r}| \tag{3-1}$$

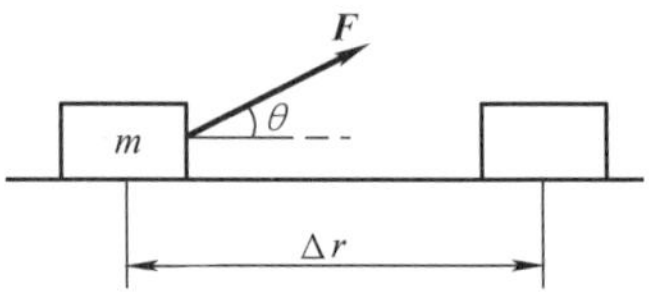

图 3-1

或者用矢量点积（标量积）的方式表示为

$$A = \boldsymbol{F} \cdot \Delta\boldsymbol{r} \tag{3-2}$$

由上式可知，功等于力与力作用点位移的点积（标量积）。

功是标量，没有方向，但是有正负。当力与位移方向的夹角 $0 \leqslant \theta \leqslant \pi/2$ 时，$A > 0$，我们说力 $\boldsymbol{F}$ 对物体做了正功；当 $\pi/2 < \theta \leqslant \pi$ 时，$A < 0$，力 $\boldsymbol{F}$ 对物体做的是负功，也常习惯说成物体克服了外力做功；若 $\theta = \pi/2$，$A = 0$，力 $\boldsymbol{F}$ 与位移 $\Delta\boldsymbol{r}$ 垂直，不做功，例如，物体在水平方向移动时，重力就不做功。

3. 动能

当一个台球运动员击打一个静止的母球时，击打后母球的动能等于运动员对母球所做的功，如图3-2所示。施加在母球上的力越大，母球移动的距离越远，我们说母球获得的动能越大。

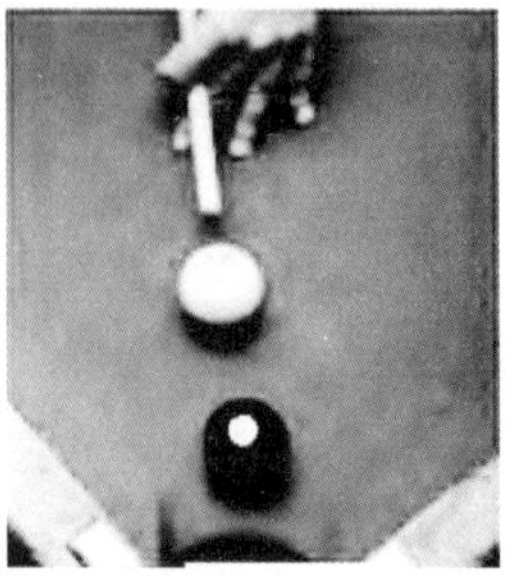
图 3-2

动能是描写物体机械运动的另一个重要物理量。我们将 $\frac{1}{2}mv^2$ 定义为质点的动能，用 E_k 表示，即

$$E_k = \frac{1}{2}mv^2 \tag{3-3}$$

式中，m 表示质点的质量；v 表示质点的速度（大小）。

动能是机械能的一种形式，是由于物体运动而具有的一种能量。动能的单位与功相同，但意

义不一样，功是力的空间累积，与累积的具体过程有关，是过程量，动能则取决于物体的运动状态，或者说是物体机械运动状态的一种表示，因此是状态量，也称为态函数。

由若干个相互作用的质点组成的系统简称为质点系。质点系动能定义为系统中各个质点动能之和（代数和）。数学表达式为

$$E_{\mathrm{k}} = \sum_i E_{\mathrm{k}i} = \sum_i \frac{1}{2} m_i v_i^2 \tag{3-4}$$

从式（3-3）、式（3-4）我们看到，研究对象的总动能常用E_{k}表示，而对系统中各个质点的动能则使用下标i来区分。

动能与物体的运动速度有关，一般来讲，不同时刻质点或质点系的动能是不同的。因此，有初动能和末动能等概念，读者要领会它们的意义。另外，转动的刚体也是有动能的。它的动能定义为刚体所含各个质点动能之和，叫作转动动能。我们将在后面仔细讨论。

3.1.2　变力的功

在变力作用下，质点运动的轨迹通常为一曲线（直线运动只是曲线运动的特例）。在图3-3中，质点在变力$\boldsymbol{F}$作用下沿图示的曲线路径l由a点移动到b点。在曲线路径上不同的点，力的大小、方向以及力与位移方向的夹角都可能不相同，直线运动中恒力功的公式（3-2）在此时失效了。为了计算功可以采取如下方法：将a点到b点的轨迹进行无限小分割（微分），得到考察点P点处一无穷小的元位移$\mathrm{d}\boldsymbol{r}$，由于$\mathrm{d}\boldsymbol{r}\to 0$，因此在$\mathrm{d}\boldsymbol{r}$范围内，曲线可以当作直线处理，且力$\boldsymbol{F}$的变化极其微小，可以当作恒力处理。这样，在元位移$\mathrm{d}\boldsymbol{r}$中，力做的功用$\delta A$表示，称为元功或微功。根据式（3-2）有

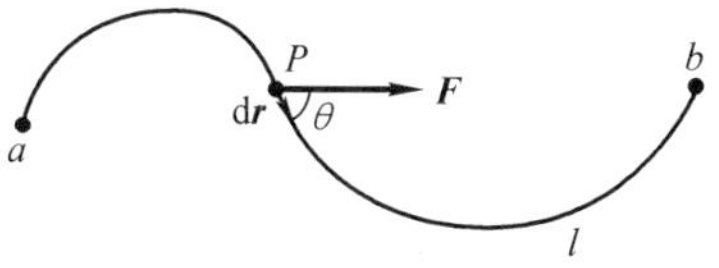

图　3-3

$$\delta A = \boldsymbol{F} \cdot \mathrm{d}\boldsymbol{r} = F\,|\mathrm{d}\boldsymbol{r}|\cos\theta \tag{3-5}$$

质点由初始位置a经路径l运动到b，力F做的总功应当等于各元位移上的元功的总和，即对式（3-5）的积分

$$A = \int_a^b \boldsymbol{F} \cdot \mathrm{d}\boldsymbol{r} \tag{3-6}$$

此式在数学上称为力$\boldsymbol{F}$沿路径l的第二类曲线积分。

式（3-6）是功的计算的普遍公式，适用于各种情况下功的计算。不论是恒力还是变力，不论是引力、电磁力、核力，还是弹力、张力、摩擦力、理想气体对活塞的压力做功等，都可以用它计算。

如果变力$\boldsymbol{F}$呈现随位置变化的函数关系，就可以在力－位置图上用曲线表示出来。例如，当质点沿x方向一维运动时，力随位置x发生变化，$F=F(x)$，此时可以用$F-x$曲线来表示这种函数关系，图3-4就是一种示意。根据式（3-6），质点在力$\boldsymbol{F}$的作用下由x_1运动到x_2，力$\boldsymbol{F}$的功应该为此段曲线与横轴包围的面积，即图中的阴影部分，这是功的几何意义。在此面积为简单几何图形的时候，由面积计算功不失为一种简单有效的方法。

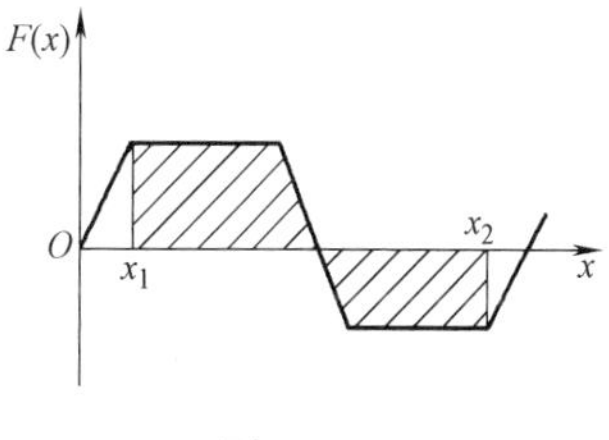

图　3-4

功的定义与质点的位移有关，因而功与参考系的选择有关。

合力的功　当多个力同时作用在质点上时，质点所受的合力由力的叠加原理给出，即

$$\boldsymbol{F} = \sum_i \boldsymbol{F}_i \quad (i = 1, 2, \cdots, n) \tag{3-7}$$

式中，$\boldsymbol{F}_i$为作用在质点上的第 i 个分力，若质点在合力作用下由 a 点经路径 l 到达 b 点，合力的功

$$\begin{aligned} A &= \int_a^b \boldsymbol{F} \cdot \mathrm{d}\boldsymbol{r} = \int_a^b \left(\sum_i \boldsymbol{F}_i \right) \cdot \mathrm{d}\boldsymbol{r} \\ &= \sum_i \left(\int_a^b \boldsymbol{F}_i \cdot \mathrm{d}\boldsymbol{r} \right) = \sum_i A_i \end{aligned} \tag{3-8}$$

即合力的功等于各分力功的代数和。

但是，对质点系（系统含有多个质点）而言各个力作用在不同质点上，而各个质点的位置变化可能是不同的，所以合力的功是不能通过合力来计算的。应先计算各个质点上各自做的功，然后对功进行求和。

在国际单位制中，功的量纲为 $\mathrm{ML^2T^{-2}}$，单位为 J（焦耳）。

大学物理的要求是能够熟练计算力对物体做的功。下面的例子可以帮助大家初步理解功的计算过程和方法。

【例 3-1】 一质点受力 $\boldsymbol{F} = 3y\boldsymbol{i} + x\boldsymbol{j}$(SI) 的作用，沿曲线 $\boldsymbol{r} = a\cos t\boldsymbol{i} + a\sin t\boldsymbol{j}$ (SI) 运动。试求从 $t=0$ 运动到 $t=2\pi$ 时力 $\boldsymbol{F}$ 在此曲线上所做的功。

【解】 由于已知力 $\boldsymbol{F}$ 的分量式和曲线方程，可应用功的定义式计算。

因为

$$x = a\cos t, \quad y = a\sin t$$

所以

$$\mathrm{d}x = -a\sin t\mathrm{d}t, \quad \mathrm{d}y = a\cos t\mathrm{d}t$$

$$F_x = 3y = 3a\sin t, \quad F_y = x = a\cos t$$

于是，可得力所做的功

$$\begin{aligned} A &= \int_{M_1}^{M_2} \boldsymbol{F} \cdot \mathrm{d}\boldsymbol{r} = \int_{M_1}^{M_2} F_x\mathrm{d}x + F_y\mathrm{d}y \\ &= \int_{t_1}^{t_2} 3a\sin t(-a\sin t\mathrm{d}t) + a\cos t(a\cos t\mathrm{d}t) \\ &= \int_0^{2\pi} (-3a^2\sin^2 t\mathrm{d}t + a^2\cos^2 t\mathrm{d}t) \\ &= a^2 \int_0^{2\pi} (1 - 4\sin^2 t)\mathrm{d}t \\ &= a^2 \int_0^{2\pi} (1 - 2(1 - \cos 2t))\mathrm{d}t \\ &= -2\pi a^2 \end{aligned}$$

【例 3-2】 一飞机在空中做直线运动，受到的黏滞力正比于速度的二次方，系数为 α，运动规律为 $x = ct^3$。求该飞机由 $x_0 = 0$ 运动到 $x = l$ 过程中黏滞力所做的功。

【解】 由运动学方程 $x = ct^3$ 得到

$$v = \frac{\mathrm{d}x}{\mathrm{d}t} = 3ct^2, \quad t = c^{-\frac{1}{3}}x^{\frac{1}{3}}$$

根据题意，物体受到的黏滞力为

$$F = -\alpha v^2 = -9\alpha c^2 t^4 = -9\alpha c^{\frac{2}{3}} x^{\frac{4}{3}}$$

元功为

$$\delta A = F\mathrm{d}x = -9\alpha c^{\frac{2}{3}} x^{\frac{4}{3}} \mathrm{d}x$$

黏滞力对物体所做的功为

$$A = \int_0^l F\mathrm{d}x = -\int_0^l 9\alpha c^{\frac{2}{3}} x^{\frac{4}{3}} \mathrm{d}x = -\frac{27}{7}\alpha c^{\frac{2}{3}} l^{\frac{7}{3}}$$

上述例题表明，计算变力做功时，首先要根据题意写出力的表达式，再根据功的定义写出元功表达式，最后积分便可求出该力所做的功。

【例3-3】 一绳长为 l、小球质量为 m 的单摆竖直悬挂，在水平力 $\boldsymbol{F}$ 的作用下，小球由静止极其缓慢地移动，直至绳与竖直方向的夹角为 θ，求力 $\boldsymbol{F}$ 做的功。

【解】 因小球极其缓慢地移动，可近似认为加速度为零，所受合力为零，即水平力 $\boldsymbol{F}$、重力 $\boldsymbol{G}$、拉力 $\boldsymbol{F}_r$ 的矢量和 $\boldsymbol{F}+\boldsymbol{G}+\boldsymbol{F}_r=0$。图3-5为小球移动过程中绳与竖直方向成任意 α 角时的受力图，由于合力的切向分量

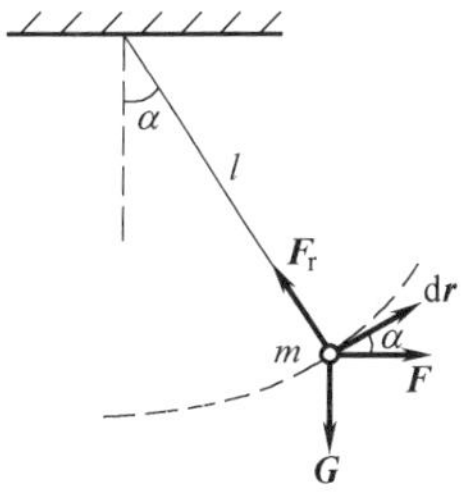

图 3-5

$$F\cos\alpha - mg\sin\alpha = 0$$

可得

$$F = mg\tan\alpha$$

力 $\boldsymbol{F}$ 做功

$$A = \int \boldsymbol{F}\cdot \mathrm{d}\boldsymbol{r} = \int F\,|\mathrm{d}\boldsymbol{r}|\cos\alpha = \int_0^\theta mgl\tan\alpha\cos\alpha\mathrm{d}\alpha$$

$$= mgl\int_0^\theta \sin\alpha\mathrm{d}\alpha = mgl(1-\cos\theta)$$

3.1.3 功率

做功的快慢用功率来描述。功率定义为单位时间力对物体所做的功。如果设力在有限长的时间 Δt 内做功 ΔA，我们有平均功率的概念

$$\bar{P} = \frac{\Delta A}{\Delta t} \tag{3-9}$$

上式是一段有限长时间 Δt 内的平均功率。

若 Δt 趋近于零，设 $\mathrm{d}t$ 时间内力 $\boldsymbol{F}$ 做功 $\mathrm{d}A$，功率用 P 表示，则

$$P = \frac{\mathrm{d}A}{\mathrm{d}t} \tag{3-10}$$

上式是瞬时功率的表达式。

功率用以表示力做功的快慢，也可以理解为力做功的速率。由于 $\mathrm{d}A=\boldsymbol{F}\cdot\mathrm{d}\boldsymbol{r}$ 以及 $\mathrm{d}\boldsymbol{r}/\mathrm{d}t=\boldsymbol{v}$，代入式（3-10），功率又可以表示为

$$P = \boldsymbol{F}\cdot\frac{\mathrm{d}\boldsymbol{r}}{\mathrm{d}t} = \boldsymbol{F}\cdot\boldsymbol{v} \tag{3-11}$$

可见，功率为力与质点速度的点积。当力的方向与物体运动的速度方向垂直时，这个力对物体是不做功的。式（3-11）有很重要的实用价值。任何机器往往有其额定的功率，也就是机器消耗能量的速率是一定的，由式（3-11）可知如果要求机器提供的力越大速度就会越小。汽车在行驶过程中常常需要换挡就是由于这个原理。人在各种活动中消耗能量的功率见表3-1。

表3-1 人在各种活动中消耗能量的功率

活动项目	消耗能量的功率/W	活动项目	消耗能量的功率/W
篮球	600	爬山	750 ~ 900
足球	630 ~ 840	骑自行车	300 ~ 780
滑冰	780	跑步	700 ~ 1000
俯泳	770	走路	170 ~ 380
仰泳	800	上楼梯	700 ~ 840
自由泳	1000	上课	70 ~ 140
体操	200 ~ 450	看电视	100 ~ 120
跳舞	200 ~ 500	吃饭	170
滑雪	700 ~ 1300	睡觉	70 ~ 80

已知功率计算功，可将功率对时间积分。

$$A = \int_{t_1}^{t_2} P\mathrm{d}t \tag{3-12}$$

在国际单位制中，功率的量纲为 ML^2T^{-3}，单位为 W（瓦）。

【例 3-4】 （1）一喷气式飞机发动机产生 15000N 推力，当飞机以 $300\mathrm{m \cdot s^{-1}}$ 的速率飞行时，发动机的功率为多少？（2）设货车发动机的最大输出功率为 88.2kW，当货车以 $60.0\mathrm{km \cdot h^{-1}}$ 的速率行驶时，其最大驱动力是多少？

【解】 （1）飞机发动机的功率为

$$P = \boldsymbol{F} \cdot \boldsymbol{v} = (1.50 \times 10^4 \times 300)\mathrm{W} = 4.50 \times 10^6 \mathrm{W} = 4.50 \times 10^3 \mathrm{kW}$$

（2）货车发动机的最大驱动力的大小为

$$F = \frac{P}{v} = \frac{8.82 \times 10^4 \times 3600}{60.0 \times 10^3}\mathrm{N} = 5.29 \times 10^3 \mathrm{N}$$

3.1.4 动能定理及其应用

1. 单质点的动能定理

对质量为 m 的单个质点而言，在合外力 $\boldsymbol{F}$ 作用下发生了一个无穷小的元位移 $\mathrm{d}\boldsymbol{r}$，合力在此元位移中做的元功

$$\mathrm{d}A = \boldsymbol{F} \cdot \mathrm{d}\boldsymbol{r} = F\cos\theta |\mathrm{d}\boldsymbol{r}| \tag{3-13}$$

式中，$F\cos\theta = F_\tau$ 是力在位移方向也就是运动轨迹切线方向的分量，说明合力做功是合力的切向分量在做功（合力的法向分量不做功，因为 $\theta = \pi/2$）。根据 $F_\tau = ma_\tau = m\dfrac{\mathrm{d}v}{\mathrm{d}t}$，以及 $v = \dfrac{|\mathrm{d}\boldsymbol{r}|}{\mathrm{d}t}$，代入上式，则

$$\begin{aligned} \mathrm{d}A &= \boldsymbol{F} \cdot \mathrm{d}\boldsymbol{r} = F_\tau |\mathrm{d}\boldsymbol{r}| = m\frac{\mathrm{d}v}{\mathrm{d}t}|\mathrm{d}\boldsymbol{r}| = m\frac{|\mathrm{d}\boldsymbol{r}|}{\mathrm{d}t}\mathrm{d}v \\ &= mv\mathrm{d}v = \mathrm{d}\left(\frac{1}{2}mv^2\right) \end{aligned} \tag{3-14}$$

根据动能 E_k 的定义，式（3-14）又可以表示为

$$\mathrm{d}A = \boldsymbol{F} \cdot \mathrm{d}\boldsymbol{r} = \mathrm{d}E_\mathrm{k} \tag{3-15}$$

上式表明，合外力对质点做功（元功），质点的动能就发生变化（微增量 $\mathrm{d}E_\mathrm{k}$），并且合外力在元位移中对质点做的元功等于质点动能的微增量，这就是质点的动能定理的微分形式。它表明力对空间累积作用的结果是造成质点动能的增加。

考虑在力的作用下质点发生有限大的位移，从 a 点经路径 l 运动到 b 点，相应的动能从 a 点时的 $E_{\mathrm{k}a} = \dfrac{1}{2}mv_a^2$ 变化到 b 点时的 $E_{\mathrm{k}b} = \dfrac{1}{2}mv_b^2$，将式（3-15）积分得

$$A = \int_a^b \boldsymbol{F} \cdot \mathrm{d}\boldsymbol{r} = \int_{E_{\mathrm{k}a}}^{E_{\mathrm{k}b}} \mathrm{d}E_\mathrm{k} = E_{\mathrm{k}b} - E_{\mathrm{k}a} \tag{3-16}$$

上式为质点动能定理的积分形式，它表明：合外力对质点做的功等于质点动能的增量。由于实际问题的处理中通常对应的都是一段有限空间的移动和做功，因此，大多采用动能定理的积分形式进行计算。

上面讨论的是单个质点运动过程中满足的动能定理，对多个质点组成的系统，动能的变化规律又如何呢？下面我们来讨论这个问题。

2. 质点系的动能定理

质点系是许多实际物理问题的抽象模型，实际的固体、液体和气体就可以看成是包含大量

质点的质点系。质点系问题的研究是质点力学过渡到实际力学问题的桥梁。由于各质点间有相互作用，所以在质点系动力学中，虽然原则上仍然可以根据牛顿定律列出各个质点的动力学方程，但对于相互作用着的多体系统，问题变得十分复杂，对这样的动力学方程的严格求解仍然超出了当今的数学能力。

为了说明问题方便，先明确一些术语。质点系中各质点受到的系统外的物体对它们的作用力称为外力，质点系中各质点彼此之间的相互作用力称为内力。在讨论质点系的动能定理时，既要考虑外力的功，也要考虑内力的功。对系统中第 i 个质点，外力做的功 $A_{外i}=\int \boldsymbol{F}_{外i}\cdot \mathrm{d}\boldsymbol{r}_i$，内力做的功 $A_{内i}=\int \boldsymbol{F}_{内i}\cdot \mathrm{d}\boldsymbol{r}_i$，质点的动能从 E_{ki1} 变化到 E_{ki2}，应用质点的动能定理有

$$A_{外i}+A_{内i}=E_{ki2}-E_{ki1} \tag{3-17}$$

对系统中的其他质点可以列出类似的方程，再对所有这些方程求和得

$$\sum_i A_{外i}+\sum_i A_{内i}=\sum_i E_{ki2}-\sum_i E_{ki1} \tag{3-18}$$

式中，$\sum_i A_{外i}=A_{外}$ 为所有外力对质点系做的功（外力的总功）；$\sum_i A_{内i}=A_{内}$ 为质点系内各质点间的内力做的功（内力的总功）；$\sum_i E_{ki2}=E_{k2}$ 和 $\sum_i E_{ki1}=E_{k1}$ 分别为系统末态和初态的动能，这样，上式又可以表述为

$$A_{外}+A_{内}=E_{k2}-E_{k1} \tag{3-19}$$

这个结论称为质点系的动能定理。它表明：所有外力对质点系做的功与内力做功之和等于质点系动能的增量。

质点系的动能定理指出，系统的动能既可以因为外力做功而改变，又可以因为内力做功而改变。应该注意的是，虽然系统内力成对出现，但由于各质点位移不一定相同，一对内力虽然大小相等方向相反，但**一对内力的功不一定等于零，因而内力的功可以改变系统的总动能**。例如，飞行中的炮弹发生爆炸，爆炸前后系统的动量是守恒的，但爆炸后各碎片的动能之和必定远远大于爆炸前炮弹的动能，这是爆炸时内力（炸药的爆破力）做功的缘故。

3. 一对力的功

一对力特指两个物体之间的作用力和反作用力，它普遍存在于物质世界，如质点系中。一对力的功是指在一个过程中作用力与反作用力做功之和（代数和），即总功。如果将彼此作用的两个物体视为一个系统（最简单的质点系），作用力与反作用力就是系统的内力，因此一对力的功也常常是指内力的总功。

如图3-6所示，现在考虑系统内两个质点 m_1 和 m_2，某时刻它们相对于坐标原点的位矢分别为 $\boldsymbol{r}_1$ 和 $\boldsymbol{r}_2$，$\boldsymbol{F}_{12}$ 和 $\boldsymbol{F}_{21}$ 为它们之间的相互作用力（注意脚标顺序，第一个脚标表示研究对象，即受力方，第二个脚标表示施力方）。现在设质点 m_1 在 $\boldsymbol{F}_{12}$ 的作用下发生了一段元位移 $\mathrm{d}\boldsymbol{r}_1$，力 $\boldsymbol{F}_{12}$ 做的元功 $\delta A_1=\boldsymbol{F}_{12}\cdot\mathrm{d}\boldsymbol{r}_1$，质点 m_2 则在 $\boldsymbol{F}_{21}$ 的作用下发生了一段元位移 $\mathrm{d}\boldsymbol{r}_2$，力 $\boldsymbol{F}_{21}$ 做的元功 $\delta A_2=\boldsymbol{F}_{21}\cdot\mathrm{d}\boldsymbol{r}_2$，利用牛顿第三定律 $\boldsymbol{F}_{12}=-\boldsymbol{F}_{21}$，这一对力做的元功之和为

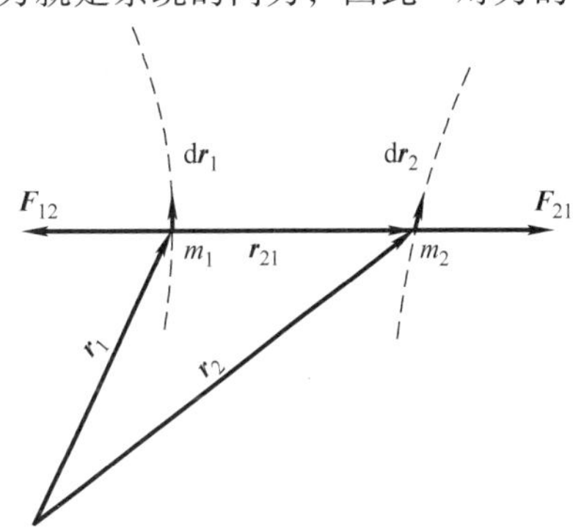

图　3-6

$$\begin{aligned}\delta A&=\delta A_1+\delta A_2=\boldsymbol{F}_{12}\cdot\mathrm{d}\boldsymbol{r}_1+\boldsymbol{F}_{21}\cdot\mathrm{d}\boldsymbol{r}_2\\&=\boldsymbol{F}_{21}\cdot(\mathrm{d}\boldsymbol{r}_2-\mathrm{d}\boldsymbol{r}_1)=\boldsymbol{F}_{21}\cdot\mathrm{d}(\boldsymbol{r}_2-\boldsymbol{r}_1)\end{aligned} \tag{3-20}$$

$$\delta A=\boldsymbol{F}_{21}\cdot\mathrm{d}\boldsymbol{r}_{21}$$

因为$\boldsymbol{r}_{21}=\boldsymbol{r}_2-\boldsymbol{r}_1$是质点$m_2$对质点$m_1$的相对位矢，$\mathrm{d}\boldsymbol{r}_{21}$就是质点$m_2$对质点$m_1$的相对元位移，式（3-20）说明：一对力的元功，等于其中一个质点受的力与该质点对另一质点相对元位移的点积（脚标1和2是可以交换的），即取决于力和相对位移。

如果在一对力的作用下，系统中的两质点由初态时的相对位置a变化到末态时的相对位置b，一对力做的总功就是式（3-20）的积分

$$A=\int_a^b \boldsymbol{F}_{21}\cdot \mathrm{d}\boldsymbol{r}_{21} \tag{3-21}$$

积分沿相对位移的路径进行。式（3-21）表现了一对力做功的重要特点：一对力做的总功，只由力和两质点的相对位移决定，由于相对位移与参考系的选择没有关系，因此，一对力做的总功与参考系的选择无关。根据这一特点，计算一对力做功的时候，可以先假定其中的一个质点不动，另一个质点受力并沿着相对位移的路径运动，只计算后一个质点相对移动时力做的功就行了。

动能定理在力学中有广泛的应用。通过下面的例题，可以帮助读者了解动能定理的使用方法。

【例3-5】 如图3-7所示，一链条长为l，质量为m，放在光滑的水平桌面上，链条一端下垂，长度为a。假设链条在重力作用下由静止开始下滑，求链条全部离开桌面时的速度。

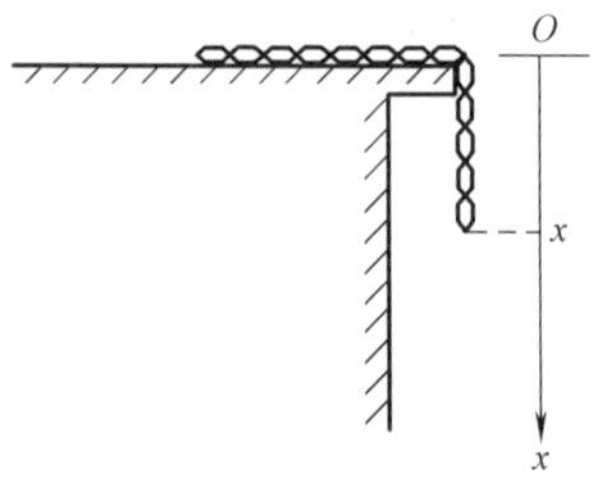

图 3-7

【解】 重力做功只体现在悬挂的一段链条上，设某时刻悬挂着的一段链条长为x，所受重力

$$\boldsymbol{G}=x\rho g\boldsymbol{i}=\frac{m}{l}gx\boldsymbol{i}$$

经过元位移$\mathrm{d}x$，重力的元功

$$\delta A=\boldsymbol{G}\cdot \mathrm{d}x\boldsymbol{i}=\frac{m}{l}gx\mathrm{d}x$$

当悬挂的长度由a变为l（链条全部离开桌面）时，重力的功

$$A=\int \delta A=\int_a^l \frac{m}{l}gx\mathrm{d}x=\frac{m}{2l}g(l^2-a^2)$$

根据动能定理，外力的功等于链条动能的增量

$$A=\frac{m}{2l}g(l^2-a^2)=\frac{1}{2}mv^2-0$$

得

$$v=\sqrt{\frac{g}{l}(l^2-a^2)}$$

物理知识应用案例：动能武器

一切运动的物体都具有动能。根据动能的定义，一个物体只要有一定的质量和足够大的运动速度，就具有相当的动能，就能有惊人的杀伤破坏能力，这个物体就是一件动能武器。这里最重要的一点是动能武器不是靠爆炸、辐射等其他物理和化学能量去杀伤目标，而是靠自身巨大的动能，在与目标短暂而剧烈的碰撞中杀伤目标。在美国的战略防御计划中的一系列非核太空武器中，动能武器占有重要地位。例如，他们研制的代号叫“闪光卵石”的太空拦截器，长为1.02m，直径为0.3m，质量小于45kg，飞行高度为644km，飞行速度约$6.4\mathrm{km}\cdot\mathrm{s}^{-1}$。它是利用直接撞击以摧毁来袭导弹的，这就是它为什么又称拦截器的原因。显然，要能使这种武器发挥威力，需有一套跟踪、瞄准、寻的、信息、航天等高新技术作为基础才能

实现。正是因为近几十年来，微电子技术、光电技术、航天和信息等基础技术得到了高速发展，武器的命中精度提高到米数量级，这就促使人们能够避免使用大范围毁伤的核武器，而发展一系列靠直接与靶标（例如，导弹、卫星等航天器）相互作用达到毁伤目的的武器。除了在大气层外太空能利用动能武器摧毁靶标外，大气层内也在发展比一般炸药驱动的弹丸或碎片速度大得多的动能武器，例如，利用电磁加速原理研制的电磁轨道炮等，加速后的弹丸的速度可达几千米每秒，甚至超过第一宇宙速度（$7.9\mathrm{km}\cdot\mathrm{s}^{-1}$）。

3.2 保守力与势能

尼亚加拉瀑布每秒从 49m 高处落下约 $5500\mathrm{m}^3$ 的水，这是世界上最壮观的场景之一，也是世界上最大的水力发电站，产生 2500MW 的电能。电能是水的重力势能转化来的，重力势能是与系统位置相关而不是与运动相关的能。

当跳水运动员进入水中时，重力对人是做正功还是负功？水对跳水者做正功还是负功？当其跳离跳板进入游泳池时，迅速与水相碰，具有一定动能。这个能量来自哪里？

跳水运动员在起跳之前，跳板边缘反弹，弯曲的板子储存了另一种势能，称为弹性势能。我们将讨论如弹簧被伸长或压缩这种简单情况下的弹性势能。蹦极运动员的下落涉及动能、重力势能和弹性势能间的相互影响，由于空气阻力和蹦极绳中的摩擦力，机械能并不守恒（如果机械能守恒，那么蹦极运动员将永远保持上下弹跳状态），问题显得复杂。从简单情况入手，我们先来研究重力势能。

3.2.1 中学物理知识回顾与拓展

1. 重力的功及其特点

重力源于质点在地球表面附近受到的地球对它作用的万有引力。如果质点的运动是在地球表面附近，它与地心之间的距离变化很小而可以认为是不变化的，此时重力可认为是一个恒力。重力做功可以按如下方式来讨论。

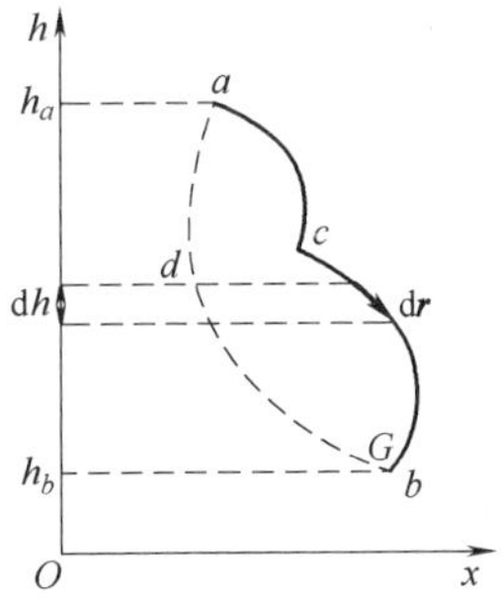

图 3-8

将地球与质点（物体）视为一个系统，万有引力是系统的一对内力，根据前面关于对力功的讨论，它的总功只和质点与地球的相对位移有关。设地球不动，质量为 m 的质点在重力作用下由 a 点（高度 h_a）经路径 acb 到达 b 点（高度 h_b），如图 3-8 所示，在元位移 $\mathrm{d}\boldsymbol{r}$ 中，重力做的元功

$$\delta A = \boldsymbol{G}\cdot\mathrm{d}\boldsymbol{r} = mg\cdot|\mathrm{d}\boldsymbol{r}|\cos\theta = -mg\mathrm{d}h \tag{3-22}$$

其中，$-\mathrm{d}h = |\mathrm{d}\boldsymbol{r}|\cos\theta$ 是元位移 $\mathrm{d}\boldsymbol{r}$ 在 h 方向的分量，这样从 a 点到达 b 点重力做的功

$$A_{acb} = \int\delta A = -mg\int_{h_a}^{h_b}\mathrm{d}h = mgh_a - mgh_b \tag{3-23}$$

从上式结果可知，重力做功只与重力系统（地球与质点）的始末相对位置 h_a 和 h_b 有关，与做功的具体路径没有关系（功的计算结果中没有反映出路径的影响）。如果质点经图中虚线所示的 adb 路径由 a 点到达 b 点，重力的功

$$A_{adb} = \int\boldsymbol{G}\cdot\mathrm{d}\boldsymbol{r} = \int mg\cdot|\mathrm{d}\boldsymbol{r}|\cos\theta = -mg\int_{h_a}^{h_b}\mathrm{d}h \tag{3-24}$$

结果与式（3-23）是相同的，而且还应有 $A_{adb} = -A_{bda}$。

可以进一步讨论在重力作用下质点经由一闭合路径移动的情况。设质点从 a 出发经 $acbda$ 又回到 a 点，在这一闭合路径中，重力的总功为

$$A = A_{adb} + A_{bda} = A_{acb} + (-A_{adb}) = 0 \tag{3-25}$$

由于 $acbda$ 是一任意闭合路径，因此上式说明在重力场中，重力沿任一闭合路径的功等于零。显然，这一结论是重力做功与路径无关的必然结果。

因此，重力做功的特点是：重力做功与路径无关，只与重力系统始末状态的相对位置有关；或者说，在重力场中重力沿任一闭合路径的功等于零。

2. 弹力的功及其特点

对于弹簧和物体构成的系统（常简称为弹簧振子），弹力也是一对内力。设弹簧的一端固定，系在另一端的物体偏离平衡位置为 x 时，所受弹力的大小 $F = -kx$。弹力在物体发生元位移 dx 时做的元功

$$\delta A = F \cdot dx = -kx dx \tag{3-26}$$

这样，当物体从初态位置 x_a 运动到末态位置 x_b 的过程中，弹力的功

$$A = \int \delta A = -\int_{x_b}^{x_a} kx dx = \frac{1}{2}kx_a^2 - \frac{1}{2}kx_b^2 \tag{3-27}$$

与重力做功类似，弹力做功也是与路径无关的，不论物体由 x_a 点经历何种路径到达 x_b 点，弹力做功都一样。如果物体由 x_a 点出发经历任何闭合路径最后又回到 x_a 点，则弹力的功一定等于零。

3. 万有引力的功及其特点

如图3-9所示，一对质量分别为 m_1 和 m_2 的质点，彼此之间存在万有引力的作用。设 m_1 固定不动，m_2 在 m_1 的引力作用下由 a 点经某路径 l 运动到 b 点。已知 m_2 在 a 点和 b 点时距 m_1 分别为 r_a 和 r_b。

取 m_1 为坐标原点，某时刻 m_2 对 m_1 的位矢为 $\boldsymbol{r}$，引力 $\boldsymbol{F}$ 与 $\boldsymbol{r}$ 方向相反。当 m_2 在引力作用下完成元位移 $d\boldsymbol{r}$ 时，引力做的元功为

$$\delta A = \boldsymbol{F} \cdot d\boldsymbol{r} = G\frac{m_1 m_2}{r^2}|d\boldsymbol{r}|\cos\theta \tag{3-28}$$

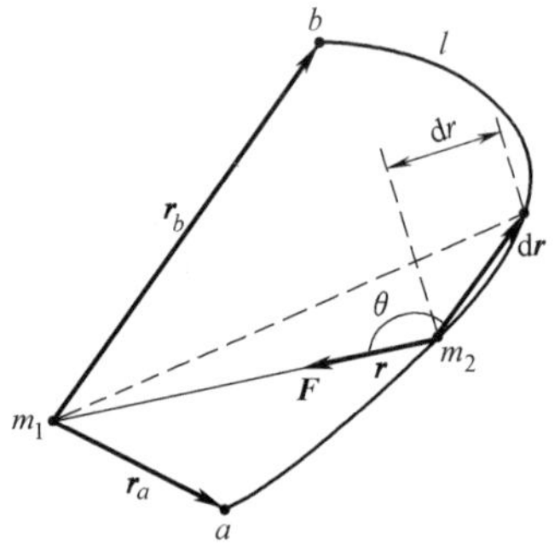

图　3-9

由图可见，$-|d\boldsymbol{r}|\cos\theta = |d\boldsymbol{r}|\cos(\pi-\theta) = dr$，此处 $d\boldsymbol{r}$ 为位矢大小的增量，故上式可以写为

$$\delta A = -G\frac{m_1 m_2}{r^2}dr \tag{3-29}$$

这样，质点由 a 点运动到 b 点引力做的总功为

$$A = -\int_{r_a}^{r_b} G\frac{m_1 m_2}{r^2}dr = -Gm_1 m_2\left(\frac{1}{r_a} - \frac{1}{r_b}\right) \tag{3-30}$$

由式（3-30）可知，万有引力做功也是与做功路径无关的，不论物体由 r_a 点经历何种路径到达 r_b 点万有引力做功都一样。

3.2.2　保守力和势能

1. 保守力与非保守力

重力做功、弹力做功以及万有引力做功具有相同的特点，那就是做功与路径无关，只与系统始末状态的相对位置（位形）有关；更一般地看，在某一力学系统中，有一对内力，简单地记为 $\boldsymbol{F}$，如果力 $\boldsymbol{F}$ 做功只与系统始末状态的相对位置有关，而与做功路径无关，就称 $\boldsymbol{F}$ 是保守力。以图3-8路径为例，有

$$\int_{acb}\boldsymbol{F}_{保守}\cdot \mathrm{d}\boldsymbol{l}=\int_{adb}\boldsymbol{F}_{保守}\cdot \mathrm{d}\boldsymbol{l}=-\int_{bda}\boldsymbol{F}_{保守}\cdot \mathrm{d}\boldsymbol{l}$$

即

$$\int_{acb}\boldsymbol{F}_{保守}\cdot \mathrm{d}\boldsymbol{l}+\int_{bda}\boldsymbol{F}_{保守}\cdot \mathrm{d}\boldsymbol{l}=0$$

也就是说这些力在任一个闭合路径做功等于零。用数学公式可以表示为

$$\oint_{l}\boldsymbol{F}_{保守}\cdot \mathrm{d}\boldsymbol{l}=0 \tag{3-31}$$

$\oint_{l}\boldsymbol{F}\cdot \mathrm{d}\boldsymbol{l}$ 在数学上叫作矢量 $\boldsymbol{F}$ 的环流，式（3-31）表示保守力的环流（环路积分）等于零（将元位移 $\mathrm{d}\boldsymbol{r}$ 写为 $\mathrm{d}\boldsymbol{l}$ 是为了与数学上环路积分公式一致，实际上从运动学知道：$\mathrm{d}\boldsymbol{r}=\mathrm{d}\boldsymbol{l}$）。式（3-31）是保守力定义的数学形式。重力、弹力、万有引力以及静电力的环流都等于零，它们都是保守力。

如果力 $\boldsymbol{F}$ 做的功与做功路径有关，则称其为非保守力，或耗散力。摩擦力就是典型的非保守力。将物体由 a 点移动到 b 点，经历不同的路程，摩擦力做功不一样。沿一个闭合路径移动物体一周，摩擦力做功也不等于零。两物体之间的滑动摩擦力总与两物体的相对运动的方向相反，当两物体有相对运动时，一对滑动摩擦力总是做负功，使两物体的总动能减少。但应注意，单个的滑动摩擦力可以做正功。

2. 势能差的一般定义和意义

动能定理启示我们，力做功将使物体（系统）的能量发生变化，功是物体（系统）在运动过程中能量变化的量度。那么，在保守力做功的时候，是什么形式的能量在发生变化呢?

以重力为例，在重力做功的时候，是什么形式的能量在发生变化呢？分析前面重力做功的一般特点：

$$A_{重力}=\int_{a}^{b}\boldsymbol{G}\cdot \mathrm{d}\boldsymbol{r}=mgh_a-mgh_b \tag{3-32}$$

上式的左侧是重力的功，而右侧是两项之差，每一项都与系统的相对位置有关，其中第一项与系统初态时的相对位置 h_a 相联系，第二项与系统末态时的相对位置 h_b 相联系。因此，重力做功改变的是与系统相对位置有关的一种能量。上式表明重力做功等于系统势能的减少。

我们将重力的功、弹力的功、万有引力的功列在一起进行对比分析

$$A_{重力}=\int_{a}^{b}\boldsymbol{G}\cdot \mathrm{d}\boldsymbol{r}=mgh_a-mgh_b \tag{3-33}$$

$$A_{弹力}=\int_{a}^{b}\boldsymbol{F}_{弹}\cdot \mathrm{d}\boldsymbol{x}=\frac{1}{2}kx_a^2-\frac{1}{2}kx_b^2 \tag{3-34}$$

$$A_{引力}=-\int_{r_a}^{r_b}G\frac{m_1m_2}{r^2}\mathrm{d}r=-Gm_1m_2\left(\frac{1}{r_a}-\frac{1}{r_b}\right) \tag{3-35}$$

以上三式的左侧都是保守力的功，而最右侧都是两项之差，每一项都与系统的相对位置有关，其中第一项与系统初态时的相对位置（h_a,x_a,r_a）相联系，第二项与系统末态时的相对位置（h_b,x_b,r_b）相联系，因此，保守力做的功改变的是与系统相对位置有关的一种能量。我们把这种与系统相对位置（一般称作位形）有关的能量定义为系统的势能或势函数，用 E_{p} 表示。这样，与初态位形相关的势能用 $E_{\mathrm{p}a}$ 表示，与末态位形相关的势能用 $E_{\mathrm{p}b}$ 表示，上面三式就可以归纳为

$$A_{ab}=\int_{a}^{b}\boldsymbol{F}_{保守}\cdot \mathrm{d}\boldsymbol{r}=E_{\mathrm{p}a}-E_{\mathrm{p}b}=-(E_{\mathrm{p}b}-E_{\mathrm{p}a}) \tag{3-36}$$

上式说明：在系统由位形 a 变化到位形 b 的过程中，保守力做的功等于系统势能的减少量（或势能增量的负值）。式（3-36）是势能差的定义式，亦可称为系统的势能定理，定理中的负号表示保守力做正功时系统的势能将减少。

3. 势能的定义

式（3-36）给出了势能差的定义，但在习惯上我们常说某时刻或某点质点系的动能或势能是多少，要确定系统处于空间某一点（此时质点系处于某个位形）的势能，根据式（3-36），需要人为规定一个参考点（参考位形）为势能零点，参考点位置可用 r_0 表示，规定势能零点的势能 $E_p(r_0)=0$。现在利用势能定义式（3-36），令 b 为势能的零点，$r_0=b$，$E_{pb}=0$，a 为任意一点，位置为 r，则

$$E_p(r) = \int_r^{r_0} \boldsymbol{F}_{保守} \cdot d\boldsymbol{r} = A_{rr_0} \tag{3-37}$$

式（3-37）是势能计算的普遍公式，根据这个公式，空间某点（质点系处于某位形）r 的势能等于保守力由该点（r）到势能零点（质点系处于势能零点的位形）（r_0）做的功。由式（3-37）可知，势能的绝对值是没有物理意义的，势能只能是一个相对值（势能零点选取不同），只有势能差才有物理意义。根据势能定义式（3-37）可得：

重力势能：设 $E_{pb}=0$，$h_b=0$，由（3-37）式得

$$E_{pa}(h) = \int_h^0 \boldsymbol{G} \cdot d\boldsymbol{r} = mgh \tag{3-38}$$

这正是我们中学里常用的重力势能公式。

弹性势能：设 $x=0$ 的平衡位置是弹性势能的势能零点，由（3-37）式得

$$E_{px} = \int_x^0 \boldsymbol{F}_{保} \cdot d\boldsymbol{r} = \int_x^0 -kx dx = \frac{1}{2}kx^2 \tag{3-39}$$

这正是我们中学里常用的弹性势能公式。如果在计算中选择的势能零点不在平衡位置，上述公式应该改写。

万有引力势能：万有引力势能的零点选在两个质点间的距离为无限大的时候（$r=\infty$），由式（3-37）得

$$E_{pr} = \int_r^{\infty} \boldsymbol{F}_{保} \cdot d\boldsymbol{r} = \int_r^{\infty} -G\frac{m_1 m_2}{r^2}dr = -G\frac{m_1 m_2}{r} \tag{3-40}$$

计算万有引力势能是非常简单的。只要确定了两个质点间的距离，它们的万有引力势能也就确定了。

静电力势能：静电力势能的零点选在两个点电荷间的距离为无限大的时候（$r=\infty$），由式（3-37）得

$$E_{pr} = \int_r^{\infty} \boldsymbol{F}_{保} \cdot d\boldsymbol{r} = \int_r^{\infty} \frac{q_1 q_2}{4\pi\varepsilon_0 r^2}dr = \frac{q_1 q_2}{4\pi\varepsilon_0 r} \tag{3-41}$$

与动能定理相同，功在这里也是能量变化的量度，保守力的功是系统势能变化的量度。由于保守力的功实际上指的是系统的一对（或多对）内力做功，故势能应该是系统共有的能量，是一种相互作用能。势能不像动能那样可以为某一个质点独有，一般情况下常说某物体具有多少势能，只是一种习惯上的简略说法。

几种常见的保守力及其势能曲线如图 3-10 所示。

一个复杂的系统可能包含有不止一种势能。例如，一个竖直悬挂的弹簧振子就既有重力势能，又有弹性势能。这时可以把各种势能的总和定义为系统的势能，势能定理依然成立，且

$$A_{ab} = E_{pa} - E_{pb} = -(E_{pb} - E_{pa}) \tag{3-42}$$

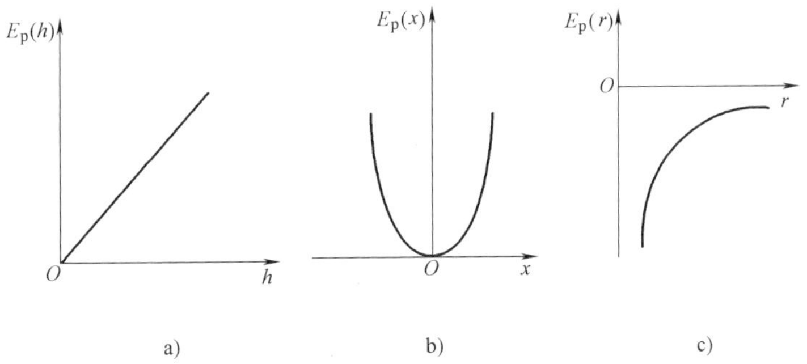

图　3-10

a）重力势能曲线　b）弹性势能曲线　c）引力势能曲线

即系统在一个变化过程中，各保守力所做的总功等于系统（总）势能的减少量（或系统势能增量的负值）。

【例3-6】　一个由半径为 R 的圆柱体和半径为 R 的半球体构成的组合体，如图3-11所示。劲度为 k 的轻弹簧靠在光滑的柱面上，一端固定在 A 点，另一端连接一质量为 m 的物体，弹簧的原长为 AB，在始终沿着半球面切向的变力 F 的作用下，物体缓慢地沿表面从 B 点移动到 C 点（$\angle BOC=\theta$），求力 F 所做的功。

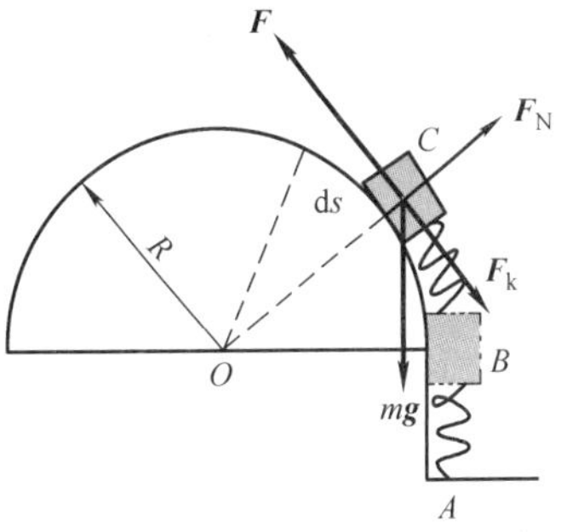

图　3-11

【解】　此题可用以下两种方法求解。

（1）用功的定义求解　以物体 m 为研究对象，受四个力作用：重力 $\boldsymbol{G}=m\boldsymbol{g}$，压力 $\boldsymbol{F}_N$，弹簧的弹力 $\boldsymbol{F}_1$ 和变力 $\boldsymbol{F}$，如图3-11所示。因物体缓慢移动，可以认为加速度 $a=0$，根据牛顿第二定律，有

$$
\begin{aligned}
F &= mg\cos\alpha + kx \\
&= mg\cos\alpha + kR\alpha
\end{aligned}
$$

式中，α 为物体在任意位置时对圆心 O 的张角；x 为弹簧在此位置时的伸长量，$x=R\alpha$，由变力做功可得

$$
\begin{aligned}
A &= \int_L \boldsymbol{F}\cdot \mathrm{d}\boldsymbol{s} = \int_0^\theta (mg\cos\alpha + kR\alpha)R\mathrm{d}\alpha \\
&= \int_0^\theta mgR\cos\alpha\mathrm{d}\alpha + \int_0^\theta kR^2\alpha\mathrm{d}\alpha = mgR\sin\theta + \frac{1}{2}kR^2\theta^2
\end{aligned}
$$

（2）用动能定理求解　物体由 B 到 C 过程中，重力做功

$$A_{重} = -\int_0^\theta mgR\cos\alpha\mathrm{d}\alpha = -mgR\sin\theta$$

弹力做功为

$$A_{弹} = -\int_0^\theta kR\alpha R\mathrm{d}\alpha = -\frac{1}{2}kR^2\theta^2$$

由动能定理有 $A+A_{重}+A_{弹}=0$，所以

$$A = mgR\sin\theta + \frac{1}{2}kR^2\theta^2$$

3.3 机械能守恒定律

能量的一个重要标志是它为标量，可以从一种形式变化为另一种形式，但不能凭空消失。在汽车发动机中，储存在燃料里的化学能部分转为汽车的动能，部分转变为热能。在微波炉中，电磁能转变为烹调食物的热能。在这些以及所有其他过程中呈现出的所有不同形式能量的总和保持不变，没有任何例外。我们将能量的观点贯穿本书以后的所有内容来研究物理范畴内的现象。能量观点将帮助我们理解为什么毛衣使你保持温暖，照相机的闪光灯是如何产生短暂而突然的亮光的，还有爱因斯坦的著名公式 $E=mc^2$ 的含义。

究竟什么是能量？在许多书籍中，能量被定义为做功的能力，然而，这一定义并未给出深层次的内涵。现实告诉我们，能量尚没有更深的解释。诺贝尔奖获得者理查德·费曼在其讲义中提到，在今天的物理学中意识到能量是什么非常重要，但是没有明确的物理图像；尽管有许多计算公式，能量也非常抽象，并不能给予我们各种公式的机制及其原因。或许 40 年后也不会改变，能量的概念及能量守恒定律对于领会一个体系（系统）的行为非常重要，却没有一个人能给出能量的真实本质。下面我们从机械运动的角度初步认识一下能量。

3.3.1 机械能 功能原理

我们现在将质点系的动能定理和势能定理结合起来，全面阐述涉及系统的功能关系。首先，看质点系的动能定理

$$A_{外}+A_{内}=E_{k2}-E_{k1} \tag{3-43}$$

式中，$A_{内}$为系统内各质点相互作用的内力做的功。如果将内力分为保守内力和非保守内力，内力的功相应地分为保守内力的功 $A_{内保}$和非保守内力的功 $A_{内非保}$，则

$$A_{内}=A_{内保}+A_{内非保} \tag{3-44}$$

而保守力的功等于系统势能的减少

$$A_{内保}=E_{p1}-E_{p2} \tag{3-45}$$

综合上面三式，并考虑到动能和势能都是系统因机械运动而具有的能量，我们把 $E=E_k+E_p$统称为机械能，所以

$$A_{外}+A_{内非保}=(E_{k2}+E_{p2})-(E_{k1}+E_{p1})=E_2-E_1 \tag{3-46}$$

上式表达的这个规律称为功能原理。它表明：外力与非保守内力做功之和等于质点系机械能的增量。质点系的动能定理（系统只含一个质点时就是质点的动能定理）和功能原理从不同的角度反映了力的功与系统能量变化的关系。在具体应用时应根据不同的研究对象和力学环境来选择使用。例如，在不区别保守力和非保守力做功的情况下应选用质点系的动能定理，此时不考虑势能。而一旦计入了势能，就只能采用质点系的功能原理，此时保守力的功已经被势能的变化代替，将不再出现在式子中。如果是将单个质点作为研究对象，那么一切作用力都是外力，显然只能应用质点的动能定理了。

功能原理是机械运动的一个基本规律。物理实验首先证实了它的正确性，上面的功能原理是从牛顿定律推导出来，可以认为是一个理论结果。理论与实验的一致性曾经是牛顿定律正确性的判据。

机械能是描写系统机械运动能力状态的一个物理量。要求读者能准确、熟练地进行计算。计算机械能有几个要点：

1）明确指定势能的零点位置，并始终以此为计算势能的标准。

2）机械能具有系统特性，即系统中有许多质点的动能和势能的计算问题，不能有遗漏。

3）当通过各个质点的动能计算机械能时，应该注意必须是同一时刻的能量才能相加。不能将时间弄错了。

【例3-7】 男孩坐在雪橇上从雪山上由静止开始向下滑。雪橇和男孩的总质量为23.0kg，雪山斜坡与水平面夹角为$\theta=35.0°$，雪山斜坡长为25.0m，当男孩到达山底后又继续向前滑行了一段时间才停止。雪橇与雪地的摩擦系数为0.1，水平面上男孩滑行多远才能停止？

【解】 男孩和雪橇开始时和结束时，动能都为0，雪山斜坡长度为d_1，男孩在水平面上滑行d_2距离后停止。

势能： $\Delta E = mgh,\ h = d_1\sin\theta$

两段摩擦力： $f_{k1} = \mu_k N_1 = \mu_k mg\cos\theta,\ f_{k2} = \mu_k N_2 = \mu_k mg$

两段摩擦力做的功： $W_1 = -f_{k1}d_1,\ W_2 = -f_{k2}d_2$

$$W_k = f_{k1}d_1 + f_{k2}d_2 = (\mu_k mg\cos\theta)d_1 + (\mu_k mg)d_2$$

根据功能原理，有

$$(\mu_k mg\cos\theta)d_1 + (\mu_k mg)d_2 = mgd_1\sin\theta$$

$$d_2 = \frac{d_1(\sin\theta - \mu_k\cos\theta)}{\mu_k} = 123\text{m}$$

3.3.2 机械能守恒定律的内涵

如果质点系只有保守内力做功，外力和非保守内力不做功或者做功之和始终等于零，根据功能原理，系统的机械能守恒，即

若$A_{外}+A_{内非保}=0$，则

$$E_1 = E_2 = 常量 \tag{3-47}$$

这就是著名的机械能守恒定律。它指出：对于只有保守内力做功的系统，系统的机械能是一守恒量。在机械能守恒的前提下，系统的动能和势能可以互相转化，系统各组成部分的能量可以互相转移，但它们的总和不会变化。

判断机械能是否守恒是掌握机械能守恒定律的难点。再次强调机械能守恒的条件是：外力和非保守力不做功或者做功之和始终等于零，数学表达为

$$A_{外}+A_{内非保}=0 \tag{3-48}$$

为了理解上述条件，除分清外力、保守内力和非保守内力外，还要分析它们是否做功，做到了这两点就不难判断机械能是否守恒。

系统机械能守恒的条件是$A_{外}+A_{内非保}=0$，这是对某一惯性系而言的。在某一惯性系中系统的机械能守恒，并不能保证在另一惯性系中系统的机械能也守恒，因为非保守内力做的功$A_{内非保}=0$虽然与选取的参考系无关，但外力做的功$A_{外}$是否为零则取决于参考系的选择。例如，在车厢里的光滑桌面上，弹簧拉着一个质量为m的物体做简谐振动，车厢以匀速v前进，选弹簧和物体作为系统，厢壁拉弹簧的力F是外力。以车厢为参考系时，弹簧与厢壁的连接点没有位移，外力F不做功，$A_{外}=0$，系统的机械能$E=E_k+E_p=$常量；以地面为参考系时，$\mathrm{d}A_{外}=\boldsymbol{F}\cdot\boldsymbol{v}\mathrm{d}t\neq0$，外力做功，系统机械能不守恒。

在很多情况下读者不知道该使用机械能守恒定律来解题，这是一个习惯问题。因此，在学习了机械能守恒定律以后碰到题目就应该多考虑是否该使用它来求解。下面我们通过一些例题来介绍机械能守恒定律的应用。

使用机械能守恒定律的要点是能准确判断出机械能是否守恒并准确计算过程始末的机械能。

3.3.3 能量守恒定律

一个与外界没有能量交换的系统称为孤立系统，孤立系统没有外力做功，$A_{外}=0$。孤立系统内可以有非保守内力做功，根据功能原理有

$$A_{内非保}=E_2-E_1=\Delta E \tag{3-49}$$

这时孤立系统的机械能不守恒。例如，孤立系统内某两个物体之间有摩擦力做功，一对摩擦力的功必定是负值，因此，孤立系统的机械能要减少。减少的机械能到哪里去了呢？人们注意到，当摩擦力做功时，相关物体的温度升高了，即通常所说的摩擦生热。根据热学的研究，温度是构成物质的分子（原子）无规则热运动剧烈程度的量度。温度越高，分子（原子）无规则热运动就越剧烈，物体（系统）具有的与大量分子（原子）无规则热运动相关的热力学能就越高。由此可见，在摩擦力做功的过程中，机械运动转化为热运动，机械能转换成了热力学能，实验表明两种能量的转换是等值的。

事实上，由于物质运动形式的多样性，能量的形式也将是多种多样的，除机械能外，还有热能、电磁能、原子能、化学能等。人类在长期的实践中认识到，一个系统（孤立系统）当其机械能减少或增加时，必有等量的其他形式的能量增加或减少，系统的机械能和其他形式的能量的总和保持不变。概括地说：一个孤立系统经历任何变化过程时，系统所有能量的总和保持不变。能量既不能产生也不能消灭，只能从一种形式转化为另一种形式，或者从一个物体转移到另一个物体。这就是能量守恒定律，机械能守恒定律仅仅是它的一个特例。

能量的概念是物理学中最重要的概念之一。在物质世界千姿百态的运动形式中，能量是能够跨越各种运动形式并作为物质运动一般性量度的物理量。能量守恒的实质正是表明各种物质运动可以相互转换，但是物质或运动本身既不能创造也不能消灭。20 世纪初狭义相对论诞生，爱因斯坦提出了著名的相对论质量－能量关系：$E=mc^2$，再一次阐明了孤立系统能量守恒的规律，并指出能量守恒的同时必有质量守恒。它不但将能量守恒定律与质量守恒定律统一起来，而且当我们将系统扩展到整个宇宙时，我们再一次体会到了能量守恒、物质不灭是自然界最基本的规律。

物理知识应用案例：宇宙速度

1957 年 10 月 4 日，苏联发射了第一颗人造地球卫星，宣布了航天时代的开始。1969 年 7 月 6 日，美国成功发射了“阿波罗 11 号”登月飞船，人类在宇宙中飞行的梦想变成了现实……2003 年 10 月 15 日，中国将“神舟五号”载人飞船送入太空，浩渺神秘的天宫从此留下了中国人的足迹，一个又一个的成就举世瞩目！但是，怎样才能把物体抛向天空，并使之在太空飞行呢？

1. 人造地球卫星 第一宇宙速度

卫星在半径为 r 的圆轨道上运行所具有的速度称为环绕速度。在地面上发射物体使其环绕地球运转所需的最小发射速度称为第一宇宙速度，用 v_1 表示。这时物体成为人造地球卫星。

设 m_E 和 m 分别为地球和卫星的质量，R_E 为地球半径，要把卫星送入半径为 r 的圆形轨道，必须使它具有较大的初动能，以克服地球的引力做功。我们先计算从地球表面发射卫星，使其进入圆形轨道所需的发射速度 v_0。

把卫星和地球作为一个系统，忽略大气阻力，则系统不受外力作用，并且只有保守内力做功，因此系统的机械能守恒。取无穷远处为引力势能零点，发射时卫星的机械能与卫星在圆轨道上运行时的机械能相等，即

$$\frac{1}{2}mv_0^2 - G\frac{m_E m}{R_E} = \frac{1}{2}mv^2 - G\frac{m_E m}{r} \tag{3-50}$$

式中，v 为环绕速度，上式变换可得

$$v_0^2 = v^2 + 2Gm_E\left(\frac{1}{R_E} - \frac{1}{r}\right) \tag{3-51}$$

注意到地球的引力就是卫星做圆周运动所需的向心力，即

$$G\frac{m_E m}{r^2} = m\frac{v^2}{r} \tag{3-52}$$

利用卫星在地面所受的万有引力等于重力，即

$$G\frac{m_E m}{R_E^2} = mg \tag{3-53}$$

代入式（3-52）解得卫星的环绕速度为

$$v = \sqrt{\frac{gR_E^2}{r}} \tag{3-54}$$

式（3-54）和式（3-53）代入式（3-51），可解得发射速度为

$$v_0 = \sqrt{2R_E g\left(1 - \frac{R_E}{2r}\right)} \tag{3-55}$$

上式表明，轨道半径越小，发射速度越小，当 $r \approx R_E$ 时的发射速度最小，为第一宇宙速度，即

$$v_1 = \sqrt{gR_E} = \sqrt{9.80 \times 6.37 \times 10^6}\,\mathrm{m \cdot s^{-1}} = 7.9 \times 10^3\,\mathrm{m \cdot s^{-1}} \tag{3-56}$$

由 $v = \sqrt{\frac{gR_E^2}{r}}$ 可见，这也是卫星环绕地球的速度。进一步可计算出卫星的机械能为

$$E = \frac{1}{2}mv^2 - G\frac{m_E m}{2r} < 0 \tag{3-57}$$

2. 人造行星 第二宇宙速度

在地面上发射物体使其脱离地球引力所需的最小发射速度称为第二宇宙速度，用 v_2 表示。这时物体将沿抛物线轨道逃离地球，成为太阳系的人造行星。

以物体和地球为系统，忽略大气阻力，系统的机械能守恒。在离地球无穷远处，物体脱离地球的引力范围，引力势能为零，取动能最少时动能也为零，此时系统的机械能为零。因此，在地面发射物体时系统的机械能也为0，即

$$\frac{1}{2}mv_2^2 - G\frac{m_E m}{R_E} = 0 \tag{3-58}$$

由上式及 $G\frac{m_E m}{R_E^2} = mg$ 解得第二宇宙速度为

$$v_2 = \sqrt{2gR_E} = 11.2 \times 10^3\,\mathrm{m \cdot s^{-1}} \tag{3-59}$$

显然，只要物体以不小于 $11.2 \times 10^3\,\mathrm{m \cdot s^{-1}}$ 的速度发射，就能脱离地球的引力作用。这是用能量观点讨论这类问题最突出的一个优点。

以地球为参考系，理论计算表明，当系统的机械能 $E < 0$ 时，轨道为椭圆（包括圆）；当 $E = 0$ 时，轨道为抛物线；若发射速度大于第二宇宙速度，则 $E > 0$，轨道为双曲线。物体逃离地球后，将在太阳引力的作用下，相对太阳沿椭圆轨道运动，成为人造行星。

3. 飞出太阳系 第三宇宙速度

使物体脱离太阳引力的束缚而飞出太阳系所需的最小发射速度，称为第三宇宙速度，用 v_3 表示。

要使物体脱离太阳系的束缚，首先要脱离地球引力的束缚，然后再脱离太阳引力的束缚，这就需要物体在脱离地球引力束缚后，还要具有足够大的动能飞出太阳系。事实上，物体在整个飞行过程中，同时受到地球、太阳和其他星体的引力作用，使计算变得非常复杂。为此我们在计算时做如下近似处理：①不考

虑其他星体的引力；②假设从地面发射到脱离地球引力的过程中，物体只受地球引力作用，脱离地球引力范围后，只受太阳引力作用。

先以地球为参考系。设从地球发射一个速度为 v_3 的物体，脱离地球引力时，它相对地球的速度为 v'_E，根据机械能守恒定律，有

$$\frac{1}{2}mv_3^2 - G\frac{m_E m}{R_E} = \frac{1}{2}mv'^2_E \tag{3-60}$$

再以太阳为参考系，物体在太阳引力作用下飞行。设太阳质量为 m_S，物体脱离地球引力时，相对太阳的速度为 v'_S，与太阳之间的距离可近似为地球与太阳之间的距离 R_S，要想脱离太阳的引力作用，物体的机械能至少应为

$$\frac{1}{2}mv'^2_S - G\frac{m_S m}{R_S} = 0 \tag{3-61}$$

最后考虑地球绕太阳的公转。设地球公转速度为 v_{ES}，根据牛顿第二定律，有

$$G\frac{m_S m_E}{R_S^2} = m_E\frac{v_{ES}^2}{R_S} \tag{3-62}$$

根据速度变换公式，物体相对太阳的速度$\boldsymbol{v}'_S$等于物体相对地球的速度$\boldsymbol{v}'_E$与地球相对太阳的速度$\boldsymbol{v}_{ES}$之矢量和，即$\boldsymbol{v}'_S = \boldsymbol{v}'_E + \boldsymbol{v}_{ES}$，如果$\boldsymbol{v}'_E$与$\boldsymbol{v}_{ES}$同方向，则$\boldsymbol{v}'_S$最大，此时 $v'_S = v'_E + v_{ES}$，再联立式（3-60）~式（3-62），可得

$$v'_E = v'_S - v_{ES} = (\sqrt{2}-1)\sqrt{G\frac{m_S}{R_S}} \tag{3-63}$$

代入 $m_S = 1.99\times10^{30}\,\text{kg}$，$R_S = 1.50\times10^{11}\,\text{m}$，$G = 6.67\times10^{-11}\,\text{m}^3\cdot\text{kg}^{-1}\cdot\text{s}^{-2}$，得 $v'_E = 12.3\times10^3\,\text{m}\cdot\text{s}^{-1}$，由式（3-60），有

$$v_3 = \sqrt{v'^2_E + 2G\frac{m_E}{R_E}} \tag{3-64}$$

将 v'_E、G，R_E 以及 $m_E = 5.98\times10^{24}\,\text{kg}$，代入上式，算出第三宇宙速度为

$$v_3 = 16.7\,\text{km}\cdot\text{s}^{-1} \tag{3-65}$$

自 1957 年以来，人类在探索宇宙的进程中从未止步。载人登月、探测火星、建造太空实验室、飞出太阳系……总有一天，人们能够往返于美妙的太空城之间进行学习、工作和生活。

本章总结

1. 基本概念

（1）功——力对空间的累积作用。

恒力的功：$A_{ab} = \boldsymbol{F}\cdot\Delta\boldsymbol{r} = |\boldsymbol{F}|\cdot|\Delta\boldsymbol{r}|\cos\theta$

变力的功：$A_{ab} = \int_a^b \boldsymbol{F}\cdot d\boldsymbol{r}$

直角坐标系中：$A_{ab} = \int_a^b (F_x dx + F_y dy + F_z dz)$

自然坐标系中：$A_{ab} = \int_{S_a}^{S_b} F_\tau ds$

保守力做功与路径无关：$\oint \boldsymbol{F}_{保}\cdot d\boldsymbol{r} = 0$

（2）势能——与物体在保守力场中的位置相关的能量。

$$E_{pa} = \int_a^{势能零点} \boldsymbol{F}_{保}\cdot d\boldsymbol{r}$$

重力势能：$E_p = mgh$（势能零点：某一水平面上的点）

弹性势能：　　　　$E_p = \frac{1}{2}kx^2$（势能零点：弹簧原长处）

万有引力势能：　　$E_p = -G\frac{m'm}{r}$（势能零点：$r = \infty$处）

（3）机械能——动能与势能之和。

$$E = E_k + E_p$$

2. 基本规律

（1）质点的动能定理：　$A = E_k - E_{k0} = \Delta E_k$

（2）质点系的动能定理：　$A_{外} + A_{内} = \sum_{i=1}^{N} E_{ki} - \sum_{i=1}^{N} E_{k0i}$

（3）功能原理：　$A_{外} + A_{非保守内力} = \Delta E = E - E_0$

（4）机械能守恒定律：若 $A_{外} + A_{非保守内力} = 0$ 或只有保守内力做功，则 $\Delta E = 0$，或 $E = E_0$

习　　题

（一）填空题

3-1　质量为 m 的物体，置于电梯内，电梯以 $g/2$ 的加速度匀加速下降 h，在此过程中，电梯对物体的作用力所做的功为________________。

3-2　习题3-2图所示，沿着半径为 R 圆周运动的质点，所受的几个力中有一个是恒力 $\boldsymbol{F}_0$，方向始终沿 x 轴正向，即 $\boldsymbol{F}_0 = F_0\boldsymbol{i}$。当质点从 A 点沿逆时针方向走过 3/4 圆周到达 B 点时，力 $\boldsymbol{F}_0$ 所做的功为 A = ________________。

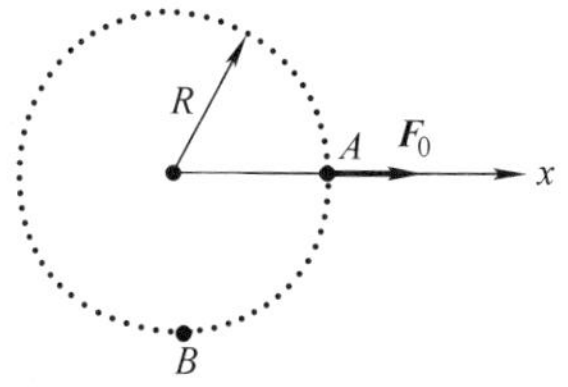

习题3-2图

3-3　已知地球质量为 m'，半径为 R。一质量为 m 的火箭从地面上升到距地面高度为 $2R$ 处。在此过程中，地球引力对火箭做的功为________________。

3-4　有一劲度系数为 k 的轻弹簧，竖直放置，下端悬一质量为 m 的小球。先使弹簧为原长，而小球恰好与地接触。再将弹簧上端缓慢地提起，直到小球刚能脱离地面为止。在此过程中外力所做的功为________________。

3-5　一个质量为 m 的质点，仅受到力 $F = kr/r^3$ 的作用，式中 k 为常量，r 为从某一定点到质点的矢径。该质点在 $r = r_0$ 处被释放，由静止开始运动，当它到达无穷远时的速率为________________。

3-6　如习题3-6图所示，劲度系数为 k 的弹簧，一端固定在墙壁上，另一端连一质量为 m 的物体，物体在坐标原点 O 时弹簧长度为原长。物体与桌面间的摩擦系数为 μ。若物体在不变的外力 F 作用下向右移动，则物体到达最远位置时系统的弹性势能 E_p = ________________。

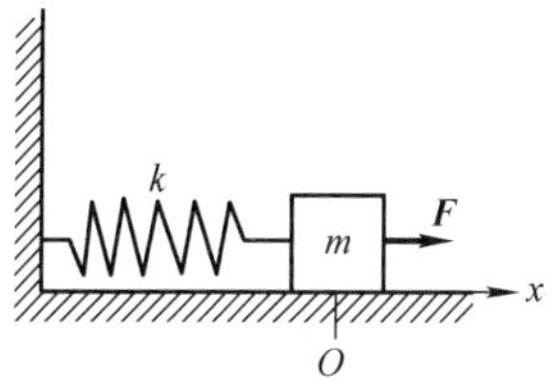

习题3-6图

3-7　已知地球的半径为 R，质量为 m_E。现有一质量为 m 的物体，在离地面高度为 $2R$ 处。以地球和物体为系统，若取地面为势能零点，则系统的引力势能为________；若取无穷远处为势能零点，则系统的引力势能为________。（G 为引力常量）

3-8　保守力的特点是________，保守力的功与势能的关系式为________。

3-9　如习题3-9图所示，质量为 m 的小球系在劲度系数为 k 的轻弹簧一端，弹簧的另一端固定在 O 点。开始时弹簧在水平位置 A，处于自然状态，原长为 l_0。小球由位置 A 释放，下落到 O 点正下方位置 B 时，弹簧的长度为 l，则小球到达 B 点时的速度大小为 v_B = ________。

3-10　如习题3-10图所示，一弹簧原长 $l_0 = 0.1\text{m}$，劲度系数 $k = 50\text{N}\cdot\text{m}^{-1}$，其一端固定在半径为 $R = 0.1\text{m}$ 的半圆环的端点 A，另一端与一套在半圆环上的小环相连。在把小环由半圆环中点 B 移到另一端 C 的过程中，弹簧的拉力对小环所做的功为________J。

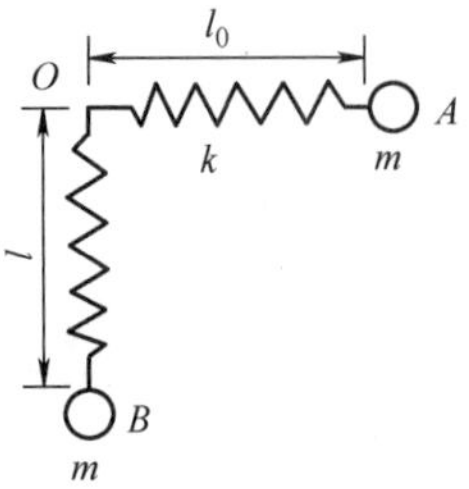

习题 3-9 图

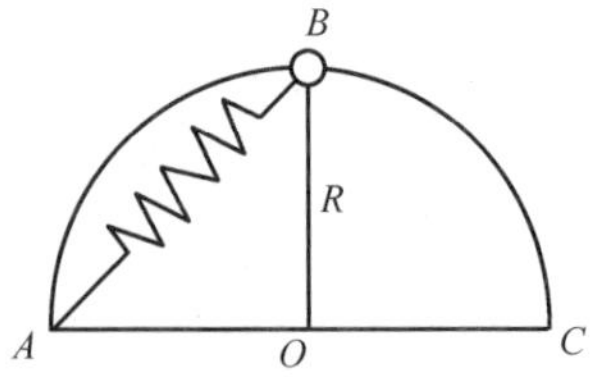

习题 3-10 图

（二）计算题

3-11 一质点沿习题 3-11 图所示的路径运动，求力 $\boldsymbol{F}=(4-2y)\boldsymbol{i}$（SI）对该质点所做的功。(1) 沿 ODC；(2) 沿 OBC。

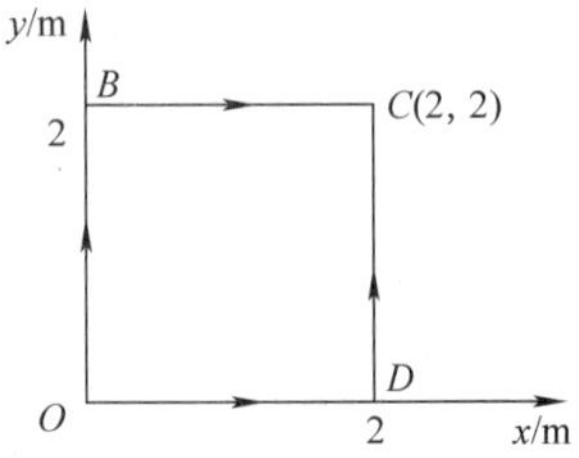

习题 3-11 图

3-12 有人从 10m 深的井中提水，开始时桶中装有 10kg 的水。由于水桶漏水，每升高 1m 漏水 0.2kg，求水桶匀速地从井中提到井口时人所做的功。

3-13 一质量为 m 的质点在 xOy 平面上运动，其位置矢量为

$$\boldsymbol{r}=a\cos\omega t\boldsymbol{i}+b\sin\omega t\boldsymbol{j}\,(\mathrm{SI})$$

式中，a，b，ω 是正值常量，且 $a>b$。

(1) 求质点在点 $A(a,0)$ 时和点 $B(0,b)$ 时的动能；

(2) 求质点所受的合外力 $\boldsymbol{F}$ 以及当质点从 A 点运动到 B 点的过程中 $\boldsymbol{F}$ 的分力 F_x 和 F_y 分别做的功。

3-14 一方向不变、大小按 $F=4t^2$（SI）变化的力作用在原先静止、质量为 4kg 的物体上。求：(1) 前3s 内力所做的功；(2) $t=3$s 时物体的动能；(3) $t=3$s 时力的功率。

3-15 一物体按规律 $x=ct^3$ 在流体介质中做直线运动，式中 c 为常量，t 为时间。设介质对物体的阻力正比于速度，阻力系数为 k，试求物体由 $x=0$ 运动到 $x=l$ 时，阻力所做的功。

3-16 设两个粒子之间相互作用力是排斥力，其大小与粒子间距离 r 的函数关系为 $F=k/r^3$，k 为正值常量，试求这两个粒子相距为 r 时的势能。（设相互作用力为零的地方势能为零）

3-17 如习题 3-17 图所示，一劲度系数为 k 的轻弹簧水平放置，左端固定，右端与桌面上一质量为 m 的木块连接，水平力 F 向右拉木块。木块处于静止状态。若木块与桌面间的静摩擦系数为 μ，且 $F>\mu mg$，求弹簧的弹性势能 E_p 应满足的关系。

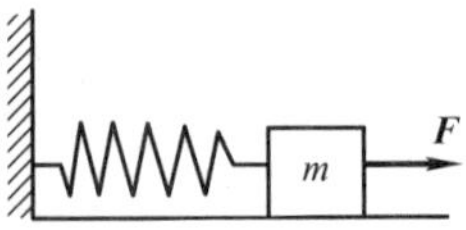

习题 3-17 图

3-18 用劲度系数为 k 的弹簧，悬挂一质量为 m 的物体，若使此物体在平衡位置以初速 $\boldsymbol{v}$ 突然向下运动，问物体可降低到何处？

3-19 长 $l=50$cm 的轻绳，一端固定在 O 点，另一端系一质量 $m=1$kg 的小球，开始时，小球与竖直线的夹角为 60°，如习题 3-19 图所示，在竖直面内并垂直于轻绳给小球初速度 $v_0=350\mathrm{cm\cdot s^{-1}}$。试求：(1) 在随后的运动中，绳中张力为零时，小球的位置和速度；(2) 在轻绳再次张紧前，小球的轨道方程。

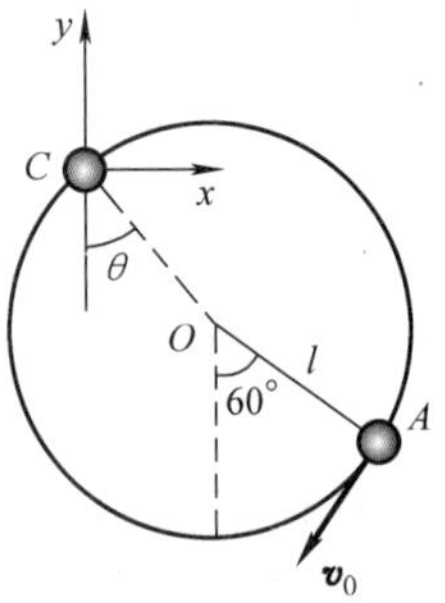

习题 3-19 图

3-20 一颗速率为 $700\mathrm{m\cdot s^{-1}}$ 的子弹，打穿一块木块后速率降为 $500\mathrm{m\cdot s^{-1}}$，如果让它继续穿过完全相同的第二块木块，子弹的速率降为多少？

3-21 如习题 3-21 图所示，劲度系数为 k 的轻弹簧，一端固定，另一端与桌面上的质量为 m 的小球 B 相连接。用外力推动小球，将弹簧压缩一段距离 L 后放开。假定小球所受的滑动摩擦力大小为 F 且恒定不变，动摩擦系数与静摩擦系数可视为相等。试求 L 必须满足什么条件时，才能使小球在放开后就开始运动，而且一旦停止下来就一直保

持静止状态。

3-22 一物体与斜面间的摩擦系数$\mu=0.20$，斜面固定，倾角$\alpha=45°$。现给予物体以初速率$v_0=10\text{m}\cdot\text{s}^{-1}$，使它沿斜面向上滑，如习题3-22图所示。求：

（1）物体能够上升的最大高度h；

（2）该物体达到最高点后，沿斜面返回到原出发点时的速率v。

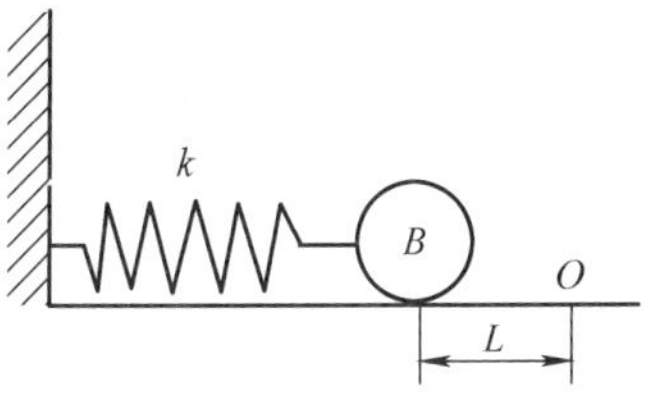

习题3-21图

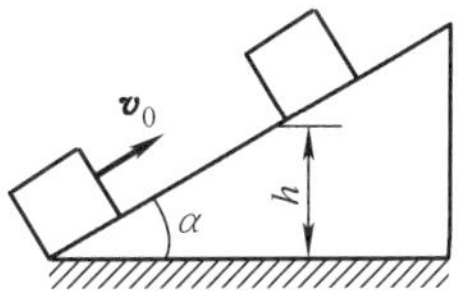

习题3-22图

3-23 某学生有一个用于汽车防撞护栏的设计：现以一台重1700kg、$20\text{m}\cdot\text{s}^{-1}$速度行驶的汽车撞向轻质弹簧，可使汽车减速至停止。为了使乘客不受伤害，汽车在减速过程中加速度不大于5g。（1）确定需要的弹簧劲度系数，确定使车辆减速至停止的压缩距离。在你的计算过程中，可忽略所有的车辆的形变或扭曲以及车辆和地面间的摩擦；（2）这个设计的缺点是什么？

3-24 如习题3-24图所示，自动卸料车连同料重为G_1，它从静止开始沿着与水平面成30°的斜面滑下。滑到底端时与处于自然状态的轻弹簧相碰，当弹簧压缩到最大时，卸料车就自动翻斗卸料，此时料车下降高度为h。然后，依靠被压缩弹簧的弹性力作用又沿斜面回到原有高度。设空车重量为G_2，另外假定摩擦阻力为车重的0.2倍，求G_1与G_2的比值。

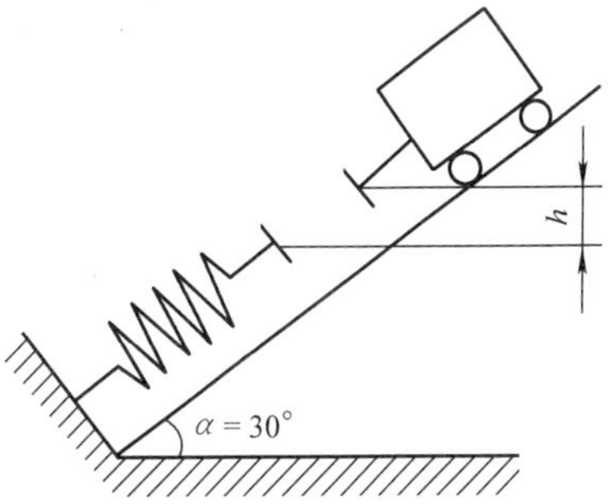

习题3-24图

工程应用阅读材料——卫星家族

人造地球卫星是环绕地球在空间轨道上运行的无人航天器，简称人造卫星或卫星。自1957年10月4日苏联成功发射了人类第一颗人造卫星之后，全球发射的航天器中90%以上是人造卫星。它是用途最广、发展最快的一种航天器。

卫星的种类很多，大致可按运行轨道、用途和重量分类。

按运行轨道卫星可分为低轨道、中高轨道、地球同步轨道、地球静止轨道、太阳同步轨道、大椭圆轨道和极轨道七大类。这种分类法是根据开普勒定律得出的卫星空间位置的特定数据确定的，即轨道参数。它可以确定和跟踪卫星在空间的方位及运行速度。

按用途则可分为科学卫星、技术实验卫星和应用卫星三种。科学卫星就是用于科学探测研究的卫星，主要包括空间物理探测卫星和天文卫星。技术实验卫星则是进行新技术试验或为应用卫星进行先行试验的卫星。应用卫星是直接为国民经济、军事和文化教育等服务的，是当今世界上发射最多、应用最广、种类最杂的航天器。应用卫星细分下去还有三大类，即通信卫星、对地观测卫星和导航卫星。通信卫星可用于电话、电报、广播、电视及数据的传输；对地观测卫星可用在气象观测、资源勘探和军事侦察等领域；导航卫星可以为车船、飞机以及导弹武器等提供导航、定位和测量服务。

按重量划分是英国萨利大学提出的一种新观点。其标准是：1000kg 以上的为大型卫星，500 ~ 1000kg 为中型卫星，100 ~ 500kg 为小型卫星，10 ~ 100kg 为微型卫星，10kg 以下为纳米卫星。其中纳米卫星还处于研究阶段。

1. 军事卫星系统

现代战争在某种意义上就是高科技战与信息战。军事卫星系统已成为一些国家现代作战指挥系统和战略武器系统的重要组成部分，约占世界各国航天器发射数量的三分之二以上。

军事卫星包括侦察卫星、通信卫星、导航卫星、预警卫星等。世界上最早部署国防卫星系统的是美国。自 1962 年至 1984 年，美国共部署了三代国防通信卫星 68 颗，使军队指挥能运筹帷幄，决胜千里。据说，美国总统向全球一线部队下达作战命令仅需 3min。

如 1991 年的海湾战争，多国部队前线总指挥传送给五角大楼的战况有 90% 是经卫星传输的。多国部队以美国全球军事指挥控制系统（WWMCCS）为核心，进行战略任务的组织协调工作，以国防数据网（DDN）为主要战略通信手段，用三军联合战术通信系统（TRI—TAC）来协同陆、海、空的战术通信，构成完整的陆、海、空一体化通信网。多国部队共动用了 14 颗通信卫星，包括用于战略通信的“国防通信卫星” Ⅱ 型 2 颗、“国防通信卫星” Ⅲ 型 4 颗；用于战术通信的舰队通信卫星 3 颗、“辛康” Ⅳ 型通信卫星 4 颗。还有一颗主要用于英军通信的“天网” Ⅳ 通信卫星。多国部队各军兵种都配有国防通信系统接收机和通信接口。另外，在沙特的美军部队还配有一支由 20 人组成的卫星通信分队操作卫星地面站，用以确保卫星通信网正常运转。

许多国家都把军事卫星当作国防竞备的重要内容，并让它在现代战争中大显身手。而在和平年代，又把这些军事卫星改造为民用，为经济建设服务。

军用卫星的发展趋势主要在于提高卫星的生存能力和抗干扰能力，实现全天候、全天时覆盖地球和实时传输信息，延长工作寿命，扩大军事用途。

2. 军事侦察卫星

“知己知彼”是战争决策十分重要的一环，现代战争更是如此。利用军事侦察卫星这只“火眼金睛”刺探敌情是“知彼”的一种先进手段。侦察卫星包括照相侦察卫星、电子侦察卫星、海洋监视预警卫星、导弹预警卫星和核爆炸监视预警卫星等。

世界上第一颗照相侦察卫星是美国 1959 年 2 月 28 日发射的“发现者 1 号”。照相侦察卫星的基本设置是可见光照相机，有全景扫描相机和画幅式相机两种。前者一般用于执行普查任务，可把地面上广大地区的景物拍下来。画幅式相机所拍范围虽小，但分辨力高，适用于军事机构、导弹基地、交通枢纽等战略目标的拍摄，这种卫星上还装有红外、多光谱、微波等照相机，发展到后期又装备有雷达照相机。

卫星侦察并非万能的，它在对手的各种欺骗和遮蔽对策下有时也会显得无能为力。而且 150km 高度轨道卫星对地面目标分辨力的光学极限值是 10cm，即地面 10cm 内的两个或两个以上物体，卫星片上只能显出一个点，所以要判断一些细微的情况就会显得一筹莫展。

第 4 章　冲量和动量

4.1　冲量　动量定理

一个质量很小但是跑的很快的足球运动员，或者是一个质量很大（前者的 2 倍）但是跑的很慢（前者的 1/2 倍）的运动员，如果与你冲撞，哪个可能会使你受到更大的伤害?

有很多关于力的问题是牛顿第二定律解释不了的。比如说，一个 18 轮货车和一辆小轿车相撞，碰撞之后它们移动路径的决定因素是什么？还有，当我们在玩台球时，你是如何让母球撞上 8 号球使它入袋的？再或者当一块陨石撞上地球时，在这一瞬间将给地球多大的能量？这些问题中有一个共同点就是：在两辆车之间，两个台球之间，还有陨石和地球之间的力我们不知道。在这一章我们将回答这些问题！我们将提出两个新的概念：动量和冲量，一个新的守恒定律——动量守恒定律。它和能量守恒定律一样重要，并且比牛顿运动定律适用范围更广泛，比如在高速和微观范围。

4.1.1　中学物理知识回顾

1. 冲量

冲量为力的时间积累。在很多力学问题中，我们只讨论运动物体在一段时间内的某些变化而不需要考虑物体在每个时刻的运动，这时我们就会使用到力在这段时间内的积累——冲量。冲量是一个可计算的物理量，它的定义为力与作用时间的乘积，常用 $\boldsymbol{I}$ 表示，单位是牛顿秒（N · s）。

2. 恒力冲量的计算

恒力的冲量就等于力矢量与力作用的时间的乘积，即

$$\boldsymbol{I} = \boldsymbol{F}\Delta t \tag{4-1}$$

3. 动量

世界上运送石油的超级油轮是比较大的船只，质量达到 65 万 t，运送约 2 百万桶石油。如此大的尺寸产生一个实际问题，超级油轮太大以至于不能停在港口而是停在离岸边很远的地方。除此之外，驾驶这样的船只也比较困难，例如，当船长命令返航或停止时，船只会继续前行 4.8km。使运动物体难以停下的重要原因是动量，动量是运动物体的基本属性。动量是一个描述物体运动特征的物理量。它的定义为：物体的质量与其速度的乘积，即

$$\boldsymbol{p} = m\boldsymbol{v} \tag{4-2}$$

在直角坐标系下动量的分量形式为

$$p_x = mv_x \tag{4-3}$$

$$p_y = mv_y \tag{4-4}$$

$$p_z = mv_z \tag{4-5}$$

$$\boldsymbol{p} = p_x\boldsymbol{i} + p_y\boldsymbol{j} + p_z\boldsymbol{k}$$

由于物体在运动过程中不同时刻的速度是不同的，所以动量的大小和方向都可能是变化的。初

动量和末动量就是指在始末时刻不同的动量。

对多个物体（或质点）组成的质点系，还有总动量的概念，即质点系动量。质点系动量定义为系统内各质点动量的矢量和，常常也用$\boldsymbol{p}$表示。数学表达式为

$$\boldsymbol{p} = \sum_i \boldsymbol{p}_i \tag{4-6}$$

式中，$\boldsymbol{p}_i$表示系统内各个质点的动量。总动量也有分量形式，即

$$p_x = \sum_i p_{ix} \tag{4-7}$$

$$p_y = \sum_i p_{iy} \tag{4-8}$$

$$p_z = \sum_i p_{iz} \tag{4-9}$$

4.1.2 冲量与冲力

1. 变力冲量的计算

变力的冲量应根据微积分来进行计算。先将所要计算的时间段进行微分（无限小分割），在每个时间微元 $\mathrm{d}t$ 内变力可以看成恒力，其冲量记为 $\mathrm{d}\boldsymbol{I}$，则

$$\mathrm{d}\boldsymbol{I} = \boldsymbol{F}\mathrm{d}t \tag{4-10}$$

称 $\mathrm{d}\boldsymbol{I}$ 为元冲量，在 t_1 到 t_2 这段时间内，力的冲量等于所有时间间隔内元冲量之矢量和，取时间间隔 $\mathrm{d}t \to 0$，求和变成积分，得到冲量 $\boldsymbol{I}$ 的精确值，即

$$\boldsymbol{I} = \int_{t_1}^{t_2} \boldsymbol{F}\mathrm{d}t \tag{4-11}$$

式中，$\boldsymbol{I}$ 就叫作从 t_1 到 t_2 时间内变力 $\boldsymbol{F}$ 给予物体的冲量。

应当指出，冲量$\boldsymbol{I}$是矢量，它表示力对时间的累积作用。冲量的方向一般不是某一瞬时质点所受力的方向，只有恒力冲量的方向才与力的方向相同，变力冲量的方向与下面要讲到的平均力的方向相同。具体计算时，常用直角坐标分量式。

2. 冲量的分量形式

作为矢量，冲量在直角坐标系下有如下的分量形式：

$$I_x = \int_{t_1}^{t_2} F_x \mathrm{d}t \tag{4-12}$$

$$I_y = \int_{t_1}^{t_2} F_y \mathrm{d}t \tag{4-13}$$

$$I_z = \int_{t_1}^{t_2} F_z \mathrm{d}t \tag{4-14}$$

$$\boldsymbol{I} = I_x \boldsymbol{i} + I_y \boldsymbol{j} + I_z \boldsymbol{k} \tag{4-15}$$

【例4-1】 力 F 作用在质量 $m = 1.0\text{kg}$ 的质点上，使之沿 Ox 轴运动。已知在此力作用下质点的运动方程为 $x = 3t - 4t^2 + t^3$，式中 t 以 s 计，x 以 m 计，求在 0 到 4s 的时间间隔内力 $\boldsymbol{F}$ 的冲量。

【解】 由冲量定义，有

$$I = \int F\mathrm{d}t = \int ma\mathrm{d}t \qquad ①$$

式①中加速度大小为

$$a = \frac{\mathrm{d}^2 x}{\mathrm{d}t^2} = \frac{\mathrm{d}^2}{\mathrm{d}t^2}(3t - 4t^2 + t^3) = -8 + 6t \qquad ②$$

将式②代入式①，积分并代入 $m = 1.0\text{kg}$，得 F 的冲量大小为

$$I = \int_0^4 m(-8+6t)\mathrm{d}t = 16\mathrm{N \cdot s}$$

本题也可以根据后面要讲的冲量定理 $\boldsymbol{I}=\Delta(m\boldsymbol{v})$ 求解，读者可自行练习。

3. 冲力

在碰撞、打击等问题中，相互作用时间极短，而力的峰值却很大，变化也很快，通常把这种力称为冲力。冲力的变化很难测定，研究其作用的细节十分困难。平均冲力概念的引入对这类问题的研究特别有用。如果有

$$\int_{t_1}^{t_2} \boldsymbol{F}\mathrm{d}t = \overline{\boldsymbol{F}}(t_2 - t_1) \tag{4-16}$$

则称 $\overline{\boldsymbol{F}}$ 为变力 $\boldsymbol{F}$ 在 t_1 到 t_2 时间内的平均冲力，从而式（4-16）可以写成

$$\overline{\boldsymbol{F}} = \frac{\int_{t_1}^{t_2} \boldsymbol{F}\mathrm{d}t}{t_2 - t_1} = \frac{\boldsymbol{I}}{\Delta t} \tag{4-17}$$

冲量和冲力是容易混淆的两个不同的概念。冲力是一种作用时间极短而变化范围很大的力，它的单位是牛；而冲量是力与时间的乘积，它的单位与力的单位不同。为了说明平均冲力的意义，不妨设在 t_1 到 t_2 的作用时间内，力 $\boldsymbol{F}$ 的方向沿 x 轴，并且保持不变，其大小随时间变化的情况如图 4-1 所示。由式（4-16）可知，该力的冲量为

$$I_x = \int_{t_1}^{t_2} F_x \mathrm{d}t = \overline{F}_x(t_2 - t_1) = \overline{F}_x \Delta t \tag{4-18}$$

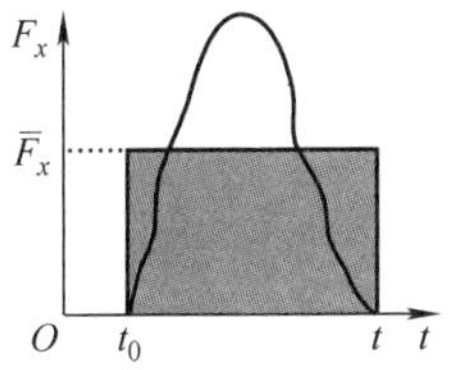

图　4-1

显然，式中积分等于 $F_x(t)$ 曲线与 t 轴所包围的面积，即为力在这段时间内的冲量，如果使图中矩形面积与上述面积相等，那么与矩形高度对应的力就是平均冲力 $\overline{F}_x$。

以上我们仅讨论了一个力的冲量，若有几个力 $\boldsymbol{F}_1$，$\boldsymbol{F}_2$，$\boldsymbol{F}_3$，…，$\boldsymbol{F}_N$ 同时作用在质点上，则合力的冲量为

$$\boldsymbol{I} = \int_{t_1}^{t_2} \left(\sum_{i=1}^{N} \boldsymbol{F}_i\right)\mathrm{d}t = \sum_{i=1}^{N} \int_{t_1}^{t_2} \boldsymbol{F}_i \mathrm{d}t = \sum_{i=1}^{N} \boldsymbol{I}_i \tag{4-19}$$

式（4-19）表明，合力的冲量等于各个分力在同一时间内冲量的矢量和。

下面我们研究冲量和动量满足的物理规律。

4.1.3　动量定理及其应用

1. 动量定理的推导

我们从动力学的基本方程——牛顿运动定律出发，研究一个质量不变的质点。由牛顿第二定律并根据动量的定义可得

$$\boldsymbol{F} = m\boldsymbol{a} = m\frac{\mathrm{d}\boldsymbol{v}}{\mathrm{d}t} = \frac{\mathrm{d}\boldsymbol{p}}{\mathrm{d}t} \tag{4-20}$$

式中，$\boldsymbol{F}$ 是质点所受的合外力；$\boldsymbol{p}=m\boldsymbol{v}$ 是质点的动量。式（4-20）说明，力的作用效果使质点的动量发生变化，质点所受的合外力等于质点动量对时间的变化率。我们将这一关系称为质点的动量定理的微分形式，也叫牛顿第二定律的动量形式。

式（4-20）还可以改写为

$$\boldsymbol{F}\mathrm{d}t = \mathrm{d}\boldsymbol{p} \tag{4-21}$$

式中，$\mathrm{d}\boldsymbol{p}$ 表示 $\mathrm{d}t$ 时间内质点动量的增量。式（4-21）是质点的动量定理微分形式的另一种表述，它表明：质点在 $\mathrm{d}t$ 时间内受到的合外力的冲量等于质点在 $\mathrm{d}t$ 时间内动量的增量。

当考虑力持续了一段有限时间即从 t_1 时刻到 t_2 时刻的作用效果时，还可以对式（4-21）积分，并得到

$$\int_{t_1}^{t_2} \boldsymbol{F}\mathrm{d}t = \int_{\boldsymbol{p}_1}^{\boldsymbol{p}_2} \mathrm{d}\boldsymbol{p} = \boldsymbol{p}_2 - \boldsymbol{p}_1 \tag{4-22}$$

上式左侧的积分显然是合力 $\boldsymbol{F}$ 在 t_1 到 t_2 这段时间内的总冲量，用 $\boldsymbol{I}$ 表示，则

$$\boldsymbol{I} = \boldsymbol{p}_2 - \boldsymbol{p}_1 \tag{4-23}$$

式中，$\boldsymbol{p}_2$ 为质点在 t_2 时刻的动量（末动量），$\boldsymbol{p}_1$ 为质点在 t_1 时刻的动量（初动量）。式（4-22）及式（4-23）都叫作质点动量定理的积分形式。它们表明：合外力在一段时间内的冲量等于质点在同一段时间内动量的增量。

2. 对动量定理的理解

质点的动量定理反映了力的持续作用与物体机械运动状态变化之间的关系。常识告诉我们，物体做机械运动时，质量较大的物体运动状态变化较为困难一些，质量较小的物体运动状态变化相对要容易一些，例如，要使速度相同的火车和汽车都停下来，显然火车较之于汽车要困难得多。而在两个质量相同的物体之间比较，例如，两辆质量相同的汽车，要使高速行驶的汽车停下来就比使低速行驶的汽车停下来要困难。这说明人们在研究力的作用效果及物体机械运动状态变化时，应该同时考虑物体的质量和运动速度这两个因素，为此引入了动量的概念，以其作为物体机械运动的量度。而质点的动量定理进一步指出，质点动量的变化取决于力的冲量。不论力是大还是小，只要力的冲量相同，也就是力对时间的累积量相同，就可以造成质点动量相同的改变，只不过力较大时，作用时间短一些，而力较小时作用时间需要持续更长一些罢了。因此也可以这样理解，冲量是用动量变化来衡量的作用量。若合外力冲量为零，物体的动量将保持不变（动量守恒）。

质点的动量定理式（4-22）和式（4-23）都是矢量关系。力的冲量 $\boldsymbol{I} = \int_{t_1}^{t_2} \boldsymbol{F}\mathrm{d}t$ 也是一个矢量。如果力 $\boldsymbol{F}$ 的方向不随时间变化，则冲量的方向与力的方向一致。例如，重力的冲量就与重力的方向一致。如果力 $\boldsymbol{F}$ 的方向是变化的，冲量的方向就不能由某一个时刻力的方向来确定了。例如，质点做匀速率圆周运动的时候，合外力表现为向心力，其方向由质点所在处指向圆心，方向是不断变化的。在这种情况下，冲量的方向可以根据式（4-23）由质点动量的增量来确定，也就是说，不论力的方向怎样变化，冲量 $\boldsymbol{I}$ 的方向始终与动量的增量 $\Delta\boldsymbol{p} = \boldsymbol{p}_2 - \boldsymbol{p}_1$ 的方向一致。我们还注意到式（4-23）中的冲量 $\boldsymbol{I}$、质点的初动量 $\boldsymbol{p}_1$ 和末动量 $\boldsymbol{p}_2$ 在数学上表现为矢量的加减关系，在矢量关系图上这三个矢量应当构成一个闭合的三角形，如图 4-2 所示。这种形象地用矢量图表示的动量定理在分析问题和解题中都会有很好的直观效果。

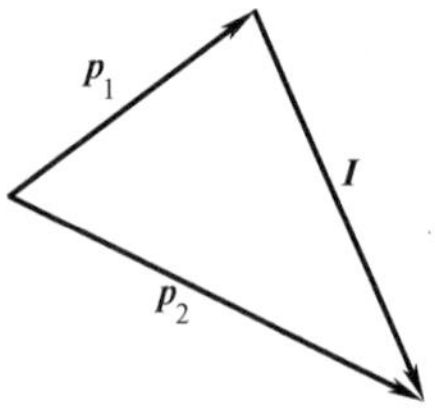

图 4-2

将式（4-22）、式（4-23）投影到坐标轴上就是质点动量定理的分量形式。例如，在直角坐标系中，对 x、y、z 轴分别投影就有

$$\begin{cases} I_x = \int_{t_1}^{t_2} F_x \mathrm{d}t = p_{x2} - p_{x1} \\ I_y = \int_{t_1}^{t_2} F_y \mathrm{d}t = p_{y2} - p_{y1} \\ I_z = \int_{t_1}^{t_2} F_z \mathrm{d}t = p_{z2} - p_{z1} \end{cases} \tag{4-24}$$

上述式子表明：力在哪一个坐标轴方向上形成冲量，动量在该方向上的分量就发生变化，动

量分量的增量等于同方向上冲量的分量。

3. 动量定理的应用举例

【例 4-2】 灭火水枪：灭火过程中水枪每分钟喷射出 360L 的水，且喷射速度为 $v=39.0\text{m}\cdot\text{s}^{-1}$，喷水过程中作用于消防员的力为多大？

【解】 已知水的密度 $\rho=1.0\times10^3\text{kg}\cdot\text{m}^{-3}=1.0\text{kg}\cdot\text{L}^{-1}$，在 $\Delta t=60\text{s}$ 时间内喷水体积 $\Delta V=360\text{L}$，

则每分钟喷出水的质量

$$\Delta m=\Delta V\rho=360\text{kg}$$

每分钟喷出水的动量

$$\Delta p=v\Delta m$$

根据平均冲力的定义

$$\overline{F}=\frac{\Delta mv}{\Delta t}=\frac{360\text{kg}\times39\text{m}\cdot\text{s}^{-1}}{60\text{s}}=234\text{N}$$

冲力对消防员会产生很大的危害，因此，具体操作时要顺势移动，避免伤害。

【例 4-3】 质量为 m，速率为 v 的小球，以入射角 α 斜向与墙壁相碰，又以原速率沿反射角 α 方向从墙壁弹回。设碰撞时间为 Δt，求墙壁受到的平均冲力。

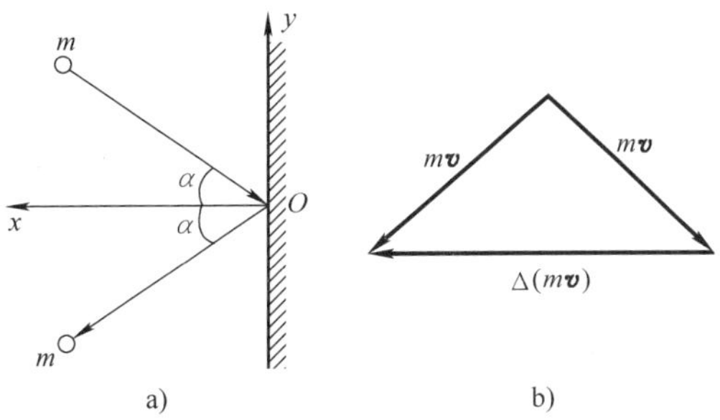

图　4-3

【解】 （解法一）建立如图 4-3a 所示坐标系，以 v_x，v_y 表示小球反射速度的 x 和 y 分量，则由动量定理可知，小球受到的冲量的 x，y 分量的表达式如下

x 方向：$\overline{F_x}\Delta t=mv_x-(-mv_x)=2mv_x$　①

y 方向：$\overline{F_y}\Delta t=-mv_y-(-mv_y)=0$　②

所以 $\overline{\boldsymbol{F}}=\overline{F_x}\boldsymbol{i}=\dfrac{2mv_x}{\Delta t}\boldsymbol{i}$

$v_x=v\cos\alpha$

故 $\overline{\boldsymbol{F}}=\dfrac{2mv\cos\alpha}{\Delta t}\boldsymbol{i}$（方向沿 x 轴正向）

根据牛顿第三定律，墙受的平均冲力 $\overline{\boldsymbol{F}}'=-\overline{\boldsymbol{F}}$（方向垂直墙面指向墙内）

（解法二）画动量矢量图 4-3b，由图知

$$\Delta(m\boldsymbol{v})=2mv\cos\alpha\boldsymbol{i}\text{（方向垂直于墙向外）}$$

由动量定理

$$\overline{\boldsymbol{F}}\Delta t=\Delta(m\boldsymbol{v})$$

得

$$\overline{\boldsymbol{F}}=\frac{2mv\cos\alpha}{\Delta t}\boldsymbol{i}$$

不计小球重力，$\overline{F}$即为墙对球冲力。

由牛顿第三定律，墙受的平均冲力

$$\overline{\boldsymbol{F}}'=-\overline{\boldsymbol{F}}\text{（方向垂直于墙指向墙内）}$$

4. 质点系的动量定理

下面讨论在外力和内力的共同作用下质点系的动量的变化规律。

对含有 n 个质点的质点系，我们可以先考虑系统中第 i 个质点。它受到的外力为 $\boldsymbol{F}_{外i}$，受到除自身外其他质点的合内力为 $\boldsymbol{F}_{内i}$，合力 $\boldsymbol{F}_i=\boldsymbol{F}_{外i}+\boldsymbol{F}_{内i}$。现在对第 i 个质点应用质点的动量定理有

$$\boldsymbol{F}_{外i}+\boldsymbol{F}_{内i}=\frac{\mathrm{d}\boldsymbol{p}_i}{\mathrm{d}t} \tag{4-25}$$

对质点系的所有质点列出类似的方程，然后对这 n 个方程求和，得

$$\sum_i \boldsymbol{F}_{外i}+\sum_i \boldsymbol{F}_{内i}=\sum_i \frac{\mathrm{d}\boldsymbol{p}_i}{\mathrm{d}t} \tag{4-26}$$

式中，左侧第一项是对质点系中各质点受到的外力求和，为系统所受的合外力，$\boldsymbol{F}_{外}=\sum\limits_i \boldsymbol{F}_{外i}$；左侧第二项是对质点系中各质点彼此之间的内力求和，由于内力总是以作用力和反作用力的形式成对出现，该项求和的结果等于零。等式的右边可以改写为

$$\sum_i \frac{\mathrm{d}\boldsymbol{p}_i}{\mathrm{d}t}=\frac{\mathrm{d}}{\mathrm{d}t}\sum_i \boldsymbol{p}_i=\frac{\mathrm{d}\boldsymbol{p}}{\mathrm{d}t} \tag{4-27}$$

式中，$\boldsymbol{p}=\sum\limits_i \boldsymbol{p}_i$ 是质点系所有质点动量之和，即为质点系的（总）动量。这样，式（4-26）最终可以表述为

$$\boldsymbol{F}_{外}=\frac{\mathrm{d}\boldsymbol{p}}{\mathrm{d}t} \tag{4-28}$$

或

$$\boldsymbol{F}_{外}\mathrm{d}t=\mathrm{d}\boldsymbol{p} \tag{4-29}$$

即：质点系所受的合外力等于质点系动量对时间的变化率。这个规律称为质点系的动量定理（微分形式）。动量定理的微分形式是合外力与动量变化率的瞬时关系，当讨论力持续作用一段时间后质点系动量变化的规律时，需要对式（4-29）积分

$$\int_{\Delta t}\boldsymbol{F}_{外}\mathrm{d}t=\int_{\boldsymbol{p}_1}^{\boldsymbol{p}_2}\mathrm{d}\boldsymbol{p}=\boldsymbol{p}_2-\boldsymbol{p}_1 \tag{4-30}$$

式中，$\int_{\Delta t}\boldsymbol{F}_{外}\mathrm{d}t$ 是 Δt 时间内质点系受到的合外力的冲量，可以用 $\boldsymbol{I}_{外}$ 表示；$\boldsymbol{p}_1$ 和 $\boldsymbol{p}_2$ 是质点系初态和末态时的动量。所以

$$\boldsymbol{I}_{外}=\boldsymbol{p}_2-\boldsymbol{p}_1 \tag{4-31}$$

这样，对质点系而言，在某段时间内质点系受到的合外力的冲量等于质点系（总）动量的增量。

式（4-30）及式（4-31）都是质点系动量定理的积分形式，它们与式（4-22）反映的规律是一致的，即质点系动量的变化只取决于系统所受的合外力，与内力的作用没有关系，合外力越大，系统动量的变化率就越大；合外力的冲量越大，系统动量的变化就越大。同时也需注意到，在质点系里，各质点受到的内力及内力的冲量并不等于零，内力的冲量将改变各质点的动量，这点由式（4-25）可以反映出来。但是，对内力及内力的冲量求矢量和一定等于零，因此，内力并不改变质点系的总动量，只起着质点系内各质点之间彼此交换动量的作用，或者说改变总动量在各个质点上的分配。

物理知识应用案例：飞机撞鸟

常人用肉眼看百米以外的鸟仅是个小点。这样的空中小点，在思想高度集中的飞行员驾机时往往会被忽略，等飞行员看清是鸟（假设 20m 外），为时已晚。根据采访，飞行员绝大部分没有看到鸟，通常是飞

机突然发出“嘭”的一声，飞机震动，鸟已撞上了。假设飞机时速 $500km \cdot h^{-1}$（$138.8m \cdot s^{-1}$），鸟速 $40km \cdot h^{-1}$（$11.0m \cdot s^{-1}$），试想飞行员避鸟要经过发现目标、决策躲避、推（拉）驾驶杆、蹬舵等操作过程，时间已接近或超过 1s，鸟也有受惊、迟疑、起动、逃跑等过程，时间也是 1s 左右，而这 20m 的路程飞机只需要 0.14s 就到，可见撞鸟难以避免。

研究显示，1983 年至 1987 年的 5 年内美国军用飞机和直升机共发生撞鸟达 16000 次，平均每天 9 次；苏联民航每年发生撞鸟 1500 次之多，平均每天 4 次。其中 10% 引起航空设备的损坏，灾难性的重大鸟撞事故在世界各地也屡有发生。

【例 4-4】 一架以 $3.0 \times 10^2 m \cdot s^{-1}$ 的速率水平飞行的飞机，与一只身长为 0.20m、质量为 0.50kg 的飞鸟相碰，设碰撞后飞鸟的尸体与飞机具有同样的速率，而原来飞鸟对于地面的速率甚小，可以忽略不计。试估计飞鸟对飞机的冲击力。根据本题的计算结果，你对于高速运动的物体（如飞机、汽车）与通常情况下不足以引起危害的物体（如飞鸟、小石子）相碰后会产生什么后果的问题有些什么体会？

分析： 由于鸟与飞机之间的作用是一短暂时间内急剧变化的变力，直接应用牛顿定律解决受力问题是不可能的。如果考虑力的时间累积效果，运用动量定理来分析，就可避免作用过程中的细节情况。在求鸟对飞机的冲力（常指在短暂时间内的平均力）时，由于飞机的状态（指动量）变化不知道，使计算也难以进行，这时，可将问题转化为讨论鸟的状态变化来分析其受力情况，并考虑鸟与飞机作用的相互性（作用与反作用），问题就很简单了。

【解】 以飞鸟为研究对象，取飞机运动方向为 x 轴正向，由动量定理得

$$F'\Delta t = mv - 0$$

式中，F' 为飞机对鸟的平均冲力，而身长为 20cm 的飞鸟与飞机碰撞时间约为 $\Delta t = l/v$，代入上式可得

$$F' = mv^2/l = 2.25 \times 10^5 N$$

鸟对飞机的平均冲力为

$$F = -F' = -2.25 \times 10^5 N$$

式中，负号表示飞机受到的冲力与其飞行方向相反。从计算结果可知，$2.25 \times 10^5 N$ 的冲力大致相当于一个 22t 的物体所受的重力，可见，此冲力是相当大的。若飞鸟与发动机叶片相碰，足以使发动机损坏，造成飞行事故。

4.2　动量守恒定律

4.2.1　中学物理知识回顾

1. 动量守恒及其条件

从质点系动量定理可知，如果质点系所受的合外力（不是合外力的冲量）为零，即 $\boldsymbol{F}_{外} = \sum_{i=1}^{N} \boldsymbol{F}_i = 0$，则有

$$\sum_i \boldsymbol{p}_i = \sum_i m_i \boldsymbol{v}_i = 常矢量 \tag{4-32}$$

这就是说，如果作用于质点系的合外力为零，那么该质点系的总动量保持不变，这个规律就是动量守恒定律。动量守恒定律是自然界的基本规律之一，具有广泛的应用领域，我们将对其进行深入的讨论。

2. 讨论

1）动量守恒是指质点系总动量不变，$\sum_i m_i \boldsymbol{v}_i$ = 常矢量。质点系中各质点的动量是可以变化的，质点通过内力的作用交换动量，一个质点获得多少动量，其他的质点就失去多少动量，机械运动只在系统内转移。

2）$\boldsymbol{F}_{外}=0$ 是动量守恒的条件，但它是一个很严格以致很难实现的条件，真实系统通常与外界或多或少地存在着某些作用。当质点系内部的作用远远大于外力，或者外力不太大而作用时间很短促，以致形成的冲量很小时，外力对质点系动量的相对影响就比较小，此时可以忽略外力的效果，近似地应用动量守恒定律。例如，在空中爆炸的炸弹，各碎片间的作用力是内力，内力很强，外力是重力，相比之下，重力远远小于爆炸时的内力，因而重力可以忽略不计，炸弹系统动量守恒。爆炸后所有碎片动量的矢量和等于爆炸前炸弹的动量。在近似条件下应用动量守恒定律，极大地扩展了用动量守恒定律解决实际问题的范围。

3）式（4-32）表达的是动量守恒定律的矢量形式，它显然有分量形式。根据动量定理的分量式，有

$$若\ F_x=0,\ 则\ p_x=\sum_i p_{ix}=\sum_i m_i v_{ix}=常量$$

$$若\ F_y=0,\ 则\ p_y=\sum_i p_{iy}=\sum_i m_i v_{iy}=常量$$

$$若\ F_z=0,\ 则\ p_z=\sum_i p_{iz}=\sum_i m_i v_{iz}=常量$$

合外力在哪一个坐标轴上的分量为零，质点系总动量在该方向上的分量就是一个守恒量。

4）在物理学中，常常涉及孤立系统，孤立系统是指与外界没有任何相互作用的系统，孤立系统受到的合外力必然为零，因此动量守恒定律又可以表述为：孤立系统的动量保持不变。

5）关于动量守恒定律与牛顿运动定律。此前，我们从牛顿运动定律出发导出了动量定理，进而导出了动量守恒定律。事实上，动量守恒定律远比牛顿运动定律更广泛，更深刻，更能揭示物质世界的一般性规律。动量守恒定律适用的质点系范围，大到宇宙，小到微观粒子，当把质点系的范围扩展到整个宇宙时，可以得出宇宙中动量的总量是一个不变量的结论，这就使得动量守恒定律成为自然界普遍遵从的定律。而牛顿运动定律只是在宏观物体做低速运动的情况下成立，超越这个范围，牛顿运动定律就不再适用。

6）动量守恒定律和动量定理都只对惯性参考系成立。在非惯性参考系中则需要加上惯性力才能应用。

值得一提的是，动量与动能虽然都是描述机械运动状态的物理量，但它们的意义有所不同。动量是矢量，物体间可以通过相互作用实现机械运动的传递，可以说，动量是物体机械运动的一种量度。动能是标量，动能可以转化为势能或其他形式（如热运动等）的能量，可以说动能是机械运动转化为其他运动形式能力的一种量度。

4.2.2 碰撞问题

在过去的50年中，由于许多科学领域的迫切需要，人们对超高速碰撞一直进行着研究。这个领域过去已经对反弹道导弹技术、空间飞船对陨石碰撞防护及超高压力下材料响应的研究等方面做出了重要贡献。近期以来，该领域正在对高速武器性能的评定方面做出贡献，并且关于利用高速碰撞在反应堆中产生热核聚变的大胆设想也正在发展。下面我们先看最简单的弹性碰撞情况。

1. 碰撞过程分析

碰撞泛指强烈而短暂的相互作用过程，如撞击、锻压、爆炸、投掷、喷射等都可以视为广义的碰撞。作用时间的短暂是碰撞的特征。若将发生碰撞的所有物体看成一个系统，由于作用时间短暂，外力的冲量一般可以忽略不计，因此动量守恒是一般碰撞过程的共同特点。

在各种碰撞中，有些是接触碰撞，如炮弹与坦克的碰撞，乒乓球与台面的碰撞，打击锻造等。还有些是非接触碰撞，即物体间并不相互接触，但是互相以力作用于对方而扰乱对方的运动，如微观带电粒子间通过库仑力作用的碰撞，天体之间通过万有引力作用的碰撞等都属于这类碰撞。

我们首先讨论两个小球的碰撞过程。通常把碰撞过程分为两个阶段：开始碰撞时，两球相互挤压，发生形变，由形变产生的弹性回复力使两球的速度发生变化，直到两球速度变得相等为止，这时形变达到最大。这是碰撞的第一阶段，称为压缩阶段。此后，由于形变仍然存在，弹性回复力继续作用，使两球速度继续改变而有相互脱离接触的趋势，两球压缩的程度逐渐减小，直到两球脱离接触时为止。这是碰撞过程的第二阶段，称为恢复阶段。整个碰撞过程到此结束。

2. 碰撞分类

在碰撞过程中常常发生物体的形变，并伴随着相应的能量转化。按照形变和能量转化的特征，碰撞大体可以分为三类。

（1）完全弹性碰撞　碰撞过程中物体之间的作用力是弹性力，碰撞完成之后物体的形变完全回复，没有能量的损耗，也没有机械能向其他形式的能量的转化，机械能守恒。又由于碰撞前后没有弹性势能的改变，机械能守恒在这里表现为系统碰撞前后的总动能不变。完全弹性碰撞是一种理想情况，有一类实际的物理过程（如两个弹性较好的物体的相撞、理想气体分子的碰撞等）可以近似按完全弹性碰撞处理。

（2）非完全弹性碰撞　大量的实际碰撞过程属于这一类。碰撞之后物体的一部分形变不能完全回复，同时伴随有部分机械能向其他形式的能量如热能的转化，机械能不守恒。工厂中，气锤锻打工件就是典型的非完全弹性碰撞。

（3）完全非弹性碰撞　碰撞之后物体的形变完全得不到回复。常常表现为各个参与碰撞的物体在碰撞后合并在一起以同一速度运动。例如，黏性的泥团溅落到车轮上与车轮一起运动，子弹射入木块并嵌入其中等，都是典型的完全非弹性碰撞。完全非弹性碰撞中机械能不守恒。

碰撞在微观世界里也是极为常见的现象。分子、原子、粒子的碰撞是极频繁的，正负电子对的湮没，原子核的衰变等都是广义的碰撞过程。科研工作者还常常人为地制造一些碰撞过程，例如，用 X 射线或者高速运动的电子射入原子，观察原子的激发、电离等现象；用 γ 射线或者高能中子轰击原子核，诱发原子核的裂变或衰变；等等。研究微观粒子的碰撞是研究物质微观结构的重要手段之一。特别值得一提的是，在著名的康普顿散射实验（见量子物理有关内容）中，将 X 射线与电子的相互作用过程处理为碰撞过程，由实验直接证明了动量守恒定律在微观领域中也是成立的，从而将动量守恒定律推广到了物质世界的全部领域。

3. 完全弹性碰撞分析

为简单起见，我们仍然以小球的直接接触为例来研究碰撞。若两小球在碰撞前后的速度都在两球的连心线上，则称这种碰撞为对心碰撞，也称正碰。

在碰撞压缩阶段，两球的部分动能转变为弹性势能。在恢复阶段，弹性势能又完全转变为动能，两球恢复原状。因此，在完全弹性碰撞中，除了系统的动量守恒外，始末系统的动能保持不变。

如图 4-4 所示，设质量分别为 m_1 和 m_2 的两球做弹性碰撞，碰前的速度分别为 $\boldsymbol{v}_{10}$ 和 $\boldsymbol{v}_{20}$，碰后

分离时各自的速度分别为$\boldsymbol{v}_1$和$\boldsymbol{v}_2$，由于速度都沿同一直线，因此有

$$m_1v_{10}+m_2v_{20}=m_1v_1+m_2v_2 \tag{4-33}$$

$$\frac{1}{2}m_1v_{10}^2+\frac{1}{2}m_2v_{20}^2=\frac{1}{2}m_1v_1^2+\frac{1}{2}m_2v_2^2 \tag{4-34}$$

两式联立，解得 $v_2+v_{20}=v_1+v_{10}$，即

$$v_2-v_1=v_{10}-v_{20} \tag{4-35}$$

式（4-35）表明，在弹性正碰中，碰后两球的分离速度与碰前两球的接近速度量值相等。由式（4-33）和式（4-35）可解得

$$v_1=\frac{(m_1-m_2)v_{10}+2m_2v_{20}}{m_1+m_2} \tag{4-36}$$

$$v_2=\frac{(m_2-m_1)v_{20}+2m_1v_{10}}{m_1+m_2} \tag{4-37}$$

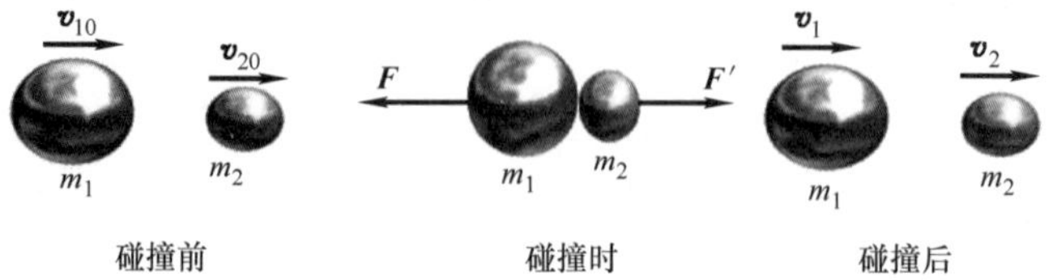

图 4-4

对几种完全弹性碰撞特例的讨论：

1）若两球质量相等，即 $m_1=m_2$，则有

$$v_1=\frac{(m_1-m_2)v_{10}+2m_2v_{20}}{m_1+m_2}=v_{20}$$

$$v_2=\frac{(m_2-m_1)v_{20}+2m_1v_{10}}{m_1+m_2}=v_{10}$$

结果表明，两球碰后彼此交换速度，若 m_2原来静止，则碰后 m_1静止，m_2以 m_1碰前的速度前进。

2）若 $m_2 \gg m_1$，且质量为 m_2的球在碰前静止，即 $v_{20}=0$，则有

$$v_1\approx -v_{10},\ v_2\approx 0$$

结果表明，一个原来静止且质量很大的球在碰后仍然静止，质量很小的球以原速率被弹回。

3）若 $m_2 \ll m_1$，且 $v_{20}=0$，则有

$$v_1\approx v_{10},\ v_2\approx 2v_{10}$$

结果表明，质量很大的球与质量很小的静止球碰撞后，大质量球的速度几乎不变，而小质量球的速度约为大质量球速度的 2 倍。

基于上述原理，在原子反应堆中，为了使快中子慢下来，就要选择与中子质量相近的物质粒子组成减速剂，使中子碰撞后几乎停下来。从力学的角度看，氢是最有效的减速剂，但由于其他原因，实际常选重水、石墨等材料作为中子的慢化剂。另一方面，选择重金属如铅等作为反射层，可以防止中子漏出堆外。

4. 完全非弹性碰撞分析

完全非弹性碰撞的特点是，碰撞后两物体不再分开，而以相同的速度运动。黏土、油灰等物体的碰撞，子弹射入沙箱后陷入其中，都属于这种碰撞。在这种碰撞过程中，系统的动量仍守恒，但系统的动能要损失，所损失的动能一般转变为热能和其他形式的能。

由动量守恒定律得

$$m_1v_{10}+m_2v_{20}=(m_1+m_2)v \tag{4-38}$$

可解出碰撞后的速度为

$$v=\frac{m_1v_{10}+m_2v_{20}}{m_1+m_2} \tag{4-39}$$

系统损失的动能为

$$E_{k0}-E_k=\left(\frac{1}{2}m_1v_{10}^2+\frac{1}{2}m_2v_{20}^2\right)-\frac{1}{2}(m_1+m_2)v^2 \tag{4-40}$$

即

$$E_{k0}-E_k=\frac{m_1m_2(v_{10}-v_{20})^2}{2(m_1+m_2)} \tag{4-41}$$

物理知识应用案例

动量守恒定律在很多力学问题的分析与求解过程中都有广泛的应用。应用动量守恒定律的关键是能够准确判断动量守恒的条件是否得到了满足。因此，熟练掌握并理解动量守恒的条件是最为重要的。另一方面，也要注意判断是否有动量的分量守恒。

1. 炮车反冲问题

【例 4-5】 如图 4-5 所示，一辆停在水平地面上的炮车以仰角 θ 发射一颗炮弹，炮弹的出膛速度相对于炮车为 $\boldsymbol{u}$，炮车和炮弹的质量分别为 m' 和 m，忽略地面的摩擦，试求：(1) 炮车的反冲速度；(2) 若炮筒长为 l，则在发射炮弹的过程中炮车移动的距离为多少？

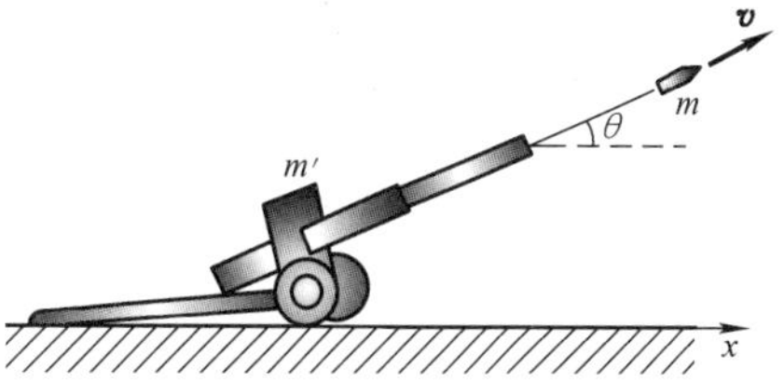

图 4-5

【解】 (1) 以炮弹和炮车为系统，选地面为参考系。由于系统在水平方向无外力作用，因此，系统在该方向上动量守恒。设炮弹出膛时对地的速度为 $\boldsymbol{v}$，此时炮车相对于地面速度为 $\boldsymbol{v}'$，根据相对运动速度变换关系，可得

$$\boldsymbol{v}=\boldsymbol{u}+\boldsymbol{v}' \tag{①}$$

在水平方向建立 Ox 轴，并以炮弹前进的方向为正方向，由于系统动量在水平方向的分量守恒，因此

$$m'v'+mv_x=0 \tag{②}$$

式①在 x 方向的分量式为

$$v_x=u\cos\theta+v' \tag{③}$$

将式③代入式②，可得炮车的反冲速度为

$$v'=\frac{-m}{m+m'}u\cos\theta \tag{④}$$

式中，负号表示炮车后退。

(2) 以 $u(t)$ 表示炮弹在炮筒内运动过程中任意时刻相对炮车的速率，由式④可得炮车的速度 v' 随时间变化的关系为

$$v'(t)=\frac{-m}{m+m'}u(t)\cos\theta$$

因此，在发射炮弹的过程中，炮车的位移为

$$\Delta x=\int_0^t v'(t)\,\mathrm{d}t=\int_0^t \frac{-m}{m+m'}u(t)\cos\theta\mathrm{d}t=\frac{-m\cos\theta}{m+m'}\int_0^t u(t)\,\mathrm{d}t$$

将上式中的 t 取为炮弹出膛的时刻，有 $\int_0^t u(t)\,\mathrm{d}t=l$，可得炮车的位移为

$$\Delta x=-\frac{m\cos\theta}{m+m'}l$$

上式表明，炮车后退的距离为 $|\Delta x|=\frac{m\cos\theta}{m+m'}l$。

从以上例题可以看出，应用动量守恒定律求解时，与应用动能定理、动量定理、机械能守恒定律一样，不必考虑过程中状态变化的细节，只需考虑过程的始末状态，这也正是其用于解题的方便之处。

不难看出，应用动量守恒定律解题的一般步骤如下：

1）按问题的要求和计算方便，选定系统，分析要研究的过程。

2）对系统进行受力分析，并根据动量守恒条件，判断系统是否满足动量守恒，或系统在哪个方向上动量守恒。

3）确定系统在研究过程中的初动量和末动量。应注意各动量中的速度是相对同一惯性系而言的。

4）建立坐标系，列出动量守恒方程并求解，必要时进行讨论。

2. 宇航问题

【例4-6】 宇宙中有密度为 ρ 的尘埃，这些尘埃相对惯性参考系静止，有一质量为 m_0 的宇宙飞船以初速 v_0 穿过宇宙尘埃，由于尘埃黏附到飞船上，使飞船的速度发生改变。求飞船的速度与其在尘埃中飞行时间的关系。（设想飞船的外形是面积为 S 的圆柱体，见图4-6）

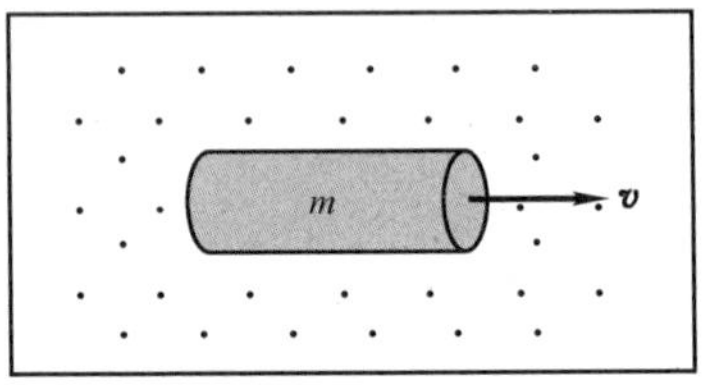

图 4-6

【解】 设 t 时刻飞船质量为 m，速度为 v，尘埃与飞船作完全非弹性碰撞，动量守恒

$$m_0v_0=mv$$

上式两端同时微分得

$$m\mathrm{d}v+v\mathrm{d}m=0$$

$\mathrm{d}t$ 时间内飞船粘附尘埃的质量为 $\mathrm{d}m=\rho Sv\mathrm{d}t$，代入上式得

$$m\mathrm{d}v+v^2\rho S\mathrm{d}t=0$$

分离变量得

$$-\frac{m_0v_0}{v^3}\mathrm{d}v=\rho S\mathrm{d}t$$

上式两边同时积分

$$-\int_{v_0}^{v}\frac{\mathrm{d}v}{v^3}=\frac{\rho S}{m_0v_0}\int_0^t\mathrm{d}t$$

得

$$\frac{1}{2v^2}-\frac{1}{2v_0^2}=\frac{\rho S}{m_0v_0}t$$

$$v=\left(\frac{m_0}{2\rho Sv_0t+m_0}\right)^{1/2}v_0$$

读者可以思考雨滴在云中长大成雨、冰核在云中长大成雪或成雹的过程。

3. 交通事故问题

【例4-7】 在一场交通事故中，质量为 $m_1=2209\text{kg}$ 的货车向北行驶，与一辆西行的质量为 $m_2=1474\text{kg}$ 的轿车相撞。公路上的刹车痕迹显示了精确的碰撞位置和车轮滑行的方向。如图4-7所示，货车与初始行驶方向夹角为38°，轿车驾驶员声称货车的速度为 $22\text{m}\cdot\text{s}^{-1}$，然而，速度是应该被限制在 $11\text{m}\cdot\text{s}^{-1}$ 内，除此以外，轿车驾驶员还声称在货车撞上时轿车在交叉口的速度不超过 $11\text{m}\cdot\text{s}^{-1}$，既然货车驾驶员是超速的，就应该为这场事故的过失负责。

问题：轿车驾驶员的描述是否是正确的？

【解】 汽车碰撞过程为一完全非弹性碰撞过程，由动量守恒定律得

$$\boldsymbol{v}_{\mathrm{f}}=\frac{m_1\boldsymbol{v}_{\mathrm{i1}}+m_2\boldsymbol{v}_{\mathrm{i2}}}{m_1+m_2}$$

对于货车，其速度沿 y 轴方向：$\boldsymbol{v}_{\mathrm{i1}}=v_{\mathrm{i1}}\boldsymbol{j}$

对于轿车，其速度沿 x 轴方向：$\boldsymbol{v}_{\mathrm{i2}}=-v_{\mathrm{i2}}\boldsymbol{i}$，代入上式得

$$\boldsymbol{v}_{\mathrm{f}}=v_{\mathrm{f},x}\boldsymbol{i}+v_{\mathrm{f},y}\boldsymbol{j}=\frac{-m_2v_{\mathrm{i2}}}{m_1+m_2}\boldsymbol{i}+\frac{m_1v_{\mathrm{i1}}}{m_1+m_2}\boldsymbol{j}$$

$$\cot(90°+38°)=\frac{v_{\mathrm{f},y}}{v_{\mathrm{f},x}}=\frac{\dfrac{m_1v_{\mathrm{i1}}}{m_1+m_2}}{\dfrac{-m_2v_{\mathrm{i2}}}{m_1+m_2}}=-\frac{m_1v_{\mathrm{i1}}}{m_2v_{\mathrm{i2}}}$$

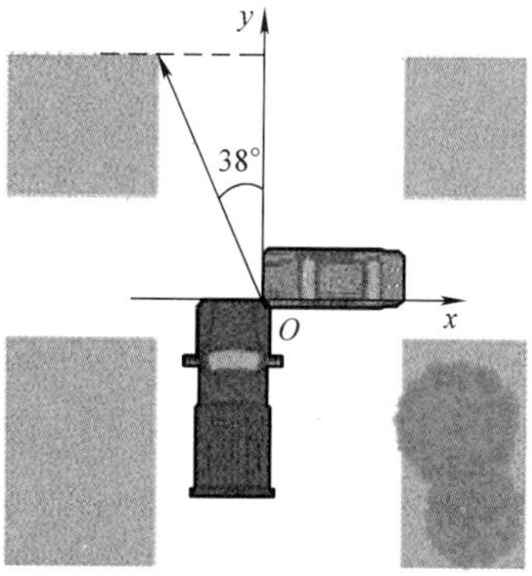

图　4-7

货车速度：$v_{\mathrm{i1}}=\dfrac{m_2\tan38°}{m_1}v_{\mathrm{i2}}=0.854v_{\mathrm{i2}}$

由此可知，货车的速度小于轿车，说明轿车驾驶员描述的与事实不符。

应用能力训练

【例 4-8】 一质量 $m'=8\mathrm{kg}$ 的物体放在光滑的水平面上，并与一水平轻弹簧相连，如图 4-8 所示，弹簧的劲度系数 $k=1000\mathrm{N\cdot m^{-1}}$。今有一质量 $m=1\mathrm{kg}$ 的小球，以水平速率 $v_0=4\mathrm{m\cdot s^{-1}}$ 滑过来，与物体 m' 相碰后以 $v_1=2\mathrm{m\cdot s^{-1}}$ 的速率弹回。(1) 求物体起动后，弹簧的最大压缩量。(2) 小球与物体的碰撞是否是完全弹性碰撞？

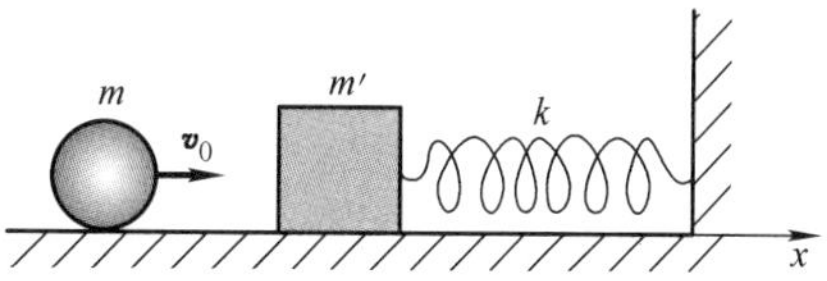

图　4-8

【解】 (1) 本题要分两个阶段考虑，第一阶段是小球与物体相碰，第二阶段是物体压缩弹簧。

当 m 与 m' 相碰时，由于碰撞时间极短，弹簧还来不及变形，水平面又光滑，因此这两个物体组成的系统在水平方向不受外力作用而动量守恒。以向右方向为正，并设 m' 在碰撞后的速度为 $v_{m'}$，则有

$$mv_0=m'v_m{}'-mv_1 \qquad ①$$

在 m' 压缩弹簧的过程中，只有弹性力做功，故机械能守恒。设弹簧的最大压缩量为 Δx，最大压缩时刻 m' 静止，则有

$$\frac{1}{2}m'v_m^2{}'=\frac{1}{2}k\,(\Delta x)^2 \qquad ②$$

联立式①和式②，解得

$$\Delta x=\sqrt{\frac{m'}{m}}\cdot\frac{m}{m'}(v_0+v_1)$$

代入 $m'=10\mathrm{kg}$，$m=1\mathrm{kg}$，$k=1000\mathrm{N\cdot m^{-1}}$，$v_0=4\mathrm{m\cdot s^{-1}}$，$v_1=2\mathrm{m\cdot s^{-1}}$，得

$$\Delta x=6\times10^{-2}\mathrm{m}$$

(2) 计算碰前、后的总动能，比较后有

$$\frac{1}{2}mv_0^2 > \frac{1}{2}mv_1^2 + \frac{1}{2}m'v_{m'}^2$$

可见 m 和 m' 的碰撞为非完全弹性碰撞。

4.3 质心 质心运动定理

国际空间站是目前建立起来的一项伟大工程。1994 年始建，2011 年完成。在地球表面320 ~ 350km 的高空以 $7.5\text{km}\cdot\text{s}^{-1}$ 的速度围绕地球运转，国际空间站总质量约 423t、长 108m、宽（含翼展）88m，载人舱内大气压与地球表面相同，可载 6 人。国际空间站结构复杂，规模大，由航天员居住舱、实验舱、服务舱、对接过渡舱、桁架、太阳能电池等部分组成，把它视为质点才能精确地确定空间站所在位置。如何把空间站模型化为质点呢?

4.3.1 中学物理知识回顾

每一个物体都有质量的集中点，叫作质心。质心也有可能不在物体上。对于多个质点组成的系统，每个质点的运动情况可能各不相同。为了深入理解质点系的运动，通常引入质心的概念。通过质心的运动可以了解质点系运动的总体趋势及某些特征。

什么是质心？一名学生向前方投掷一个三角板，如图 4-9 所示，仔细观察，三角板上有一点的运动轨迹为抛物线，其他各点既随该点做抛物线运动，又绕该点转动。如果用这一点的运动来描述三角板整体的运动，将使问题的研究大为简化，这个点就是三角板的质量中心，简称质心。不难看出，质心的运动以最简单的方式描述出物体整体运动的趋势。

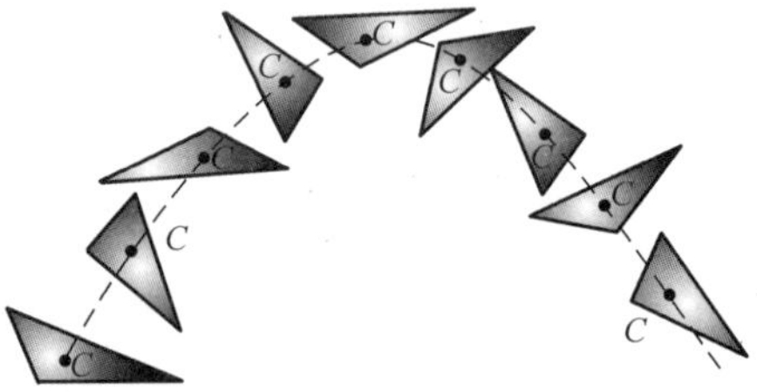

图 4-9

4.3.2 质心

一个系统的质心在哪里？也就是说，哪一点的运动能够最简单地描述系统整体运动的趋势？为此，我们研究由 N 个质点组成的系统。设各质点的质量分别为 m_1，m_2，…，m_N，在时刻 t，位置矢量分别为 $\boldsymbol{r}_1$，$\boldsymbol{r}_2$，…，$\boldsymbol{r}_N$，速度分别为 $\boldsymbol{v}_1$，$\boldsymbol{v}_2$，…，$\boldsymbol{v}_N$，所受外力分别为 $\boldsymbol{F}_1$，$\boldsymbol{F}_2$，…，$\boldsymbol{F}_N$，根据质点系的动量定理，有

$$\sum_{i=1}^{N}\boldsymbol{F}_i\mathrm{d}t = \mathrm{d}\sum_{i=1}^{N}m_i\boldsymbol{v}_i \tag{4-42}$$

可得

$$\sum_{i=1}^{N}\boldsymbol{F}_i = \frac{\mathrm{d}}{\mathrm{d}t}\sum_{i=1}^{N}m_i\boldsymbol{v}_i = \frac{\mathrm{d}}{\mathrm{d}t}\sum_{i=1}^{N}m_i\frac{\mathrm{d}\boldsymbol{r}_i}{\mathrm{d}t} = \frac{\mathrm{d}^2}{\mathrm{d}t^2}\sum_{i=1}^{N}m_i\boldsymbol{r}_i \tag{4-43}$$

以 m 表示系统的总质量，即 $m=\sum_{i=1}^{N}m_i$，则式（4-43）可改写成

$$\sum_{i=1}^{N}\boldsymbol{F}_i = m\frac{\mathrm{d}^2}{\mathrm{d}t^2}\sum_{i=1}^{N}\frac{m_i\boldsymbol{r}_i}{m} \tag{4-44}$$

式（4-44）中，$\sum_{i=1}^{N}\frac{m_i\boldsymbol{r}_i}{m}$ 具有长度的量纲，它描述与质点系有关的某一点的空间位置，记为

$\boldsymbol{r}_C$，即

$$\boldsymbol{r}_C = \frac{m_1\boldsymbol{r}_1 + m_2\boldsymbol{r}_2 + \cdots m_N\boldsymbol{r}_N}{m_1 + m_2 + \cdots + m_N} = \frac{\sum_{i=1}^{N} m_i\boldsymbol{r}_i}{\sum_{i=1}^{N} m_i} = \frac{\sum_{i=1}^{N} m_i\boldsymbol{r}_i}{m} \tag{4-45}$$

由位置矢量 $\boldsymbol{r}_C$确定的这个点就是质点系的质心。

在直角坐标系中，$\boldsymbol{r}_C$的分量即为质心坐标，即

$$x_C = \frac{\sum_{i=1}^{N} m_i x_i}{m},\ y_C = \frac{\sum_{i=1}^{N} m_i y_i}{m},\ z_C = \frac{\sum_{i=1}^{N} m_i z_i}{m} \tag{4-46}$$

对于质量连续分布的物体，可以把物体看成由许多质量为 dm 的质元组成。这时，质心的位置可用积分计算，即

$$\boldsymbol{r}_C = \frac{\int \boldsymbol{r}\mathrm{d}m}{m} \tag{4-47}$$

式（4-47）的分量式为

$$x_C = \frac{\int x\mathrm{d}m}{m},\ y_C = \frac{\int y\mathrm{d}m}{m},\ z_C = \frac{\int z\mathrm{d}m}{m} \tag{4-48}$$

当质量为线分布时，取 $\mathrm{d}m = \lambda \mathrm{d}l$，式中 λ 为单位长度物体的质量，称为线质量或线密度，dl 为线元；当质量为面分布时，取 $\mathrm{d}m = \sigma \mathrm{d}S$，式中 σ 为一定厚度时单位面积物体的质量，称为面质量或面密度，dS 为面元；当质量为体分布时，取 $\mathrm{d}m = \rho \mathrm{d}V$，式中 ρ 为单位体积物体的质量，称为体质量或体密度，dV 为体元。

需要指出的是：质心的位矢与参考系的选取有关，但可以证明，对于不变形的物体，其质心相对物体自身的位置是确定不变的，与参考系的选取无关。另外，质心也不一定在物体内部，一般来说，对于密度均匀、形状对称的物体，其质心在其几何中心。例如，均质球体的质心在球心，均质圆环的质心在圆环中心，均质矩形平板的质心在两条对角线的交点，等等。

质心与重心是两个不同的概念。质心的位置只与物体的质量和质量分布有关，而与作用在物体上的外力无关。重心是一个物体各部分所受重力的合力作用点。不过，在地球表面附近的局部范围内，当物体的尺寸不太大时，可以认为其质心与重心的位置重合。

回到本书开始时的质点模型，任何物体可以模型化为一个有质量的点，这个点就是该物体的质心。物体的平动满足下面的规律。

4.3.3　质心运动定理

将式（4-45）代入式（4-44），并令 $\boldsymbol{F}$ 表示作用于系统的合外力，即 $\boldsymbol{F} = \sum_i \boldsymbol{F}_i$，则有

$$\boldsymbol{F} = m\frac{\mathrm{d}^2}{\mathrm{d}t^2}\boldsymbol{r}_C = m\boldsymbol{a}_C \tag{4-49}$$

式中，a_C为质心的加速度。结果表明，质点系的运动等同于一个质点的运动，这个质点具有质点

系的总质量，它所受的外力是质点系所受所有外力的矢量和，并且等于总质量与质心加速度的乘积，这一结论称为质心运动定理。

质心运动定理告诉我们，无论系统内各质点的运动如何复杂，但质心的运动可能相当简单，只由作用在系统上所有外力的矢量和决定。内力不能改变质心的运动状态，大力士不能自举其身就是一例。各质点随质心运动，表现出系统整体的运动，例如，抛向空中的一团绳索，做各种优美动作的跳水运动员，其质心不过在做抛体运动而已。因此，质心在系统中处于重要的地位，它的运动描绘了系统整体的运动趋势。另外，从质心运动定理与牛顿第二定律具有相同形式来看，可以说质心是质点系平动特征的代表点，不过，质心运动定理不能给出各质点围绕质心的运动或质点系内部的相对运动规律。一般来说，系统的运动是其质心的运动和系统内各质点相对质心运动的叠加，这些问题要另行研究。

质心的速度为

$$\boldsymbol{v}_C = \frac{\mathrm{d}\boldsymbol{r}_C}{\mathrm{d}t} = \frac{\mathrm{d}}{\mathrm{d}t}\left(\frac{\sum_i m_i\boldsymbol{r}_i}{m}\right) = \frac{1}{m}\left(\sum_i m_i\frac{\mathrm{d}\boldsymbol{r}_i}{\mathrm{d}t}\right) = \frac{1}{m}\left(\sum_i m_i\boldsymbol{v}_i\right) \tag{4-50}$$

我们知道质点系的动量为

$$\boldsymbol{p} = \sum_i \boldsymbol{p}_i = \sum_i m_i\boldsymbol{v}_i = m\boldsymbol{v}_C = \boldsymbol{p}_C \tag{4-51}$$

可见，质点系的动量等于其质心的动量。例如绕中心轴转动的均质圆盘，由于其质心不动，因此，圆盘的总动量为零。

式（4-51）代入式（4-49）有

$$\boldsymbol{F} = \frac{\mathrm{d}\boldsymbol{p}_C}{\mathrm{d}t} = \frac{\mathrm{d}\boldsymbol{p}}{\mathrm{d}t} \tag{4-52}$$

若质点系不受外力或所受外力的矢量和为零，则

$$\boldsymbol{p} = m\boldsymbol{v}_C = 常矢量 \tag{4-53}$$

即系统的总动量守恒，可见，动量守恒定律是质心运动定理的特殊表现形式。由此得到动量守恒定律的另一种表述：当质点系不受外力或所受外力的矢量和为零时，系统的质心保持静止或做匀速直线运动。

【例 4-9】 试确定半径为 R 的均质半圆形薄板的质心位置。

【解】 建立如图 4-10 所示的坐标系。因薄板的质量分布关于 Oy 轴对称，显然有 $x_C=0$，因此只需要计算 y_C。设面密度为 σ，则薄板质量为 $m=\sigma\pi R^2/2$。取如图所示的细窄条，其面积为 $\mathrm{d}S=2R\cos\theta\mathrm{d}y$，质量为 $\mathrm{d}m=\sigma\mathrm{d}S$。由于 $y=R\sin\theta$，所以 $\mathrm{d}y=R\cos\theta\mathrm{d}\theta$。根据质心分量式（4-48），可得

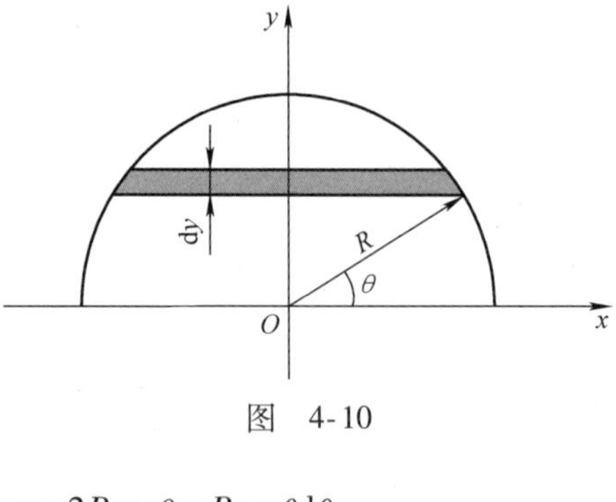

图 4-10

$$y_C = \frac{\int y\mathrm{d}m}{m} = \int\frac{y\sigma\mathrm{d}S}{m} = \int_0^{\pi/2}\frac{R\sin\theta\cdot\sigma\cdot 2R\cos\theta\cdot R\cos\theta\mathrm{d}\theta}{\sigma\pi R^2/2}$$

$$= \int_0^{\pi/2} -\frac{4R}{\pi}\cos^2\theta\mathrm{d}(\cos\theta) = \frac{4R}{3\pi}$$

即薄板质心位于$\left(0,\ \frac{4R}{3\pi}\right)$处。

【例 4-10】 一炮弹在轨道最高点炸成质量比 $m_1:m_2=3:1$ 的两块碎片，其中 m_1 自由下落，

落地点与发射点的水平距离为 R_0，m_2 继续向前飞行，与 m_1 同时落地，如图 4-11 所示，不计空气阻力，求 m_2 的落地点。

【解】 建立如图 4-11 所示的坐标系，炮弹炸裂前仅受重力作用，炸裂时，内力使炮弹分成两片，但系统的外力仍为重力，且始终保持不变。因此，炮弹炸裂对质心的运动没有影响，质心仍按抛体规律飞行。这就是说，当 m_2 落地时，炮弹的质心坐标应为 $x_C=2R_0$，即

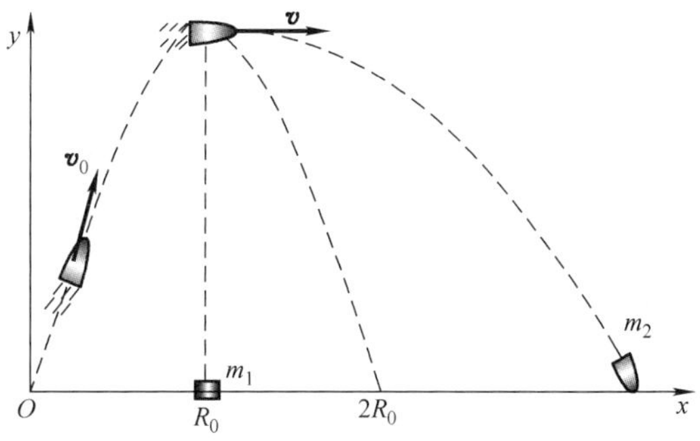

图 4-11

$$x_C=\frac{m_1x_1+m_2x_2}{m_1+m_2}=2R_0$$

依题意，$m_1=3m_2$，代入上式得

$$x_2=5R_0$$

故 m_2 落地点距发射点的水平距离为 $5R_0$。

本章总结

1. 基本概念

（1）力的冲量
$$\boldsymbol{I}=\int_{t_1}^{t_2}\boldsymbol{F}\mathrm{d}t=\overline{\boldsymbol{F}}(t_2-t_1)=\overline{\boldsymbol{F}}\Delta t$$
$$\boldsymbol{I}=I_x\boldsymbol{i}+I_y\boldsymbol{j}+I_z\boldsymbol{k}$$

（2）质心位矢
$$\boldsymbol{r}_C=\frac{\sum_{i=1}^{N}m_i\boldsymbol{r}_i}{m},\ \boldsymbol{r}_C=\frac{\int\boldsymbol{r}\mathrm{d}m}{m}$$

分量式
$$x_C=\frac{\sum_{i=1}^{N}m_ix_i}{m},\ y_C=\frac{\sum_{i=1}^{N}m_iy_i}{m},\ z_C=\frac{\sum_{i=1}^{N}m_iz_i}{m}$$
$$x_C=\frac{\int x\mathrm{d}m}{m},\ y_C=\frac{\int y\mathrm{d}m}{m},\ z_C=\frac{\int z\mathrm{d}m}{m}$$

2. 基本规律

（1）质心运动定理（力的瞬时作用）
$$\boldsymbol{F}=m\frac{\mathrm{d}^2}{\mathrm{d}t^2}\boldsymbol{r}_C=m\frac{\mathrm{d}\boldsymbol{v}_C}{\mathrm{d}t}=m\boldsymbol{a}_C$$

（2）动量定理（力对时间的累积作用）
$$\mathrm{d}\boldsymbol{I}=\boldsymbol{F}\mathrm{d}t=\mathrm{d}\boldsymbol{p}$$
$$\boldsymbol{I}=\int_{t_1}^{t_2}\boldsymbol{F}\mathrm{d}t=\int_{p_1}^{p_2}\mathrm{d}\boldsymbol{p}=\boldsymbol{p}_2-\boldsymbol{p}_1$$

（3）动量守恒定律

$$若\boldsymbol{F}_{外}=\sum_{i=1}^{N}\boldsymbol{F}_i=0,\ 则\sum_i\boldsymbol{p}_i=\sum_i m_i\boldsymbol{v}_i=常矢量$$
$$若:F_x=0,\ 则:p_x=\sum_i p_{ix}=\sum_i m_iv_{ix}=常量$$
$$若:F_y=0,\ 则:p_y=\sum_i p_{iy}=\sum_i m_iv_{iy}=常量$$

$$若: F_z = 0, 则: p_z = \sum_i p_{iz} = \sum_i m_i v_{iz} = 常量$$

习 题

(一) 填空题

4-1 一颗子弹在枪筒里前进时所受的合力大小为 $F = 400 - \frac{4 \times 10^5}{3}t$ (SI), 子弹从枪口射出时的速率为 $300\text{m} \cdot \text{s}^{-1}$。假设子弹离开枪口时合力刚好为零, 则

(1) 子弹走完枪筒全长所用的时间 $t =$ ________;

(2) 子弹在枪筒中所受力的冲量 $I =$ ________;

(3) 子弹的质量 $m =$ ________。

4-2 质量 $m = 10\text{kg}$ 的木箱放在地面上, 在水平拉力 F 的作用下由静止开始沿直线运动, 其拉力随时间的变化关系如习题 4-2 图所示。若已知木箱与地面间的摩擦系数 $\mu = 0.2$, 那么在 $t = 4\text{s}$ 时, 木箱的速度大小为________; 在 $t = 7\text{s}$ 时, 木箱的速度大小为________。(g 取 $10\text{m} \cdot \text{s}^{-2}$)

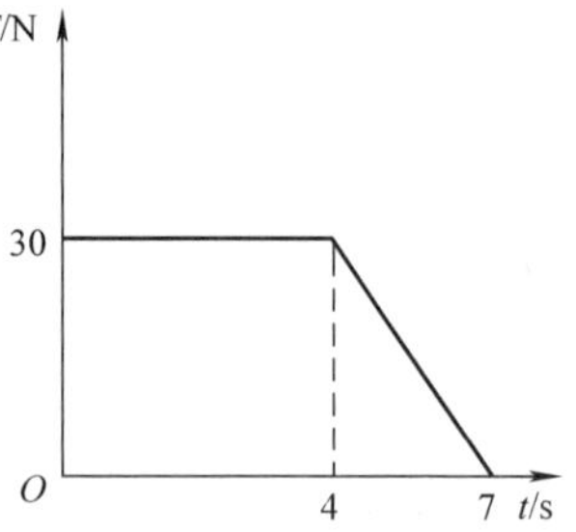

习题 4-2 图

4-3 一吊车底板上放一质量为 10kg 的物体, 若吊车底板加速上升, 加速度大小为 $a = 3 + 5t$ (SI), 则 2s 内吊车底板给物体的冲量大小 $I =$ ________; 2s 内物体动量的增量大小 $\Delta p =$ ________。

4-4 有一质量为 m' (含炮弹) 的炮车, 在一倾角为 θ 的光滑斜面上下滑, 当它滑到某处速率为 v_0 时, 从炮内沿水平方向射出一质量为 m 的炮弹。欲使炮车在发射炮弹后的瞬时停止下滑, 则炮弹射出时对地的速率 $v =$ ________。

4-5 粒子 B 的质量是粒子 A 的质量的 4 倍, 开始时粒子 A 的速度 $\boldsymbol{v}_{A0} = 3\boldsymbol{i} + 4\boldsymbol{j}$, 粒子 B 的速度 $\boldsymbol{v}_{B0} = 2\boldsymbol{i} - 7\boldsymbol{j}$; 在无外力作用的情况下两者发生碰撞, 碰后粒子 A 的速度变为 $\boldsymbol{v}_A = 7\boldsymbol{i} - 4\boldsymbol{j}$, 则此时粒子 B 的速度 $\boldsymbol{v}_B =$ ________。

4-6 一质量为 30kg 的物体以 $10\text{m} \cdot \text{s}^{-1}$ 的速率水平向东运动, 另一质量为 20kg 的物体以 $20\text{m} \cdot \text{s}^{-1}$ 的速率水平向北运动。两物体发生完全非弹性碰撞后, 它们的速度大小 $v =$ ________; 方向为________。

4-7 一个打桩机, 夯的质量为 m_1, 桩的质量为 m_2。假设夯与桩相碰撞时为完全非弹性碰撞且碰撞时间极短, 则刚刚碰撞后夯与桩的动能是碰前夯的动能的________倍。

(二) 计算题

4-8 大小为 $F = 30 + 4t$ (SI) 的力作用于质量 $m = 20\text{kg}$ 的物体上。问: (1) 在开始 2s 内, 此力的冲量多大? (2) 要使冲量等于 $300\text{N} \cdot \text{s}$, 此力的作用时间是多少? (3) 若物体的初速为 $20\text{m} \cdot \text{s}^{-1}$, 运动方向与 $\boldsymbol{F}$ 的方向相同, 在第 (2) 问的末时刻, 物体的速度是多大?

4-9 自动步枪每分钟可射出 600 颗子弹, 每颗子弹的质量为 20g, 出口速度为 $500\text{m} \cdot \text{s}^{-1}$, 求射击时的平均反冲力。

4-10 小车质量 $m_1 = 200\text{kg}$, 车上有一装沙的箱子, 质量 $m_2 = 100\text{kg}$, 现以 $v_0 = 1\text{m} \cdot \text{s}^{-1}$ 的速率在光滑水平轨道上前进, 一质量为 $m_3 = 50\text{kg}$ 的物体自由落入沙箱中。求: (1) m_3 落入沙箱后小车的速率; (2) m_3 落入沙箱后, 沙箱相对于小车滑动经 0.2s 停在车面上, 求车面与沙箱底的平均摩擦力。

4-11 一质点的运动轨迹如习题 4-11 图所示。已知质点的质量为 20g, 在 A、B 两位置处的速率都为 $20\text{m} \cdot \text{s}^{-1}$, $\boldsymbol{v}_A$ 与 x 轴成 45°角, $\boldsymbol{v}_B$ 垂直于 y 轴, 求质点由 A 点到 B 点这段时间内, 作用在质点上外力的总冲量。

4-12 如习题 4-12 图所示, 用传送带 A 输送煤粉, 料斗口在 A 上方高 $h = 0.5\text{m}$ 处, 煤粉自料斗口自由落在 A 上。设料斗口连续卸煤的流量为 $q_m = 40\text{kg} \cdot \text{s}^{-1}$, A 以 $v = 2.0\text{m} \cdot \text{s}^{-1}$ 的水平速度匀速向右移动。

求装煤的过程中，煤粉对 A 的作用力的大小和方向。（不计相对传送带静止的煤粉质量）

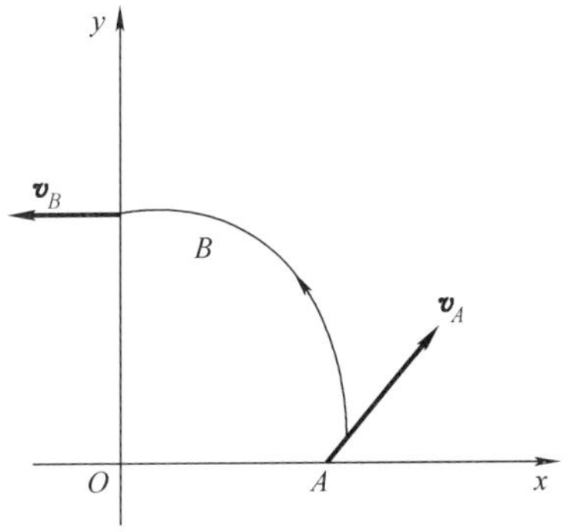

习题 4-11 图

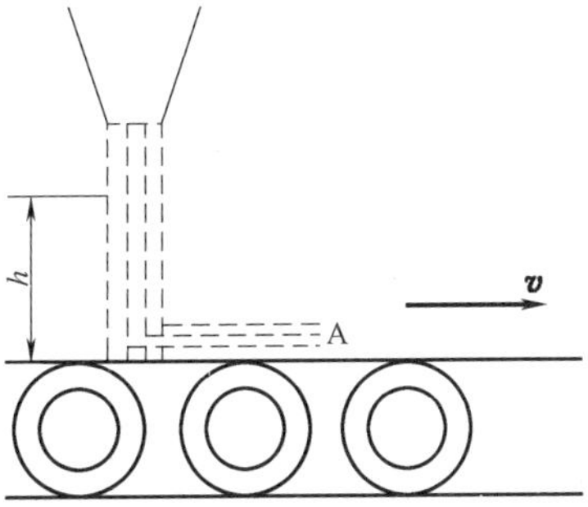

习题 4-12 图

4-13　质量为 m' 的人手执一质量为 m 的物体，以与地平线成 θ 角的速度 $\boldsymbol{v}_0$ 向前跳去。当他达到最高点时，将物体以相对于人的速度 $\boldsymbol{u}$ 向后平抛出去。试问：由于抛出该物体，此人跳的水平距离增加了多少？（略去空气阻力不计）

4-14　质量为 m 的一只狗，站在质量为 m' 的一条静止在湖面的船上，船头垂直指向岸边，狗与岸边的距离为 s_0。这只狗向着湖岸在船上走过 l 的距离停下来，求这时狗离湖岸的距离 s（忽略船与水的摩擦阻力）。

4-15　一质量为 m 的子弹，水平射入悬挂着的静止砂袋中，如习题 4-15 图所示。沙袋质量为 m'，悬线长为 l。为使沙袋能在竖直平面内完成整个圆周运动，子弹至少应以多大的速度射入？

4-16　如习题 4-16 图所示，质量为 m_2 的物体与轻弹簧相连，弹簧另一端与一质量可忽略的挡板连接，静止在光滑的桌面上。弹簧劲度系数为 k。今有一质量为 m_1、速度为 v_0 的物体向弹簧运动并与挡板正碰，求弹簧最大的被压缩量。

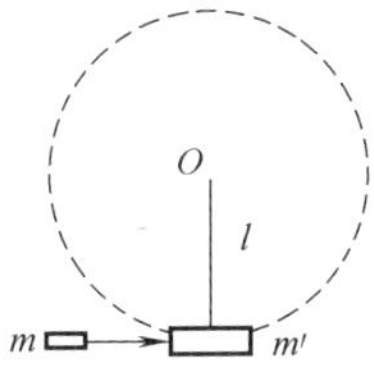

习题 4-15 图

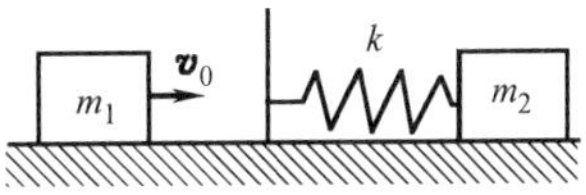

习题 4-16 图

4-17　向北发射一枚质量 $m=50\text{kg}$ 的炮弹，达最高点时速率为 $200\text{m}\cdot\text{s}^{-1}$，爆炸成三块弹片。第一块质量 $m_1=25\text{kg}$，以 $400\text{m}\cdot\text{s}^{-1}$ 的水平速度向北飞行；第二块质量 $m_2=15\text{kg}$，以 $200\text{m}\cdot\text{s}^{-1}$ 的水平速率向东飞行。求第三块的速度。

4-18　静水中停着两条质量均为 m' 的小船，当第一条船中的一个质量为 m 的人以水平速度 v（相对于地面）跳上第二条船后，两船运动的速度各多大？（忽略水对船的阻力）

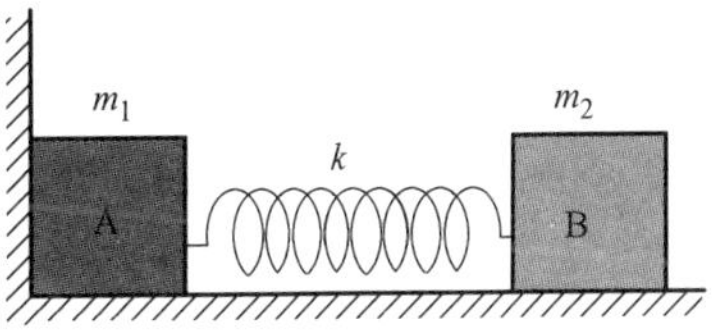

习题 4-19 图

4-19　两个质量分别为 m_1 和 m_2 的木块 A 和 B，用一根劲度系数为 k 的轻弹簧连接起来，放在光滑的水平面上，使 A 紧靠墙壁，如习题 4-19 图所示。用力推 B 使弹簧压缩 x_0，然后释放。已知 $m_1=m$，$m_2=3m$，试求：（1）释放后，A、B 两木块速度相等时的速度大小；（2）释放后弹簧的最大伸长量。

4-20　一种美洲蜥蜴能在水面上行走（见习题 4-20 图）。走每一步时，蜥蜴先用它的脚拍水，然后很快就把它推到水中以致在脚面上形成一空气坑。为了完成这一步时不至于在向上拉起脚时受水的拽力，蜥蜴在水流进空气坑时就撤回了自己的脚。在整个拍水－向下推－又撤回的过程中，对蜥蜴的向上的冲量必须等于重力产生的向下的冲量才能使蜥蜴不致沉于水中。假设一只美洲蜥蜴的质量是 90.0g，每只脚的质量是 3.00g，一只脚拍水时的速率是 $1.5\mathrm{m\cdot s^{-1}}$，一单步的时间是 0.600s。（1）拍水期间对蜥蜴的冲量的大小是多少？（假定此冲量竖直向上）；（2）在一步的 0.600s 期间，重力对蜥蜴的向下的冲量是多少？（3）拍和推中哪一个动作提供了对蜥蜴的主要支持力，或者它们近似地提供了相等的支持力？

4-21　足球质量为 0.40kg，初始时刻以 $20\mathrm{m\cdot s^{-1}}$ 速度向左运动，受到斜向上 45°的力后向右上方运动，速度为 $30\mathrm{m\cdot s^{-1}}$（见习题 4-21 图）。求冲量和平均冲力，碰撞时间设为 0.010s。

习题 4-20 图

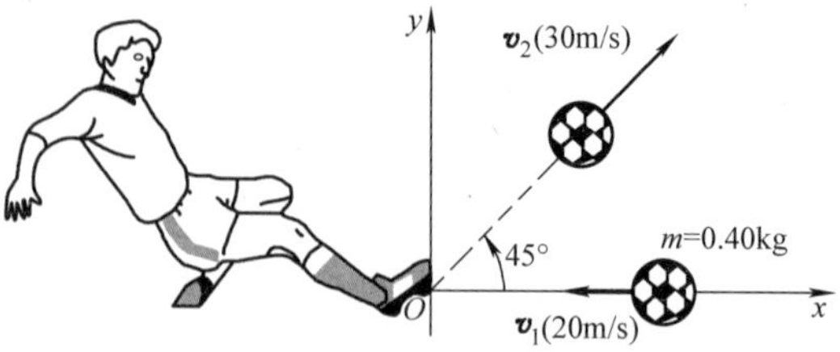

习题 4-21 图

4-22　核反应堆减速剂：铀核反应堆裂变产生高速运动的中子。在一个中子可以触发额外的裂变前，它必须通过与反应堆减速剂原子核碰撞来减速。第一个核反应堆（建于 1942 年芝加哥大学）以及 1986 年发生核事故的苏联切尔诺贝利反应堆都使用碳（石墨）作为减速剂材料。假设一个中子（质量为 $1.0u$）速度为 $2.6\times10^{7}\mathrm{m\cdot s^{-1}}$ 与静止的碳原子核（质量为 $12u$）弹性碰撞。在碰撞过程中外力忽略。碰撞后的速度是多少？（u 是原子质量单位，等于 $1.66\times10^{-27}\mathrm{kg}$）。

4-23　飞机着陆减速板：为了减小飞机着陆的距离，在发动机排气口外装有挡板，使排出气体转向，排出气体分为相等的两路通过挡板后转为与竖直方向成 15°角（见习题 4-23 图）。已知气体的流量为 $1000\mathrm{kg\cdot s^{-1}}$，排出气体的相对速度为 $700\mathrm{m\cdot s^{-1}}$，求排出气体作用于飞机的阻力。

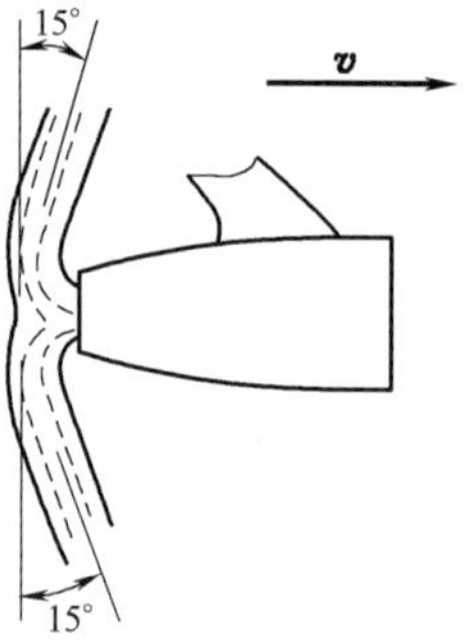

习题 4-23 图

4-24　有一水平运动的传送带将砂子从一处运到另一处，砂子经一竖直的静止漏斗落到传送带上，传送带以恒定的速率 v 水平地运动。忽略机件各部位的摩擦及传送带另一端的其他影响，试问：

（1）若每秒有质量为 $q_m=\mathrm{d}m/\mathrm{d}t$ 的砂子落到传送带上，要维持传送带以恒定速率 v 运动，需要多大的功率？

（2）若 $q_m=20\mathrm{kg\cdot s^{-1}}$，$v=1.5\mathrm{m\cdot s^{-1}}$，水平牵引力多大？所需功率多大？

第5章　刚体的定轴转动

5.1　刚体及刚体运动

现代喷气式发动机前面有一个很大的风扇，把空气压缩到与燃料混合的燃烧室内点燃，从发动机后面喷出后推动飞机向前飞行，这些风扇的旋转速度达到 $7000\sim9000\mathrm{r\cdot min^{-1}}$。几乎所有的发动机都是由旋转部分向外部其他设备传输能量。

飞机上旋转的螺旋桨的所有部分都具有相同的角速度和角加速度，对于某一个给定的叶片，线速度与离轴线的距离有什么关系呢？加速度又如何呢？还有，一张光盘、游乐场的大转轮、电锯的锯片、吊扇，这些运动物体上各点运动轨迹不同，每一个物体都是绕一个静止的轴做转动。转动随处可见，从原子中的电子运动到太阳系、银河系。

空中的跳伞运动员如何改变旋转速度？这符合什么物理定律？前面的学习告诉我们：力作用在物体上会使物体产生加速度。但是力是如何使静止的物体旋转或者使旋转的物体停止？在这章中我们会抽象出一个新的物理量：力矩，它给出了物体产生旋转的原因。我们将会看到旋转运动的力矩和能量的关系，从而懂得汽车上的转轴运动的能量是如何转换的。

根据前几章研究质点运动的逻辑思路，即运动的描述、运动的原因、力的空间和时间累积作用结果，我们把这种思想方法运用到一个新的研究对象——刚体上。这一章我们首先从运动学出发来描述刚体的转动，然后研究物体转动的原因，再进一步研究力矩对空间和时间累积作用的结果。

5.1.1　刚体运动及其分类

实际物体的运动形式是非常复杂的，施加在物体上的力会使物体的形状发生改变，会使它们发生拉伸、扭曲、挤压。为了简化问题分析，我们忽略掉物体运动过程中的形变并且假定物体的形状和大小都不发生变化。我们把这个理想的模型定义为刚体。正像二维质点运动可以分解为两个更简单更基本的一维运动一样，刚体的一般形式的复杂运动可以分解为两个基本形式——平动和转动，刚体任意的运动形式都可以看成平动和转动的叠加。

1. 刚体的平动

如果在一个运动过程中刚体内部任意两个质点之间的连线的方向都始终不发生改变，则我们称刚体的运动为平动。平动的示意图如图5-1所示。电梯的上下运动，缆车的运动等都可看成刚体平动。

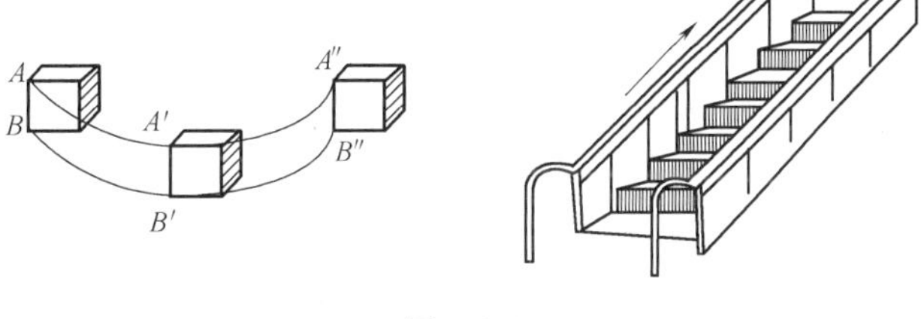

图　5-1

刚体平动的一个明显特点是：在平动过程中刚体上每个质点的位移、速度和加速度相同。这意味着，如果我们要研究刚体的平动，只需要研究某一个质点（例如质心）的运动就行了。因为这一个质点的运动规律就代表了刚体所有质点的运动规律，即刚体的运动规律。在这个意义上可以说，刚体平动的运动学属于质点运动学，可以使用质点模型。刚体平动的动力学也可以使用质点模型，通过质点动力学来解决。这实际上并不是新问题，如牛顿运动定律的多数题目中出现的都是有形状的物体，但只要它是在平动，就可以用牛顿运动定律来处理它们。实际上，这时用牛顿运动定律求出来的是质心的加速度，但是由于在平动中刚体上每个质点的加速度相同，所以质心的加速度也就代表了物体上所有质点的加速度。综上所述，刚体平动可以使用质点模型，即可以用质点力学中的知识去分析和处理它们。

2. 刚体的定轴转动

如果在一个运动过程中，刚体上所有的质点均绕同一直线做圆周运动，则称刚体在转动，该直线称为转轴。如火车车轮的运动、飞机螺旋桨的运动都是转动。如果转轴是固定不动的，或者在转轴参考系中研究问题，则称为定轴转动，如车床齿轮的运动、吊扇扇叶的运动均属于定轴转动。

转动是否是定轴的，取决于参考系的选择。如火车车轮的运动，在轮轴参考系中研究问题，就是定轴转动。

定轴转动显著的特点是：转动过程中刚体上所有质点的角位移、角速度和角加速度相同。我们称这个量为刚体转动的角位移、角速度和角加速度。

5.1.2 描述刚体定轴转动的物理量

根据刚体定轴转动的特点，其运动的最佳描述方法是角量描述。定轴转动中刚体上的任一质点 P 都绕一个固定轴做圆周运动（见图 5-2），习惯上常把转轴设为 z 轴，圆周所在平面 S 称为质点的转动平面，转动平面与转轴垂直，刚体上的质点做圆周运动的圆心 O 叫作该质点的转心。如果在转动平面上取相对于实验室系静止的坐标轴 Ox，质点 P 相对 O 点的位矢用 $\boldsymbol{r}$ 表示，那么，定轴转动刚体的位置状态就可用 OP 对 x 轴的夹角 θ 描述。θ 表示 t 时刻刚体相对坐标轴 Ox 转过的角度，显然，θ 为时间 t 的函数，即

$$\theta=\theta(t) \tag{5-1}$$

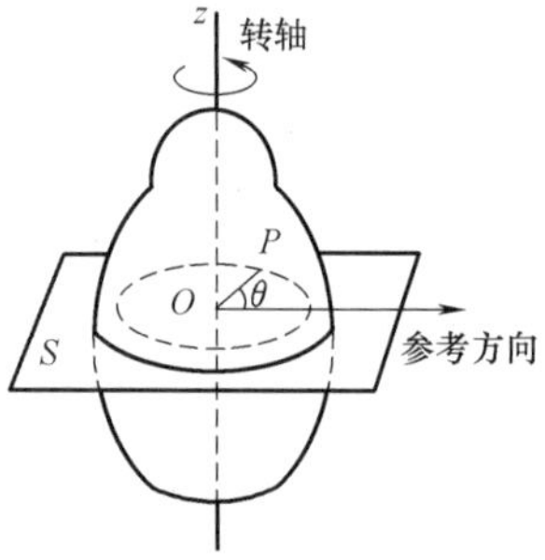

图 5-2

这就是质点 P 的角量运动方程，也代表定轴转动刚体的运动方程。刚体定轴转动的位置状态由角坐标 θ 描述，其位置变化就可以由角位移 $\Delta\theta$ 来描述。

定轴转动可视为一般转动的一维特例（类比直线运动）。对于三维或者一般转动，角位移是矢量吗？矢量除了必须有大小和方向外，还需要满足平行四边形加法法则，而平行四边形法则满足交换律即 $\boldsymbol{A}+\boldsymbol{B}=\boldsymbol{B}+\boldsymbol{A}$。但有的物理量虽然有明确的大小和方向，但并不满足这个条件，这种量就不是矢量。例如，飞机先绕 X 轴转过一个角度 $-\pi/2$，再绕 Z 轴转过一个角度 $\pi/2$（见图 5-3第一种旋转次序），所得结果与飞机先绕 Z 轴转过一个角度 $\pi/2$，再绕 X 轴转过一个角度 $-\pi/2$ 的结果（见图5-3 第二种旋转次序）完全不同，读者可以看出旋转次序的重要性。由该图揭示的性质可知，上述飞机的旋转角位移求和与服从交换律的矢量的求和是全然不同的，说明有限的角位移不是矢量。尽管有限角位移不是矢量，但是无限小角位移却可以用平行四边形法则相加并服从交换律（证明从略），于是，我们可以把无限小角位移除以所经历的时间定义为角速度，那么它也是可以用平行四边形法则求和的。无限小角位移以及由之定义的角速度是矢量。

描述刚体位置变化快慢的角速度和描述刚体转动角速度变化快慢的角加速度分别定义为

$$\omega=\lim_{\Delta t\to 0}\frac{\Delta\theta}{\Delta t}=\frac{\mathrm{d}\theta}{\mathrm{d}t} \tag{5-2}$$

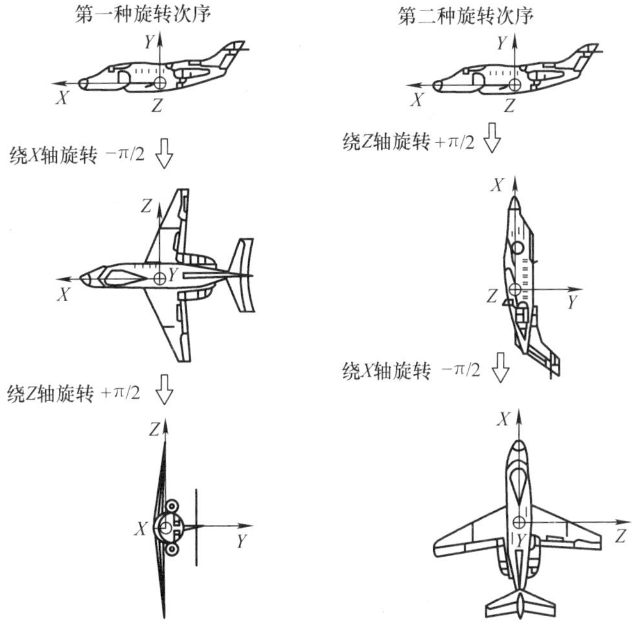

图　5-3

$$\beta=\frac{\mathrm{d}\omega}{\mathrm{d}t}=\frac{\mathrm{d}^2\theta}{\mathrm{d}t^2} \tag{5-3}$$

由于刚体上各质点之间的相对位置刚性不变，因而绕定轴转动的刚体上的所有质点在同一时间内都具有相同的角位移，在同一时刻都具有相同的角速度和角加速度，于是我们把角量 θ、$\Delta\theta$、ω、β 分别称为刚体的角位置、角位移、角速度和角加速度。显然用角量描述刚体的定轴转动最为方便。

物体转动的角速度和角加速度是有方向的，我们常说某物体转动的角速度是逆时针方向或顺时针方向，就是在描述角速度的方向。对于刚体定轴转动，转动方向的描述与观察方向有关，在图 5-4 中逆着 z 轴从上向下看和沿着 z 轴从下向上看得到的结论正好相反。为了准确描述角速度和角加速度的方向，我们把角速度和角加速度定义为矢量。角速度和角加速度已经有了大小的定义，现在要赋予它们方向。

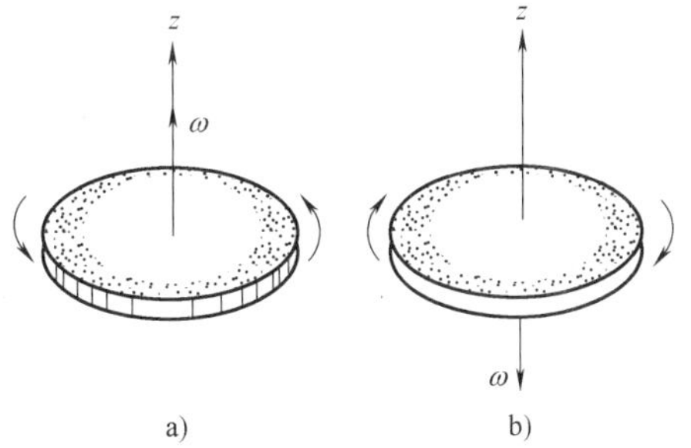

图　5-4

我们规定，物体的角速度矢量的方向与直观的转动方向构成右手螺旋关系：当我们伸直右手大拇指并弯曲其余的四个手指，使四个手指指向直观的转动方向时，大拇指所指的方向即为角速度矢量的方向。在图 5-4a 中，刚体的转动是逆时针方向的，按右手螺旋法则，我们说它的角速度沿 z 轴向上；在图 5-4b 中，刚体的转动是顺时针方向的，我们说它的角速度沿 z 轴向下。角速度矢量还可以使用如下的数学表达式来表示：

$$\boldsymbol{\omega}=\omega\boldsymbol{n} \tag{5-4}$$

式中，$\boldsymbol{n}$ 表示转动方向；ω 表示角速度的大小。

若角加速度矢量的方向与角速度矢量的方向相同，则角速度在增加；反之，若角加速度的方向与角速度的方向相反，则角速度在减小。角加速度矢量的方向与直观转动的加速方向也构成右手螺旋关系。当四个手指指向直观的转动加速方向时，大拇指所指的方向即为角加速度矢量的方向。

显然，在刚体的定轴转动中，角速度和角加速度矢量的方向只有沿着 z 轴和逆着 z 轴两个方向。可以把沿 z 轴的角速度叫作正角速度，沿着 $-z$ 轴的角速度叫作负角速度，这是角速度的标量表述，与一维直线运动的处理方法类似，用正负号表示矢量的方向。对角加速度也可进行同样的标量表述，读者可自行推广。

类比质点，定轴转动运动学也有两类运动学问题，即微分问题和积分问题，读者可以利用角加速度和角速度定义及初始条件推导匀变速定轴转动的运动学公式。

匀变速定轴转动与匀变速直线运动对应与比较如下：

$$\begin{cases}\omega=\omega_0+\beta t\\ \theta=\theta_0+\omega_0 t+\dfrac{1}{2}\beta t^2\\ \omega^2-\omega_0^2=2\beta(\theta-\theta_0)\end{cases}\quad \begin{cases}v=v_0+at\\ x=x_0+v_0 t+\dfrac{1}{2}at^2\\ v^2-v_0^2=2a(x-x_0)\end{cases}\tag{5-5}$$

5.1.3 定轴转动的线量

当刚体做定轴转动时，刚体上的各个质点都有速度和加速度。这些质点的速度和加速度与刚体的角速度和角加速度矢量有什么关系呢？在矢量描述中，刚体定轴转动的角量与线量的关系将包含方向之间的关系而表现得更加完整。若考察刚体上的一个质点对 z 轴的位矢为 $\boldsymbol{r}$，则其速度、切向加速度与法向加速度和角速度与角加速度的矢量关系为

$$\begin{cases}\boldsymbol{v}=\boldsymbol{\omega}\times\boldsymbol{r}\\ \boldsymbol{a}_\tau=\boldsymbol{\beta}\times\boldsymbol{r}\\ \boldsymbol{a}_n=\boldsymbol{\omega}\times\boldsymbol{v}\end{cases}\tag{5-6}$$

这个式子大家可以自己推导。其矢量方向的意义可以由图 5-5 看出。

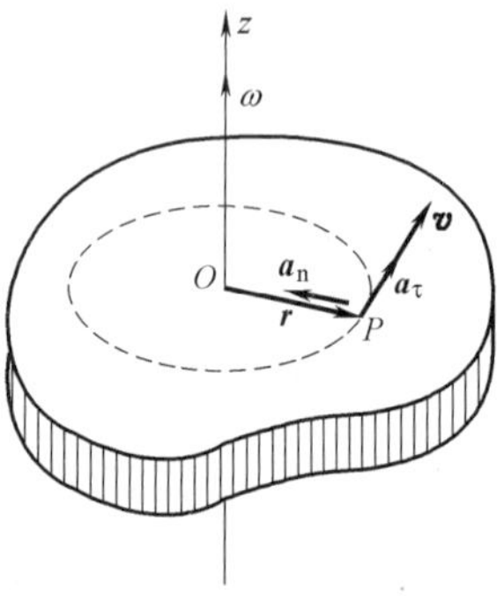

图 5-5

在后面的讨论中，角速度和角加速度的矢量表述和标量表述都会用到，这主要取决于具体问题中用什么描述方法更为方便。大家要记住：定轴转动中角速度和角加速度的正负号是表示方向的！

【例 5-1】 你或许刚刚欣赏完一张 DVD 光盘上的电影，并且此时光盘正慢慢地停止转动。这张盘的角速度在 $t=0$ 时刻是 $27.5\text{rad}\cdot\text{s}^{-1}$，角加速度恒为 $-10.0\text{rad}\cdot\text{s}^{-2}$。在 $t=0$ 时刻光盘上某一条直线处于 x 轴正半轴，如图 5-6 所示，那么在 $t=0.3\text{s}$ 时盘的角速度是多少？直线 PQ 此时与 x 轴正向的夹角是多少？盘的半径为 0.12m，求盘的边缘上一点的速度和加速度是多少？

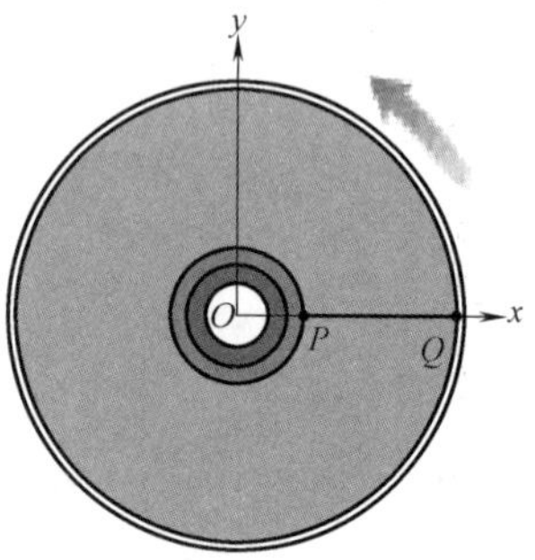

图 5-6

【解】

$$\omega=\omega_0+\beta t=24.5\text{rad}\cdot\text{s}^{-1}$$

$$\theta=\theta_0+\omega_0 t+\frac{1}{2}\beta t^2=7.80\text{rad}$$

$$v=\omega r=2.94\text{m}\cdot\text{s}^{-1}$$

$$a_\tau=\beta r=-1.2\text{m}\cdot\text{s}^{-2}$$

$$a_n=\omega^2 r=72.03\text{m}\cdot\text{s}^{-2}$$

$$a=\sqrt{a_\tau^2+a_n^2}\approx 72.04\text{m}\cdot\text{s}^{-2}$$

物理知识应用案例：飞机绕质心轴的转动

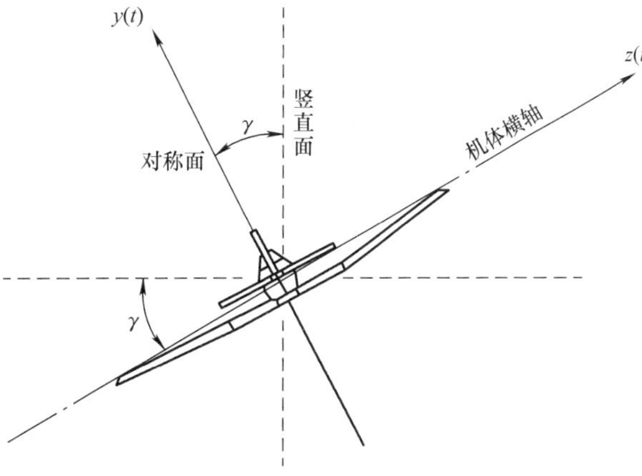

图　5-7

在建立飞机运动方程时，为了确定相对位置、速度、加速度和外力矢量的分量，必须引入多种坐标系。一般常在机体坐标系和气流坐标系中描述飞机的转动，机体坐标轴与对应地面坐标系轴的夹角称为欧拉角，飞机绕质心的三维定点转动十分复杂，将在理论力学课程专门研究，下面仅对一维定轴转动进行简要描述。

机体坐标系固连于飞机上，原点 O 为飞机重心；纵轴 Ox_t 平行于机身轴线，指向机头方向；竖轴 Oy_t 在飞机对称平面内，垂直于 Ox_t，指向上方，横轴 Oz_t 垂直于飞机对称平面，指向右方（见图 5-7）。在飞行中，飞机绕纵轴、竖轴和横轴转动的角速度分别称为滚转角速度（ω_x）、偏转角速度（ω_y）和俯仰角速度（ω_z）。滚转可以使飞机做圆周运动，偏转可以改变飞机航向，俯仰可以使飞机上升或下降。根据角速度矢量方向的右手螺旋定义，读者可以自行分析飞机的滚转、偏转和俯仰角速度的正负。比如，确定俯仰角速度的正负时，用右手握住横轴，以四指弯曲的方向表示飞机的转动方向，如拇指伸直指向横轴正向，则俯仰角速度为正，反之则为负。

5.2　转动定律

我们知道，力是引起物体运动状态变化的原因。然而，刚体在力的作用下发生的转动状态的变化，并不只取决于力的大小，还与力的作用点和力的方向有关。例如，开门窗时，若力通过转轴，或力的方向与转轴平行，那么，无论用多大的力，都不能把门窗打开或关上。从本质上说，刚体转动状态的变化取决于作用于该刚体的力矩。

5.2.1　力对轴的力矩

设一刚体在力 $\boldsymbol{F}$ 作用下绕 Oz 轴转动。取转动平面 S 通过受力点 A，并与 Oz 轴交于 O 点，如图 5-8a 所示，受力点 A 对 O 点的位矢为 $\boldsymbol{r}$，在 S 面内，力 $\boldsymbol{F}$ 对 O 点的力矩定义为

$$\boldsymbol{M}=\boldsymbol{r}\times\boldsymbol{F} \tag{5-7}$$

可见，力矩 $\boldsymbol{M}$ 是矢量，它的大小为 $M=Fr\sin\alpha=F_\tau r$，α 是 $\boldsymbol{r}$ 与 $\boldsymbol{F}$ 的夹角；$\boldsymbol{M}$ 的方向垂直于 $\boldsymbol{r}$ 和 $\boldsymbol{F}$ 所决定的平面，其指向由右手螺旋定则确定。显然，力的作用线通过 O 点时，虽然力不为零，但对 O 点力矩为零。

$\boldsymbol{F}$ 对 O 点的力矩 $\boldsymbol{M}$ 在通过 O 点的 Oz 轴上的投影 M_z 称为 $\boldsymbol{F}$ 对 Oz 轴的力矩。显然，同一力对 Oz 轴上不同点的力矩是不相同的，但它们在 Oz 轴上的投影却是相等的，也就是说，力对轴的矩可以通过力对轴上任意点的矩在轴上的投影来计算。

若 $\boldsymbol{F}$ 的方向与 Oz 轴平行，则 $\boldsymbol{M}$ 垂直于 Oz 轴，因而 $M_z=0$，所以，凡是与转轴平行的力，对该轴的力矩都等于零。若力 $\boldsymbol{F}$ 在转动平面内，则 $\boldsymbol{F}$ 与 Oz 轴垂直，此时 $\boldsymbol{M}$ 的方向沿 Oz 轴，如图 5-8b所示，因而有 $M_z=M$，这时 $\boldsymbol{F}$ 对 Oz 轴的力矩大小为

$$M_z=M=rF\sin\alpha=Fd \tag{5-8}$$

式中，$r\sin\alpha = d$ 是转轴到力的作用线的垂直距离，称为力臂。所以，与转轴垂直的力对轴的力矩等于该力与其力臂的乘积，这正是中学物理对力矩的定义。

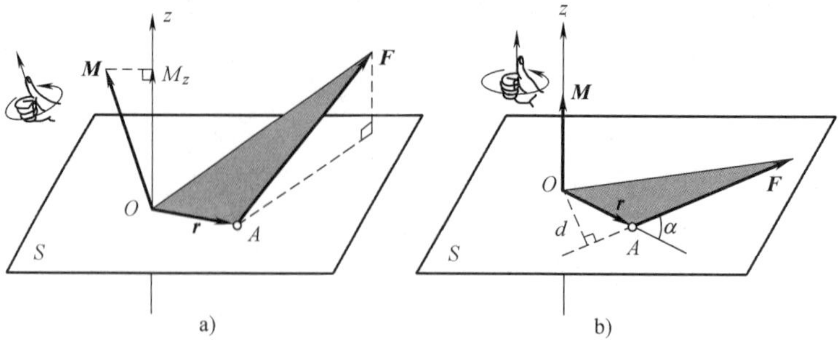

图 5-8

当作用于刚体的力与转轴既不平行也不垂直时，可将力分解为与转轴平行和垂直的两个分力。其中，平行分力对轴的力矩为零，因此，该力对轴的力矩就等于其垂直分力的力矩。虽然平行分力对轴的力矩为零，对定轴转动没有贡献，但它产生使固定轴发生转动的趋势，对固定轴的轴承产生损伤，在工程设计中要避免!

在定轴转动中，力矩矢量在轴上的投影只有两种可能指向，因此对轴的力矩可用正、负号来表示其指向。我们把沿 z 轴的力矩叫作正力矩，逆着 z 轴的力矩叫作负力矩，这是力矩的标量表述。

可以证明，力对定轴 z 的力矩不过是力对轴上任一定点的力矩在 z 轴方向的分量，所以它们的讨论和表示方式才如此相似。从力对定点的力矩的定义式可知，力矩的大小和方向还与参考点的选择有关。然而，在具体力学问题的处理中参考点是选择在原点的。这样，$\boldsymbol{r}$ 矢量就是质点的位置矢量。读者认识到这一点是很重要的。

若作用在 A 点的力不止一个，即是一个合力，则该点所受合力的力矩等于各分力力矩之和。简要证明如下：按式 (5-7)，合力的力矩

$$\boldsymbol{M} = \boldsymbol{r} \times \boldsymbol{F} = \boldsymbol{r} \times \sum_i \boldsymbol{F}_i = \sum_i \boldsymbol{r} \times \boldsymbol{F}_i = \sum_i \boldsymbol{M}_i \tag{5-9}$$

式中，$\boldsymbol{M}_i = \boldsymbol{r} \times \boldsymbol{F}_i$ 为各分力的力矩，证毕。

刚体中的每个质点都受到作用力和反作用力的作用，由于作用力和反作用力是成对出现的，所以它们的力矩也成对出现。由于作用力与反作用力的大小相等，方向相反且在同一直线上，故有相同的力臂，作用力矩和反作用力矩也是大小相等，方向相反，其和为零。

$$\boldsymbol{M} + \boldsymbol{M}' = 0 \tag{5-10}$$

因此，刚体的内力矩为 0。

在国际单位制中，力矩的量纲为 ML^2T^{-2}，单位为 N·m。

5.2.2 刚体定轴转动的转动定律

刚体绕固定轴转动时，刚体上的每一点都绕转轴做圆周运动，如图 5-9 所示。在刚体上任取一质点，其质量为 Δm_i，离转轴的距离为 r_i，作用在 Δm_i 上的外力用 $\boldsymbol{F}_i$ 表示，内力用 $\boldsymbol{F}_i'$ 表示，不妨设 $\boldsymbol{F}_i$ 和 $\boldsymbol{F}_i'$ 都在转动平面内，根据牛顿第二定律，有

$$\boldsymbol{F}_i + \boldsymbol{F}'_i = \Delta m_i \boldsymbol{a}_i \tag{5-11}$$

采用自然坐标系，上式的切向分量式为

$$F_i \sin\varphi_i + F_i' \sin\theta_i = \Delta m_i a_{i\tau} = \Delta m_i r_i \beta \tag{5-12}$$

式中，φ_i、θ_i 分别为 $\boldsymbol{F}_i$、$\boldsymbol{F}_i'$ 与 $\boldsymbol{r}_i$ 的夹角；β 为刚体的角加速度，也是刚体上所有质点的角加速度。用 $\boldsymbol{r}_i$ 乘以式中各项，得到

$$F_i r_i \sin\varphi_i + F_i' r_i \sin\theta_i = \Delta m_i r_i^2 \beta \tag{5-13}$$

由式（5-8）可知，式（5-13）左边两项分别为作用在质点 Δm_i 上的外力矩和内力矩。若刚体可以分成 N 个质点，则可以写出 N 个相同形式的方程，把 N 个方程两边相加，有

$$\sum_{i=1}^{N} F_i r_i \sin\varphi_i + \sum_{i=1}^{N} F'_i r_i \sin\theta_i = \left(\sum_{i=1}^{N} \Delta m_i r_i^2\right)\beta \tag{5-14}$$

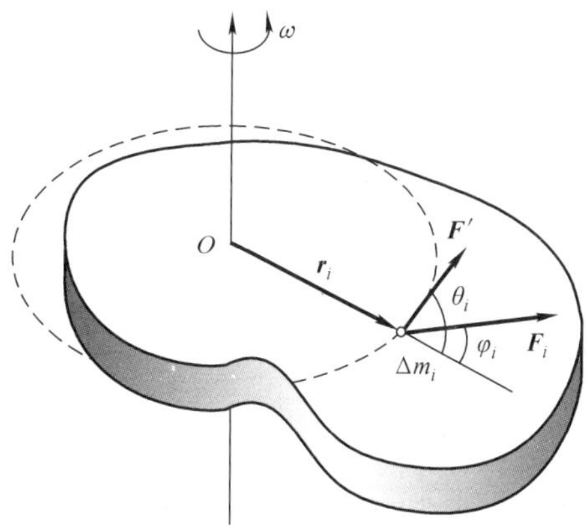

图　5-9

如前面讨论的式（5-10），因为刚体中的内力是由刚体内各质点间的相互作用产生的，每一对质点间的相互作用力是一对作用力和反作用力，它们等值、反向、共线，对同一轴的力矩的代数和等于零，所以作用于刚体的内力矩总和为零，即 $\sum_{i=1}^{N} F'_i r_i \sin\theta_i = 0$。这样，式（5-14）中左边只剩下第一项，这一项就是作用在刚体上所有外力对轴的力矩的代数和，称为合外力矩，用 M 表示。式（5-14）右边括号内的量与刚体的转动状态无关，由刚体自身属性所决定，我们定义为刚体对该转轴的转动惯量，以 J 表示。于是有

$$M = J\beta = J\frac{d\omega}{dt} \tag{5-15}$$

式（5-15）表明，作用于定轴转动刚体上的合外力矩等于刚体对该轴的转动惯量和角加速度的乘积。这一结论叫作刚体定轴转动定律，是解决刚体转动问题的基本定律，它的地位与解决质点动力学问题的牛顿第二定律相当。

由式（5-15）可知，当定轴转动刚体所受的合外力矩为零时，角加速度为零，因而角速度保持不变。即原来静止的保持静止，原来转动的做匀角速转动。这表明，任何转动物体都具有转动惯性，即在不受外力矩作用时，物体都具有保持转动状态不变的性质。对于给定的外力矩 M，转动惯量 J 越大，角加速度 β 就越小，即刚体绕定轴转动的状态越难改变，可见转动惯量是物体转动惯性大小的量度。

将刚体定轴转动定律 $M = J\beta$ 与质点的牛顿运动定律 $F = ma$ 进行对比，可以看出物理量间具有一一对应的关系，即合外力矩与合外力相对应，角加速度与加速度相对应，而转动惯量则与惯性质量相对应。注意到牛顿第二定律中的质量 m 和转动定律中的转动惯量 J 在定律中的地位是完全对应的，由此能够进一步理解转动惯量的物理意义。解题方法和过程也类似，前者要进行力矩分析，后者要进行受力分析；多个物体或质点要用隔离体法分别处理，对刚体研究对象使用转动定律列方程，对质点研究对象使用牛顿定律列方程。

在对定律的理解中应注意，定律 $M = J\beta$ 中合外力矩 M、转动惯量 J、角加速度 β 均是对同一定轴而言，请勿混淆。

【例 5-2】 如图 5-10a 所示，一根轻绳跨过定滑轮，其两端分别悬挂质量为 m_1 及 m_2 的两个物体，且 $m_2 > m_1$。滑轮半径为 R，质量为 m_3（可视为均质圆盘），绳不可伸长，绳与滑轮间也无相对滑动。忽略轴处摩擦，试求物体的加速度和各段绳子的张力。

【解】 由题意可知 m_1 和 m_2 做平动，m_3 做定轴转动。隔离 m_1、m_2 和 m_3，并画出受力图，如图 5-10b 所示。由于滑轮质量不能忽略，所以滑轮两边绳子张力的大小 F'_{T1} 和 F'_{T2} 并不相等，但 $F_{T1} = F'_{T1}$，$F_{T2} = F'_{T2}$。因绳子不能伸长，所以 m_1 和 m_2 的加速度大小相等。选取各自的加速度方向为正方向，根据牛顿第二定律对 m_1 和 m_2 分别有

$$F_{T1} - m_1 g = m_1 a$$
$$m_2 g - F_{T2} = m_2 a$$

对 m_3 来说，取逆时针方向为转动正方向，由于重力 m_3g 和轴承支持力 F_N 对轴 O 均无力矩，故根据转动定律得

$$F'_{T2}R - F'_{T1}R = J\beta$$

因绳与滑轮之间无相对滑动，所以 m_2（或 m_1）的加速度 a 与滑轮边缘点的切向加速度相等，即

$$a = R\beta$$

将以上四个方程联立求解，并代入 $J=\frac{1}{2}m_3R^2$，可得

$$a = \frac{(m_2 - m_1)g}{m_1 + m_2 + \frac{1}{2}m_3}$$

$$F_{T1} = m_1(g+a) = \frac{m_1\left(2m_2 + \frac{1}{2}m_3\right)g}{m_1 + m_2 + \frac{1}{2}m_3}$$

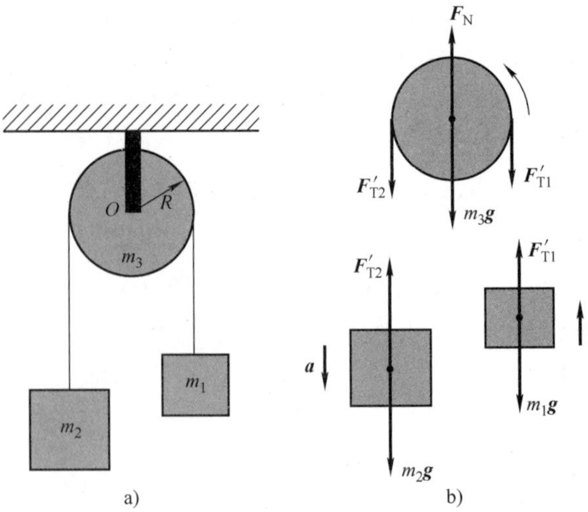

图 5-10

$$F_{T2} = m_2(g-a) = \frac{m_2\left(2m_1 + \frac{1}{2}m_3\right)g}{m_1 + m_2 + \frac{1}{2}m_3}$$

本题值得注意的是，绳与轮槽之间无相对滑动是靠静摩擦力来维持的，而静摩擦力存在一个最大值，相应地，滑轮有最大角加速度和边缘点的最大线加速度，当两物体重量差别太大以致物体有过大的加速度时，将产生绳与轮槽的相对滑动。

5.2.3 刚体转动惯量

1. 转动惯量及其计算

如前所述，式（5-14）右边括号内的量定义为转动惯量

$$J = \sum_{i=1}^{N} \Delta m_i r_i^2 \tag{5-16}$$

即刚体对转轴的转动惯量等于组成刚体的各质点的质量与各质点到转轴的距离二次方的乘积之和。显然，转动惯量是标量，并且具有可加性。这就是说，如果一个刚体由几部分组成，可以分别计算各部分对同一给定轴的转动惯量，然后把结果相加就得到整个刚体对该轴的转动惯量。

对于质量连续分布的刚体，取 $\Delta m_i \to 0$，则可以用积分代替求和，即

$$J = \int r^2 \mathrm{d}m \tag{5-17}$$

式中，r 是质元 $\mathrm{d}m$ 到转轴的垂直距离。当质量为线分布时，则取 $\mathrm{d}m=\lambda \mathrm{d}l$；当质量为面分布时，则取 $\mathrm{d}m=\sigma \mathrm{d}S$；当质量为体分布时，则取 $\mathrm{d}m=\rho \mathrm{d}V$。其中的 λ、σ 和 ρ 分别为质量线密度、质量面密度和质量体密度，$\mathrm{d}l$、$\mathrm{d}S$ 和 $\mathrm{d}V$ 分别为所取的线元、面元和体元。

在国际单位制中，转动惯量的单位名称是千克二次方米，符号是 $\mathrm{kg\cdot m^2}$。

【例 5-3】 如图 5-11 所示，均质细棒的质量为 m，长为 l，求该棒对通过棒上距中心距离为 d 的 O 点并与棒垂直的 Oz 轴的转动惯量。

【解】 如图取坐标轴，原点在转轴上。在 x 处取一线元 $\mathrm{d}x$，其质量为 $\mathrm{d}m=\lambda\mathrm{d}x$，其中 $\lambda=$

m/l 是细棒的质量线密度。由式（5-17）有

$$J = \int x^2 \mathrm{d}m = \lambda \int_{-\frac{l}{2}+d}^{\frac{l}{2}+d} x^2 \mathrm{d}x = \frac{1}{12}ml^2 + md^2$$

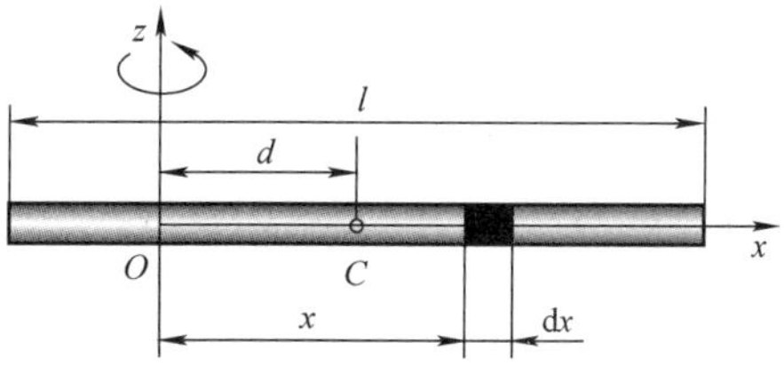

图　5-11

上述结果有两种特殊情况：

（1）当 $d=0$ 时，即转轴通过棒的中心并与棒垂直时，则有

$$J = \frac{1}{12}ml^2$$

（2）当 $d=l/2$ 时，即转轴通过棒的一端并与棒垂直，则有

$$J = \frac{1}{12}ml^2 + m\left(\frac{l}{2}\right)^2 = \frac{1}{3}ml^2$$

【例 5-4】　求质量为 m、半径为 R 的均质薄圆环对通过圆环中心并与其所在平面垂直的轴的转动惯量。

【解】　如图 5-12 所示，将圆环看成由许多段小圆弧组成，每一段小圆弧为一质元，其质量为 $\mathrm{d}m$，各质元到轴的垂直距离都等于 R，所以

$$J = \int R^2 \mathrm{d}m = R^2 \int \mathrm{d}m = mR^2$$

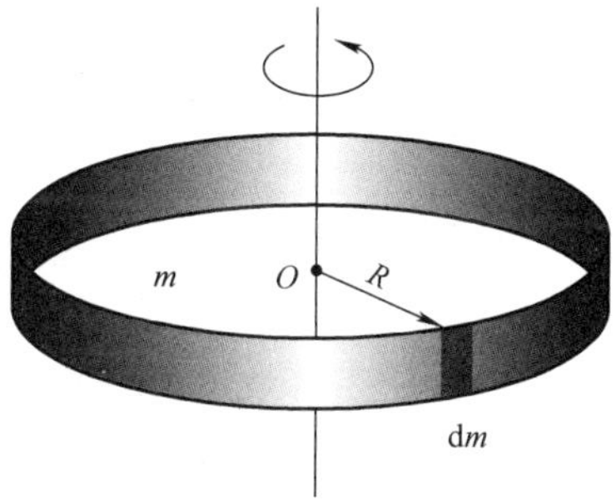

图　5-12

从本例不难看出，一个质量为 m、半径为 R 的薄壁圆筒对其中心轴的转动惯量也是 mR^2。

【例 5-5】　求质量为 m，半径为 R，厚为 h 的均质圆盘对通过中心并与圆盘垂直的轴的转动惯量。

【解】　如图 5-13 所示，将圆盘看成由许多薄圆环组成。取任一半径为 r，厚度为 $\mathrm{d}r$ 的薄圆环，按上题结果，此薄圆环的转动惯量为

$$\mathrm{d}J = r^2 \mathrm{d}m$$

式中，$\mathrm{d}m$ 为薄圆环的质量。以 ρ 表示圆盘的质量体密度，则有

$$\mathrm{d}m = \rho \mathrm{d}V = \rho \cdot h 2\pi r \mathrm{d}r$$

因此有

$$\mathrm{d}J = r^2 \cdot \rho h 2\pi r \mathrm{d}r$$

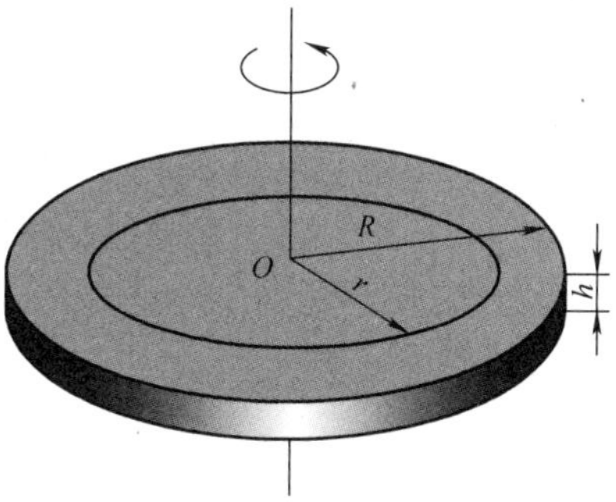

图　5-13

从而

$$J = \int \mathrm{d}J = \int_0^R 2\pi r^3 h\rho \mathrm{d}r = \frac{1}{2}\pi R^4 h\rho$$

将 $\rho = \dfrac{m}{\pi R^2 h}$ 代入上式，可得

$$J = \frac{1}{2}mR^2$$

由于上式中对厚度 h 没有限制，所以一个质量为 m、半径为 R 的均质实心圆柱体对其中心轴的转动惯量也是 $mR^2/2$。

由以上例题可以看出，决定刚体转动惯量大小的因素如下。

1）刚体的总质量：形状、大小和转轴位置都相同的均质刚体，总质量越大，转动惯量就越大。

2）质量分布：形状、大小和转轴位置都相同的刚体，如果总质量相同，那么质量的分布离转轴越远，转动惯量就越大。如质量和半径都相同的圆盘与圆环，由于圆环质量集中分布在边

缘，而圆盘质量均匀分布在整个盘面上，因此对于它们的中心轴而言，圆环的转动惯量较大。

3）转轴位置：同一刚体，对不同位置的转轴，其转动惯量不同。如例 5-3 中，转轴由中间移向边缘时，转动惯量变大。下面具体研究转轴位置对转动惯量的影响。

2. 平行轴定理

若一刚体对通过其质心 C 的轴（称为质心轴）的转动惯量为 J_C，而对另一个与质心轴平行的轴的转动惯量为 J，可以证明两者有关系式

$$J = J_C + md^2 \tag{5-18}$$

式中，m 是刚体的总质量；d 是两平行轴间的距离。上式称为转动惯量的平行轴定理。例 5-3 的结果已经体现了这个结论。式（5-18）表明，在一组平行轴中，同一刚体对质心轴的转动惯量总是最小。当 J_C 已知时，利用式（5-18）容易求出对其他平行轴的转动惯量。

表 5-1 中列出了常见刚体的转动惯量。

表 5-1　转动惯量例

刚体说明	刚体及公式	刚体说明	刚体及公式
圆环转轴通过中心与环面垂直	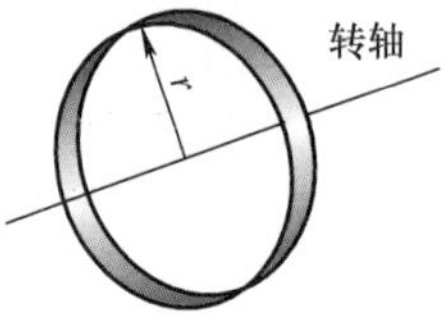 $J = mr^2$	圆环转轴沿直径	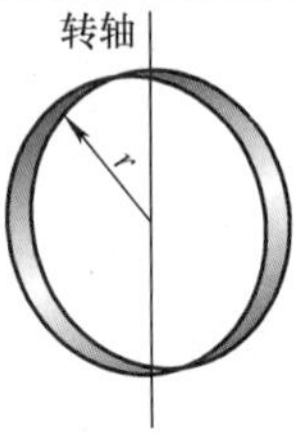 $J = \frac{1}{2}mr^2$
薄圆盘转轴通过中心与盘面垂直	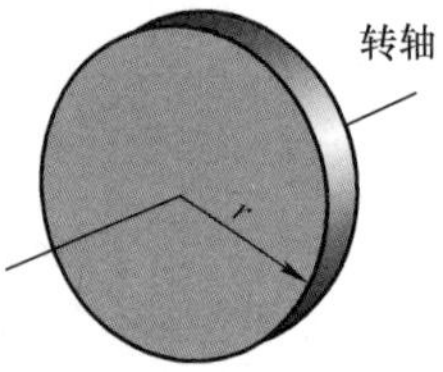 $J = \frac{1}{2}mr^2$	圆筒转轴沿几何轴	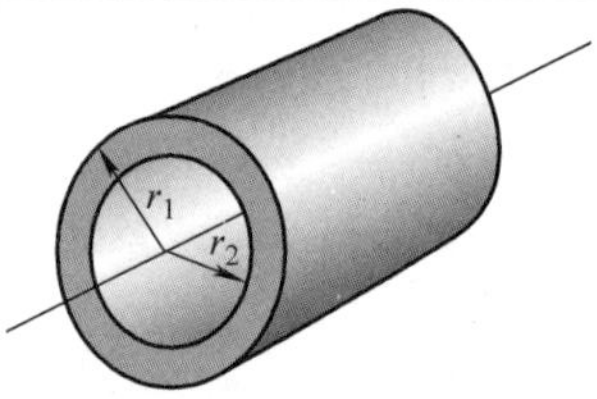 $J = \frac{1}{2}m(r_1^2 + r_2^2)$
细杆转轴通过中心与杆垂直	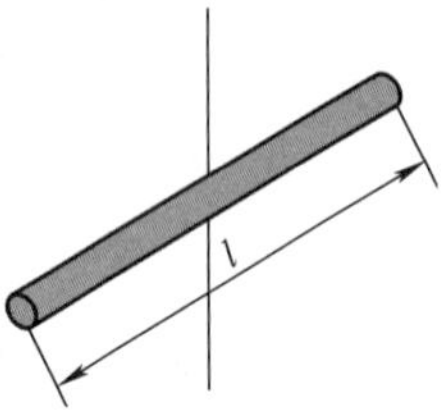 $J = \frac{1}{12}ml^2$	细杆转轴通过端点与杆垂直	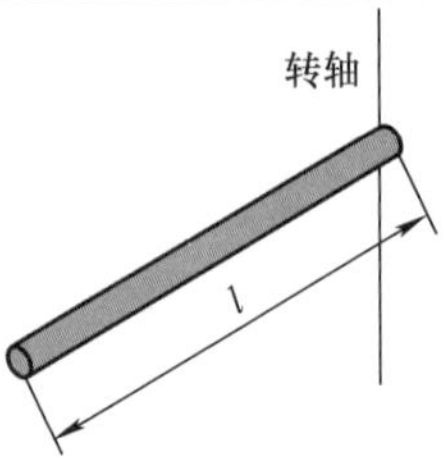 $J = \frac{1}{3}ml^2$
球体转轴沿直径	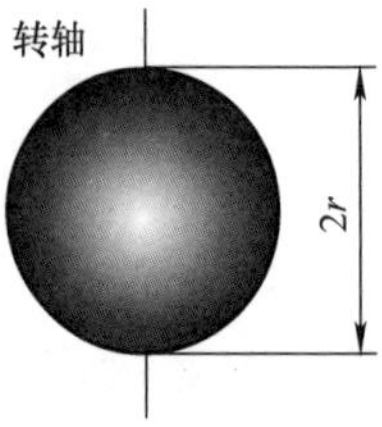 $J = \frac{2}{5}mr^2$	球壳转轴沿直径	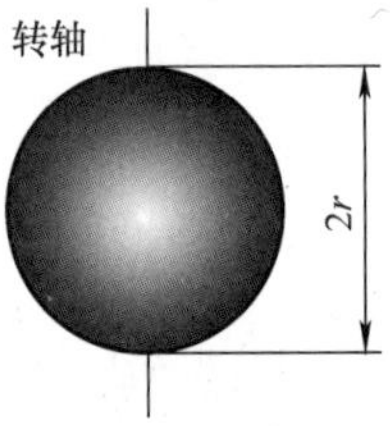 $J = \frac{2}{3}mr^2$

5.2.4　转动定律的应用

刚体定轴转动定律的应用与牛顿运动定律的应用相似。牛顿运动定律应用的基础是受力分析，而对于转动定律的应用，则不仅要进行受力分析，还要进行力矩分析。按力矩分析，可用转动定律列出刚体定轴转动的动力学方程并求解出结果。在刚体定轴转动定律的应用中还常常涉及与牛顿运动定律的综合，题目的复杂性相对较大，这也是读者应注意的问题。应用转动定律解题时，应注意以下几点：

1）力矩和转动惯量必须对同一转轴而言。

2）要选定转动的正方向，以便确定已知力矩或角加速度、角速度的正负。

3）当系统中既有转动物体又有平动物体时，如果用隔离体法解题，那么对转动物体按转动定律建立方程，对平动物体则按牛顿定律建立方程。

下面我们以具体的例子来给读者介绍刚体定轴转动定律的应用方法。

【例 5-6】　一均质圆盘的质量为 m，半径为 R，在水平桌面上绕其中心轴旋转，如图 5-14 所示，设圆盘与桌面间的摩擦系数为 μ，求圆盘从角速度 ω_0 旋转到静止需要的时间以及停转过程中的角位移。

【解】　以圆盘为研究对象，它受重力、桌面的支持力和摩擦力，前两个力对中心轴的力矩为零。

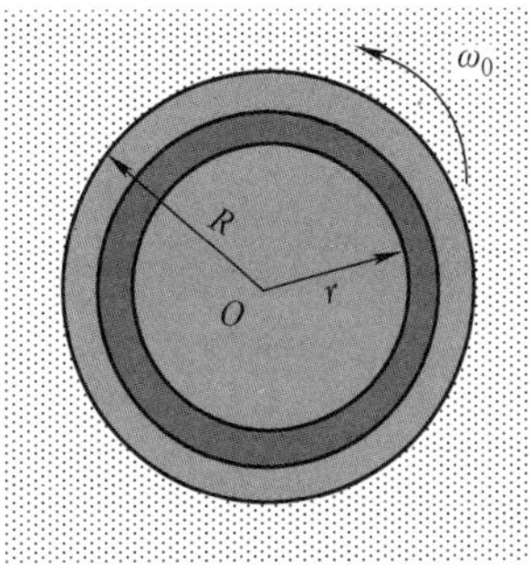

图　5-14

在圆盘上取一细圆环，半径为 r，宽度为 $\mathrm{d}r$，整个圆环所受摩擦力矩之和为 $\mathrm{d}M$。由于圆环上各质点所受摩擦力的力臂都相等，力矩的方向都相同，若取 $\boldsymbol{\omega}_0$ 的方向为正方向，σ 为圆盘质量面密度，$\mathrm{d}S$ 为圆环面积，即

$$\sigma=\frac{m}{\pi R^2},\ \mathrm{d}S=2\pi r\mathrm{d}r,\ \mathrm{d}m=\sigma\mathrm{d}S=\frac{2mr\mathrm{d}r}{R^2}$$

因此有

$$\mathrm{d}M=\mu\mathrm{d}mgr=-2\mu mg\frac{r^2\mathrm{d}r}{R^2}$$

整个圆盘所受力矩为

$$M=\int\mathrm{d}M=-\frac{2\mu mg}{R^2}\int_0^R r^2\mathrm{d}r=-\frac{2}{3}\mu mgR$$

式中，负号表示力矩 $\boldsymbol{M}$ 与 $\boldsymbol{\omega}_0$ 方向相反，是阻力矩。

根据转动定律，得

$$\beta=\frac{M}{J}=\frac{-\frac{2}{3}\mu mgR}{\frac{1}{2}mR^2}=-\frac{4\mu g}{3R}$$

由此可知，$\boldsymbol{\beta}$ 为常量，且与 $\boldsymbol{\omega}_0$ 方向相反，表明圆盘做匀减速转动，因此有

$$\omega=\omega_0+\beta t$$

当圆盘停止转动时，$\omega=0$，则得

$$t=\frac{0-\omega_0}{\beta}=\frac{3R\omega_0}{4\mu g}$$

而转动角位移为

$$\Delta\theta = \omega_0 t + \frac{1}{2}\beta t^2 = \frac{3R\omega_0^2}{8\mu g}$$

【例 5-7】 一根长为 l、质量为 m 的均匀细直棒，一端有一固定的光滑水平轴，可以在铅垂面内自由转动，最初棒静止在水平位置。求：(1) 它下摆 θ 角时的角加速度、角速度；(2) 此时轴对棒作用力的大小。

【解】 如图 5-15 所示，当棒下摆 θ 角时，作用在质元 dm 上的重力相对转轴的力矩大小为

$$\mathrm{d}M = |\boldsymbol{r} \times \mathrm{d}m\boldsymbol{g}| = r\mathrm{d}mg\sin\alpha = xg\mathrm{d}m$$

方向使棒绕轴顺时针转动。对所有质元求和，得棒受到的重力矩

$$M = g\int x\mathrm{d}m = mgx_C$$

这表明作用在各个质元上的重力矩之和等于全部重力作用在质心上的力矩。由 $x_C = \frac{l}{2}\cos\theta$，求得

$$M = \frac{1}{2}mgl\cos\theta$$

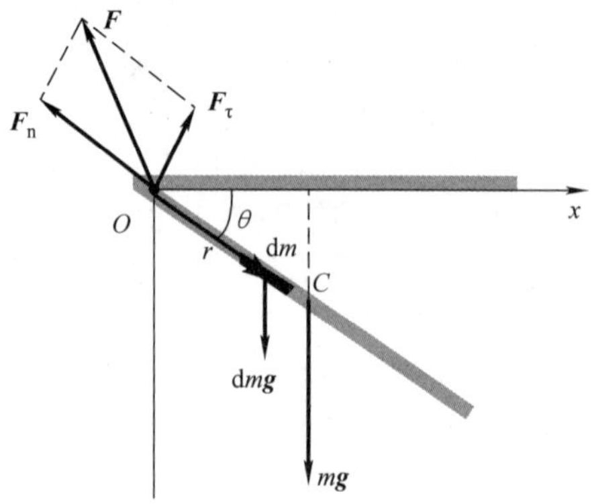

图 5-15

(1) 由定轴转动定律，角加速度

$$\beta = \frac{M}{J} = \frac{(mgl\cos\theta)/2}{ml^2/3} = \frac{3g\cos\theta}{2l}$$

由

$$\beta = \frac{\mathrm{d}\omega}{\mathrm{d}t} = \frac{\mathrm{d}\omega}{\mathrm{d}\theta}\frac{\mathrm{d}\theta}{\mathrm{d}t} = \omega\frac{\mathrm{d}\omega}{\mathrm{d}\theta}$$

得

$$\omega\mathrm{d}\omega = \frac{3g\cos\theta}{2l}\mathrm{d}\theta$$

对上式两边积分

$$\int_0^{\omega}\omega\mathrm{d}\omega = \int_0^{\theta}\frac{3g\cos\theta}{2l}\mathrm{d}\theta$$

可得

$$\omega^2 = \frac{3g\sin\theta}{l}$$

所以

$$\omega = \sqrt{\frac{3g\sin\theta}{l}}$$

(2) 为了求轴对棒的作用力，考虑棒质心的运动。由图 5-15，得

$$F_{\mathrm{n}} - mg\sin\theta = ma_{\mathrm{n}} = \frac{m\omega^2 l}{2}$$

$$mg\cos\theta - F_{\tau} = ma_{\tau} = \frac{m\beta l}{2}$$

其中 $a_{\mathrm{n}} = \omega^2 l/2$，$a_{\tau} = \beta l/2$。

利用前面求出的 β、ω，可解出 F_{τ}、F_{n}，由此求出

$$F=\sqrt{F_{\tau}^{2}+F_{n}^{2}}=mg\sqrt{\frac{25}{4}\sin^{2}\theta+\frac{11}{6}\cos^{2}\theta}$$

物理知识应用案例：飞机的操纵力矩

由转动定律可知，物体转动角速度的保持与改变，取决于作用在物体上的力矩是否平衡。对于飞机来说，飞机俯仰、偏转和滚转角速度的保持和改变，同作用于飞机上的力矩密切相关。如图 5-16a 所示，飞机除机翼外，还在机身尾部装有水平的平尾和竖直的垂尾。平尾和垂尾都有平衡、稳定和操纵的作用。

如图 5-16b 所示，影响飞机俯仰平衡的力矩主要是机翼力矩和平尾力矩。机翼力矩主要是机翼升力对飞机质心构成的俯仰力矩，用 $M_{Z翼}$ 表示。如机翼升力的大小为 $Y_{翼}$，升力中心到飞机质心的距离为 $X_{翼}$，则机翼的俯仰力矩为 $M_{Z翼}=Y_{翼}X_{翼}$。水平尾翼的力矩是水平尾翼的升力的大小 $Y_{尾}$ 对飞机质心所形成的力矩，用 $M_{Z尾}$ 表示，$M_{Z尾}=Y_{尾}L_{尾}$。$L_{尾}$ 是平尾升力中心至飞机质心的距离。近似地认为 $L_{尾}$ 是不变的，因此，当迎角变化时，水平尾翼力矩 $M_{Z尾}$ 只取决于 $Y_{尾}$ 的大小。操纵升降舵上偏和下偏，可改变水平尾翼翼面的弯度，引起升力的变化进而改变 $M_{Z尾}$。

a)

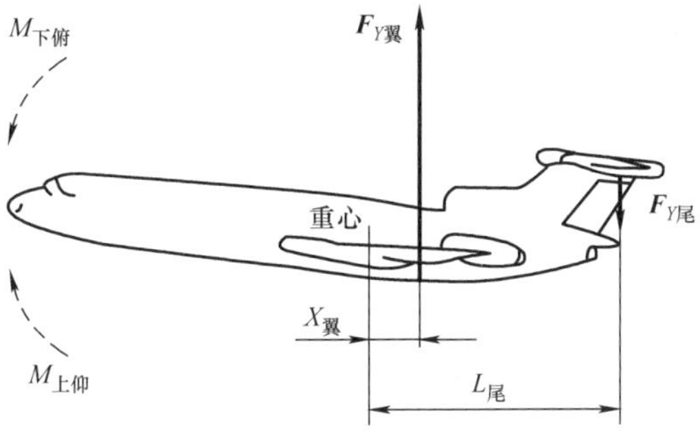

b)

图　5-16

影响飞机方向平衡的力矩主要是两边机翼阻力对重心形成的力矩、垂直尾翼侧力对重心形成的力矩等。机翼的阻力力矩指机翼阻力的大小 X 对立轴形成的力矩，它力图迫使机头偏转。飞机垂直尾翼产生的侧力 $Z_{尾}$ 会产生绕立轴偏转的力矩，其大小可表示为 $M_{Y尾}=Z_{尾}L_{尾}$，式中 $L_{尾}$ 是垂直尾翼力心至飞机质心的距离。改变 $Z_{尾}$ 可以操纵飞机的方向平衡。

作用于飞机的滚转力矩，主要有两侧机翼升力对纵轴形成的力矩，此力矩叫机翼升力力矩（$M_{X翼}$），可表示为 $M_{X翼右}=Y_{右}a$ 和 $M_{X翼左}=Y_{左}b$，式中，a、b 分别表示右边和左边机翼升力的作用线至质心的垂直距离。如果飞机维护不良，使左右机翼的升力不等，左滚力矩和右滚力矩不等，就会破坏飞机的横向平衡，例如，机翼变形，副翼的安装不对称等都会破坏飞机的横向平衡。

5.3　定轴转动中的功能关系

5.3.1　刚体定轴转动的动能

一个质量为 m、速率为 v 的质点的动能是 $mv^2/2$。绕定轴转动的刚体，其动能该如何计算？

刚体是一个特殊的质点系，根据质点系处理问题的思想方法，设在某一时刻，刚体转动的角速度为 ω。在刚体中取一质点，质量为 Δm_i，到转轴的垂直距离为 r_i，则该质点做圆周运动的速率为 $v_i = r_i\omega$，其动能为

$$E_{ki} = \frac{1}{2}\Delta m_i v_i^2 = \frac{1}{2}\Delta m_i r_i^2 \omega^2 \tag{5-19}$$

整个刚体的转动动能应为所有质点的动能之和，即

$$E_k = \sum_{i=1}^{N} E_{ki} = \sum_{i=1}^{N} \frac{1}{2}\Delta m_i v_i^2 = \frac{1}{2}\left(\sum_{i=1}^{N}\Delta m_i r_i^2\right)\omega^2 \tag{5-20}$$

式（5-20）中括号内的量就是刚体对转轴的转动惯量，因此上式可写成

$$E_k = \frac{1}{2}J\omega^2 \tag{5-21}$$

可见，定轴转动刚体的动能等于刚体对转轴的转动惯量与其角速度二次方的乘积之半。

定轴转动刚体的动能也称为转动动能。将刚体的定轴转动动能与质点的动能加以比较，再一次看出，转动惯量是刚体转动惯性大小的量度。

5.3.2　力矩的功和功率

质点在外力作用下发生位移时，我们说力对质点做了功。同样，当刚体在外力矩作用下绕定轴转动发生角位移时，我们就说力矩对刚体做了功，即力矩对空间发生了累积作用。如图 5-17 所示，设在转动平面内，力 $\boldsymbol{F}$ 作用于 P 点，当 P 点发生元位移 $\mathrm{d}\boldsymbol{r}$ 时，力 $\boldsymbol{F}$ 做的元功为

$$\begin{aligned} \mathrm{d}A &= \boldsymbol{F}\cdot\mathrm{d}\boldsymbol{r} = F\mathrm{d}s\cos\left(\frac{\pi}{2}-\varphi\right) \\ &= F\mathrm{d}s\sin\varphi \end{aligned} \tag{5-22}$$

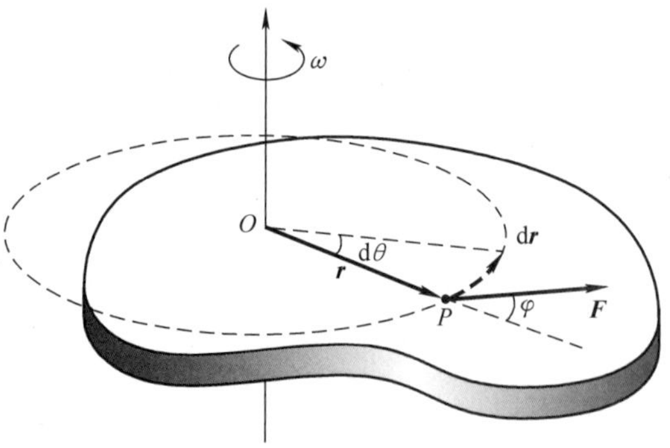

图　5-17

式中，$\mathrm{d}s = |\mathrm{d}\boldsymbol{r}|$，$\varphi = <\boldsymbol{r}, \boldsymbol{F}>$。以 r 表示 P 点做圆周运动的半径，$\mathrm{d}\theta$ 表示与线量 $\mathrm{d}s$ 对应的角量，则有 $\mathrm{d}s = r\mathrm{d}\theta$，又由于 $Fr\sin\varphi = M$，所以元功可写成

$$\delta A = M\mathrm{d}\theta$$

结果表明，力对刚体所做的功，可以用力矩做功来计算，两者是等价的。若刚体从角坐标 θ_0 转到 θ，则力矩做功为

$$A = \int_{\theta_0}^{\theta} M\mathrm{d}\theta \tag{5-23}$$

显然，力矩的功就是力的功，在刚体的定轴转动中，力的功用力矩来表示更为方便，所以才称之为力矩的功。

作用在刚体上的合外力矩为各外力矩之和，即 $M = \sum M_i$，故合外力矩做功等于各外力矩做功的代数和，即总功

$$A = \int M\mathrm{d}\theta = \int \sum M_i \mathrm{d}\theta = \sum \int M_i \mathrm{d}\theta = \sum A_i \tag{5-24}$$

需要指出的是，在质点力学中，我们计算过一对内力的功，结果不一定为零。但对于刚体来说，由于质点间无相对位移，作用在刚体上的一对作用力矩和反作用力矩等值反向，即 $\boldsymbol{M} + \boldsymbol{M}' = 0$，故一对力矩的总功为零，即有

$$A + A' = \int_{\theta_1}^{\theta_2} M\mathrm{d}\theta + \int_{\theta_1}^{\theta_2} M'\mathrm{d}\theta = \int_{\theta_1}^{\theta_2} (M + M')\mathrm{d}\theta = 0 \tag{5-25}$$

力矩的功率为

$$P = \frac{\mathrm{d}A}{\mathrm{d}t} = M\frac{\mathrm{d}\theta}{\mathrm{d}t} = M\omega \tag{5-26}$$

当力矩与角速度同方向时，力矩的功和功率均为正值，反向时则为负值。其形式与力的功率 $P = \boldsymbol{F} \cdot \boldsymbol{v}$ 相似。这里的功和功率的单位与前面所学的一致。

5.3.3　刚体定轴转动的动能定理

力对质点做功会使质点的动能发生变化。那么，力矩对定轴转动刚体做功也会使刚体的动能发生变化吗？

设一刚体做定轴转动时所受合外力矩为 M，在 $\mathrm{d}t$ 时间内刚体的角位移为 $\mathrm{d}\theta$，则合外力矩做的元功为

$$\delta A = M\mathrm{d}\theta = J\beta\mathrm{d}\theta = J\frac{\mathrm{d}\omega}{\mathrm{d}t}\mathrm{d}\theta = J\frac{\mathrm{d}\theta}{\mathrm{d}t}\mathrm{d}\omega = J\omega\mathrm{d}\omega \tag{5-27}$$

若刚体从角位置 θ_0 处转到角位置为 θ 处，在 θ_0 处角速度为 ω_0，在 θ 处角速度为 ω，则在此过程中合外力矩对刚体做的功为

$$A = \int_{\theta_0}^{\theta} M\mathrm{d}\theta = \int_{\omega_0}^{\omega} J\omega\mathrm{d}\omega = \frac{1}{2}J\omega^2 - \frac{1}{2}J\omega_0^2 \tag{5-28}$$

即

$$\int_{\theta_0}^{\theta} M\mathrm{d}\theta = \frac{1}{2}J\omega^2 - \frac{1}{2}J\omega_0^2 \tag{5-29}$$

上式表明，合外力矩对绕定轴转动的刚体做的功等于该刚体转动动能的增量。这是动能定理在刚体定轴转动问题中的具体形式，称为刚体定轴转动的转动动能定理。

刚体作为一个质点系，应遵从质点系动能定理，即外力的总功与内力总功之和等于系统动能的增量。在刚体定轴转动中，我们把力的功称为力矩的功，则质点系动能定理应表述为外力矩的总功与内力矩的总功之和等于系统动能的增量。但刚体定轴转动的动能定理式（5-29）却表明，刚体动能的增量仅与合外力矩的功有关，按功能原理的理解也即仅与外力矩的总功有关，这意味着内力矩对刚体的总功应该为零。这一点应该这样来理解：由于刚体的内力矩是成对出现的，并且刚体内质点之间没有相对位移（刚性），所以每对内力矩的总功为零。故全部内力矩的总功当然应该为零。

【例 5-8】 如图 5-18 所示，质量为 m，长为 l 的均质细杆可绕水平光滑轴 O 在铅垂平面内转动。若是杆从水平位置开始由静止释放，求杆转至竖直位置时的角速度。

【解】 我们用转动动能定理求解。

应用动能定理求角速度。当杆的位置由 θ 转到 $\theta + \mathrm{d}\theta$ 时，重力矩所做元功为

$$\delta A = M\mathrm{d}\theta = \frac{1}{2}mgl\cos\theta\mathrm{d}\theta$$

杆从水平位置转至铅垂位置过程中，合外力矩（即重力矩）做功的量值为

$$A = \int_0^{\frac{\pi}{2}} M\mathrm{d}\theta = \frac{mgl}{2}\int_0^{\frac{\pi}{2}}\cos\theta\mathrm{d}\theta = \frac{1}{2}mgl$$

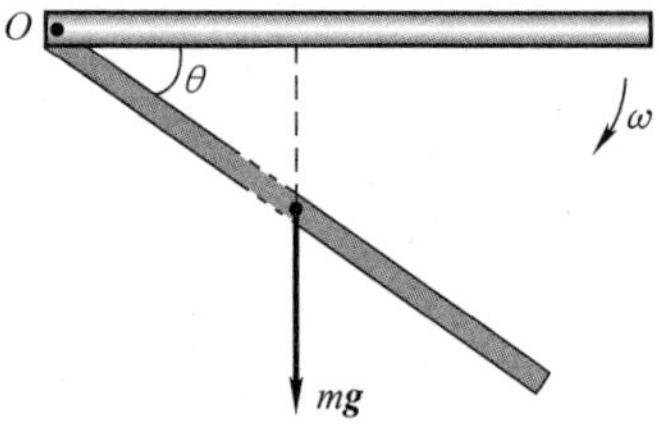

图 5-18

根据转动动能定理，有

$$\frac{1}{2}mgl = \frac{1}{2}J\omega^2 - 0 = \frac{1}{2}J\omega^2$$

可得

$$\omega = \sqrt{\frac{mgl}{J}} = \sqrt{\frac{3g}{l}}$$

5.3.4 刚体的重力势能

刚体没有形变，所以没有内部的弹性势能。而在实际使用中我们常常会碰到刚体的重力势能问题，刚体的重力势能就是组成刚体的各个质元的重力势能之和

$$E_p = \sum_{i=1}^{N}\Delta m_i g h_i = mg\sum_{i=1}^{N}\frac{\Delta m_i h_i}{m} = mgh_C \tag{5-30}$$

式中，m 为刚体的质量；h_C 为质心高度，这里已设 $h=0$ 处为重力势能零点。式（5-30）表明：刚体的重力势能应当等于刚体的全部质量集中在质心处的质点的重力势能。这里对此问题做一点说明，在均匀的重力场中，刚体的重心与质心重合，对于均质且对称的几何形体，质心就在其几何中心。由于一般刚体的线度与地球半径相比甚小，因此其重心与质心重合。在例 5-8 中，直杆从水平位置转至竖直位置时，其重心下降了 $l/2$ 的高度，重力势能减少了 $mgl/2$，所以重力矩做功为 $mgl/2$。

图 5-19

曾经有运动员发明了一种叫背越式的新的跳高方法，这个运动员当他越过横杆的时候把自己的身体弯曲成拱形，如图 5-19 所示，这样，他的质心实际上是在横杆的下方，这种跳高方式与传统的跨骑式的跳高方式相比只需克服较少的重力势能。

5.3.5 刚体的功能原理和机械能守恒定律

对于既有平动物体又有定轴转动物体组成的系统来说，第 3 章介绍的功能原理仍然成立。如果在运动过程中，只有保守内力做功，那么机械能守恒定律同样适用。需要注意的是，系统的动能应该包括系统内平动物体的平动动能和定轴转动物体的转动动能，势能也应是平动物体和转动物体的势能之和。

【例 5-9】 试用功能原理求例 5-2 中物体的加速度。

【解】 将 m_1，m_2，m_3 及绳作为一个系统，所受外力为 m_1g，m_2g，m_3g 以及轴承的支持力。在运动过程中，由于绳与滑轮之间无相对滑动，故非保守内力不做功，不考虑绳子的伸长也就不考虑弹性势能。于是系统的功能原理可表示为

$$A_{外} = E_k - E_{k0}$$

式中，外力做功为

$$A_{外} = m_2gh - m_1gh$$

而 E_k 和 E_{k0} 则为系统末态和初态的动能。设 m_1 和 m_2 的初速度为零，相应地，m_3 的初角速度也为零。当 m_2 下降一段距离 h 时，m_1 和 m_2 的速率为 v，m_3 的角速度为 ω，所以有

$$E_{k0} = 0$$

$$E_k = \frac{1}{2}m_1v^2 + \frac{1}{2}m_2v^2 + \frac{1}{2}J\omega^2$$

式中，$J = \frac{1}{2}m_3R^2$。因绳与滑轮之间无相对滑动，故物体 m_1 或 m_2 的速率 v 应与滑轮边缘上点的速率相等，即 $v = \omega R$。

根据功能原理可得

$$(m_2 - m_1)gh = \frac{1}{2}(m_1 + m_2)v^2 + \frac{1}{2}J\omega^2 = \frac{1}{2}(m_1 + m_2 + \frac{1}{2}m_3)v^2$$

将上式对时间求导，得

$$(m_2 - m_1)g\frac{\mathrm{d}h}{\mathrm{d}t} = (m_1 + m_2 + \frac{1}{2}m_3)v\frac{\mathrm{d}v}{\mathrm{d}t}$$

因为 $\frac{\mathrm{d}h}{\mathrm{d}t} = v$，所以

$$a = \frac{\mathrm{d}v}{\mathrm{d}t} = \frac{(m_2 - m_1)g}{m_1 + m_2 + \frac{1}{2}m_3}$$

如将地球包括在系统内，则重力为保守内力。系统在运动过程中，只有保守内力做功，所以此例也可用机械能守恒定律求解，读者不妨一试。

物理知识应用案例：舰载机起飞弹射器与飞轮储能

航空母舰上推动舰载机增大起飞速度、缩短滑跑距离的装置简称为弹射器。借助弹射器飞机可以经过 50～95m 的滑跑距离，达到升空速度起飞。蒸汽弹射器是以高压蒸汽推动活塞带动弹射轨道上的滑块把联结其上的舰载机投射出去的。美国的 C—13—1 型蒸汽弹射器长 76.3m，每分钟可以弹射两架舰载机。如果把一辆重 2t 的吉普车从舰首弹射，可以将其抛到 2.4km 以外的海面，可见其功率之大。

蒸汽弹射器工作时要消耗大量蒸汽，如果以最小间隔进行弹射，就需要消耗航母锅炉 20% 的蒸汽。电磁弹射器被认为是蒸汽弹射器的可行替代方案，但它对电力的需求很大，在弹射较重的舰载机时，整个电磁弹射器的峰值功率可达到 100MW 甚至更高，在目前的条件下，这部分用电无法直接依赖航母电力系统实时供给，必须依靠储能系统将所需的电能事先储存起来，在需要的时候瞬间释放。目前美国海军的电磁弹射器采用的是飞轮储能（FES）装置。

飞轮储能在民用领域也展示了巨大的应用前景。如美国航空航天局（NASA）已在空间站安装了 48 个飞轮储能系统，可提供超过 150kW 的电能；美国得克萨斯大学研制的汽车用飞轮储能系统，其提供的能量能使满载车辆速度达到 $100\mathrm{km \cdot h^{-1}}$；德国西门子公司研制的长 1.5m、宽 0.75m 的飞轮储能系统，可为火车提供 3MW 的功率；中速飞轮储能系统已用于关键的工业不间断电源系统等。

5.4　角动量　角动量守恒定律

大到天体，小到基本粒子都具有转动的特征，角动量就是描述转动特征的物理量。虽然角动

量定义于18世纪，但直到20世纪人们才认识到它是自然界最基本最重要的概念之一。它不仅在经典力学中很重要，而且在近代物理中有着更广泛的应用。

5.4.1 质点的角动量

设O为某一惯性系中的一个参考点，做一般曲线运动的质点某时刻动量为$\boldsymbol{p}=m\boldsymbol{v}$，相对$O$点的位置矢量为$\boldsymbol{r}$，如图5-20a所示。该质点对$O$点的角动量定义为位矢$\boldsymbol{r}$和动量$\boldsymbol{p}$的矢积，即

$$\boldsymbol{L}=\boldsymbol{r}\times\boldsymbol{p}=\boldsymbol{r}\times(m\boldsymbol{v}) \tag{5-31}$$

可见$\boldsymbol{L}$是矢量，它的大小为

$$L=mvr\sin\theta \tag{5-32}$$

式中，θ是$\boldsymbol{r}$与$\boldsymbol{p}$（或$\boldsymbol{v}$）的夹角。$\boldsymbol{L}$的方向垂直于$\boldsymbol{r}$和$\boldsymbol{p}$决定的平面，其指向由右手螺旋定则确定。显然，当质点运动方向与矢径$\boldsymbol{r}$一致时，角动量将为零。

由式（5-32）可见，$\boldsymbol{L}$不仅与质点的运动有关，还与参考点的位置有关。对于不同的参考点，同一质点有不同的位矢，故$\boldsymbol{L}$一般不等，因此，在说明一个质点的角动量时，必须指明是对哪一个参考点而言的，脱离参考点谈角动量没有意义。为此，在进行角动量图示时，通常将角动量标示在参考点O上，而不是在质点m上。特别需要强调的是，在实际处理力学问题时，参考点都是选择在坐标系的原点。这时，矢量$\boldsymbol{r}$就是质点的位置矢量。

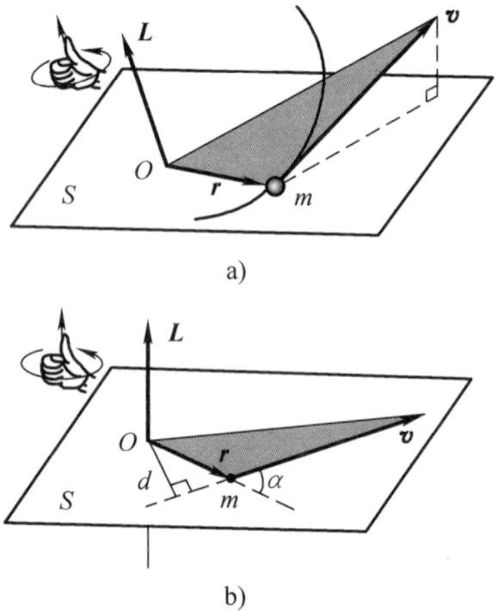

图 5-20

如果质点在平面内运动，则质点对平面内任一点的角动量均与该平面垂直。因此，其方向只有两种可能的取向，要么指向平面这一侧，要么指向平面另一侧。在这种情况下，常把角动量视为代数量，即用正负号表示其指向。当质点在平面内运动时，质点对平面内任一点的角动量，也称为质点对通过该点且垂直于运动平面的轴的角动量。可以证明，质点对某点的角动量在通过该点的任意轴上的投影等于质点对该轴的角动量。

如图5-20b所示，质点在S面内运动，对O点的角动量即为对过O点且垂直于S面的轴的角动量，其大小为

$$L=mvr\sin\alpha=mrvd \tag{5-33}$$

式中，α是$\boldsymbol{r}$与$\boldsymbol{v}$的夹角，$d=r\sin\alpha$是在质点运动的平面内由轴到其速度方向所在直线的垂直距离，显然，d与力矩中的力臂相当。

值得指出，速度方向的变化必定改变动量的方向，但不一定改变角动量的方向。例如，当质点做半径为r的圆周运动时，角动量大小$L=mvr$，其方向垂直于圆平面。只要速率v保持不变，L就是恒定的，但动量$\boldsymbol{p}$却因速度方向的变化而时刻在变化，因此，对于圆周运动，角动量更能够描述其运动的本质特征，简练而精确，而用动量描述就做不到这一点。

在国际单位制中，角动量的量纲为ML^2T^{-1}，单位为$kg\cdot m^2\cdot s^{-1}$或$J\cdot s$。

在多个质点构成的系统中，各个质点都有自己的角动量。若每个质点的角动量的参考点选择是相同的，则它们的角动量可以求矢量和从而得到系统的（总）角动量。

【例5-10】 质量为m的质点沿一直线运动，O点到该直线的垂直距离为d。设在时刻t质点

位于 A 点，速度为$\boldsymbol{v}$，如图5-21 所示。求该时刻质点对 O 点的角动量。

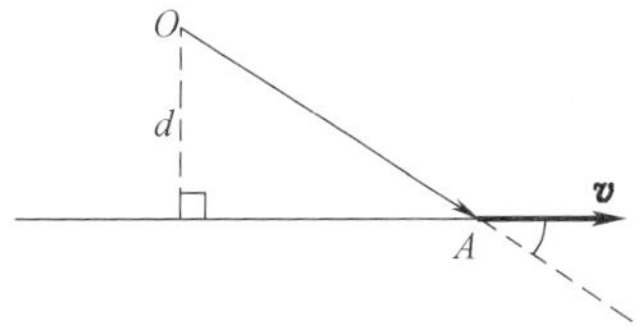

图　5-21

【解】　依题意 $\boldsymbol{r}=\overrightarrow{OA}$，设 $\alpha=(\boldsymbol{r},\boldsymbol{v})$。根据角动量定义，质点对 O 点角动量的大小为

$$L=rmv\sin\alpha=mvd$$

$\boldsymbol{L}$ 的方向垂直纸面向外。

5.4.2　质点的角动量定理与角动量守恒定律

1．质点的角动量定理

物体在受到外力作用时运动状态会发生变化，描述物体运动状态的角动量在外力作用下也会发生变化。角动量的变化遵循什么样的变化规律呢？下面我们来讨论这个问题。首先，我们将角动量和力矩的参考点都选定在坐标系的原点，则此时角动量 $\boldsymbol{L}=\boldsymbol{r}\times\boldsymbol{p}$ 的变化率为

$$\frac{\mathrm{d}\boldsymbol{L}}{\mathrm{d}t}=\frac{\mathrm{d}}{\mathrm{d}t}(\boldsymbol{r}\times\boldsymbol{p})=\frac{\mathrm{d}\boldsymbol{r}}{\mathrm{d}t}\times\boldsymbol{p}+\boldsymbol{r}\times\frac{\mathrm{d}\boldsymbol{p}}{\mathrm{d}t}\tag{5-34}$$

在上式右端结果的第一项中，$\frac{\mathrm{d}\boldsymbol{r}}{\mathrm{d}t}=\boldsymbol{v}$（因为参考点在原点，$\boldsymbol{r}$ 为位置矢量），速度$\boldsymbol{v}$与动量 $\boldsymbol{p}$ 同方向，二者的矢积等于零。第二项中的$\frac{\mathrm{d}\boldsymbol{p}}{\mathrm{d}t}$为动量的变化率，根据动量定理的微分形式 $\boldsymbol{F}=\frac{\mathrm{d}\boldsymbol{p}}{\mathrm{d}t}$，式（5-34）可以表示为

$$\frac{\mathrm{d}\boldsymbol{L}}{\mathrm{d}t}=\boldsymbol{r}\times\boldsymbol{F}\tag{5-35}$$

式中，$\boldsymbol{r}$ 为质点的位置矢量；$\boldsymbol{F}$ 为质点所受的合力。所以 $\boldsymbol{r}\times\boldsymbol{F}$ 就是质点受到的对坐标原点 O 的力矩，考虑到质点所受力的力矩应为所有外力形成的合外力矩，并用 $\boldsymbol{M}_{外}$ 表示，式（5-35）将表示为

$$\boldsymbol{M}_{外}=\frac{\mathrm{d}\boldsymbol{L}}{\mathrm{d}t}\tag{5-36}$$

即：质点受到的合外力矩等于质点角动量对时间的变化率。式（5-36）称为质点的角动量定理（微分形式）。它不但指明了角动量变化的原因在于受到外力矩的作用，而且定量地给出了合外力矩与角动量变化率的关系，是力矩与物体运动状态变化关系的基本方程之一。

为了便于进一步理解质点的角动量定理，我们将式（5-36）改写成如下形式：

$$\boldsymbol{M}_{外}\,\mathrm{d}t=\mathrm{d}\boldsymbol{L}\tag{5-37}$$

现在，等式的左侧为力矩与作用时间 $\mathrm{d}t$ 的乘积，表示力矩在 $\mathrm{d}t$ 时间内的累积，称为冲量矩。等式的右侧则为 $\mathrm{d}t$ 时间内质点角动量的增量。如果考虑的是一段有限长的时间，例如，从 t_1 到 t_2，相应质点的角动量在 t_1时刻为 $\boldsymbol{L}_1$，t_2时刻为 $\boldsymbol{L}_2$，将上式积分得

$$\int_{t_1}^{t_2}\boldsymbol{M}_{外}\,\mathrm{d}t=\int_{L_1}^{L_2}\mathrm{d}\boldsymbol{L}=\boldsymbol{L}_2-\boldsymbol{L}_1\tag{5-38}$$

式中，力矩从 t_1 到 t_2的积分是力矩在这段时间内的冲量矩；$\Delta\boldsymbol{L}=\boldsymbol{L}_2-\boldsymbol{L}_1$则是 t_1 到 t_2时间内质点角动量的增量，式（5-38）说明：在相同的时间内，合外力矩的冲量矩等于质点角动量的增量。这个规律也称为质点的角动量定理（积分形式）。

角动量定理是一个非常重要的自然规律，读者除了要深刻理解其涵义外，还要在计算中注意一些细节。最为主要的是合外力矩的概念和计算方法以及它与角动量的计算的参考点必须要相同。

2. 质点的角动量守恒定律

根据角动量定理，若 $\boldsymbol{M}_{外}=0$，则有

$$\boldsymbol{L}=\boldsymbol{L}_0 \tag{5-39}$$

可见，对某一固定点 O，如果作用于质点（或质点系）的所有力矩的矢量和为零，那么该质点（或质点系）对 O 点的角动量保持不变。这一结论称为角动量守恒定律。

角动量守恒定律是继动量守恒定律之后得到的又一重要守恒定律，如果说动量是与平动相联系的一个守恒量的话，那么角动量则可以认为是与转动相联系的守恒量。与动量守恒定律相类似，角动量守恒定律尽管可以从牛顿运动定律推导出来，但是角动量守恒定律不受牛顿运动定律适用范围的限制。不论是研究物体的低速运动还是高速运动，是宏观领域的物理现象还是微观世界的物理过程，角动量守恒定律已被大量实验事实验证是正确的，无一相悖。

在使用角动量守恒定律的过程中，角动量守恒定律成立的条件是我们注意的重点。角动量守恒定律成立的条件是质点所受的合外力矩为零。合外力矩为零有两种实现的可能，一是质点所受的合外力为零，自然合外力矩为零；二是外力 $\boldsymbol{F}_{外}\neq0$，但力的方向与力的作用点的矢径在同一直线上，$\boldsymbol{r}\times\boldsymbol{F}=0$。在地球绕太阳运动的简化模型中，地球在太阳的万有引力作用下做匀速圆周运动，任一时刻，地球受到的太阳引力恒指向太阳中心，引力对太阳中心不形成力矩，因而地球对太阳中心的角动量为一守恒量。

如果质点在运动过程中受到的力始终指向某个中心，这种力称为有心力，这个中心称为力心。例如，太阳对行星的引力总是通过太阳的中心，这种引力就是有心力。因为有心力对力心的力矩恒为零，所以仅受有心力作用的质点对力心的角动量保持不变。事实上，地球绕太阳运动的轨道是一椭圆，太阳位于椭圆的一个焦点上，但太阳对地球的引力仍然指向太阳中心，引力对太阳中心的力矩为零，因此地球对太阳中心的角动量仍然是一守恒量。这类情况在有心力场诸如万有引力场、点电荷的库仑场中是常见的。

角动量是一个矢量，角动量守恒要求角动量的大小不变，方向也不变。仍以地球绕太阳运行为例，地球对太阳中心的角动量根据 $\boldsymbol{L}=\boldsymbol{r}\times m\boldsymbol{v}$ 可知方向垂直于椭圆轨道平面，由于角动量守恒，这一方向不发生变化，这意味着地球绕太阳运行的轨道平面方位不变，类似的情况在人造地球卫星绕地球运转时也是一样的。

角动量守恒也可以有分量式，例如

$$M_z=0,\ L_z=常量 \tag{5-40}$$

式中，z 指过参考点 O 的 z 轴；M_z 是合外力矩在 z 轴上的分量，也称为对 z 轴的力矩；L_z 是角动量沿 z 轴的分量。上式说明，合外力矩沿某一轴的分量（对某一轴的力矩）为零时，角动量沿该轴的分量就守恒。

角动量守恒定律和动量守恒定律、能量守恒定律一样，是自然界最基本、最普遍的规律之一。它不仅适用于经典力学，也适用于相对论力学，还适用于微观世界。

5.4.3 质点系的角动量定理与角动量守恒定律

上述针对单个质点得到的角动量定理还可以推广到多个质点构成的质点系中去。设有 $n(n=1, 2, \cdots)$ 个质点构成的质点系，质点系的角动量为系统中各质点对同一参考点（坐标原点）的角动量的矢量和

$$\boldsymbol{L}=\sum_i \boldsymbol{L}_i=\sum_i \boldsymbol{r}_i\times m_i\boldsymbol{v}_i \tag{5-41}$$

作用于质点系各质点的力可分为外力和内力。外力形成外力矩，内力形成内力矩，合力矩为

外力矩和内力矩（对同一参考点）的矢量和。

现在考虑质点系中第 i 个质点，i 质点受到的合力矩为 $\boldsymbol{M}_i=\boldsymbol{M}_{i外}+\boldsymbol{M}_{i内}$，角动量为 $\boldsymbol{L}_i$，应用质点的角动量定理式（5-36），有

$$\boldsymbol{M}_i=\boldsymbol{M}_{i外}+\boldsymbol{M}_{i内}=\frac{\mathrm{d}\boldsymbol{L}_i}{\mathrm{d}t} \tag{5-42}$$

质点系有 n 个质点，$i=1$，2，…，n，一共可以列出 n 个这样的方程，现在对这 n 个方程求和

$$\sum_i \boldsymbol{M}_i=\sum_i \boldsymbol{M}_{i外}+\sum_i \boldsymbol{M}_{i内}=\sum_i \frac{\mathrm{d}\boldsymbol{L}_i}{\mathrm{d}t} \tag{5-43}$$

式中，$\sum\limits_i \boldsymbol{M}_{i\ 外}=\boldsymbol{M}_{外}$为作用于整个质点系的合外力矩；$\sum\limits_i \boldsymbol{M}_{i内}$ 为质点系中各质点彼此相互作用的内力矩之和，由于一对作用力和反作用力对同一参考点的力矩之和为零，故对整个系统而言 $\sum\limits_i \boldsymbol{M}_{i内}=0$。等式右侧的求和项

$$\sum_i \frac{\mathrm{d}\boldsymbol{L}_i}{\mathrm{d}t}=\frac{\mathrm{d}}{\mathrm{d}t}\sum \boldsymbol{L}_i=\frac{\mathrm{d}\boldsymbol{L}}{\mathrm{d}t} \tag{5-44}$$

式中，$\boldsymbol{L}$ 是质点系的总角动量；$\dfrac{\mathrm{d}\boldsymbol{L}}{\mathrm{d}t}$是质点系角动量对时间的变化率，现在式（5-42）可以表示为

$$\boldsymbol{M}_{外}=\frac{\mathrm{d}\boldsymbol{L}}{\mathrm{d}t} \tag{5-45}$$

这就是质点系的角动量定理：作用于质点系的合外力矩等于质点系对同一参考点的角动量对时间的变化率。

也可以将式（5-45）改写为

$$\boldsymbol{M}_{外}\,\mathrm{d}t=\mathrm{d}\boldsymbol{L} \tag{5-46}$$

考虑从 t_1时刻到 t_2时刻，质点系角动量从 $\boldsymbol{L}_1$变化到 $\boldsymbol{L}_2$，对式（5-46）积分得

$$\int_{t_1}^{t_2}\boldsymbol{M}_{外}\,\mathrm{d}t=\int_{L_1}^{L_2}\mathrm{d}\boldsymbol{L}=\boldsymbol{L}_2-\boldsymbol{L}_1 \tag{5-47}$$

式中，左侧的积分是合外力矩对时间的累积，即冲量矩；右侧 $\Delta\boldsymbol{L}=\boldsymbol{L}_2-\boldsymbol{L}_1$是相同时间内质点系角动量的增量。这是与式（5-46）相对应的质点系的角动量定理（积分形式）。

式（5-46）和式（5-47）都说明，只有作用于系统的合外力矩才改变系统的角动量，内力矩并不改变系统的角动量。内力矩起的作用只是在系统内各质点间彼此交换角动量。这个规律与质点系的动量定理相似。

如果质点系所受到的合外力矩 $\boldsymbol{M}_{外}=0$，则有

$$\frac{\mathrm{d}\boldsymbol{L}}{\mathrm{d}t}=0\ 或\ \boldsymbol{L}=\sum_i \boldsymbol{L}_i=常矢量 \tag{5-48}$$

它表明，当质点系相对于某一参考点所受的合外力矩为零时，质点系相对于该参考点的总角动量保持不变，这就是质点系的角动量守恒定律。关于质点系角动量定理和角动量守恒定律，需要强调的是：

1）同一问题中应用角动量定理或判断角动量是否守恒时，角动量和力矩必须相对同一参考点计算。

2）如果相对某一参考点，合外力矩 $\boldsymbol{M}_{外}=0$，则系统只相对这一参考点角动量守恒，相对其他参考点角动量不一定守恒。

3）条件 $\sum \boldsymbol{F}_i=0$ 与 $\sum \boldsymbol{r}_i\times\boldsymbol{F}_i=0$，两者彼此独立。也就是说，合外力等于零时合外力矩可能不为零；反过来合外力矩等于零时，合外力亦可以不为零。力偶矩就是一个简单的实例。**不过当合外力为零时合外力矩与参考点无关**（请读者自己证明）。

4）质点系的角动量定理和角动量守恒定律都是矢量关系式，它们沿任意方向的分量都成立。如果体系所受合外力矩为零，则在直角坐标系中的三个分量 L_x、L_y、L_z都守恒。若作用在质点系上的合外力矩沿某个方向的分量为零，则角动量沿该方向的分量守恒。

宇宙中存在着大大小小、各种层次的天体系统，它们都具有旋转的盘状结构，现在人们认识到，旋转盘状结构的成因正是星系在演化过程中遵从角动量守恒的结果。我们可以把天体系统看成是不受外力的孤立质点系，缓慢旋转着的原始气云弥漫在很大的空间范围里，具有一定的初始角动量 $\boldsymbol{L}$，气云在万有引力的作用下向内逐渐收缩，粒子的向心速度从小变大。由于角动量守恒，垂直于 $\boldsymbol{L}$ 的横向速度也会增大，从而也使惯性离心力增大，并抵抗住引力的收缩作用，但在与 $\boldsymbol{L}$ 平行的方向上却不存在这个问题。于是天体系统就演化成一个高速旋转的扁盘形结构。

5.4.4 定轴转动刚体的角动量定理与角动量守恒定律

1. 刚体的角动量

由于刚体可以看成是由大量质点组成的质点系，所以刚体对某一参考点的角动量应等于组成刚体的所有质点对同一参考点的角动量的矢量和。一般来说，刚体的角动量并不平行于转轴。

对于刚体的定轴转动，只涉及刚体的角动量在转轴方向上的分量。设刚体绕 z 轴做定轴转动。过刚体上任一质量为 Δm_i的质点作垂直于 z 轴的平面，交 z 轴于点 O，显然这个平面就是一个转动平面，质点 Δm_i 就在这个平面内绕 z 轴做圆周运动。根据式（5-32），这个质点对 z 轴的角动量可以表示为

$$L_{zi} = r_i \Delta m_i v_i \tag{5-49}$$

式中，r_i 和 v_i 分别是质点 Δm_i 到转轴的距离和线速度。若刚体做定轴转动的角速度为 ω，则 $v_i = r_i\omega$，于是

$$L_{zi} = r_i^2 \Delta m_i \omega \tag{5-50}$$

因为所有转动平面都是等价的，组成刚体的每个质点对转轴的角动量都可以用上式来表示，所以整个刚体对转轴的角动量就是将所有质点对转轴的角动量求和，根据式（5-50）有

$$L_z = \sum L_{zi} = \left(\sum r_i^2 \Delta m_i\right)\omega = J\omega \tag{5-51}$$

上式表明，做定轴转动的刚体对转轴的角动量等于刚体对同一转轴的转动惯量与角速度的乘积。

2. 定轴转动刚体的角动量定理

刚体是特殊的质点系，根据质点系角动量定理（5-45）式，有

$$M = \frac{\mathrm{d}L}{\mathrm{d}t} = \frac{\mathrm{d}}{\mathrm{d}t}(J\omega) \tag{5-52}$$

因此

$$M\mathrm{d}t = \mathrm{d}(J\omega) \tag{5-53}$$

设从时刻 t_0 到 t 这段时间内，刚体的角速度由 ω_0 变为 ω，将上式积分，可得

$$\int_0^t M\mathrm{d}t = J\omega - J\omega_0 \tag{5-54}$$

式中，$\int_{t_0}^t M\mathrm{d}t$ 称为 t_0 到 t 时间内作用于定轴转动刚体的冲量矩。式（5-54）表明，作用于定轴转动刚体的冲量矩等于在同一时间内该刚体角动量的增量。这一结论称为定轴转动刚体的角动量定理。式（5-53）和式（5-54）分别为角动量定理的微分和积分形式。

需要注意的是，合外力矩与角动量必须是对同一轴而言的，但合外力矩的方向与角动量的方向不一定相同，而是与角动量增量的方向相同。

3. 定轴转动刚体的角动量守恒定律

由式（5-54）可见，刚体定轴转动时，如果其所受的合外力矩 M 恒为零，则角动量 L 必为常量，即

$$L = J\omega = 常量 \tag{5-55}$$

这就是定轴转动刚体的角动量守恒定律。由于此定律是对一个过程而言的，在这一过程中的任意时刻，刚体的角动量都是恒定不变的，因此，合外力矩也必须时时为零，这就是角动量守恒的条件。

应当指出，式（5-55）虽然是对固定轴而言的，但可以证明，在物体有整体运动的情况下，若考虑它绕质心轴的转动，这一公式仍然适用。因此，只要作用于物体的对于质心轴的合外力矩为零，那么它对质心轴的角动量也保持不变。

理解和应用角动量守恒定律时，应注意以下几个方面：

1）对于一个绕质心轴转动的刚体，因为其转动惯量 J 不变，所以，当对转轴的合外力矩为零时，刚体的角速度保持不变。

2）对在转动过程中转动惯量可以改变的物体而言，该物体可视为质点系，当合外力矩为零时，仍然有角动量守恒。如果物体上各质点绕定轴转动的角速度相同，式（5-55）仍然成立，即：J 增大时，ω 就减小；J 减小时，ω 就增大，两者乘积保持不变。如舞蹈演员和滑冰运动员做旋转动作时，先将两臂和腿伸开，绕通过足尖的竖直轴以一定的角速度旋转，然后将两臂和腿迅速收拢，由于转动惯量减小，旋转角速度会明显加快。

3）对于既有转动物体又有平动物体的系统来说，若作用于系统的对某一定轴的合外力矩为零，则系统对该轴的角动量保持不变，即

$$\sum_{i=1}^{N} L_i = \sum_{i=1}^{N} J_i\omega_i = 常量 \tag{5-56}$$

刚体定轴转动的角动量定理和角动量守恒定律，实际上是对轴上任一定点的角动量定理和角动量守恒定律在定轴方向的分量形式，它的适用范围是对任意质点系成立。无论是对定轴转动的刚体，或是对几个共轴刚体组成的系统，甚至是有形变的物体以及任意质点系，对定轴的角动量守恒定律式（5-55）都成立。

【例 5-11】 用角动量定理求解例 5-6。

【解】 例 5-6 中已算出圆盘所受合外力矩为

$$M = -\frac{2}{3}\mu mgR$$

可见 M 为常量。设圆盘从角速度 ω_0 旋转到静止需要的时间为 t，由角动量定理有

$$\int_0^t M\mathrm{d}t = Mt = J\omega - J\omega_0$$

因 $\omega=0$，所以有

$$t = \frac{-J\omega_0}{M} = \frac{-\frac{1}{2}mR^2\omega_0}{-\frac{2}{3}\mu mgR} = \frac{3R\omega_0}{4\mu g}$$

【例 5-12】 如图 5-22 所示，一长为 l、质量为 m 的均匀细杆，可绕光滑轴 O 在铅垂面内摆动。当杆静止时，一颗质量为 m_0 的子弹水平射入与轴相距为 a 处的杆内，并留在杆中，使杆能偏转到 $\theta=30°$，求子弹的初速 $\boldsymbol{v}_0$。

【解】 我们把整个过程分为两个阶段进行讨论。

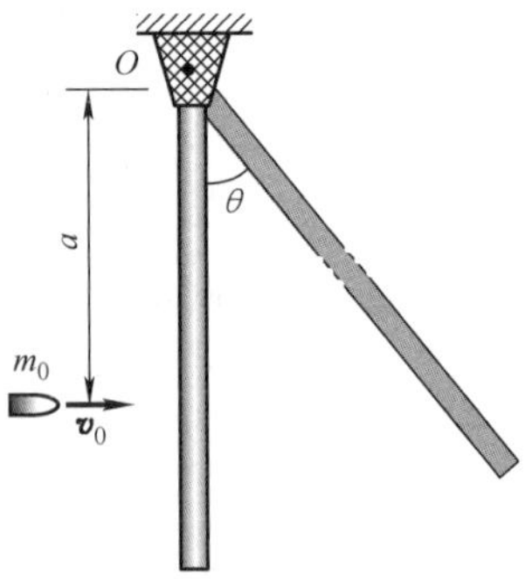

图　5-22

第一阶段：子弹射入细杆，并使杆获得初角速度。这一阶段时间极短，细杆发生的偏转极小，可以认为仍处于竖直位置。考虑子弹和细杆所组成的系统，系统的外力为子弹、细杆所受重力及轴的支持力，但这些力对轴 O 均无力矩，满足条件 $M=0$，故此阶段系统的角动量守恒。以细杆转动的方向为正方向，子弹射入细杆前后，系统的角动量分别为

$$L_0=m_0v_0a,\qquad L=J\omega$$

式中，$J=\frac{1}{3}ml^2+m_0a^2$ 为子弹射入细杆后系统对轴 O 的转动惯量。由 $L_0=L$ 有

$$m_0v_0a=J\omega \tag{①}$$

第二阶段：子弹随杆一起绕轴 O 转动。以子弹、细杆和地球为系统，在第二阶段只有保守内力做功，因此系统的机械能守恒。选取细杆处在竖直位置时子弹的位置为重力势能零点，系统在始末态的机械能分别为

$$E_0=\frac{1}{2}J\omega^2+mg\left(a-\frac{l}{2}\right)$$

$$E=m_0ga(1-\cos\theta)+mg\left(a-\frac{l}{2}\cos\theta\right)$$

式中，$\theta=30°$。由 $E_0=E$，有

$$\frac{1}{2}J\omega^2+mg\left(a-\frac{l}{2}\right)=m_0ga\left(1-\frac{\sqrt{3}}{2}\right)+mg\left(a-\frac{l}{2}\frac{\sqrt{3}}{2}\right)$$

所以

$$J\omega^2=g\left[m_0a(2-\sqrt{3})+ml\left(1-\frac{\sqrt{3}}{2}\right)\right]=g\frac{2-\sqrt{3}}{2}(2m_0a+ml) \tag{②}$$

式①和式②联立，并代入 J 值，可得

$$v_0=\frac{1}{m_0a}\sqrt{\frac{2-\sqrt{3}}{6}(ml+2m_0a)(ml^2+3m_0a^2)g}$$

【例 5-13】 如图 5-23a 所示，一转盘可看成均质圆盘，能绕过中心 O 的竖直轴在水平面自由转动，一人站在盘边缘。初时人、盘均静止，然后人在盘上随意走动，于是盘也转起来。请问：在这个过程中人和盘组成的系统的机械能、动量和对轴的角动量是否守恒？若不守恒，原因是什么？

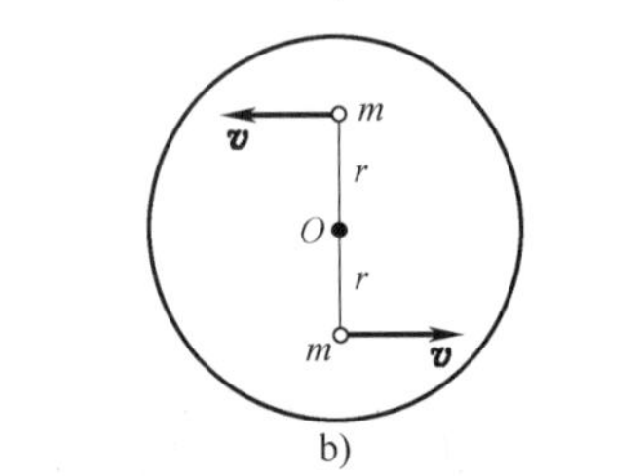

a)　b)

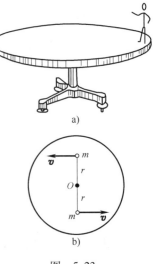

图　5-23

【解】 系统的机械能显然不守恒，静止时和运动时重力势能相同，而运动时系统有了动能，故机械能增加了。增加的原因是人的肌肉的力量作为非保守内力做了正功。

系统的动量也不守恒。一个均质圆盘，无论它转得多快，其动量始终是零。如图 5-23b 所示，以 O 为对称轴在盘上取一对对称的质元，它们的质量相同，到轴的距离相同，故速度相反，动量大小相同、速度相反，所以它们的动量之和为零。由于整个圆盘可看作是由无数的质元成对组成的，每一对质元的动量为零，则整个圆盘的动量也是零。系统静止时动量为零，系统运动时盘的动量依然是零而人的动量不为零，可见动量不

守恒。不守恒的原因是圆盘的轴要给盘一个冲量来制止盘的平动。

系统对轴的角动量守恒，因为人受到的重力和盘受到的重力的方向与轴平行，根据对定轴力矩的定义，它们不提供对轴的力矩。盘受到的轴的支撑力的作用点在盘中心，力臂为零，故力矩也为零。所以系统受到的对轴的合外力矩为零。故角动量守恒。

回顾对质点直线运动和刚体定轴转动的描述以及两种运动所遵循的力学规律，我们发现，它们在形式上非常相似，见表 5-2。这是因为质点直线运动和刚体定轴转动的位置都只需要一个独立的坐标表示，前者用线坐标 x，后者用角坐标 θ。x 和 θ 是一种线量和角量的对应关系，这种对应关系反映到其他的物理量，自然这两种运动的物理规律也具有线量和角量的对应形式。

表 5-2　质点直线运动和刚体定轴转动的比较

质点的直线运动		刚体的定轴转动	
速度　$v=\frac{dx}{dt}$	加速度 $a=\frac{dv}{dt}=\frac{d^2x}{dt^2}$	角速度　$\omega=\frac{d\theta}{dt}$	角加速度 $\beta=\frac{d\omega}{dt}=\frac{d^2\theta}{dt^2}$
动量　$\boldsymbol{p}=m\boldsymbol{v}$	动能 $E_k=\frac{1}{2}mv^2$	角动量　$L=J\omega$	转动动能 $E_k=\frac{1}{2}J\omega^2$
力　F	质量　m	力矩　M	转动惯量　J
功　$A=\int F dx$	冲量　$\int \boldsymbol{F} dt$	功　$A=\int M d\theta$	冲量矩　$\int M dt$
牛顿定律 $F=ma$		转动定律 $M=J\beta$	
动量定理 $\boldsymbol{F}dt=d\boldsymbol{p}$	或 $\int_{t_0}^{t}\boldsymbol{F}dt=\boldsymbol{p}-\boldsymbol{p}_0$	角动量定理 $Mdt=dL$	或 $\int_{t_0}^{t}Mdt=L-L_0$
动能定理 $A=\frac{1}{2}mv^2-\frac{1}{2}mv_0^2$		转动动能定理 $A=\frac{1}{2}J\omega^2-\frac{1}{2}J\omega_0^2$	

物理知识应用案例

1. 直升机尾桨

角动量守恒定律在实践中有着广泛的应用。鱼雷在其尾部装有转向相反的两个螺旋桨就是一例。鱼雷最初是不转动的，在不受外力矩作用时，根据角动量守恒定律，其总的角动量应始终为零。如果只装一部螺旋桨，当其顺时针转动时，雷身将反向滚动，这时鱼雷就不能正常运行了。为此在鱼雷的尾部再装一部相同的螺旋桨，工作时让两部螺旋桨向相反的方向旋转，这样就可使鱼雷的总角动量保持为零，以免鱼雷发生滚动。而水对转向相反的两台螺旋桨的反作用力便是鱼雷前进的推力。又如当安装在直升机上方的旋翼转动时，根据角动量守恒定律，它必然引起机身的反向打转，通常在直升机的尾部侧向安装一个小的辅助螺旋桨，叫作尾桨（见图 5-24），它提供一个外加的水平力，其力矩可抵消旋翼给机身的反作用力矩。

图　5-24

2. 机械陀螺原理

安装在轮船、飞机或火箭上的导航装置称为回转仪，也叫陀螺，也是通过角动量守恒的原理来工作的（见图 5-25）。回转仪的核心器件是一个转动惯量较大的转子，装在“常平架”上。常平架由两个圆环构成，转子和圆环之间用轴承连接，轴承的摩擦力矩极小，常平架的作用是使转子不会受任何力矩的作用。转子一旦转动起来，它的角动量将守恒，即其指向将永远不变，因而能实现导航作用。

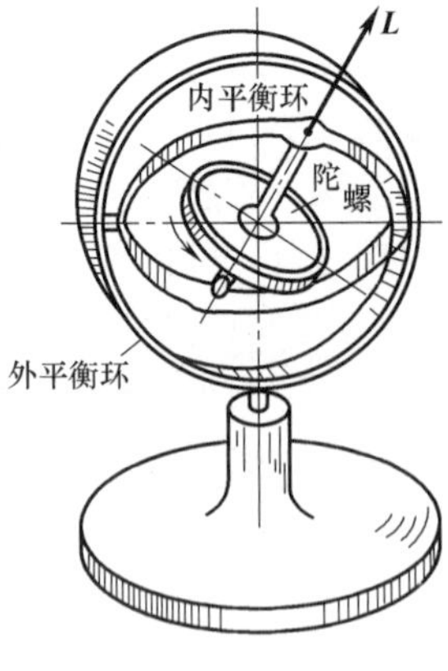

图 5-25

3. 摩擦离合器

摩擦离合器是车、船推进轴系的重要部件之一，它基本上是由主动部分、从动部分、压紧机构和操纵机构四部分组成。主、从动部分和压紧机构是保证离合器处于接合状态并能传动动力的基本结构，而离合器的操纵机构主要是使离合器分离的装置。下面的例题研究了主、从动部分的接合情况。

【例 5-14】 如图 5-26 所示，A 和 B 两圆盘绕各自的中心轴转动，角速度分别为 $\omega_A = 50\text{rad}\cdot\text{s}^{-1}$，$\omega_B = 200\text{rad}\cdot\text{s}^{-1}$。已知 A 圆盘的半径 $R_A = 0.2\text{m}$，质量 $m_A = 2\text{kg}$，B 圆盘的半径 $R_B = 0.1\text{m}$，质量 $m_B = 4\text{kg}$。试求两圆盘对心衔接后的角速度 ω。

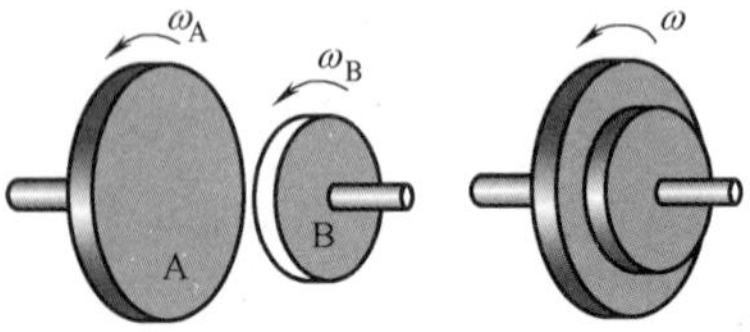

图 5-26

【解】 以两圆盘为系统。在衔接过程中，系统受到的外力有重力、轴对圆盘的支持力和轴向的正压力。圆盘间的切向摩擦力为系统内力。重力和支持力的作用线通过转轴，不产生力矩。轴向正压力的方向平行于转轴，也不产生力矩。因此系统受合外力矩为零，角动量守恒。于是有

$$J_A\omega_A + J_B\omega_B = (J_A + J_B)\omega$$

式中

$$J_A = \frac{1}{2}m_A R_A^2,\ J_B = \frac{1}{2}m_B R_B^2$$

可得

$$\omega = \frac{m_A R_A^2 \omega_A + m_B R_B^2 \omega_B}{m_A R_A^2 + m_B R_B^2}$$

代入 m_A、R_A、ω_A、m_B、R_B、ω_B 的值，得到两圆盘对心衔接后的角速度为

$$\omega = 100\text{rad}\cdot\text{s}^{-1}$$

本章总结

1. 基本概念

（1）描述刚体定轴转动的角量

刚体定轴转动的位置由角坐标 θ 描述，位置变化由角位移 $\Delta\theta$ 来描述。

刚体运动方程 $\theta = \theta(t)$，角速度 $\omega = \frac{d\theta}{dt}$，角加速度 $\beta = \frac{d\omega}{dt} = \frac{d^2\theta}{dt^2}$

（2）转动惯量 $J = \sum_{i=1}^{N} \Delta m_i r_i^2$，$J = \int r^2 dm$

（3）定轴转动动能 $E_k = \frac{1}{2}J\omega^2$

（4）质点角动量 $\boldsymbol{L} = \boldsymbol{r} \times \boldsymbol{p}$

（5）刚体对定轴的角动量：$L = J\omega$

2. 基本规律

（1）力矩的瞬时作用规律——刚体定轴转动定律

$$M = J\beta = \frac{\mathrm{d}L}{\mathrm{d}t}$$

（2）力矩的空间累积作用规律——定轴转动动能定理

$$A = \int_{\theta_0}^{\theta} M\mathrm{d}\theta = \frac{1}{2}J\omega^2 - \frac{1}{2}J\omega_0^2$$

（3）力矩的时间累积作用规律——角动量定理

$$\int_0^t \boldsymbol{M}\mathrm{d}t = \boldsymbol{L} - \boldsymbol{L}_0$$

（4）角动量守恒定律

若 $\boldsymbol{M}_{外} = 0$，则有：$\boldsymbol{L} = \boldsymbol{L}_0$

习　　题

（一）填空题

5-1　可绕水平轴转动的飞轮，直径为 1.0m，一条绳子绕在飞轮的外周边缘上。如果飞轮从静止开始做匀角加速运动且在 4s 内绳被展开 10m，则飞轮的角加速度为________。

5-2　绕定轴转动的飞轮均匀地减速，$t = 0$ 时角速度为 $\omega_0 = 5\mathrm{rad \cdot s^{-1}}$，$t = 20\mathrm{s}$ 时角速度为 $\omega = 0.8\omega_0$，则飞轮的角加速度 $\beta =$________，$t = 0$ 到 $t = 100\mathrm{s}$ 时间内飞轮所转过的角度 $\theta =$________。

5-3　决定刚体转动惯量的因素是：____________________。

5-4　一长为 l、质量可以忽略的直杆，两端分别固定有质量为 $2m$ 和 m 的小球，杆可绕通过其中心 O 且与杆垂直的水平光滑固定轴在铅垂平面内转动。开始杆与水平方向成某一角度 θ，处于静止状态，如习题 5-4 图所示。释放后，杆绕 O 轴转动。则当杆转到水平位置时，该系统所受到的合外力矩的大小$M =$________。

5-5　如习题 5-5 图所示，P、Q、R 和 S 是附于刚性轻质细杆上的质量分别为 $4m$、$3m$、$2m$ 和 m 的四个质点，$PQ = QR = RS = l$，则系统对 OO'轴的转动惯量为________。

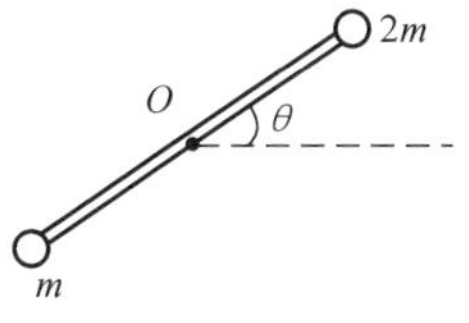

习题 5-4 图

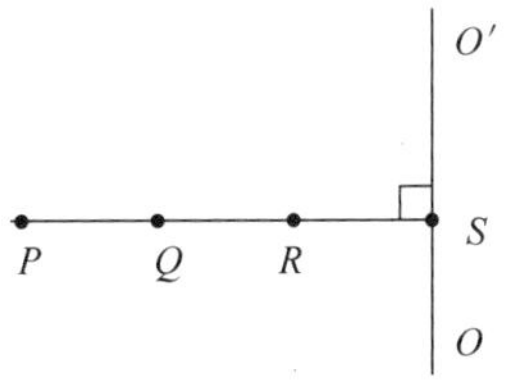

习题 5-5 图

5-6　一做定轴转动的物体，对转轴的转动惯量 $J = 3.0\mathrm{kg \cdot m^2}$，角速度 $\omega_0 = 6.0\mathrm{rad \cdot s^{-1}}$。现对物体加一恒定的制动力矩 $M = -12\mathrm{N \cdot m}$，当物体的角速度减慢到 $\omega = 2.0\mathrm{rad \cdot s^{-1}}$ 时，物体已转过的角度$\theta =$________。

5-7　转动着的飞轮的转动惯量为 J，在 $t = 0$ 时角速度为 ω_0。此后飞轮经历制动过程。阻力矩 M 的大小与角速度 ω 的二次方成正比，比例系数为 k（k 为大于 0 的常量）。当 $\omega = \omega_0/3$ 时，飞轮的角加速度 $\beta' =$________。从开始制动到 $\omega = \omega_0/3$ 所经过的时间 $t =$________。

5-8　长为 l、质量为 m'的均质杆可绕通过杆一端 O 的水平光滑固定轴转动，转动惯量为 $m'l^2/3$，开始时杆竖直下垂，如习题 5-8 图所示。有一质量为 m 的子弹以水平速度$\boldsymbol{v}_0$ 射入杆上 A 点，并嵌在杆中，$OA =$

$2l/3$，则子弹射入后瞬间杆的角速度 $\omega =$ ________。

5-9 如习题 5-9 图所示，质量为 m、长为 l 的棒，可绕通过棒中心且与棒垂直的竖直光滑固定轴 O 在水平面内自由转动（转动惯量 $J = ml^2/12$）。开始时棒静止，现有一子弹，质量也是 m，在水平面内以速度 $\boldsymbol{v}_0$ 垂直射入棒端并嵌在其中，则子弹嵌入后棒的角速度 $\omega =$ ________。

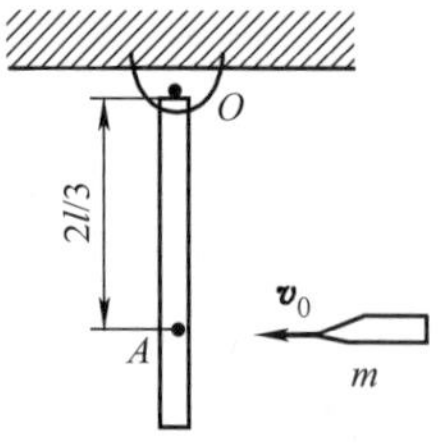

习题 5-8 图

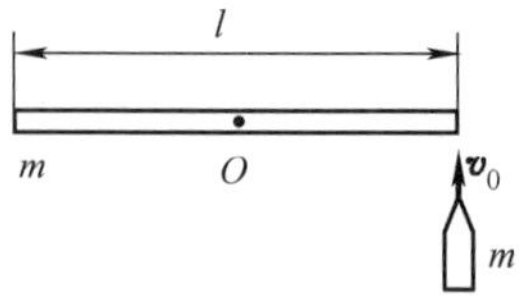

习题 5-9 图

5-10 一水平的均质圆盘，可绕通过盘心的竖直光滑固定轴自由转动。圆盘质量为 m'，半径为 R，对轴的转动惯量 $J = m'R^2/2$。当圆盘以角速度 ω_0 转动时，有一质量为 m 的子弹沿盘的直径方向射入而嵌在盘的边缘上。子弹射入后，圆盘的角速度 $\omega =$ ________。

（二）计算题

5-11 一做匀变速转动的飞轮在 10s 内转了 16 圈，其末角速度为 $15\text{rad}\cdot\text{s}^{-1}$，它的角加速度的大小等于多少？

5-12 一定滑轮半径为 0.1m，相对中心轴的转动惯量为 $1\times10^{-3}\text{kg}\cdot\text{m}^2$。一变力 $F = 0.5t$（SI）沿切线方向作用在滑轮的边缘上。如果滑轮最初处于静止状态，忽略轴承的摩擦，试求它在 1s 末的角速度。

5-13 如习题 5-13 图所示，一长为 l 的均匀直棒可绕过其一端且与棒垂直的水平光滑固定轴转动。抬起另一端使棒向上与水平面成 60°，然后无初转速地将棒释放。已知棒对轴的转动惯量为 $ml^2/3$，其中 m 和 l 分别为棒的质量和长度。求：

（1）放手时棒的角加速度；

（2）棒转到水平位置时的角加速度。

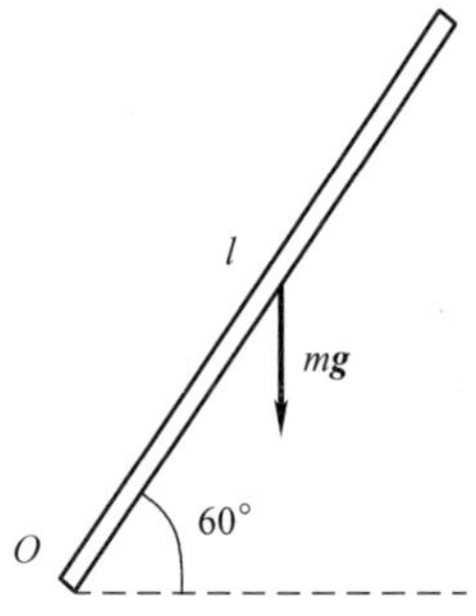

习题 5-13 图

5-14 质量分别为 m 和 $2m$、半径分别为 r 和 $2r$ 的两个均匀圆盘，同轴地粘在一起，可以绕通过盘心且垂直盘面的水平光滑固定轴转动，对转轴的转动惯量为 $9mr^2/2$，大小圆盘边缘都绕有绳子，绳子下端都挂一质量为 m 的重物，如习题 5-14 图所示。求盘的角加速度的大小。

5-15 如习题 5-15 图所示，设两重物的质量分别为 m_1 和 m_2，且 $m_1 > m_2$，定滑轮的半径为 r，对转轴的转动惯量为 J，轻绳与滑轮间无滑动，滑轮轴上摩擦不计。设开始时系统静止，试求 t 时刻滑轮的角速度。

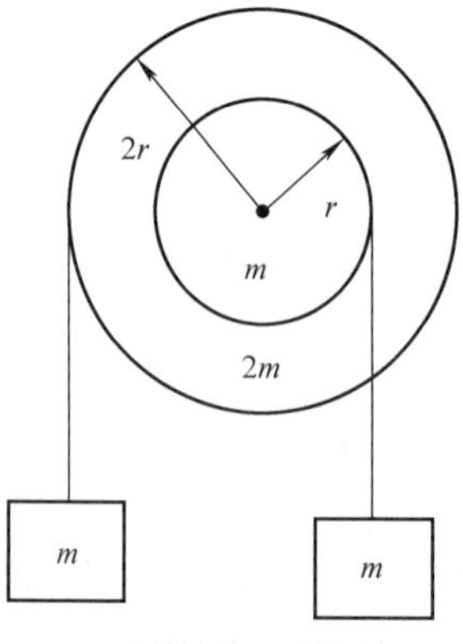

习题 5-14 图

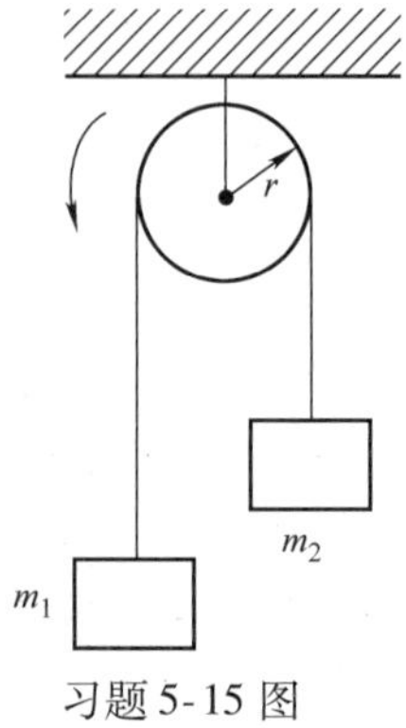

习题 5-15 图

5-16　如习题 5-16 图所示，质量为 m、长为 l 的匀质细杆可绕光滑水平轴在竖直面内转动。若使杆从水平位置由静止释放，求杆转至任意位置（与水平方向成 θ 角）时所受力矩及角加速度、角速度。

5-17　质量为 m' 的圆柱体，可绕其水平轴转动，阻力不计。一轻绳绕在圆柱体上，另一端系一质量为 m 的物体，求物体下落高度为 h 时的速度。

5-18　一根放在水平光滑桌面上的均质棒，可绕通过其一端的竖直固定光滑轴 O 转动。棒的质量为 $m = 1.5\text{kg}$，长度为 $l = 1.0\text{m}$，对轴的转动惯量为 $J = ml^2/3$。初始时棒静止。今有一水平运动的子弹垂直地射入棒的另一端，并留在棒中，如习题 5-18 图所示。子弹的质量为 $m' = 0.020\text{kg}$，速率为 $v = 400\text{m} \cdot \text{s}^{-1}$。试问：

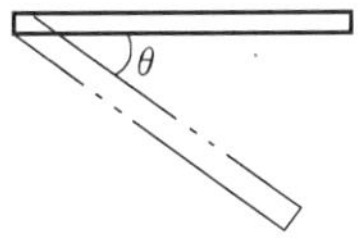

习题 5-16 图

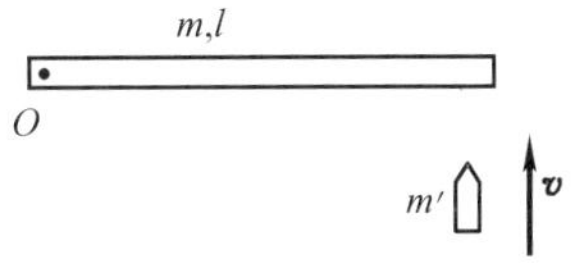

习题 5-18 图

（1）棒开始和子弹一起转动时角速度 ω 有多大？

（2）若棒转动时受到大小为 $M_r = 4.0\text{N} \cdot \text{m}$ 的恒定阻力矩作用，棒能转过多大的角度 θ？

5-19　一均匀木杆，质量为 $m_1 = 1\text{kg}$，长 $l = 0.4\text{m}$，可绕通过它的中点且与杆身垂直的光滑水平固定轴，在竖直平面内转动。设杆静止于竖直位置时，一质量为 $m_2 = 10\text{g}$ 的子弹在距杆中点 $l/4$ 处穿透木杆（穿透所用时间不计），子弹初速度的大小 $v_0 = 200\text{m} \cdot \text{s}^{-1}$，方向与杆和轴均垂直。穿出后子弹速度大小减为 $v = 50\text{m} \cdot \text{s}^{-1}$，但方向未变，求子弹刚穿出的瞬时，杆的角速度的大小。

5-20　如习题 5-20 图所示，一质量为 m、长为 l 的均质细杆可绕其一端并与杆垂直的水平轴转动。开始时杆处在水平位置，然后由静止状态被释放。求转至竖直位置时的转动动能及杆下端的线速度大小。

5-21　有一质量为 m_1、长为 l 的均匀细棒，静止平放在滑动摩擦系数为 μ 的水平桌面上，它可绕通过其端点 O 且与桌面垂直的固定光滑轴转动。另有一水平运动的质量为 m_2 的小滑块，从侧面垂直于棒与棒的另一端 A 相碰撞，设碰撞时间极短。已知小滑块在碰撞前后的速度分别为$\boldsymbol{v}_1$ 和$\boldsymbol{v}_2$，如图 5-21 所示。求碰撞后从细棒开始转动到停止转动的过程所需的时间。

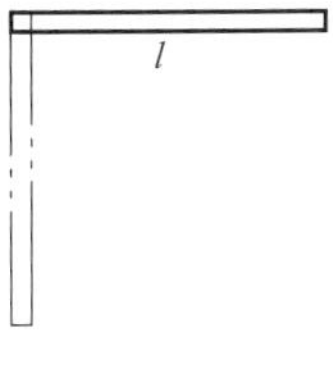

习题 5-20 图

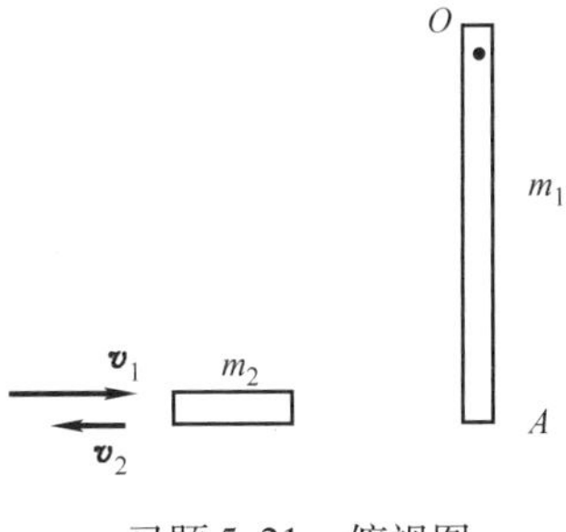

习题 5-21　俯视图

5-22　脉冲星是一个高速旋转的中子星，它像灯塔发射光束那样发射无线电波束。该星每转一次我们接收到一个无线电脉冲。转动的周期 T 可以通过测量脉冲之间的时间得知。蟹状星云中的脉冲星的转动周期 $T = 0.033\text{s}$，并以 $1.26 \times 10^{-5}\text{s/a}$（年）的时率增大。（1）脉冲星的角加速度是多少？（2）如果它的角加速度是恒定的，从现在经过多长时间脉冲星要停止转动？（3）此脉冲星是在 1054 年看到的一次超新星爆发中产生的。该脉冲星的初始周期 T 是多少？（假定脉冲星从产生时起是以恒定角加速度加速的。）

5-23　通信卫星是一个质量为 1210kg、直径为 1.21m 和长为 1.75m 的实心圆柱体。从航天飞机货舱发射前，它就被驱动绕其轴以 $1.52\text{r} \cdot \text{s}^{-1}$的速度旋转，如习题 5-23 图所示。计算这颗卫星绕其转动轴的转动惯量和转动动能。

5-24 利用储存在一个转动的飞轮中的能量工作的载货汽车曾在欧洲使用过。载货时用电动机使飞轮达到其最高速率 $200\pi\ rad\cdot s^{-1}$。假设这样的飞轮是一个质量为500kg、半径为1.0m的实心均匀圆柱体。(1)在充足能量后，飞轮的动能是多少？(2)如果载货汽车工作时的平均功率需求是8.0kW，则在两次充能之间它可以工作多少分钟？

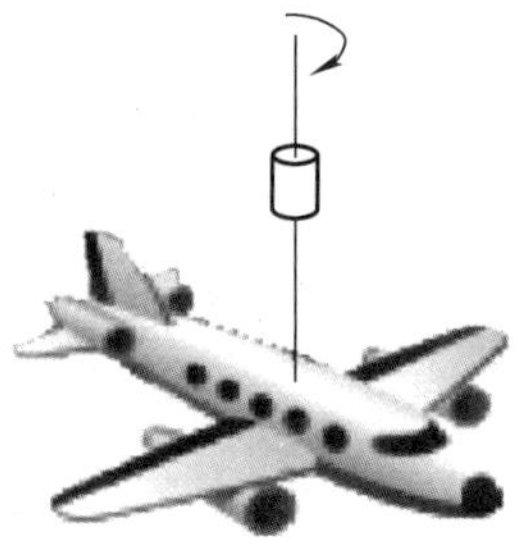

习题5-23图

5-25 在从跳板起跳期间，一个跳水者对她自己的质心的角速度在220ms内从零增大到 $6.20rad\cdot s^{-1}$，她对她的质心的转动惯量是 $12kg\cdot m^2$。在起跳期间，她的平均角加速度和板对她的平均外力矩的大小是多少？

5-26 汽车的曲轴以100hp(相当于74.6kW，hp为非法定计量单位)的功率从发动机向主轴传送能量，其时主轴以速率 $1800r\cdot min^{-1}$ 转动。曲轴产生的力矩(单位用N·m)是多少？

5-27 一个坍缩着的自旋的恒星其转动惯量降到了初值的1/3。它的新的转动动能与初始的转动动能之比是多少？

5-28 一个质量为 m' 的女孩站在静止的半径为 R、转动惯量为 J 的无摩擦旋转木马的边沿上。她沿与旋转木马外沿相切的方向水平地扔出一块质量为 m 的石头。石头相对地面的速率是 v，此后，旋转木马的角速率和女孩的线速率分别是多少？

5-29 如果地球的极地冰帽都融化了，而且水都回归海洋，海洋深度将增加约30cm，这对地球的转动会有什么影响？估算一下所引起的每天长度的改变。(对此的关心已经表现在工业污染所引发的大气变暖能使冰帽融化)。

5-30 转速表的简化模型如习题5-30图所示。长为 $2l$ 的杆 DE 的两端各有质量为 m 的球 D 与 E，杆 DE 与转轴 AB 铰接。当转轴 AB 的角速度改变时，杆 DE 的转角也发生变化。当 $\omega=0$ 时，$\varphi=\varphi_0$，此时扭簧中不受力。已知扭簧产生的力矩 M 与转角 φ 的关系为 $M=k(\varphi-\varphi_0)$。式中 k 为扭簧刚度。试求角速度 ω 与角 φ 之间的关系。

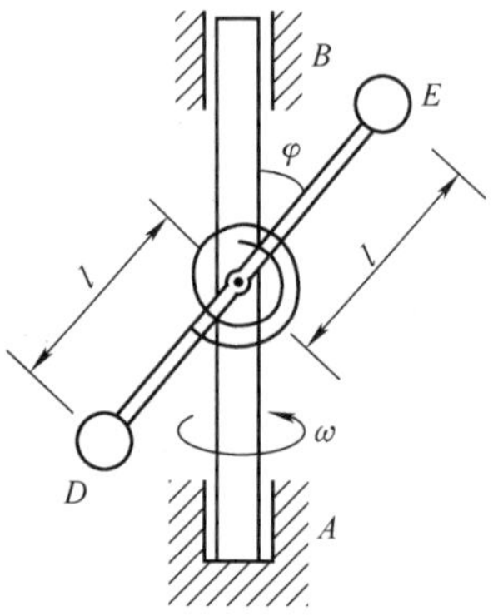

习题5-30图

5-31 有两位滑冰运动员，质量均为50kg，沿着距离为3.0m的两条平行路径相互滑近。他们具有 $10m\cdot s^{-1}$ 的等值反向的速度。第一个运动员手握住一根3.0m长的刚性轻杆的一端，当第二个运动员与他相距3m时，就抓住杆的另一端。(假设冰面无摩擦)

(1)试定量地描述两人被杆连在一起以后的运动；

(2)两个通过拉杆而将距离减小为1.0m，问这以后他们怎样运动？

第6章　热学基础

牛顿的经典力学研究的对象是有限数量的质点、刚体等在力的作用下的力学规律，对于由大量粒子（$\approx 10^{23}$个）组成的系统，如果对其中每一个粒子都列出牛顿定律方程，然后联立求解，显然是不现实的。那么由大量粒子组成的系统有什么样的规律？如何研究？这就是本章要回答的热学问题。

按研究角度和研究方法的不同，热学可分成热力学和气体动理论两个组成部分。热力学不涉及物质的微观结构，只是根据由观察和实验所总结得到的热力学规律，用严密的逻辑推理方法，着重分析研究系统在物态变化过程中有关热功转换等的关系和实现条件。而气体动理论则是从物质的微观结构出发，依据每个粒子所遵循的力学规律，用统计的方法来推求宏观量与微观量统计平均值之间的关系，解释并揭示系统宏观热现象及其有关规律的微观本质。可见热力学与气体动理论的研究对象是一致的，即由大量粒子组成的系统，也称为热力学系统；但是研究的角度和方法却截然不同。在对热运动的研究上，气体动理论和热力学二者起到了相辅相成的作用。热力学的研究成果，可以用来检验微观气体动理论的正确性；气体动理论所揭示的微观机制，又可以使热力学理论获得更深刻的意义。

从微观上看，热现象是组成系统的大量粒子热运动的集体表现，热运动也称为分子运动、分子热运动。它是不同于机械运动的一种更加复杂的物质运动形式。因此，对于大量粒子的无规则热运动，不可能像力学中那样，对每个粒子的运动进行逐个的描述，而只能探索它的群体运动规律。就单个粒子而言，由于受到其他粒子的复杂作用，其具体的运动过程可以变化万千，具有极大的偶然性；但在总体上，运动却在一定条件下遵循确定的规律，如分子的速率分布、平均碰撞频率等，正是这种特点，使得统计方法在研究热运动时得到广泛应用，从而形成了统计物理学。统计物理学是从物质的微观结构出发，依据每个粒子所遵循的力学规律，用统计的方法来推求热力学系统宏观量与微观量统计平均值之间的关系，解释与揭示系统宏观热现象及其有关规律的微观本质。

通常我们把描述单个粒子运动状态的物理量称为微观量，如粒子的质量、位置、动量、能量等，相应的用系统中各粒子的微观量描述的系统状态，称为微观态；描述系统整体特性的可观测物理量称为宏观量，如温度、压强、热容等，相应的用一组宏观量描述的系统状态，称为宏观态。

6.1　气体动理论

6.1.1　中学物理知识回顾

1. 平衡态

热学的研究对象是热力学系统，简称系统。在大学物理中我们所研究的系统通常是一个气体系统，固体和液体系统的热力学问题不在这里研究。一个热力学系统所处的外部环境，通常称为外界。

处在没有外界影响条件下的热力学系统，经过一定时间后，将达到一个确定的状态，其宏观性质不再随时间变化，而不论系统原先所处的状态如何。这种在不受外界影响的条件下，宏观性质不随时间变化的状态称为平衡态。

上面所说的没有外界影响，是指外界对系统既不做功也不传热的情况。事实上，并不存在完全不受外界影响，从而使得宏观性质绝对保持不变的系统，所以平衡态只是一种理想模型，它是在一定条件下对实际情况的抽象和近似。以后，只要实际状态与上述要求偏离不是太大，就可以将其作为平衡态来处理，这样既可简化处理的过程，又有实际的指导意义。

另外，由于永不停息的热运动，各粒子的微观量和系统的微观态都会不断地发生变化。但只要粒子热运动的平均效果不随时间改变，系统的宏观状态性质就不会随时间变化。因此，确切地说平衡态应该是一种热动平衡的状态。

当系统处于平衡态时，系统的宏观性质将不再随时间变化，因此可以使用相应的物理量来具体描述系统的状态。这些物理量通称为状态参量，或简称态参量。我们将介绍体积 V、压强 p 和温度 T 这三个状态参量。在实际问题中，用哪些参量才能将系统的状态描述完全，是由系统本身的性质和所研究的问题决定的。

2. 气体的状态参量

（1）体积　气体的体积，通常是指组成系统的分子的活动范围。由于分子的热运动，容器中的气体总是分散在容器中的各个空间部分，因此气体的体积，也就是盛气体容器的容积。在国际单位制中，体积的单位是立方米，用符号 m^3 表示，常用单位还有升，用符号 L 表示，$1L=10^{-3}m^3$。

（2）压强　气体的压强，表现为气体对容器壁单位面积上产生的压力，是大量气体分子频繁碰撞容器壁产生的平均冲力的宏观表现，它显然与分子无规则热运动的频繁程度和剧烈程度有关。在国际单位制中，压强的单位是帕斯卡，用符号 Pa 表示，常用的压强单位还有：厘米汞高、标准大气压等，它们与帕斯卡的关系是

$$1\text{cmHg}(\text{厘米汞高})=1.333\times10^{3}\text{Pa}$$

$$1\text{atm}(\text{标准大气压})=76\text{cmHg}=1.013\times10^{5}\text{Pa}$$

（3）温度　体积 V 和压强 p 都不是热学所特有的，体积属于几何参量，压强属于力学参量，而且它们都不能直接表征系统的“冷热”程度。因此，在热学系统中还必须引进一个新的物理量——温度，来描述状态的热学性质。

气体的温度宏观上表现为气体的冷热程度，而从微观上看，它表示的是分子热运动的剧烈程度。

在生活中，人们往往认为热的物体温度高，冷的物体温度低，这种凭主观感觉对温度的定性了解，在逻辑要求严格的科学理论和实践中，显然是远远不够的，必须对温度建立起严格的科学的定义。假设有两个热力学系统 A 和 B，原先处在各自的平衡态，现在使系统 A 和 B 互相接触，使它们之间能发生热传递，这种有热传递的接触称为热接触。一般说来，热接触后系统 A 和 B 的状态都将发生变化，但经过充分长的一段时间后，系统 A 和 B 将达到一个共同的平衡态，由于这种共同的平衡态是在有传热的条件下实现的，因此称为热平衡。如果有 A、B、C 三个热力学系统，当系统 A 和系统 B 都分别与系统 C 处于热平衡时，那么系统 A 和系统 B 此时也必然处于热平衡。这个实验结果通常称为**热力学第零定律**。这个定律为温度概念的建立提供了可靠的实验基础。根据这个定律，我们有理由相信，处于同一热平衡状态的所有热力学系统都具有某种共同的宏观性质，描述这个宏观性质的物理量就是温度。也就是说，一切互为热平衡的系统都具有相同的温度，这为我们用温度计测量物体或系统的温度提供了依据。

温度的数值表示法称为温标，常用的有热力学温标 T、摄氏温标 t 等。国际单位制中采用热力学温标，温度的单位是开尔文，用符号 K 表示。摄氏温标与热力学温标的数值关系是

$$t = T - 273.15$$

在大学物理中我们规定使用热力学温标。

3. 气体的微观模型

我们从气体动理论的观点来分析一个包含大量分子的气体系统中分子所具有的特点。

（1）分子具有一定的质量和体积　如果系统包含的物质的量是 1mol，那么系统中的分子数等于阿伏伽德罗常量 $N_A = 6.0221367 \times 10^{23} \mathrm{mol}^{-1}$。如果所讨论的是氢气系统，1mol 氢气的总质量是 2.0×10^{-3}kg，每个氢气分子的质量为 3.3×10^{-27}kg。

可以用类似的方法估计分子的体积。1mol 水的体积约为 $18 \times 10^{-6} \mathrm{m}^3$，每个水分子占据的体积约为 $3.0 \times 10^{-29} \mathrm{m}^3$，一般认为液体中分子是一个挨着一个排列起来的，水分子的体积与水分子所占据的体积的数量级相同。在气态下分子数的密度比在液态下小得多，在标准状况（或称标准状态，即温度为 273.15K，压强为 101325Pa）下，饱和水蒸气的密度约为水的密度的 1/1000，即分子之间的距离约为分子自身线度的 10 倍。这正是气体具有可压缩性的原因。

（2）分子处于永不停息的热运动之中　布朗运动是分子热运动的间接证明。在显微镜下观察悬浮在液体中的固体微粒，会发现这些小颗粒在不停地做无规则运动，这种现象称为布朗运动。图 6-1 画出了五个藤黄粉粒每隔 20s 记录下来的位置变化。做布朗运动的小颗粒称为布朗微粒。布朗微粒受到来自各个方向的做无规则热运动的液体分子的撞击，由于颗粒很小，在每一瞬间这种撞击不一定都是平衡的，布朗微粒就朝着撞击较弱的方向运动。可见，布朗运动是液体分子做无规则热运动的间接反映。

实验显示，无论液体还是气体，组成它们的分子都处于永不停息的热运动之中。组成固体的微粒由于受到彼此间的较大的束缚作用，一般只能在自己的平衡位置附近做热振动。

（3）分子之间以及分子与器壁之间进行着频繁碰撞　布朗微粒的运动实际上是液体和气体分子热运动的缩影，我们可以由布朗微粒的运动推知气体分子热运动的情景：在热运动过程中，气体系统中分子之间以及分子与容器器壁之间进行着频繁的碰撞，每个分子的运动速率和运动方向都在不断地、突然地发生变化；对于任一特定的分子而言，它总是沿着曲折的路径在运动，在路径的每一个折点上，它与一个或多个分子发生了碰撞，或与器壁上固体的分子发生了碰撞。

设想一个具有特定动量的分子进入气体系统中，由于碰撞，经过一段时间后这个分子的动量将分配给系统中每一个分子，并将分配到空间各个方向上去。由此可见，碰撞引起系统中动量的均匀化。同样，由于碰撞还将引起系统中分子能量的均匀化、分子密度的均匀化、分子种类的均匀化等。与此相对应，系统表现出一系列宏观性质的均匀化。

（4）分子之间存在分子力作用　由于分子力的复杂性，通常采用某种简化模型来处理。一种常用的模型是假设分子具有球对称性，分子力的大小随分子间距的增大而急剧减小。一般认为分子力具有一定的有效作用距离，当分子间距大于这个距离时，分子力可以忽略，这个有效作用距离称为分子力作用半径。分子力与分子间距的关系用图 6-2 表示，图中 r_0 为分子中心的平衡距离，即当两个分子中心相距 r_0 时，每个分子所受到的斥力和引力正好相平衡。当两个分子中心的距离 $r > r_0$ 时，分子间表现为引力作用，并且随着 r 的增大引力逐渐趋于零；当两个分子中心的距离 $r < r_0$ 时，分子间表现为斥力作用。分子自身具有一定的体积，不能无限制地压缩，正反映了这种斥力作用的存在。

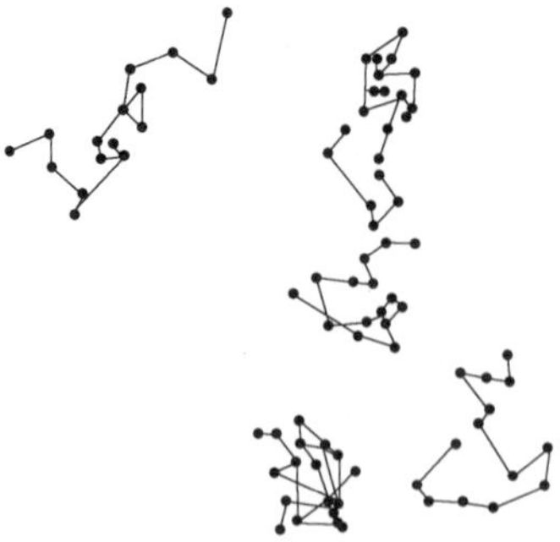

图　6-1

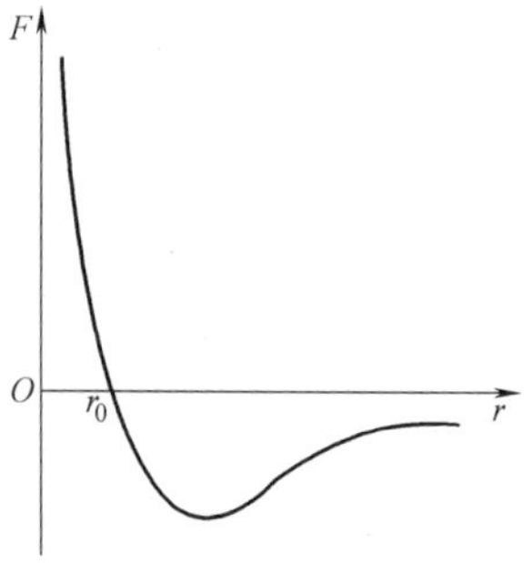

图　6-2

4. 理想气体状态方程

理想气体是一个抽象的物理模型。实际气体在密度不太高、温度不太低、压强不太大的时候，相当好地遵从气体的三个实验定律即玻意耳定律、盖－吕萨克定律和查理定律。理想气体定义为在任何情况下都严格地遵从这三个定律的气体。

理想气体状态方程是理想气体在平衡态时状态参量所满足的方程，可以由上述三个实验定律推出，表示为

$$pV=\frac{m}{M}RT=\nu RT \tag{6-1}$$

式中，R 为摩尔气体常数，在国际单位制中，$R=8.31\mathrm{J\cdot mol^{-1}\cdot K^{-1}}$；$\nu$ 为气体的物质的量（摩尔数），可表示为

$$\nu=\frac{m}{M}=\frac{N}{N_A} \tag{6-2}$$

式中，m 为气体质量；M 为气体分子的摩尔质量；N 为气体的分子数；N_A 是阿伏加德罗常量，在国际单位制中 $N_A=6.02\times10^{23}\mathrm{mol^{-1}}$。式（6-1）还可以进一步写成

$$p=\frac{N}{V}\cdot\frac{R}{N_A}\cdot T$$

或

$$p=nkT \tag{6-3}$$

式中，$n=\frac{N}{V}$称为气体的分子数密度，即单位体积内的分子数；$k=\frac{R}{N_A}$称为玻尔兹曼常量，在国际单位制中，$k=1.38\times10^{-23}\mathrm{J\cdot K^{-1}}$。

理想气体状态方程表明了在平衡态下理想气体的各个状态参量之间的关系。当系统从一个平衡态变化到另外一个平衡态时，各状态参量发生变化，但它们之间仍然要满足物态方程。

式（8-3）是理想气体状态方程的微观形式，在大学物理中使用较多。下面我们分析这条实验定律的物理本质。

6.1.2　理想气体的压强和温度公式

1. 理想气体的微观模型

在宏观上我们知道，理想气体是一种在任何情况下都遵守玻意耳定律、盖－吕萨克定律和查理定律的气体。但从微观上看什么样的分子组成的气体才具有这种宏观特性呢？气体分子的运动是肉眼看不见的，所以理想气体的微观模型是通过对宏观实验结果进行分析和综合而提出

的一个假说。通过这个假说得到的结论与宏观实验结果进行比较来判断模型的正确性。通过前人多年的努力，我们现在知道理想气体的微观模型具有以下特征：

1）分子与容器壁和分子与分子之间只有在碰撞的瞬间才有相互作用力，其他时候的相互作用力可以忽略不计。

2）分子本身的体积在气体中可以忽略不计，即对分子可采用质点模型。

3）分子与容器壁以及分子与分子之间的碰撞属于牛顿力学中的完全弹性碰撞，没有能量耗散。

实验表明，实际气体中分子本身占的体积约只占气体体积的千分之一，在气体中分子之间的平均距离远大于分子的几何尺寸，所以将分子看成质点是完全合理的。从另一个方面看，对已达到平衡态的气体如果没有外界影响，其温度、压强等态参量都不会因分子与容器壁以及分子与分子之间的碰撞而发生改变，气体分子的速度分布也保持不变，因而分子与容器壁以及分子与分子之间的碰撞是完全弹性碰撞也是理所当然的。

综上所述，经过抽象与简化，理想气体可以看成一群彼此间无相互作用的无规则运动的弹性质点的集合，这就是理想气体的微观模型。

2. 平衡态的统计假设

上述理想气体模型主要是针对分子的运动特征而建立起来的一个假设。为了以此模型为基础，求出平衡态时气体的一些宏观状态参量，还必须知道理想气体在处于平衡态时，分子的群体运动特征，这些特征也叫作平衡态的统计特性。在忽略重力场影响时，从平衡态的定义分析可知，气体的分子数密度总是处处相同的，即气体分子在容器中任何空间位置分布的机会均等，具有分布的空间均匀性，如若不然就会发生扩散，状态参量就会发生变化，也就不是平衡态。另一方面，在平衡态下向各个方向运动的气体的分子数是相同的，即气体分子向各个方向运动的概率是一样的，具有运动的各向同性，如若这一特征不能满足，气体就有定向运动，也不是平衡态。因此，我们将上述分析的结果归纳为平衡态的统计假设：理想气体处于平衡态时气体分子出现在容器内任何空间位置的概率相等；气体分子向各个方向运动的概率相等。平衡态的统计假设的正确性将由应用该统计假设获得的理论结果与实验结果进行比对而得到验证。

根据上述假设，还可以进一步得到如下一些结论：

1）分子沿各个方向运动的速度分量的各种平均值应该相等。例如，沿 x、y、z 三个方向速度分量的方均值应该相等。某方向的速度分量的方均值，定义为分子在该方向上的速度分量的二次方的平均值，即把所有分子在该方向上的速度分量二次方后加起来再除以分子总数

$$\overline{v_x^2}=\frac{\sum_{i=1}^{N}v_{ix}^2}{N},\overline{v_y^2}=\frac{\sum_{i=1}^{N}v_{iy}^2}{N},\overline{v_z^2}=\frac{\sum_{i=1}^{N}v_{iz}^2}{N} \tag{6-4}$$

按照统计假设，分子群体在 x、y、z 三个方向上的运动应该是各向同性的，所以应该有$\overline{v_x^2}=\overline{v_y^2}=\overline{v_z^2}$。方均速率，即分子速度的二次方的平均值为

$$\overline{v^2}=\overline{v_x^2+v_y^2+v_z^2}=\overline{v_x^2}+\overline{v_y^2}+\overline{v_z^2} \tag{6-5}$$

由于$\overline{v_x^2}=\overline{v_y^2}=\overline{v_z^2}$，所以有

$$\overline{v_x^2}=\overline{v_y^2}=\overline{v_z^2}=\frac{\overline{v^2}}{3} \tag{6-6}$$

即速度分量的方均值等于方均速率的三分之一。这个结论在下面证明压强公式时要用到。

2）速度和它的各个分量的平均值为零。平衡态理想气体中各个分子朝各个方向运动的概率相等（正向运动的概率等于负向运动的概率）。因此，分子速度的平均值为零，各种方向的速度

矢量相加会相互抵消。类似地，分子速度的各个分量的平均值也为零。

以上结论是统计结论，只有在平均意义上才是正确的，气体分子数越多，统计结果就越准确。

3. 压强的解释与压强公式

(1) 压强的理论解释　压强是宏观量。用气体动理论观点来看：压强是大量分子对器壁不断碰撞的结果。

(2) 压强公式的推导　为了简化讨论，假设有同种理想气体盛于一个长、宽、高分别为 l_1、l_2、l_3 的长方体容器中并处于平衡态，如图 6-3 所示。设气体共有 N 个分子，每个分子的质量均为 m。我们先考察其中一个面上的压强，如图中的 S 面，其面积为 l_2l_3。

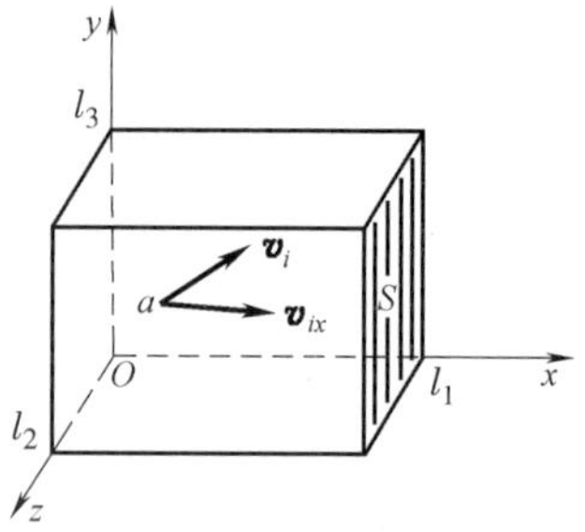

图　6-3

1) 一个分子在一次碰撞中对器壁的冲量：设序号为 i 的分子以速度 (v_{ix}, v_{iy}, v_{iz}) 运动 ($v_{ix}>0$) 并与 S 面碰撞，按理想气体平衡态的统计假设，分子与器壁间的碰撞是完全弹性的，碰撞后速度变为 ($-v_{ix}$, v_{iy}, v_{iz})。所以分子在碰撞过程中受到的冲量为

$$\Delta p_{ix} = -mv_{ix} - mv_{ix} = -2mv_{ix} \tag{6-7}$$

分子对器壁的冲量为　$I_{ix} = -\Delta p_{ix} = 2mv_{ix}$

2) 一个分子对器壁 S 的平均作用力：我们假设此分子不与其他任何分子碰撞，则分子在与 S 面以及 S 面的对面碰撞时，它在 x 方向的速度的大小不变，只是方向发生改变；而且在分子与其余的四个面碰撞时，它在 x 方向的速度也不会变，所以分子在 x 方向的速度的大小在运动中是一个常量，就以 v_{ix} 表示。此分子在容器中在 x 方向来回运动，不断与画阴影线的 S 面发生碰撞，碰撞周期为 $2l_1/v_{ix}$，碰撞频率为 $v_{ix}/(2l_1)$。所以 Δt 时间内第 i 分子碰撞 S 面的次数为 $\dfrac{\Delta t}{(2l_1/v_{ix})} = v_{ix}\Delta t/(2l_1)$，$\Delta t$ 时间内第 i 分子施于器壁的冲量为

$$\Delta I_{ix} = I_{ix} \cdot \frac{v_{ix} \cdot \Delta t}{2l_1} = \frac{mv_{ix}^2}{l_1}\Delta t \tag{6-8}$$

i 分子对器壁 S 的平均作用力为

$$\overline{F}_{ix} = \frac{\Delta I_{ix}}{\Delta t} = \frac{mv_{ix}^2}{l_1} \tag{6-9}$$

3) N 个分子对器壁 S 面的作用力：气体的 N 个分子对器壁 S 的平均作用力为各分子给 S 面的平均作用力的总和

$$\overline{F} = \sum \overline{F}_{ix} = \sum_{i=1}^{N} \frac{mv_{ix}^2}{l_1} = \frac{m}{l_1} \cdot \sum_{i=1}^{N} v_{ix}^2 \tag{6-10}$$

按力学的理解，气体在单位时间内给 S 面的冲量就是气体给 S 面的平均冲力 $\overline{F}$。再按前面所学习过的速度分量的方均值的定义：$\overline{v_x^2} = \dfrac{\sum_{i=1}^{N} v_{ix}^2}{N}$，以及速度分量的方均值与方均速率的关系 $\overline{v_x^2} = \dfrac{\overline{v^2}}{3}$，我们得到气体给 S 面的平均冲力为

$$\overline{F} = \frac{m}{l_1} \cdot \sum_{i=1}^{N} v_{ix}^2 = \frac{m}{l_1} \cdot N\overline{v_x^2} = \frac{mN\overline{v^2}}{3l_1} \tag{6-11}$$

4) 器壁 S 面受到的压强：由于气体大量分子的密集碰撞，分子对器壁的冲力在宏观上表现

为一个持续的恒力，它就等于平均冲力。因而我们可以求得 S 面上的压强

$$p=\frac{\overline{F}}{S}=\frac{\overline{F}}{l_2l_3}=\frac{mN\overline{v^2}}{3l_1l_2l_3}=\frac{mN\overline{v^2}}{3V} \tag{6-12}$$

式中，$V=l_1l_2l_3$ 为容器的体积。由于 $N/V=n$ 是气体的分子数密度，最后我们得到

$$p=\frac{1}{3}nm\overline{v^2} \tag{6-13}$$

在上述结果中，有几点值得读者注意：一是容器的各个器壁上的压强都是相等的；二是压强公式与容器大小无关。因此，我们在推导的过程中使用的假设“分子与其他分子没有碰撞”是合理的，因为我们可以假设体积 V 足够的小。由进一步分析可知，压强公式还与容器的形状无关。实际上，如果我们选择一个球形容器同样可以推导出上述的压强公式。

若以 $\overline{\varepsilon}_t$ 表示分子的平均平动动能，即

$$\overline{\varepsilon}_t=\overline{\frac{1}{2}mv^2}=\frac{1}{2}m\overline{v^2} \tag{6-14}$$

代入式（6-13）可得

$$p=\frac{2}{3}n\overline{\varepsilon}_t \tag{6-15}$$

式（6-13）和式（6-15）均称为理想气体的压强公式。上述式子表明：气体的压强与分子数密度和平均平动动能成正比。这个结论与实验是高度一致的，它说明了我们对压强的理论解释以及理想气体平衡态的统计假设都是合理的。

（3）压强的统计意义　在推导压强公式过程中，用到了统计方法，即对大量偶然事件求平均的方法。所以压强是大量分子对器壁碰撞的统计平均效果，对几个分子谈压强的概念是没有意义的。

6.1.3　温度

1. 理想气体温度公式

在压强的解释与压强公式知识点中我们推导出了理想气体的压强公式 $p=\frac{2}{3}n\overline{\varepsilon}_t$，又根据在理想气体状态方程知识点中得到的状态方程 $p=nkT$，我们可以得到如下公式：

$$\overline{\varepsilon}_t=\frac{3}{2}kT \tag{6-16}$$

这就是平衡态下理想气体的温度公式。

上式说明气体分子的平均平动动能唯一决定于温度，并与热力学温度成正比。由此可知，描写系统宏观状态的参量——温度的高低唯一地由微观量的统计平均值——分子平均平动动能的大小来确定。因此我们说，**温度是分子无规则热运动剧烈程度的量度，并可以将式（6-16）作为温度的定义式**。由温度的定义加上理想气体模型和统计条件，就自然推导出理想气体的物态方程，理论模型和实验结果得到了完美的结合。需要指出的是，温度公式讨论的对象仍然是由大量分子组成的理想气体，对少量分子不成立。对于少数或单个分子讨论其温度是没有意义的。

温度公式（6-16）表明，在相同的温度下，气体分子的平均平动动能相同而与气体的种类无关。也就是说，如果有一团由不同种类的气体混合而成的气体处于热平衡状态，那么不同的气体分子的运动可能很不相同，但它们的平均平动动能却是相同的。

2. 温度的统计意义

1）理想气体的热力学温度是气体分子平均平动动能的量度。

2）气体的平均平动动能与温度成正比。

3）温度是表征大量气体分子热运动剧烈程度的宏观量，是大量气体分子热运动的集体表现。

温度平均地标志了系统内部分子热运动的剧烈程度。

3. 关于热力学温度零开

从理想气体温度公式可以看出，当气体的温度达到热力学温度零开（0K）时分子热运动将会停止，这个结论显然是错误的。关于这个问题，我们想说明以下几点：

1）当气体系统的温度达到0K时，分子平均平动动能等于零，这一结论是理想气体模型的直接结果。前面曾说过，理想气体模型属于经典物理范畴，所得结论的正确性应根据实验判断。实验告诉我们，当温度趋近0K时，组成固体的粒子还维持着某种振动能量。

2）前面曾说过，实际气体只是在温度不太低、压强不太高的情况下，才接近于理想气体的行为。随着温度的降低，实际气体将转变为液体，乃至固体，其性质和行为显然不能再用理想气体模型来描述，所以，由理想气体温度公式得出的上述结论，是没有实际意义的。

3）从理论上说，热力学温度零开只能趋近而不可能达到。所以上述“当气体的温度达到热力学温度零开时分子热运动将会停止”的命题，其前提是不成立的。

由式（6-16）可以计算气体分子在热力学温度 T 时的方均根速率

$$\sqrt{\overline{v^2}}=\sqrt{\frac{3kT}{m}}=\sqrt{\frac{3RT}{M}} \tag{6-17}$$

式中，M 为气体的摩尔质量或平均摩尔质量。由上式可以得到，在同一温度下，两种不同气体分子的方均根速率之比与它们的质量的平方根成反比，即

$$\sqrt{\frac{\overline{v_1^2}}{\overline{v_2^2}}}=\sqrt{\frac{m_2}{m_1}} \tag{6-18}$$

上式表明，在相同温度下，质量较大的气体分子运动的方均根速率较小，扩散较慢；质量较小的分子，运动的方均根速率较大，扩散较快。铀分离工厂就是利用这一原理将 ${}^{235}_{92}U$ 与 ${}^{238}_{92}U$ 分离，并获得纯度达99%的 ${}^{235}_{92}U$ 核燃料的。

【例6-1】 由压强公式和温度的定义推证理想气体的阿伏加德罗定律和道尔顿分压定律。

【解】 （1）阿伏加德罗定律

由 $n=\frac{p}{kT}$，可得

$$N=\frac{pV}{kT}$$

即在同温同压下，相同体积的任何理想气体所含的分子数相等。

（2）道尔顿分压定律

设有 N 种不同的理想气体混合在同一容器中，由于温度相同，所以容器内各种气体分子的平均平动动能相等，即

$$\overline{\varepsilon}_{t1}=\overline{\varepsilon}_{t2}=\cdots=\frac{3}{2}kT=\overline{\varepsilon}_{t}$$

设容器内各种气体的分子数密度分别为 n_1，n_2，…，则单位体积内混合气体的总分子数为

$$n=\sum_{i=1}^{N}n_i$$

由压强公式得到混合气体的压强为

$$p = \frac{2}{3}n\overline{\varepsilon}_t = \frac{2}{3}\sum_{i=1}^{N} n_i \cdot \frac{3}{2}kT = \sum_{i=1}^{N} n_i kT = \sum_{i=1}^{N} p_i$$

混合理想气体的压强等于在同样温度、体积条件下组成混合气体的各成分单独存在时的分压强之和。这就是道尔顿分压定律（与力的叠加原理有些类似）。

6.1.4　能量均分定理 热力学能的公式

1. 能量按自由度均分定理

（1）自由度　热运动的分子不仅有平动，还可能有转动和振动，为了确定能量在各种运动形式间的分配，需要引入“自由度”的概念。

1）自由度的定义：确定一个物体空间位置所需要的独立坐标数，叫作该物体的运动自由度或简称自由度。例如，将飞机看成一个质点时确定它的位置所需要的独立坐标数是三个，自由度为3，分别是飞机的经度、纬度和高度。若将大海中航行的军舰看成质点，确定它的位置所需要的独立坐标数为两个，自由度为2，分别是军舰的经度和纬度。军舰被约束在海面上，自由度比飞机少。由这些事例可以看出，物体自由度是与物体受到的约束和限制有关的，物体受到的限制（或约束）越多，自由度就越小。考虑到物体的形状和大小，它的自由度等于描写物体上每个质点的坐标个数减去所受到的约束方程的个数。

2）气体分子的自由度：根据自由度的定义，单原子气体分子可以看成是一个质点（理想气体）并且运动是完全自由的，则其分子需要 x、y、z 三个独立的空间坐标才能确定其位置，所以它的自由度为3；对于刚性双原子气体分子除用 x、y、z 确定其质心位置（或者其中一个原子的位置）外，还要用两个独立的方位角才能确定其双原子连线的方位（或另一个原子的相对空间位置），因而它的自由度是5。刚性双原子分子的5个自由度常常也可以分解为3个平动自由度和2个转动自由度。刚性双原子分子的5个自由度也可以这样来理解，两个原子需要6个坐标确定位置，但是由于有刚性的要求（两个原子之间的距离不变），从而形成一个约束方程，自由度等于5。对于刚性的多原子气体分子，确定其质心位置需要三个独立的空间坐标 x、y、z，确定其方位还需要三个绕质心轴转动的角坐标，因而它有6个自由度。它的6个自由度也常常分解为3个平动自由度和3个转动自由度。上述分子的自由度如图6-4所示。

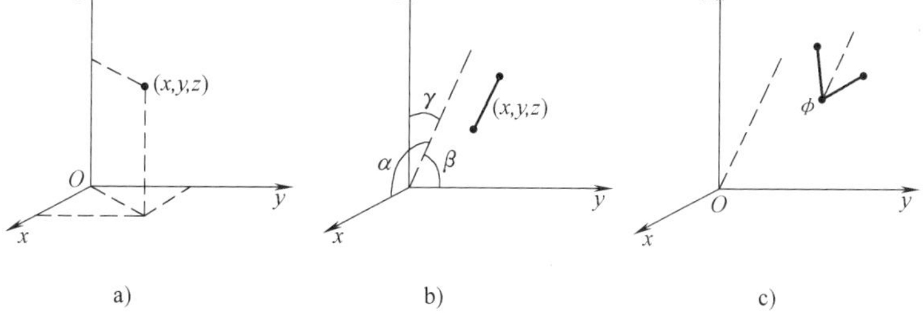

图　6-4

a）单原子分子　b）双原子分子　c）多原子分子

分子的自由度通常用 i 表示，平动自由度用 t 表示，转动自由度用 r 表示。在大学物理中只需要大家掌握上述单原子、刚性双原子和刚性多原子三种情况，对于分子内有振动（原子间距离变化）的情况暂不予考虑。由此我们将上述情况总结如下。

单原子分子：$i=3$。

刚性双原子分子：$i=5$，其中 $t=3$，$r=2$。

刚性多原子分子：$i=6$，其中 $t=3$，$r=3$。

(2) 能量按自由度均分定理 一个分子的平动动能可以表示为

$$\varepsilon_{it}=\frac{1}{2}mv_i^2=\frac{1}{2}m(v_{ix}^2+v_{iy}^2+v_{iz}^2)=\frac{1}{2}mv_{ix}^2+\frac{1}{2}mv_{iy}^2+\frac{1}{2}mv_{iz}^2 \tag{6-19}$$

上式可以理解为：分子的平动动能是分配在三个平动自由度上的。显然对于气体中的一个分子而言，这种分配完全没有规律，速度的各个分量大小各不相同。

对于大量分子而言，分子的平均平动动能表示为

$$\bar{\varepsilon}_t=\overline{\frac{1}{2}mv^2}=\overline{\frac{1}{2}m(v_x^2+v_y^2+v_z^2)}=\overline{\frac{1}{2}mv_x^2}+\overline{\frac{1}{2}mv_y^2}+\overline{\frac{1}{2}mv_z^2} \tag{6-20}$$

上式也可以理解为：气体分子的平均平动动能也是分配在三个平动自由度上的。但是，根据理想气体平衡态的统计假设，我们有：$\overline{\frac{1}{2}mv_{ix}^2}=\overline{\frac{1}{2}mv_{iy}^2}=\overline{\frac{1}{2}mv_{iz}^2}$。因而气体分子的平均平动动能在三个平动自由度上是平均分配的，即每个自由度将分得平均平动动能的$\frac{1}{3}$。又由温度公式 $\bar{\varepsilon}_t=\frac{3}{2}kT$，可得每个自由度分得的平均平动动能为

$$\overline{\frac{1}{2}mv_{ix}^2}=\overline{\frac{1}{2}mv_{iy}^2}=\overline{\frac{1}{2}mv_{iz}^2}=\frac{1}{2}kT \tag{6-21}$$

上式表明：对于平衡态下的分子运动，每一个平动自由度都均分$\frac{1}{2}kT$ 的平均动能，没有哪个自由度的运动更占优势。

如果气体是由刚性的多（双）原子分子构成的，则分子的热运动除了分子的平动外，还有分子的转动。转动也有相应的能量——转动动能。由于分子间频繁碰撞，分子间的平动能量和转动能量是不断相互转化的。当理想气体达到平衡态时，其中的平动能量与转动能量之间有什么关系呢？是平动与转动平分能量吗？实验表明：理想气体达到平衡态时，其中分子的平动能量与转动能量是按自由度分配的，从而就得到如下的能量按自由度均分定理：

理想气体在温度为 T 的平衡态下，分子运动的每一个平动自由度和转动自由度都平均分得$\frac{1}{2}kT$ 的能量，而每一个振动自由度平均分得 kT 的能量（因为振动包括动能和势能）。这个结果可以由经典统计物理学理论得到严格的证明，称为能量按自由度均分定理，简称能量均分定理。

如果某种气体分子有 t 个平动自由度，r 个转动自由度，s 个振动自由度，则分子的平均平动动能、平均转动动能和平均振动动能就分别为$\frac{t}{2}kT$，$\frac{r}{2}kT$，skT，而分子的平均总动能为

$$\bar{\varepsilon}_k=\frac{1}{2}(t+r+2s)kT=\frac{i}{2}kT \tag{6-22}$$

能量均分定理是关于分子热运动动能的统计规律，是对大量分子统计平均所得的结果。

在大学物理中，我们所研究的气体一般不需要考虑分子内部的振动自由度，即将分子视为刚性的。所以气体分子的平均动能为

$$\bar{\varepsilon}_k=\frac{t+r}{2}kT \tag{6-23}$$

其中，t 为平动自由度数目；r 为转动自由度数目。

平均平动动能为

$$\overline{\varepsilon}_{\mathrm{t}}=\frac{t}{2}kT=\frac{3}{2}kT \tag{6-24}$$

平均转动动能为

$$\overline{\varepsilon}_{\mathrm{r}}=\frac{r}{2}kT \tag{6-25}$$

平均动能等于平均平动动能与平均转动动能之和。

能量均分定理适用于达到平衡态的气体、液体、固体和其他由大量运动粒子组成的系统。对大量粒子组成的系统来说，动能会按自由度均分是依靠分子间频繁的无规则碰撞来实现的。在碰撞过程中，一个分子的动能可以传递给另一个分子，一种形式的动能可以转化为另一种形式的动能，而且动能还可以从一个自由度转移到另一个自由度。但只要气体达到了平衡态，那么任意一个自由度上的平均动能就应该相等。

2. 理想气体的热力学能

（1）热力学能的定义　热力学系统的热力学能（亦称内能）定义为：系统内热运动能量的总和。对于实际气体来说，它的热力学能应该包括所有分子的平动动能、转动动能、振动动能及振动势能；由于分子间存在着相互作用的保守力，所以还应该包括分子之间的势能。所有分子的各种形式的动能和势能的总和称为气体的热力学能。

（2）理想气体平衡态的热力学能　根据理想气体的微观模型，理想气体的分子间无相互作用，因此，分子之间没有势能。又由于不考虑分子内部原子间的振动，所以理想气体平衡态的热力学能只是所有分子平动动能和转动动能之和，即

$$E=\sum_{i=1}^{N}\varepsilon_{\mathrm{k}i}=N\overline{\varepsilon}_{\mathrm{k}}=\frac{m}{M}N_{\mathrm{A}}\cdot\frac{i}{2}kT \tag{6-26}$$

式中，N 为系统的总分子数；$\overline{\varepsilon}_{\mathrm{k}}$ 为分子的平均动能；$i=t+r$ 为分子的平动和转动自由度数之和。由于 $\nu=\dfrac{m}{M}$，上式可进一步写为

$$E=\nu N_{\mathrm{A}}\cdot\frac{i}{2}kT \tag{6-27}$$

又由 $N_{\mathrm{A}}k=R$，我们得到理想气体的热力学能公式

$$E=\nu\cdot\frac{i}{2}RT \tag{6-28}$$

这说明，对于给定的系统来说（m、M、i 都是确定的），理想气体平衡态的热力学能由温度唯一确定，也就是说理想气体平衡态的热力学能是温度的单值函数，由系统的状态参量就可以确定它的热力学能。系统热力学能是一个态函数，只要状态确定了，那么相应的热力学能也就确定了。按照理想气体状态方程 $pV=\nu RT$，热力学能公式还可以记为

$$E=\frac{i}{2}pV \tag{6-29}$$

如果状态发生变化，则系统的热力学能也将发生变化。对于理想气体系统来说，热力学能的变化

$$\Delta E=\nu\cdot\frac{i}{2}R\Delta T \tag{6-30}$$

或记作

$$\Delta E=\frac{i}{2}\Delta(pV) \tag{6-31}$$

它与状态变化所经历的具体过程无关，可见它不是一个过程量。上述与热力学能有关的公式我们在后面有广泛的应用，希望大家熟练掌握。

【例 6-2】 2g 氢气与 2g 氦气分别装在两个容积相等、温度也相等的封闭容器内，试求：(1) 平均平动动能之比；(2) 压强之比；(3) 热力学能之比。

【解】 (1) 因为 $T_2=T_1$，所以

$$\bar{\varepsilon}_{t1}=\bar{\varepsilon}_{t2}$$

$$\frac{\bar{\varepsilon}_{t1}}{\bar{\varepsilon}_{t2}}=1$$

(2) 由 $pV=\dfrac{m}{M}RT$ 得

$$\frac{p_1}{p_2}=\frac{M_2}{M_1}=\frac{4g}{2g}=2$$

(3) 理想气体的热力学能为

$$E=\frac{m}{M}\cdot\frac{i}{2}RT=\frac{i}{2}pV$$

氢气和氦气的热力学能之比为

$$\frac{E_1}{E_2}=\frac{i_1}{i_2}\cdot\frac{p_1}{p_2}=\frac{10}{3}$$

6.2　热力学第一定律

上一节我们研究了不随时间变化的平衡态，现在我们将进一步研究热力学系统从一个平衡态到另一个平衡态的变化过程。当热力学系统的状态随时间变化时，我们称系统经历了一个热力学过程，可见系统状态的变化通过热力学过程来实现。设系统从某一个平衡态开始发生变化，状态的变化必然要打破原有的平衡，在经过一定的时间后系统的状态才能达到新的平衡，这段时间称为弛豫时间。如果过程进行得较快，弛豫时间相对较长，系统状态在还未来得及实现平衡之前，又开始了下一步的变化，在这种情况下系统必然要经历一系列非平衡的中间状态，这种过程称为非静态过程。由于中间状态是一系列非平衡态，因此就不能用统一确定的状态参量来描述，这样，整个非静态过程的物理描述将是相当困难和复杂的，它是当前物理学的前沿课题之一。

如果过程进行得非常缓慢，过程经历的时间远远大于弛豫时间，以至于过程的一系列中间状态都无限接近于平衡态，过程的进行可以用系统的一组状态参量的变化来描述，则这样的过程叫作准静态过程，也称为平衡过程。准静态过程显然是一种理想过程，它的优点在于描述和讨论都比较方便。在实际热力学过程中，只要弛豫时间远远小于状态变化的时间，那么这样的实际过程就可以近似看成准静态过程，因此，准静态过程具有极重要的实际意义。例如，发动机中气缸压缩气体的时间约为 10^{-2}s，气缸中气体压强的弛豫时间约为 10^{-3}s，只有过程进行时间的十分之一，如果要求不是非常精确，则在讨论气体做功时把发动机中气体压缩的过程视为准静态过程就是合理的。

为了说明实际热力学过程和准静态过程的区别，我们来考虑如图 6-5 所示的那样一个装置。这是一个带活塞的容器，里面储有气体，气体系统与外界处于热平衡，温度为 T_0，气体状态用态参量 (p_0，T_0) 表示。现将活塞快速下压，气体体积压缩，从而打破了原有的平衡态。当活塞

停止运动后，经过充分长的时间后，系统将达到新的平衡态，用态参量（p_1，T_0）表示。很显然，在活塞快速下压的过程中，严格地说，气体内各处的温度和压强都是不均匀的。比如，靠近活塞的部分压强较大，而远离活塞的部分压强较小，也就是说，系统每一时刻都处于非平衡状态。因此，活塞快速下压的过程是一种非静态过程。仍采用如图6-5所示的系统，初始平衡态是（p_0，T_0），增设活塞与器壁之间无摩擦的条件，控制外界压强，让活塞缓慢地压缩容器内的气体。每压缩一步，气体体积就相应地减少一个微小量，这种状态的变化时间远长于相应的弛豫时间，那么就可以在压缩过程中，基本实现系统随时处于平衡态。所谓准静态过程就是这种无摩擦的缓慢进行的过程的理想极限，过程中每一中间状态，系统内部的压强都等于外部的压强。如果活塞与容器之间有摩擦存在时，虽然仍能实现平衡过程，但系统内部的压强显然不再与外界压强随时相等了，问题的分析变得复杂。如不特别声明，本书讨论的都是无摩擦的准静态过程。

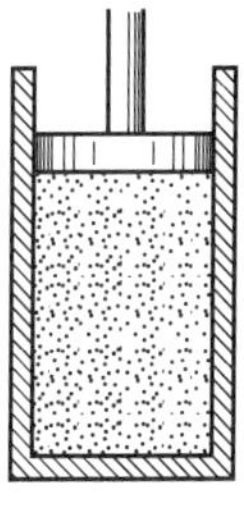

图 6-5

6.2.1 中学物理知识回顾与拓展

1. 准静态过程的描述

（1）过程曲线描述　对于一定量的理想气体来说，按理想气体物态方程 $pV=\nu RT$，它的状态参量（p，V，T）中只有两个是独立的，给定任意两个参量的数值，就确定了第三个参量，即确定了一个平衡态。因此我们常用 $p-V$ 图上的一个点来描述相应的一个平衡态。而 $p-V$ 图上的一条曲线则代表一个准静态过程，此时曲线上的每一点都代表一个平衡态，也就是准静态过程的一个中间状态。

注意：由于非平衡态没有统一确定的参量，所以非静态过程不能在 $p-V$ 图上表示出来。

（2）方程描述　在 $p-V$ 图中，曲线方程 $p=p(V)$ 即为描述准静态过程的方程，称为过程方程，不同的曲线代表着不同的准静态过程。把过程方程 $p=p(V)$ 和理想气体的物态方程 $pV=\nu RT$ 联立，可得到过程方程的另外两个形式 $T=T(V)$ 和 $p=p(T)$。图6-6a是用 $p-V$ 图描述的等容、等压、等温过程的三条曲线，而图6-6b、c则分别是用 $p-T$ 图、$V-T$ 图表示的等容、等压和等温过程曲线。除了上述三种等值过程外，热力学中常见的还有绝热过程以及更一般的过程等。

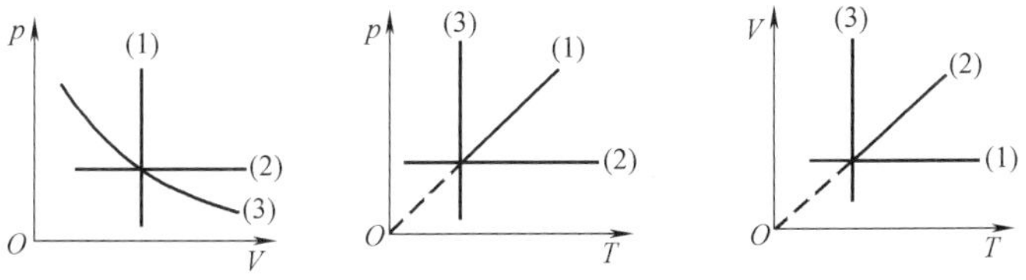

a)　　b)　　c)

图 6-6

a）$p-V$ 图　b）$p-T$ 图　c）$V-T$ 图

2. 热量

在系统与外界之间或系统的不同部分之间转移的无规则热运动能量叫作热量。热量本质上是传递给一个物体的能量，它以分子热运动的形式储存在物体中。热量常用 Q 表示，它是过程量。这种传热过程大多是与系统和外界之间、或系统的不同部分之间的温度差相关联的。

要注意热量与热力学能这两个概念的区分。在一定情况下可以认为热量是系统与外界交换热力学能的净值。比如，系统的温度比外界的温度高并与外界有热接触，系统内各个分子的热运动能量通过频繁的碰撞传递给外界，但同时外界分子的热运动能量同样也可以通过碰撞转移给系统，由于温度不同，系统转移给外界与外界转移给系统的热运动能量是不同的，这个差值就成为热量。

大学物理规定，系统从外界吸收热量，Q 取正；系统对外界放出热量，Q 取负。有特别规定的情况除外。

热量的计算方法　一个热力学系统在状态变化过程中的热量可以有三种计算方法。一是使用比热容来计算；二是使用摩尔热容来计算；三是使用热力学第一定律来计算（见热力学第一定律的应用知识点）。

（1）比热容　初中学过物质的比热 C 的定义为：单位质量的物体温度每升高或降低 1K 所吸收或放出的热量。按它的定义很容易得到热量的计算公式

$$Q = mC(T_2 - T_1) = mC\Delta T \tag{6-32}$$

式中，m 为气体的质量；ΔT 为过程的温度差；T_1 和 T_2 分别为过程的初状态和末状态的温度。

按比热容计算热量时应该注意，热量是与过程有关的。不同的过程虽然温度差相同，但是热量可能是完全不同的。这体现在比热容 C 对不同过程取值不同。在很多过程中，C 还与温度有关，这时上面计算热量的公式应该改为积分。

（2）摩尔热容　比热容是单位质量的物体温度每升高或降低 1K 所吸收或放出的热量。这里我们定义一个新的物理量——摩尔热容，它的定义为：1mol 物质温度升高（或降低）1K 所吸收（或放出）的热量，用 C_m 表示，由微积分工具可得其严格定义式为

$$C_m = \frac{\delta Q}{\nu \mathrm{d}T} \tag{6-33}$$

式中，δQ 为一个无限小的热力学过程中系统吸收的热量；$\mathrm{d}T$ 为温度的变化；ν 为系统的物质的量。由于热量 Q 与过程相关，所以摩尔热容也与过程相关，对不同的过程摩尔热容也不同。而且对于一般的过程，摩尔热容可能是温度的函数。若已知过程的摩尔热容 C_m，温度的变化 ΔT（从 T_1 变化到 T_2），系统的物质的量 ν，要计算该过程吸收的热量应是积分

$$Q = \int_{T_1}^{T_2} \nu C_m \mathrm{d}T \tag{6-34}$$

如果摩尔热容 C_m 不是常量，C_m 是不能从积分号内提出的。如果摩尔热容是一个常量，系统在过程中吸收的热量可表示为

$$Q = \nu C_m(T_2 - T_1) = \nu C_m \Delta T \tag{6-35}$$

摩尔热容 C_m 的下标通常指示过程。比如，$C_{V,m}$表示等容过程的摩尔热容。根据比热容和摩尔热容的定义，它们之间有如下关系：

$$C_m = MC \tag{6-36}$$

式中，M 为气体的摩尔质量。

（3）摩尔热容的另一种表达方式　根据热力学第一定律的微分形式，以 $\mathrm{d}Q = \mathrm{d}E + \mathrm{d}A$，代入摩尔热容的定义，可得

$$C_m = \frac{\mathrm{d}E}{\nu \mathrm{d}T} + \frac{\delta A}{\nu \mathrm{d}T} \tag{6-37}$$

式中，第一项代表系统热力学能改变所需要的热量，第二项代表系统做功需要的热量。由于系统的热力学能是状态量，功是过程量，故上式等号右端第一项应与具体过程无关；第二项才反映具体过程的特征。例如，对于理想气体的准静态过程，由于理想气体的热力学能 $E = \frac{i}{2}\nu RT$，故 $\mathrm{d}E = \frac{i}{2}\nu R\mathrm{d}T$；而 $\delta A = p\mathrm{d}V$，代入上式有

$$C_m = \frac{i}{2}R + \frac{p\mathrm{d}V}{\nu \mathrm{d}T} \tag{6-38}$$

此式即为理想气体的摩尔热容的计算公式。在根据上式计算理想气体的摩尔热容时，第一项是与具体过程无关的确定表达式；第二项只要把反映具体过程特征的过程方程引入即可算出。有时，摩尔热容也可以通过热量表达式求解出来。

3. 准静态过程中的热力学能增量

热力学能是由系统状态决定的，并随状态改变而发生变化。对应一个确定的状态，就有一个确定的能量值。热力学能是状态的单值函数。系统经历准静态过程后，温度有可能发生变化。由热力学能公式 $E = i\nu RT/2$ 可知：过程初状态和末状态的热力学能是不同的，其增加量叫热力学能增量，用 ΔE 表示：

$$\Delta E = \frac{i}{2}\nu R\Delta T \tag{6-39}$$

式中，i 表示气体分子的自由度；ν 是气体的物质的量；$\Delta T = T_2 - T_1$ 是温度增量。显然，ΔT 大于零，表示该准静态过程使系统温度升高，系统热力学能增大，ΔE 大于零。

对无限小过程而言，热力学能增量可以表示为

$$\mathrm{d}E = \frac{i}{2}\nu R\mathrm{d}T \tag{6-40}$$

特别需要指出的是，热力学能增量是与过程无关的状态量。它只与系统在过程始末状态的温度差有关。无论经历什么样的过程，只要始末状态的温度差相等，热力学能的增量就都是相同的。在 $p-V$ 图中，只要过程曲线的起点和终点相同，曲线形状不同，热力学能增量也是相同的。

在热力学中，我们不涉及分子内的原子能和核能，也不考虑系统整体运动的动能，所涉及的仅是分子热运动的动能和分子之间的相互作用势能。对于理想气体，由于略去了分子之间的相互作用，热力学所考虑的仅是分子热运动各种形式的动能。

4. 热力学第一定律的内容和讨论

（1）热力学第一定律的内容　通过能量交换方式来改变系统热力学状态的方式有两种。一是做功，如活塞压缩气缸内的气体使其温度升高；二是传热，如对容器中的气体加热，使之升温和升压。做功与传热的微观过程不同，但都能通过能量交换改变系统的状态，在这一点上二者是等效的。实验研究发现，功、热量和系统热力学能之间存在着确定的当量关系。当固定质量的闭口热力学系统（闭口系）从一个状态变化到另一个状态时，无论经历的是什么样的具体过程，过程中外界做功和吸入热量一旦确定，系统热力学能的变化也是一定的。根据普遍的能量守恒定律，外界对系统做的功 A' 与传热过程中系统吸入热量 Q 的总和，应该等于系统能量的增量。由于热力学中系统能量的增量即为热力学能的增量 ΔE，故有

$$\Delta E = A' + Q \tag{6-41}$$

因外界对系统所做的功 A' 等于系统对外界所做功 A 的负值，即 $A' = -A$，所以上式可进一步写成

$$Q = \Delta E + A \tag{6-42}$$

对于无限小的热力学过程，则有

$$\mathrm{d}Q = \mathrm{d}E + \mathrm{d}A \tag{6-43}$$

上面两个式子称为热力学第一定律，它是普遍的能量转化和守恒定律在热力学范围内的具体表现。

（2）热力学第一定律的讨论

1）物理量符号规定。系统从外界吸入热量为正，系统向外界放出热量为负；系统的热力学

能增加为正，系统的热力学能减少为负；系统对外界做功为正，外界对系统做功为负。

2）热力学第一定律的适用性。热力学第一定律适用于任何系统的任何热力学过程，包括气、液、固态变化的准静态过程和非静态过程，可见热力学第一定律具有极大的普遍性。热力学第一定律表明，从热机的角度来看，要让系统对外做功，要么从外界吸入热量，要么消耗系统自身的热力学能，或者二者兼而有之。

3）第一类永动机不可能制成。历史上，有人曾想设计制造一种热机，这是一种能使系统不断循环，不需要消耗任何动力或燃料，却能源源不断地对外做功的所谓永动机，结果理所当然地失败了。这种违反热力学第一定律，也就是违反能量守恒定律的永动机，称为第一类永动机。因此，热力学第一定律的另一种表达是：第一类永动机是不可能制成的。

【例6-3】 定量空气在状态变化过程中，对外放热 $40\text{kJ}\cdot\text{kg}^{-1}$，热力学能增加 $80\text{kJ}\cdot\text{kg}^{-1}$，试问空气是被压缩还是膨胀，功量为多少？

【解】 热力学系统：定量空气参与过程的热量 $Q=-40\text{kJ}\cdot\text{kg}^{-1}$，热力学能的改变量 $\Delta E=80\text{kJ}\cdot\text{kg}^{-1}$，由热力学第一定律可求解功量

$$A=Q-\Delta E=(-40-80)\text{kJ}\cdot\text{kg}^{-1}=-120\text{kJ}\cdot\text{kg}^{-1}$$

计算结果讨论：

1）负号表示外界对空气做功，即空气被压缩。压缩所需功量为 $120\text{kJ}\cdot\text{kg}^{-1}$。

2）热力学系统放热，使热力系本身储存能量减少，而外界对热力系做功，增加了热力系的储存能量，总的效果取决于通过边界所传递的净能量的正负，本例中输入能量大于输出能量，故热力系储存能量增加，即热力学能增加。

6.2.2 准静态过程中的功

1. 体积功的定义及计算式

如图6-7所示为气缸中气体膨胀的过程，为了使其是一个准静态过程，外界必须提供受力物体让活塞无限缓慢地移动。

设活塞面积为 S，气体压强为 p，则当活塞向外移动 $\mathrm{d}x$ 距离时，气体推动活塞对外界所做的功为

$$\delta A=F\mathrm{d}x=pS\mathrm{d}x=p\mathrm{d}V \tag{6-44}$$

式中，$\mathrm{d}V=S\mathrm{d}x$ 为气体膨胀时体积的微小增量。由上式可以看到，系统对外做功一定与气体体积变化有关，所以我们将准静态过程中系统所做功叫作体积功。

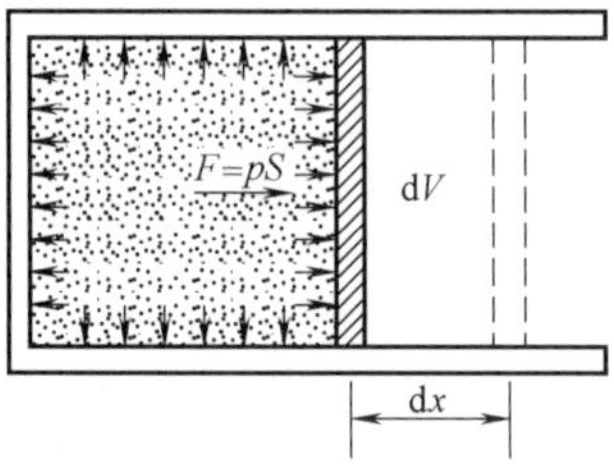

图 6-7

显然，$\mathrm{d}V>0$，$\delta A>0$，即气体膨胀时系统对外界做正功；$\mathrm{d}V<0$，$\delta A<0$，即气体被压缩时系统对外界做负功，或外界对系统做正功。

如果系统的体积经过一个准静态过程由 V_1 变为 V_2，则该过程中系统对外界做的功为

$$A=\int_{V_1}^{V_2}p\mathrm{d}V \tag{6-45}$$

上述结果虽然是从气缸中活塞运动推导出来的，但对于任何形状的容器，系统在准静态过程中对外界做的功，都可用上式计算。

2. 体积功的几何意义

在 $p-V$ 图上，积分式 $\int_{V_1}^{V_2}p\mathrm{d}V$ 表示 $V_1\sim V_2$ 之间过程曲线下的面积，即体积功等于对应过程曲线下的面积（见图6-8）。

根据上述几何解释，对于一些特殊的过程，体积功的计算可以不用积分，而直接由计算面积的大小得到，如等压过程。

必须强调指出，系统从状态1经准静态过程到达状态2，可以沿着不同的过程曲线（如图中的虚线），也就是经历不同的准静态过程，所做的体积功（即过程曲线下的面积）也就不同。即体积功是一个过程量（与过程相关的物理量）。

6.2.3 热力学第一定律对理想气体的应用

等值过程是最简单的热力学过程，是复杂循环过程的分析基础，下面我们详细分析一下等体、等压和等温过程。

1. 等容过程

（1）定义与方程　等容过程（也叫等体过程）的状态参量 V 为常量，过程方程为 $V=$ 常数或 $\frac{p}{T}=$ 常数，过程曲线叫作等容线，在 $p-V$ 图中等容线是一些与 p 轴平行的直线，如图6-9所示。

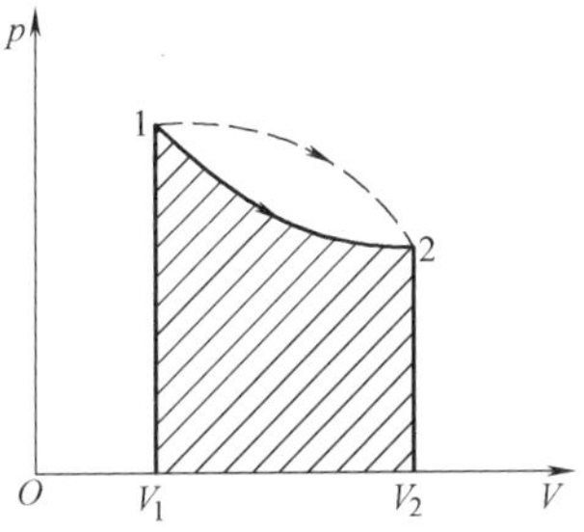

图　6-8

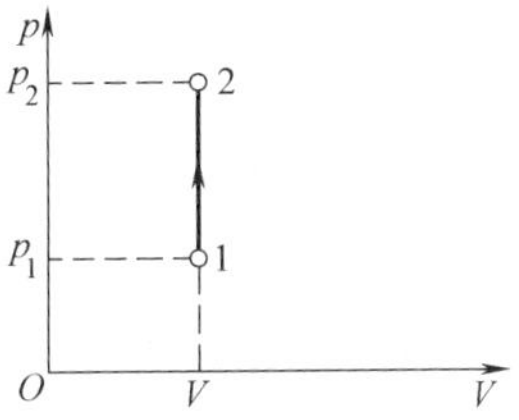

图　6-9

（2）等容过程的功、能和热量　显然，等容过程的体积功为零，即

$$A=0$$

由热力学第一定律可知，在等容过程中，气体吸热全部用于增加热力学能（或放出的热量等于热力学能的减少量），即

$$Q=\Delta E=\nu\frac{i}{2}R(T_2-T_1)=\frac{i}{2}V(p_2-p_1) \tag{6-46}$$

（3）摩尔定容热容　按理想气体摩尔热容的计算公式，摩尔定容热容

$$C_{V,\mathrm{m}}=\frac{i}{2}R+\frac{p\mathrm{d}V}{\nu\mathrm{d}T}=\frac{i}{2}R \tag{6-47}$$

由于等容过程气体不做功，所以摩尔定容热容 $C_{V,\mathrm{m}}$ 只包含气体热力学能变化所需要的热量。对于刚性分子模型，单原子分子 $i=3$，双原子分子 $i=5$，多原子分子 $i=6$，可分别得到 $C_{V,\mathrm{m}}=3R/2$，$5R/2$，$3R$。

（4）用摩尔定容热容表达的相关公式　用摩尔定容热容可以把理想气体的热力学能公式记为

$$E=\nu\frac{i}{2}RT=\nu C_{V,\mathrm{m}}T=\frac{i}{2}pV \tag{6-48}$$

热力学能的变化记为

$$\Delta E=\nu\frac{i}{2}R\Delta T=\nu C_{V,\mathrm{m}}\Delta T=\frac{i}{2}\Delta(pV) \tag{6-49}$$

一般准静态过程的摩尔热容的计算公式记为

$$C_{\mathrm{m}}=C_{V,\mathrm{m}}+\frac{p\mathrm{d}V}{\nu\mathrm{d}T} \tag{6-50}$$

2. 等压过程

（1）等压过程的定义与方程 等压过程（也叫定压过程）的状态参量 p 为常量，过程方程为 $p=$ 常数或 $\frac{V}{T}=$ 常数，过程曲线为等压线，如图 6-10 所示。

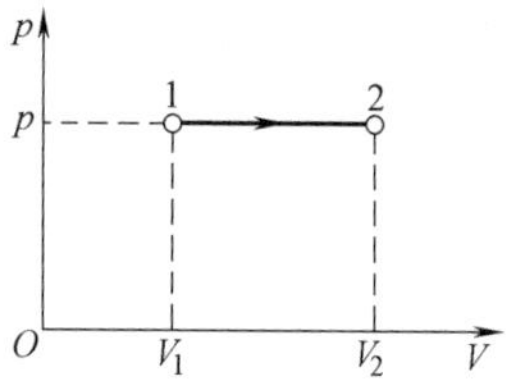

图 6-10

（2）等压过程的功、热力学能增量和热量 等压过程中气体对外做功为

$$A=\int_{V_1}^{V_2}p\mathrm{d}V=p(V_2-V_1)=\nu R(T_2-T_1) \tag{6-51}$$

由气体热力学能增量计算式，可得热力学能增量

$$\Delta E=\nu C_{V,\mathrm{m}}(T_2-T_1)=\frac{i}{2}p(V_2-V_1) \tag{6-52}$$

由热力学第一定律可知

$$Q=\Delta E+A=\nu C_{V,\mathrm{m}}(T_2-T_1)+\nu R(T_2-T_1)=\nu(C_{V,\mathrm{m}}+R)(T_2-T_1) \tag{6-53}$$

也可以记为

$$Q=\Delta E+A=\frac{i}{2}p(V_2-V_1)+p(V_2-V_1)=\frac{i+2}{2}p(V_2-V_1) \tag{6-54}$$

由上面的式子可以看出，在等压过程中气体吸收的热量一部分用于增加热力学能，一部分用于对外做功。对于无限小的等压过程有

$$\mathrm{d}Q=\nu(C_{V,\mathrm{m}}+R)\mathrm{d}T \tag{6-55}$$

（3）摩尔定压热容 按摩尔热容的定义式，摩尔定压热容为

$$C_{p,\mathrm{m}}=\frac{\mathrm{d}Q}{\nu\mathrm{d}T}=\frac{\nu(C_{V,\mathrm{m}}+R)\mathrm{d}T}{\nu\mathrm{d}T}=C_{V,\mathrm{m}}+R=\frac{i+2}{2}R \tag{6-56}$$

式中

$$C_{p,\mathrm{m}}=C_{V,\mathrm{m}}+R \tag{6-57}$$

称为迈尔公式，表示摩尔定压热容和摩尔定容热容的关系。$C_{p,\mathrm{m}}$ 比 $C_{V,\mathrm{m}}$ 大一个 R 是因为系统在等压过程中，要多吸收一部分热量用来对外做功。这个关系也可以用比热容比 γ 表示，比热容比 γ 定义为摩尔定压热容和摩尔定容热容之比

$$\gamma=\frac{C_{p,\mathrm{m}}}{C_{V,\mathrm{m}}}=\frac{i+2}{i} \tag{6-58}$$

对于刚性分子模型，摩尔定压热容 $C_{p,\mathrm{m}}=\frac{5}{2}R$，$\frac{7}{2}R$，$4R$，比热容比 $\gamma=\frac{5}{3}$，$\frac{7}{5}$，$\frac{4}{3}$。用摩尔定压热容可以将等压过程的气体吸热量表示为

$$Q=\nu C_{p,\mathrm{m}}\Delta T \tag{6-59}$$

大家注意到，摩尔定压热容与摩尔定容热容虽然不同，但它们在各自的变化过程中都是一个常数。在一般的过程中，摩尔热容不仅与过程有关，而且在过程中也是变化的。

3. 等温过程

（1）等温过程的定义与方程 在等温过程中，系统的温度为一个常量。过程方程为 $T=$ 常数或 $pV=$ 常数，过程曲线称为等温线，如图 6-11 所示。

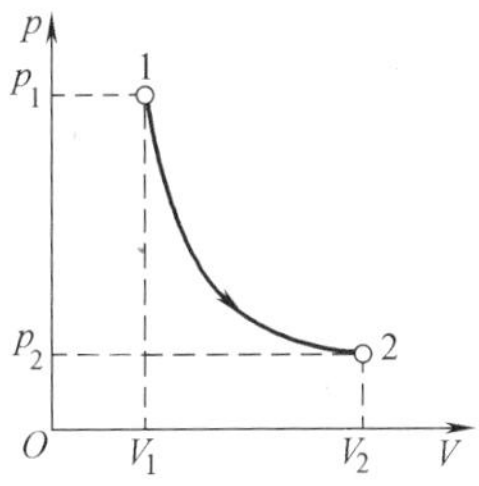

图 6-11

（2）等温过程的功、热力学能增量和热量　对于等温过程，由于温度不发生变化，所以

$$\Delta E=0 \tag{6-60}$$

由热力学第一定律可知，等温过程中气体吸热完全用于做功

$$Q=A=\int_{V_1}^{V_2}p\mathrm{d}V=\int_{V_1}^{V_2}\frac{\nu RT}{V}\mathrm{d}V=\nu RT\ln\frac{V_2}{V_1} \tag{6-61}$$

或根据理想气体状态方程表达为

$$Q=A=p_1V_1\ln\frac{V_2}{V_1}=p_2V_2\ln\frac{V_2}{V_1} \tag{6-62}$$

在等温过程中，温度 T 是不变的，$\mathrm{d}T=0$。该过程的摩尔热容没有实际意义，也可以认为 $C_{T,\mathrm{m}}=\dfrac{\delta Q}{\nu\mathrm{d}T}=\infty$。

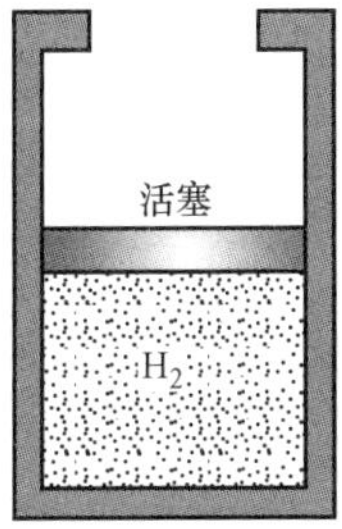

图 6-12

【例6-4】 如图6-12所示，4×10^{-3}kg 氢气被活塞封闭在某一容器的下半部而与外界（标准状态）平衡，容器开口处有一凸出边缘可防止活塞脱离（活塞的质量和厚度可忽略），现把 2×10^4J 的热量缓慢地传给气体，使气体逐渐膨胀，问最后氢气的压强、温度和体积各变为多少？

【解】 设氢气初态为（p_1，V_1，T_1），依题意有

$$m=4\times10^{-3}\mathrm{kg},\ M=2\times10^{-3}\mathrm{kg\cdot mol^{-1}}$$

$$p_1=p_0=1.013\times10^5\mathrm{Pa},\ T_1=273\mathrm{K}$$

由理想气体状态方程可得氢气的初态体积为

$$V_1=\frac{mRT_1}{Mp_1}=\frac{2RT_1}{p_1}$$

再考虑容器内气体先后进行的两个过程：

（1）气体等压膨胀升温使活塞达到容器上边缘，在此过程中，设气体吸热 Q_1，状态由（p_1，V_1，T_1）变为（p_2，V_2，T_2），依题意，$p_2=p_1=p_0$，$V_2=2V_1$，因此可得

$$V_2=\frac{4RT_1}{p_0}=8.96\times10^{-2}\mathrm{m^3}$$

$$T_2=\frac{V_2T_1}{V_1}=2T_1=546\mathrm{K}$$

氢气是双原子分子气体，利用摩尔定压热容的定义，可得此过程中气体吸收的热量为

$$Q_1=\frac{m}{M}C_{p,\mathrm{m}}(T_2-T_1)=2\times\frac{7}{2}R(T_2-T_1)=1.59\times10^4\mathrm{J}$$

（2）气体等容升温升压，设在此过程中气体吸收热量为 Q_2，最后状态为（p_3，V_3，T_3），已知外界传递的热量为 $Q=2\times10^4$J，则有

$$Q_2=Q-Q_1=4.1\times10^3\mathrm{J}$$

又因为

$$Q_2=\frac{m}{M}C_{V,\mathrm{m}}(T_3-T_2)$$

所以有

$$T_3=\frac{Q_2}{\frac{m}{M}C_{V,\mathrm{m}}}+T_2=645\mathrm{K}$$

$$p_3=\frac{T_3p_2}{T_2}=1.20\times10^5\,\mathrm{Pa}$$

因此，氢气最后的压强为 1.20×10^5Pa，温度为645K，体积为 $8.96\times10^{-2}\mathrm{m}^3$。

【例6-5】　一气缸内盛有1mol温度为27℃，压强为1atm（=101325Pa）的氮气（视作刚性双原子分子的理想气体），先使它等压膨胀到原来体积的两倍，再等容升压使其压强变为2atm，最后使它等温膨胀到压强为1atm。求氮气在全部过程中对外做的功，吸收的热及其热力学能的变化。（取摩尔气体常数 $R=8.31\mathrm{J\cdot mol^{-1}\cdot K^{-1}}$）

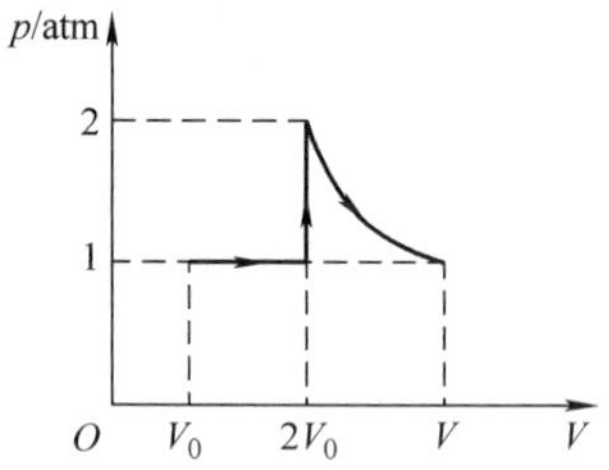

图　6-13

【解】　该氮气系统经历的全部过程如图6-13所示。

设初态的压强为 p_0、体积为 V_0、温度为 T_0，而终态压强为 p_0、体积为 V、温度为 T。在全部过程中氮气对外所做的功

$$A=A_{等压}+A_{等温}$$

而

$$A_{等压}=p_0(2V_0-V_0)=RT_0$$

$$A_{等温}=4p_0V_0\ln(2p_0/p_0)=4p_0V_0\ln2=4RT_0\ln2$$

所以

$$A=RT_0+4RT_0\ln2=RT_0(1+4\ln2)=9.41\times10^3\,\mathrm{J}$$

氮气热力学能的改变为

$$\Delta E=C_{V,\mathrm{m}}(T-T_0)=\frac{5}{2}R(4T_0-T_0)=15RT_0/2=1.87\times10^4\,\mathrm{J}$$

氮气在全部过程中吸收的热量

$$Q=\Delta E+A=2.81\times10^4\,\mathrm{J}$$

物理知识应用案例：压缩空气做功

19世纪出现了能实际使用的机器，用于铁路行业和气动管道输送。同一时期，也出现了空气驱动的冲击锤和气动钻。尤其值得一提的是：1861年建造 *Mont Cenis* 隧道时，由于采用了气动冲击钻，使施工时间缩短了好几年。巴黎完好地保存了世界上第一个环绕城市的压缩空气网络，至今仍得到多种形式的应用。19世纪末，在一些国家出现了第一批生产压缩空气工具的工厂，生产的冲击锤、气动钻主要供应采矿和筑路行业。随着电动工具的产生，压缩空气驱动的机器及工具不再像以前那样受到欢迎。此后一段时期，气动工具和机械的改进或气动技术的创新没有取得重要进展。20世纪上半叶的两次世界大战，使其研究和开发走上了另一条轨道。

航母蒸汽弹射器是利用高压蒸汽做功的典型案例，下面我们定性分析一下弹射功率。假定弹射一架35t重的飞机起飞，飞机离开甲板的时候需要有 $80\mathrm{m\cdot s^{-1}}$ 的速度（相当于 $288\mathrm{km\cdot h^{-1}}$）。按照动能的计算公式，弹射结束时候，飞机所获得的能量应该达到 $mv^2/2=112\mathrm{MJ}$；弹射距离 $s=at^2/2$，飞机以 $4g$（按照 $40\mathrm{m\cdot s^{-2}}$ 计算）的加速度加速2s，可以达到 $80\mathrm{m\cdot s^{-1}}$ 的速度，需要弹射加速行程80m。以 $4g$ 的加速度弹射35t重的飞机，需要超过 1.37×10^6N的弹射力；由弹射器瞬间功率公式 $P=Fv$，弹射功率从零开始，随着时间的推进，弹射速度稳定地直线上升，超过 1.37×10^6N的弹射力在 $80\mathrm{m\cdot s^{-1}}$ 的弹射终了速度时候，这个弹射器的峰值功率将达到 11.2×10^8W，相当于一个中型发电站的功率范围。

6.3 绝热过程

6.3.1 绝热过程的定义和特点

1. 绝热过程的定义

所谓绝热过程是系统在与外界完全没有热量交换情况下发生的状态变化过程，当然这是一种理想过程。对于实际发生的过程，只要满足一定的条件，可以近似看成绝热过程，例如：用绝热性能良好的绝热材料将系统与外界分开，或者让过程进行得非常快，以致系统来不及与外界进行明显的热交换等。

2. 绝热过程的特点

绝热过程的特征是

$$Q=0 \tag{6-63}$$

因而有

$$A=-\Delta E \tag{6-64}$$

即在绝热过程中，如果系统对外界做正功，就必须以消耗系统的热力学能为代价，即系统的热力学能减少；反之，如果系统对外界做负功（也叫作外界对系统做正功），则系统的热力学能就增加。按照热力学能增量的计算公式，我们有

$$A=-\Delta E=-\nu C_{V,\mathrm{m}}(T_2-T_1)=\frac{i}{2}(p_1V_1-p_2V_2)=\frac{1}{\gamma-1}(p_1V_1-p_2V_2) \tag{6-65}$$

式中，最后一步用到了$\frac{i}{2}=\frac{1}{\gamma-1}$，$\gamma$ 是比热容比。绝热过程没有热量交换，摩尔热容为零。

6.3.2 绝热过程方程

1. 绝热过程方程的推导

绝热过程不同于前面讲的三个等值过程，系统的状态参量（p，V，T）在过程中均为变量，它和其他过程一样会有一个描写过程曲线的方程，这个方程叫作绝热方程。表示绝热过程的曲线叫作绝热线。下面推导理想气体的绝热过程方程。对于理想气体，将物态方程 $pV=\nu RT$ 全微分，有

$$p\mathrm{d}V+V\mathrm{d}p=\nu R\mathrm{d}T \tag{6-66}$$

对于准静态绝热过程，由 $\mathrm{d}A=-\mathrm{d}E$ 和 $\mathrm{d}A=p\mathrm{d}V$ 以及 $\mathrm{d}E=\nu C_{V,\mathrm{m}}\mathrm{d}T$，可得

$$p\mathrm{d}V=-\nu C_{V,\mathrm{m}}\mathrm{d}T \tag{6-67}$$

用上式去除式（6-66）并消去 $\mathrm{d}T$，得到

$$1+\frac{V\mathrm{d}p}{p\mathrm{d}V}=-\frac{R}{C_{V,\mathrm{m}}} \tag{6-68}$$

或

$$\frac{V\mathrm{d}p}{p\mathrm{d}V}=-\frac{R}{C_{V,\mathrm{m}}}-1=-\frac{C_{V,\mathrm{m}}+R}{C_{V,\mathrm{m}}}=-\frac{C_{p,\mathrm{m}}}{C_{V,\mathrm{m}}}=-\gamma \tag{6-69}$$

式中，γ 为比热容比。把上式分离变量为

$$\frac{\mathrm{d}p}{p}=-\gamma\frac{\mathrm{d}V}{V} \tag{6-70}$$

两边积分

$$\int \frac{\mathrm{d}p}{p} = -\gamma \int \frac{\mathrm{d}V}{V} \tag{6-71}$$

得到

$$\ln p = -\gamma \ln V + c = -\ln V^{\gamma} + c \tag{6-72}$$

或

$$\ln pV^{\gamma} = c \tag{6-73}$$

最后得到绝热方程

$$pV^{\gamma} = 常量 \tag{6-74}$$

上式称为绝热过程的泊松方程。再使用理想气体物态方程 $pV=\nu RT$，上式可以替换成

$$TV^{\gamma-1} = 常量 \tag{6-75}$$

$$p^{\gamma-1}T^{-\gamma} = 常量 \tag{6-76}$$

上面三个式子统称为绝热方程。

2. 绝热方程的讨论

图 6-14 是 $p-V$ 图上的绝热过程曲线（1）和等温过程曲线（2）的比较。从图中可以看出，一定量的理想气体从同一状态 A 出发，绝热线要比等温线变化陡一些，亦即发生相同的体积变化 ΔV 时，绝热过程的压强变化绝对值 $|\Delta p|$ 要比等温过程的大一些。

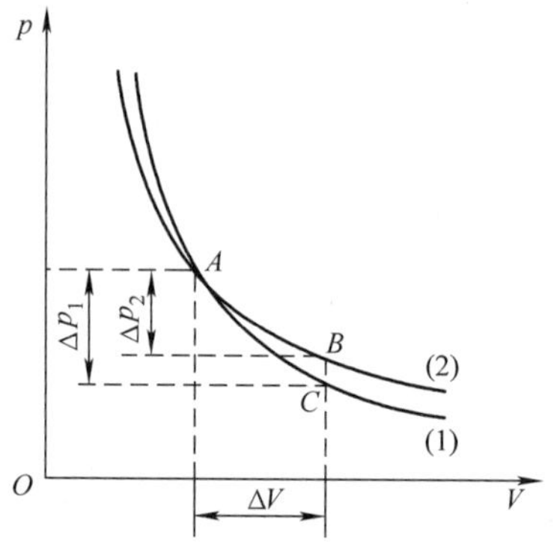

图 6-14

由绝热过程的泊松方程可得绝热线的斜率为

$$\frac{\mathrm{d}p}{\mathrm{d}V} = -\gamma \frac{p}{V} \tag{6-77}$$

由等温线的斜率 $\dfrac{\mathrm{d}p}{\mathrm{d}V} = -\dfrac{p}{V}$

对比即可看出，在 $p-V$ 图上同一点，绝热线斜率的绝对值大于等温线斜率的绝对值。即

$$\gamma \frac{p}{V} > \frac{p}{V} \tag{6-78}$$

另外，绝热过程的压强变化大于等温过程的压强变化，也可用气体动理论来加以解释。以气体膨胀为例，在等温过程中，分子的热运动平均平动动能不变，引起压强减少的因素仅是因体积增大引起的分子数密度的减小。而在绝热过程中，除了分子数密度有同样的减小外，还由于气体膨胀对外做功时降低了温度，从而使分子的平均平动动能也随之减小。因此，绝热过程压强的减小要比等温过程大得多。

以上的分析和所得结论，只适用于以准静态过程进行的绝热过程，不适用于以非静态过程进行的绝热过程。因为对于非静态过程，下面的关系式不成立

$$\delta A = -p\mathrm{d}V \tag{6-79}$$

而且也不能用物态方程的微分形式表示过程中间状态的微小变化，所以也就得不到泊松方程。

下面我们来计算在准静态绝热过程中，外界对系统所做的功。根据泊松方程

$$pV^{\gamma} = p_1 V_1^{\gamma} = 常量 \tag{6-80}$$

式中，p_1 和 V_1 分别表示初状态系统的压强和体积。外界对系统做的功为

$$
\begin{aligned}
A &= -\int_{V_1}^{V_2} p\mathrm{d}V = -\int_{V_1}^{V_2} \frac{p_1 V_1^{\gamma}}{V^{\gamma}}\mathrm{d}V \\
&= -p_1 V_1^{\gamma}\int_{V_1}^{V_2} \frac{\mathrm{d}V}{V^{\gamma}} = -p_1 V_1^{\gamma}\left(\frac{V_2^{1-\gamma}}{1-\gamma} - \frac{V_1^{1-\gamma}}{1-\gamma}\right) \\
&= \frac{p_1 V_1}{\gamma - 1}\left[\left(\frac{V_1}{V_2}\right)^{\gamma-1} - 1\right] = \frac{1}{\gamma - 1}(p_2 V_2 - p_1 V_1)
\end{aligned} \tag{6-81}
$$

可以证明式（6-81）与式（6-65）是一致的。

物理知识应用案例：绝热压缩和膨胀

【例6-6】 狄塞尔内燃机气缸中的空气，在压缩前的压强为 $1.013\times10^5\text{Pa}$，温度为 320K，假定空气突然被压缩为原来体积的 1/17，试求末态的压强和温度（设空气的比热容比 $\gamma = 1.4$）。

【解】 把空气看作理想气体，已知初态压强 $p_1 = 1.013\times10^5\text{Pa}$，温度 $T_1 = 320\text{K}$，由于压缩很快，可看作绝热过程，根据绝热过程方程 $p_1 V_1^{\gamma} = p_2 V_2^{\gamma}$，可得末态压强为

$$
p_2 = p_1\left(\frac{V_1}{V_2}\right)^{\gamma} = 53.0\times10^5\text{Pa}
$$

根据 $T_1 V_1^{\gamma-1} = T_2 V_2^{\gamma-1}$，可得末态温度为

$$
T_2 = T_1\left(\frac{V_1}{V_2}\right)^{\gamma-1} = 992\text{K}
$$

可见，绝热压缩使温度升高了许多，这时只要向气缸中喷入柴油，不需点火，柴油就会燃烧，从而省去了专门的点火装置。

6.4 循环过程 卡诺循环

6.4.1 循环过程

热机工作的特征就是往复循环的周期运动，在一个周期运动中，热力学系统也经历了一系列过程又回到了过程的起点。下面看循环过程的定义。

系统由最初状态经历一系列的变化后又回到最初状态的整个过程称为循环过程，也可简称为循环。准静态（平衡）的循环过程，可用 $p-V$ 图上的一条闭合曲线来表示，如图6-15中的 $abcda$ 所示。

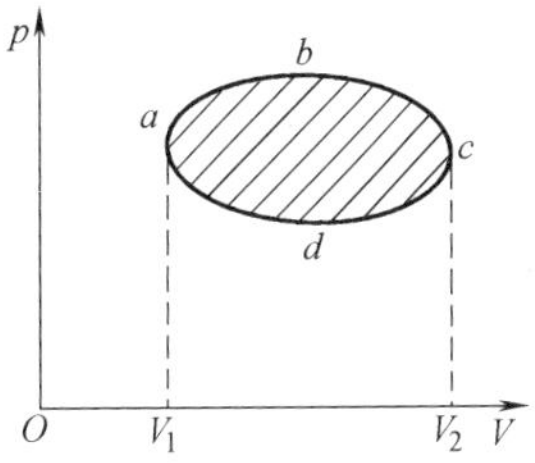

图 6-15

循环过程的特点：每完成一次循环系统热力学能保持不变，即 $\Delta E = 0$。根据热力学第一定律可知系统从外界吸收的净热量一定等于系统对外界所做的净功，或外界在系统的一次循环过程中对系统所做的功等于系统对外界放出的净热量，即 $Q = A$。请注意这里所用的“净”字的含意，以净热量为例，它是循环过程中吸热与放热之差。

循环的分类：循环分为两类，分别是正循环和逆循环。

正循环：在 $p-V$ 图上，若循环进行的过程曲线沿顺时针方向，则称为正循环，也叫顺时针循环或热机循环。

逆循环：在 $p-V$ 图上，若循环进行的过程曲线是沿逆时针方向，则称为逆循环。也叫逆时针循环或制冷循环。

1. 系统实现正循环的外部条件

为了对循环过程的特点进行深入分析，我们可以认为循环是由多个分过程组成的。为了满足准静态过程的状态变化要求，外界的温度必须始终随系统温度的变化而仅保持一个微小的差别。因此，在一次循环中，系统通常要和一些温度不同，甚至是一系列只有微小温度差的恒温热源（也叫热库）发生热接触，与它们进行热量的交换，从一些热源吸收热量，而向另外一些热源放出热量。这里所说的恒温热源是指无论怎样进行热交换，都不会改变温度的热力学系统。

对于正循环，如图6-15所示，系统在 abc 过程中所接触的热源温度较高，这些热源称为高温热源，在 cda 过程中所接触的热源温度较低，称为低温热源。系统要完成循环，外界必须提供高温热源供系统吸热和低温热源供系统放热。

需要说明的是：这里所说的高温热源或低温热源往往不是单一温度的热源，而是一系列恒温热源组成的系统。因为系统循环到不同的阶段所需要的热源的温度是不同的。

2. 热机工作原理

系统在 abc 过程中热力学能增加，同时对外做功 A_1（图6-15中曲线 abc 与 $V_1 \sim V_2$ 段之间的面积），因而将从高温热源吸热，用 Q_1 表示热量绝对值；而系统在 cda 过程中热力学能在减少，同时外界对系统做功 A_2（图6-15中曲线 cda 与 $V_1 \sim V_2$ 段之间的面积），因而将向低温热源放热，用 Q_2 表示其绝对值。系统对外界所做的净功 $A = A_1 - A_2 > 0$，它等于 $p - V$ 图中循环曲线 $abcda$ 所包围的面积（图6-15中的阴影区域的面积）。根据热力学第一定律，有

$$A = Q = Q_1 - Q_2 \tag{6-82}$$

显然，当系统经历一次正循环后，系统从高温热源吸入热量 Q_1，将其一部分用于对外做净功 A，剩下一部分热量 Q_2 向低温热源放出。这正是热机的工作原理。图6-16表明了热机工作过程中能量的流动与转移。所谓热机就是能利用系统（在工程上也称为工质）通过正循环，不断地把从外界吸收的热量的一部分转化为有用功，从而完成热-功转换的机器，如蒸汽机、内燃机等，统称为热机。因此，正循环也称为热机循环。

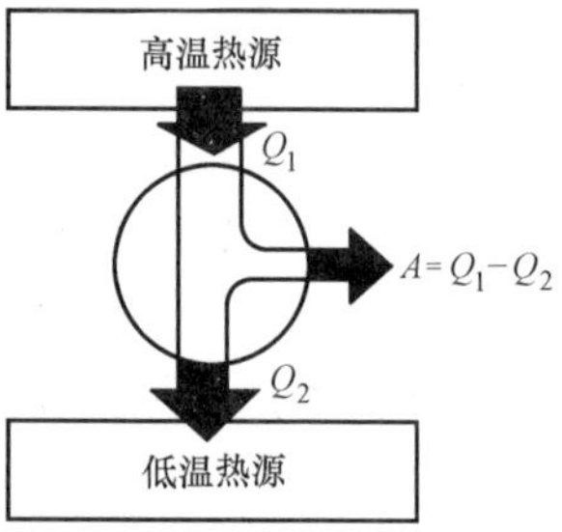

图 6-16

3. 热机的效率

反映热机最重要性能的物理量就是热机的效率。热机效率在理论和实践上都是很重要的，热机效率的定义是，在一次循环中工质对外做的净功与它从高温热源吸收热量的比值，即

$$\eta = \frac{A}{Q_1} \tag{6-83}$$

因净功 $A = Q_1 - Q_2$，上式还可表示为

$$\eta = 1 - \frac{Q_2}{Q_1} \tag{6-84}$$

在实际应用中，根据已知条件可以选择上面两个式子中的一个进行计算。

6.4.2 卡诺循环

卡诺循环是一种理想循环，它对实际热机的研制具有重要的指导意义，也为热力学第二定律的建立奠定了基础。

1. 卡诺循环的构成

卡诺循环由两个等温和两个绝热的平衡过程组成（见图6-17）。在循环过程中，工作物质

（系统或工质）只和温度为 T_1 的高温热源和温度为 T_2 的低温热源交换热量，按卡诺循环运行的热机和制冷机，分别称为卡诺热机和卡诺制冷机。

2. 卡诺热机的效率

图 6-17 表示的是卡诺正循环（热机循环），在 1→2 等温膨胀过程中，系统从温度为 T_1 的高温热源吸入热量 Q_{12}，在 3→4 等温压缩过程中，系统向温度为 T_2 的低温热源放出热量 $|Q_{34}|$，2→3 和 4→1 均为绝热过程，$Q_{23}=Q_{41}=0$，如果参与循环的是理想气体，由等温过程的热量公式

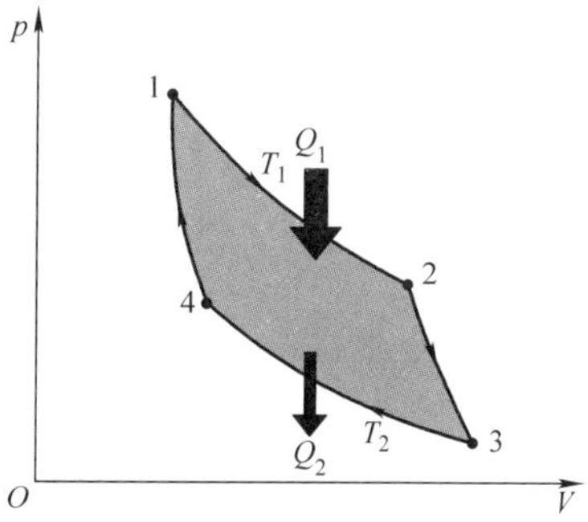

图 6-17

$$Q_1=Q_{12}=\nu RT_1\ln\frac{V_2}{V_1} \tag{6-85}$$

$$Q_2=|Q_{34}|=\nu RT_2\ln\frac{V_3}{V_4} \tag{6-86}$$

得到卡诺热机的效率

$$\eta_c=1-\frac{Q_2}{Q_1}=1-\frac{T_2\ln\frac{V_3}{V_4}}{T_1\ln\frac{V_2}{V_1}} \tag{6-87}$$

因系统的状态 2、3 和状态 4、1 分别是两个绝热过程的初末态，所以可用绝热过程方程 $TV^{\gamma-1}=$ 常量来联系，即

$$T_1V_2^{\gamma-1}=T_2V_3^{\gamma-1} \tag{6-88}$$

$$T_1V_1^{\gamma-1}=T_2V_4^{\gamma-1} \tag{6-89}$$

两式相除可得

$$\frac{V_2}{V_1}=\frac{V_3}{V_4} \tag{6-90}$$

代入 η_c 的表达式，可得

$$\eta_c=1-\frac{T_2}{T_1} \tag{6-91}$$

卡诺热机的效率后来被证明是在相同温度差的高、低温热源之间工作的热机的最大效率。它为我们指明了提高热机效率的基本方法：或者提高高温热源的温度，或者降低低温热源的温度。显然，实用的方法只有提高高温热源的温度一种。继蒸汽机后发明的内燃机就是在上面这个公式的指导下实现的。

6.4.3 制冷机的工作原理与制冷系数

1. 实现逆循环的外部条件

如图 6-18 所示，对于逆循环，系统在 *adc* 过程中热力学能在增加，同时对外做功，因而将从低温热源吸热 Q_2；系统在 *cba* 过程中热力学能在减少，同时外界对系统做功，因而将向高温热源放热 Q_1。根据热力学第一定律，可得外界对系统所做的功为

$$A=Q=Q_1-Q_2 \tag{6-92}$$

因此，系统要实现逆循环，外界必须提供一个低温热源和一个高温热源以供系统吸热与放热。同

时外界要对系统做正功。

2. 制冷机的工作原理

和正循环相反，系统（或工质）做逆循环时，系统对外界做的净功 $A=A_1-A_2$ 为负，也就是外界对系统做正功，系统从外界吸收的净热量 Q 为负，也就是系统向外界放热。在逆循环的过程中，系统从低温热源吸入热量 Q_2，并以外界做功 A 为代价，以热量 $Q_1=Q_2+A$ 向高温热源放出。这正是制冷机的工作原理。所谓制冷机就是利用外界对系统（工质）做功，使部分外界（低温热源）通过放热得到冷却或维持较低温度的机器。因此，逆循环也称制冷循环。按制冷循环工作的机器有冰箱、空调等。图 6-19 表明了制冷机工作过程中能量的流动与转移。

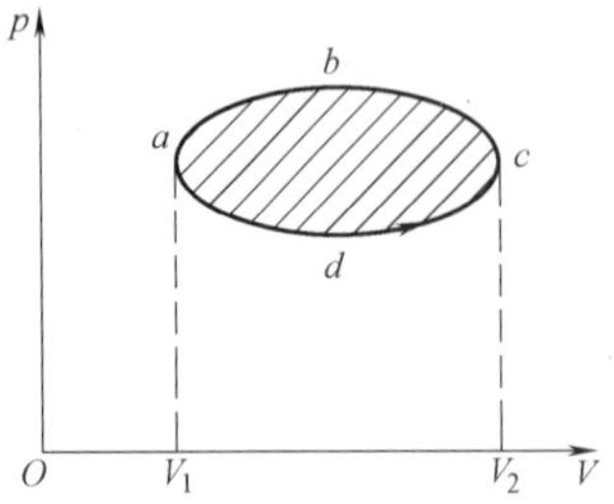

图 6-18

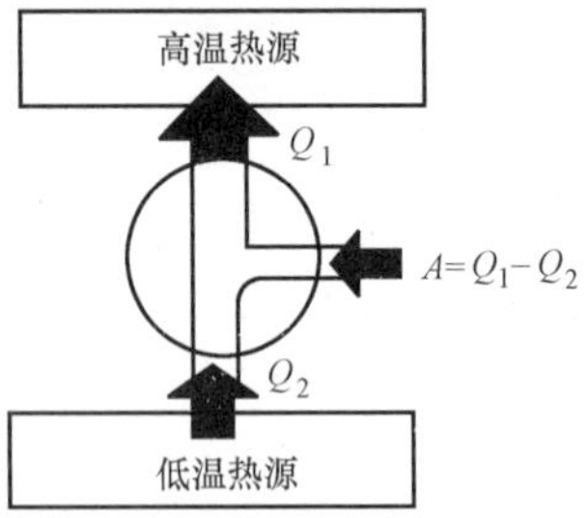

图 6-19

3. 制冷系数

反映制冷机最重要性能的物理量是其制冷系数。制冷系数定义为：在一次循环中系统从低温热源吸收的热量与外界对系统做的净功的比值，用 ω 表示，即

$$\omega=\frac{Q_2}{A} \tag{6-93}$$

因外界做功 $A=Q_1-Q_2$，上式还可表示为

$$\omega=\frac{Q_2}{Q_1-Q_2} \tag{6-94}$$

在实际应用中，根据已知条件可以选择上面两个式子中的一个进行计算。

需要注意的是，热机的效率总是小于 1 的，而制冷机的制冷系数则往往是大于 1 的。在学习效率和制冷系数的公式时，应该注意二者在定义上有一个共同点，那就是都把人所获取的效益放在分子上，而付出的代价则放在分母上，人们总是追求更高的热机效率和制冷系数。

4. 卡诺制冷机的制冷系数

如果理想气体进行卡诺制冷循环时，只要把图 6-17 中的箭头全部反向即可示意。从低温热源吸热

$$Q_2=Q_{43}=\nu RT_2\ln\frac{V_3}{V_4} \tag{6-95}$$

向高温热源放热

$$Q_1=|Q_{12}|=\nu RT_1\ln\frac{V_2}{V_1} \tag{6-96}$$

故卡诺制冷机的制冷系数

$$\omega_c=\frac{Q_2}{Q_1-Q_2}=\frac{T_2}{T_1-T_2} \tag{6-97}$$

上式提示我们，低温热源的温度越低，制冷系数就越小，要进一步制冷就越困难。因此，制冷机

的制冷系数不是由机器性能唯一决定的，它还与外界条件有关。高、低温热源之间的温差越大，制冷系数就越小，制冷的能耗就越大。

5. 热泵

热泵是制冷机的一种巧妙的应用。我们注意到，制冷机的制冷系数是完全可以大于 1 的。假设制冷系数为 5，则外界对系统做 1J 的功就可以从低温热源吸收 5J 的热量，在高温热源放出的热量就是 6J。因此，如果我们将制冷机反过来应用于制热（如取暖），使用 1J 的电能就可以在其高温热源获得 6J 的热能。这时的制冷机就成为热泵。单冷空调在夏天使用是制冷，它是制冷机；在冬天我们可以将空调调换安装（即将散热装置安于室内），它就是一个热泵了。

物理知识应用案例：常见热机效率

循环过程的理论阐述了热机和制冷机的工作原理，同时也为我们指明了计算热机效率和制冷机制冷系数的方法。大学物理的学习，要求掌握这两个物理量的计算方法。下面通过例题来帮助读者掌握这些方法。

【例 6-7】 斯特林发动机（Stirling Engine），是一种由外部供热使气体在不同温度下做周期性压缩和膨胀的封闭往复式发动机。斯特林循环是由两个准静态等温过程和两个准静态等容过程组成的，逆斯特林循环是回热式制冷机的常用工作模式。如图 6-20 所示，一定量的理想气体经历的准静态循环过程由以下四个过程组成：(1) 等温压缩（1→2）；(2) 等容降温（2→3）；(3) 等温膨胀（3→4）；(4) 等容升温（4→1）。试求这个循环的制冷系数。

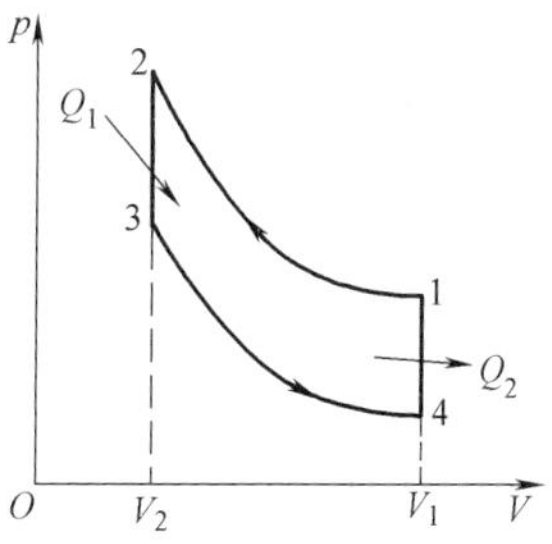

图　6-20

【解】 这个循环中气体在两个等体过程中与外界交换的热量的代数和是零，在 3→4 等温膨胀过程中气体从低温热源吸取的热量为

$$Q_2 = \frac{m}{M}RT_2\ln\frac{V_1}{V_2}$$

在 1→2 等温压缩过程中，气体向外界放出的热量为

$$Q_1 = \left|\frac{m}{M}RT_1\ln\frac{V_2}{V_1}\right| = \frac{m}{M}RT_1\ln\frac{V_1}{V_2}$$

根据热力学第一定律，在整个循环中，外界对气体所做的净功为

$$A = Q_1 - Q_2 = \frac{m}{M}R\ (T_1 - T_2)\ \ln\frac{V_1}{V_2}$$

所以，该循环的制冷系数为

$$\omega = \frac{Q_2}{A} = \frac{T_2}{T_1 - T_2}$$

顺便指出，这个循环称为逆向斯特林循环，是回热式制冷机的工作循环。

【例 6-8】 在燃烧汽油的四冲程内燃机中进行的循环由下列过程组成：首先，将汽油与空气的混合气吸入气缸；然后对混合气体进行急速压缩；当压缩混合气的体积最小时用电火花点火使混合气爆燃；爆燃气体放出的热量，使气缸中气体的温度、压强迅速增大，从而推动气缸活塞对外做功。做功后的废气被排出气缸，再吸入新的混合气体进行下一次循环。

显然，实际的循环并非由同一工质完成，而且还经过了燃烧，气缸内的气体发生了化学变化。但在理论上研究上述实际过程中的能量转化关系时，往往用一定质量、被看作理想气体的空气进行的下述准静态过程代替（见图 6-21）。

(1) 绝热压缩过程 1→2：活塞自上向下移动（见图 6-5），将吸入气缸的混合气体自 1 状态压缩至 2 状态；

(2) 等容吸热过程 2→3：当混合气体压缩至 2 状态时，用电火花引爆混合气体，气体压力随之突增。但由于爆炸时间极短，活塞移动距离极小，故将这一过程看成是等容增压过程；

(3) 绝热膨胀过程 3→4：爆炸后的气体压力巨大，这一巨大的压力推动活塞对外做功，同时压力也随着气体的膨胀而降低。这一过程看作绝热膨胀过程；

(4) 等容放热过程 4→1：开放排气口，气体的压力将骤然降至外界大气压力。这一过程看作等容降压过程。

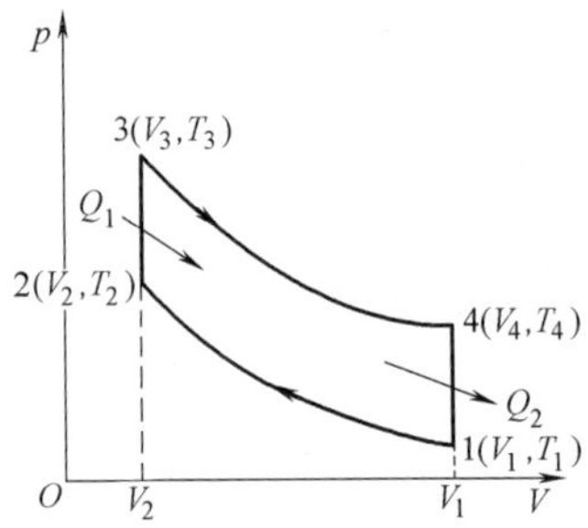

图 6-21

上述四个准静态过程构成的理想循环过程叫作奥托循环，试计算奥托循环的效率。

【解】 这个循环中吸热和放热只在两个过程中进行。在 2→3 等容过程气体吸收的热量为

$$Q_1=\frac{m}{M}C_{V,\mathrm{m}}(T_3-T_2)$$

在 4→1 等体过程气体放出的热量为

$$Q_2=\frac{m}{M}C_{V,\mathrm{m}}(T_4-T_1)$$

代入热机效率公式，得

$$\eta=1-\frac{Q_2}{Q_1}=1-\frac{T_4-T_1}{T_3-T_2}$$

由于 1→2 和 3→4 都是绝热过程，因此有

$$\frac{T_2}{T_1}=\left(\frac{V_1}{V_2}\right)^{\gamma-1}$$

$$\frac{T_3}{T_4}=\left(\frac{V_1}{V_2}\right)^{\gamma-1}$$

可得

$$\frac{T_3}{T_4}=\frac{T_2}{T_1}=\frac{T_3-T_2}{T_4-T_1}=\left(\frac{V_1}{V_2}\right)^{\gamma-1}$$

$$\eta=1-\frac{1}{(V_1/V_2)^{\gamma-1}}$$

现将 V_1/V_2 称为绝热压缩比，用 R 表示，即得

$$\eta=1-\frac{1}{R^{\gamma-1}}$$

由此可见，该循环的效率完全由绝热压缩比 R 决定，并随 R 的增大而增大。

【例 6-9】 狄塞尔循环（定压加热循环） 德国工程师狄塞尔（Diesel，1858—1913）于 1892 年提出了压缩点火式内燃机的原始设计。所谓压缩点火式就是使燃料气体在气缸中被压缩使它的温度超过它自己的燃点温度（例如，气缸中气体温度可升高到 600～700℃，而柴油燃点为 335℃）。这时燃料气体在气缸中一面燃烧，一面推动活塞对外做功。1897 年他最早制成了以煤油为燃料的内燃机，后改用柴油为燃料，这就是我们通常所称的柴油机。四冲程柴油机的理想工作过程如图 6-22 所示，$a\to b$ 为绝热压缩（由于绝热压缩比 $V_0/V_1=15$ 很大，所以 b 点的相对体积很小，压强很大），$b\to c$ 为等压膨胀（c 点的压强与 b 点的压强相同，在循环中温度最高），$c\to d$ 为绝热膨胀，$d\to a$ 为等容降压。已知绝热压缩比 $k_1=V_0/V_1=15$，绝热膨胀比 $k_2=V_0/V_2=$

5，求循环效率和循环一周气体对外所做的功。

【解】 $a \to b$ 和 $c \to d$ 为绝热过程，不吸热也不放热。

$b \to c$ 是等压吸热过程，所吸收的热量为

$$Q_1 = \nu C_{p,\mathrm{m}}(T_c - T_b)$$

$d \to a$ 是等容放热过程，所放出的热量为

$$Q_2 = \nu C_{V,\mathrm{m}}(T_d - T_a)$$

因此，循环效率为

$$\eta = 1 - \frac{Q_2}{Q_1} = 1 - \frac{T_d - T_a}{\gamma(T_c - T_b)}$$

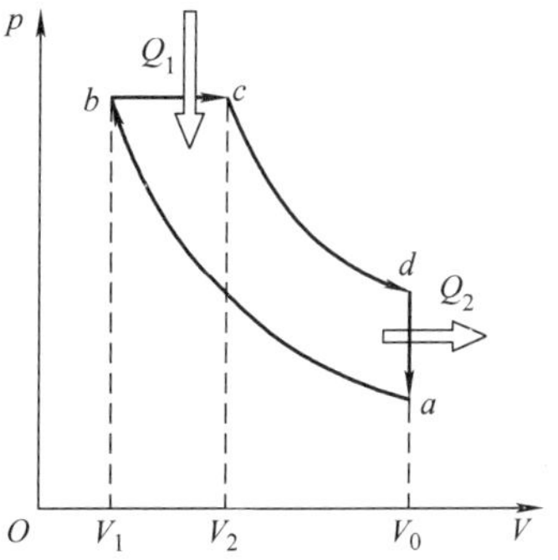

图 6-22

其中 $\gamma = C_{p,\mathrm{m}}/C_{V,\mathrm{m}}$。根据理想气体绝热过程的体积与温度的关系 $TV^{\gamma-1}$ = 常量，对于绝热过程 $a \to b$ 可得

$$T_a V_0^{\gamma-1} = T_b V_1^{\gamma-1}$$

即

$$T_a = T_b/k_1^{\gamma-1},\ T_d = T_c/k_2^{\gamma-1}$$

因此，循环效率为

$$\eta = 1 - \frac{T_c/k_2^{\gamma-1} - T_b/k_1^{\gamma-1}}{\gamma(T_c - T_b)}$$

等压过程 $b \to c$ 的方程为

$$\frac{T_b}{T_c} = \frac{V_1}{V_2} = \frac{k_2}{k_1}$$

循环效率为

$$\eta = 1 - \frac{1/k_2^{\gamma} - 1/k_1^{\gamma}}{\gamma(1/k_2 - 1/k_1)}$$

可见，循环效率由绝热压缩比和绝热膨胀比以及比热容比决定。

气体吸收的热量为

$$Q_1 = \frac{m}{M}C_{p,\mathrm{m}}T_b\left(\frac{T_c}{T_b} - 1\right) = \frac{m}{M}C_{p,\mathrm{m}}T_b\left(\frac{k_1}{k_2} - 1\right) = \frac{m}{M}C_{V,\mathrm{m}}T_b k_1 \gamma\left(\frac{1}{k_2} - \frac{1}{k_1}\right)$$

可得

$$Q_1 = \frac{m}{M}RT_a\ \frac{i}{2}k_1^{\gamma}\gamma - \left(\frac{1}{k_2} - \frac{1}{k_1}\right)$$

循环一周气体对外所做的功为 $A = \eta Q_1$，即

$$A = \frac{m}{M}RT_a\ \frac{i}{2}k_1^{\gamma}\left[\gamma - \left(\frac{1}{k_2} - \frac{1}{k_1}\right) - \left(\frac{1}{k_2} - \frac{1}{k_1}\right)\right]$$

可见：功也由绝热压缩比和绝热膨胀比以及比热容比（或自由度 i）决定。

由于狄塞尔循环没有绝热压缩比 $k_1 < 10$ 的限制，故其效率可大于奥托循环。柴油机比汽油机笨重而能发出较大功率，因而常作为大型货车、工程机械、机车和船舶的动力装置。

6.5　热力学第二定律

6.5.1　中学物理知识回顾

1. 自然过程的方向性

（1）自发过程的单向性是自然规律　经验告诉我们，自然界中自发发生的热力学过程都具有

方向性，都只能单向进行。例如，由于功热转换（机械能转换为热运动的能量）是可以自发进行的（如通过摩擦），所以功热转换过程是自发过程。在这个自发的功热转换过程中过程进行的方向是功转换成热，而热不可能自发转换成功！热从高温物体传到低温物体是可以自发进行的，也是一个自发过程。这个自发的热传导过程进行的方向只能是热从高温物体传到低温物体，而热量从低温物体自发地传到高温物体是不可能的。

（2）自发热力学过程方向性的微观意义 为什么宏观热力学过程都沿着确定的方向进行？这和热力学研究的对象是大量无规则热运动粒子组成的系统有关。从微观角度来看，任何热力学过程都伴随着大量粒子无序运动状态的变化。自发过程的方向性则说明大量粒子运动无序程度变化的规律性。下面就几种典型的自发热力学过程实例定性加以说明。

1）功热转换：功转变为热是机械能转变为热力学能的过程。从微观角度看，功相当于粒子做有规则的定向运动（叠加在无规则热运动之上），而热力学能相当于粒子做无规则热运动。因此，功转变为热的过程是大量粒子的有序运动向无序运动转化的过程，这是可能的。从宏观角度看是自发进行的，而相反的过程则是不可能的。因此，功热转换的自发过程是向着无序度增大的方向进行的。

2）热传导：两个温度不同的物体放在一起，热量将自动地由高温物体传向低温物体，最后使它们处于热平衡状态，具有相同的温度。温度是粒子无规则热运动的剧烈程度即平均平动动能大小的宏观标志。初态温度较高的物体，粒子的平均平动动能较大，粒子无规则热运动比较剧烈，而温度较低的物体，粒子的平均平动动能较小，粒子无规则热运动不太剧烈。显然，这两个物体的无规则热运动都是无序的，而无序的程度是不同的，但是我们还是可以按平均平动动能的大小来区分它们的。到了末态，两个物体具有相同的温度，粒子无规则热运动的无序度是完全相同的。因此，若用粒子平均平动动能的大小来区分它们是不可能的，也就是说末态与初态比较，两个物体组成的系统的无序度增大了，这种自发的热传导过程是向着无规则热运动更加无序的方向进行的。

3）气体绝热自由膨胀：自由膨胀过程是粒子系统从占有较小空间的初态转变到占有较大空间的末态。在初态，粒子系统占有较小的空间，粒子空间位置的不确定性较小，无序度也较小；在末态，粒子系统占有较大的空间，粒子空间位置的不确定性较大，无序度也较大。因此，气体绝热自由膨胀过程自发地沿大量粒子的无规则热运动更加无序的方向进行。

通过上面的分析可知，一切自发的热力学过程总是沿着无序度增大的方向进行的，这是过程不可逆性的微观本质。

（3）自发过程的不可逆性 一个热力学系统经历一个过程，从状态 A 变到状态 B，如果能使系统进行逆向变化，从状态 B 又回到状态 A，且外界也同时恢复原状，我们称状态 A 到状态 B 的过程为可逆过程。如果系统和外界不能完全恢复原状，哪怕只有一点点不能恢复原状，那么从状态 A 到状态 B 的过程称为不可逆过程。可见可逆过程的要求是非常苛刻的，只是一种理想过程。一切实际的热力学过程都是不可逆过程。

单纯的无摩擦机械运动过程都是可逆过程。例如，单摆做无阻尼（无摩擦）的来回往复运动，从任一位置出发后，经一个周期又回到原来的位置，且对外界没有产生任何影响，因此单摆的无阻尼摆动是可逆过程。又例如，无摩擦的准静态热力学过程也是可逆过程。因为在准静态的正过程与逆过程中，对于每一个微小的中间过程，系统与外界交换的热量和做的功都正好相反，当通过准静态的逆过程使系统的末态返回初态时，正过程中给外界留下的痕迹在逆过程中正好被一一消除，使外界也完全恢复了原状。

2. 热力学第二定律及其两种常用表述

任何热力学过程都必须遵守热力学第一定律，即包含热量在内的能量转化和守恒定律，违反热力学第一定律的热力学过程是绝对不可能发生的。然而遵守热力学第一定律的热力学过程是不是就一定能实现呢？例如，热量可以由高温物体自发地传向低温物体，却不能自发地由低温物体传向高温物体；运动物体的机械能可以通过克服摩擦力做功而转化为热能，却从未见到过静止物体吸收热量并将其自动地转化成机械能而运动起来；在容器中被隔在一半空间内的气体，当抽开隔板向另一半空间扩散后，也未发现全部气体会自动收缩回到原来的一半空间。上述未能发生的几个例子，都没有违反热力学第一定律。事实说明，自然界中自发进行的热力学过程都具有方向性，通过实践人们总结出了表达热力学自发过程进行方向的热力学第二定律。它的表述可以有多种方式，但其中最有代表性的是开尔文表述和克劳修斯表述这两种。

（1）热力学第二定律的开尔文表述　系统不可能从单一热源吸收热量并全部转变为功而不产生其他影响。

这里所谓“不产生其他影响”是指除了吸热做功，即有热运动的能量转化为机械能外，不再有任何其他的变化，或者说热转变为功是唯一的效果。尽管准静态的等温膨胀过程有 $Q=A$，实现了完全的热功转换，也就是将吸入的热量全部转变为功，但该过程使系统的体积发生了变化，也就是产生了其他影响。因此，这并不违反热力学第二定律。在上一节中讨论的热机循环过程，高温热源放出热量 Q_1，其中 Q_1-Q_2 对外做净功 A，经过一次循环后系统恢复了原状，但另有 Q_2 的热量从高温热源传给低温热源，引起了外界的变化，故也没有违反热力学第二定律。历史上曾有人试图制造效率 $\eta=1$ 的热机，即只吸热做功而不放热（$Q_2=0$）的热机，这种热机在一次循环后，除了高温热源放出的热量 Q_1 全部对外做了功 $A=Q_1$ 外，系统恢复了原状，而对外界没有产生任何其他的影响。显然，这是违反热力学第二定律的开尔文表述的。因此，我们把这种效率 $\eta=1$、使用单一热源的热机称为第二类永动机。所以，热力学第二定律的开尔文表述，也可以说成是单一热源的热机或第二类永动机是不可能制成的。

（2）热力学第二定律的克劳修斯表述　热量不可能自动地从低温物体传向高温物体而不引起其他影响。

这里需要强调的是“自动”二字，它的含义是除了有热量从低温物体传到高温物体之外，不会产生其他的影响。我们日常使用的冰箱，它能将热量从冷冻室不断地传向温度较高的周围环境，从而达到制冷的目的。但这不是自动进行的，必须以消耗电能，使外界对其做功为代价，产生了其他的影响，因而并不违反热力学第二定律的克劳修斯表述。

6.5.2 开尔文表述与克劳修斯表述的等效性

开尔文表述主要针对热功转换的方向性问题，而克劳修斯表述则主要针对热传导的方向性问题。事实上，自然界的热力学过程是多种多样丰富多彩的，因此，原则上可以针对每一个具体的热力学过程进行的方向性问题提出一种相应的表述来。各种表述之间存在着内在的联系，由一个热力学过程的方向性可以推断出另一个热力学过程的方向性。

为了说明开尔文表述和克劳修斯表述的等效性，我们可以从如下两个角度考虑来进行证明：①违背克劳修斯表述的，也必定违背开尔文表述；②违背开尔文表述的，也必定违背克劳修斯表述。

设有一台工作在高温热源 T_1 与低温热源 T_2 之间的卡诺热机，在一次循环过程中，从高温热源吸热 Q_1，向低温热源放热 Q_2，同时对外做功 $A=Q_1-Q_2$，如图 6-23a 所示。

假定克劳修斯表述不成立，则可以将热量 Q_2 自动地从低温热源传向高温热源，而不产生其他影响。那么在一次循环结束时，把上述两个过程综合起来的唯一效果将是从高温热源放出的热量 Q_1-Q_2 全部变成了对外做功 $A=Q_1-Q_2$，导致了开尔文表述的不成立。

设有一台工作在高温热源 T_1 与低温热源 T_2 之间的卡诺制冷机，在一次循环过程中，通过外界对其做功 A 使 Q_2 的热量从低温热源放出，而高温热源吸收的热量为 $Q_1=Q_2+A$，如图 6-23b 所示。假定开尔文表述不成立，则可以在不产生其他影响的情况下将从高温热源放出的热量 $Q=A$ 全部用于对外做功，那么在一次循环结束时，把上述两个过程综合起来的唯一效果将是从低温热源放出的热量 Q_2 自动传给了高温热源，而不产生其他影响，导致克劳修斯表述也不成立。

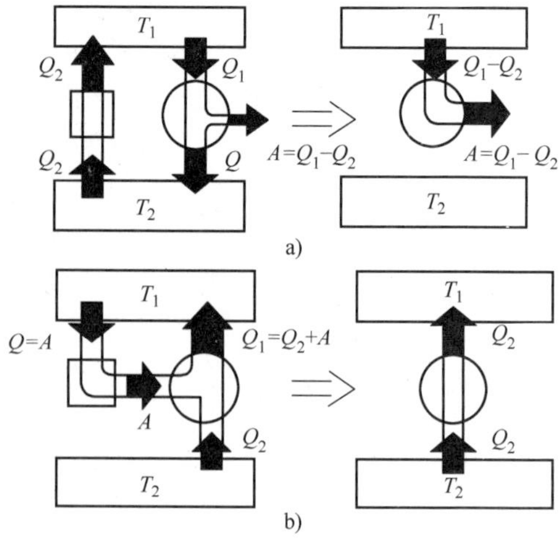

图 6-23

另外，我们还可利用开尔文表述来说明气体是不可自动压缩的。所谓气体的自动压缩，是指在没有外界影响的情况下，气体自行减小原有的活动空间，或者说当体积减小后不引起外界的任何变化。由于没有外界影响，也就没有系统与外界之间的做功或传热等能量交换，压缩后达到平衡的气体应有热力学能不变，对于理想气体还应有温度保持不变。因此，气体的自动压缩是始末平衡态温度相同的自发压缩。与气体的自动压缩相反的过程是气体的自由膨胀过程。如图 6-24所示，装在绝热气缸 A 室中的平衡态理想气体，在抽掉隔板后向真空 B 室扩散的过程，就是自由膨胀过程。这个过程是在绝热（$Q=0$）和对外不做功（$A=0$）条件下自发进行的，所以气体的热力学能不变，始、末平衡态温度相同，故又称为绝热自由膨胀过程。绝热自由膨胀后的气体不会自己回到原来的状态，即气体是不可自动压缩的。但可以在气缸导热的情况下，通过等温压缩回到初始状态。但此过程需要外界对气体系统做功，并有等量的热量传给外界。也就是说，系统恢复原状的同时，对外界伴随产生了功热转换的其他影响。根据开尔文表述，本该传给外界的热量不可能完全转变为功，从而使先前做功的外界也恢复原状。因此，气体的自发膨胀与自发的压缩也有方向性，即可以自发膨胀而不可以自发压缩。

6.5.3 热力学第二定律的统计意义

1. 宏观态与微观态 热力学概率

（1）宏观态与微观态的定义 以系统的分子数分布而不区分具体的分子来描写的系统状态叫热力学系统的宏观态；以分子数分布并且区分具体的分子来描写的系统状态叫热力学系统的微观态。

在热力学系统中，由于存在大量粒子的无规则热运动，任一时刻各个粒子处于何种运动状态完全是偶然的，而且又都随时间无规则地变化。系统中各个粒子运动状态的每一种分布，都代表系统的一个微观态，系统的微观态的数目是大量的，在任意时刻系统随机地处于其中任意一个微观态。

下面以图 6-25 所示的情况为例来进一步加以说明。假设容器中体积相等的 A、B 两室内有 a、b、c、d 一共 4 个全同的分子，它们在 A、B 两室内的分布情况共有 16 种方式。具体分布如下：

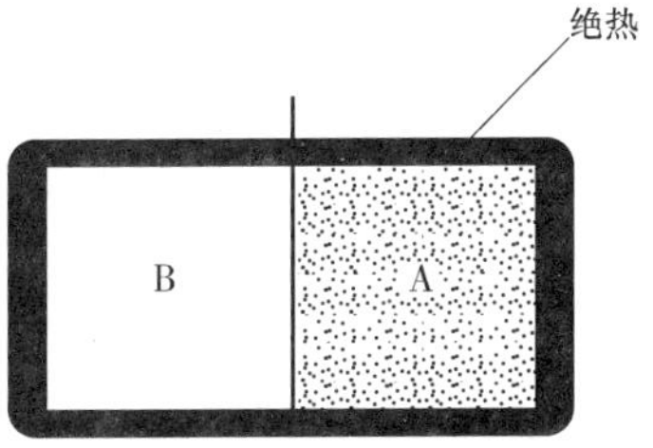

图 6-24

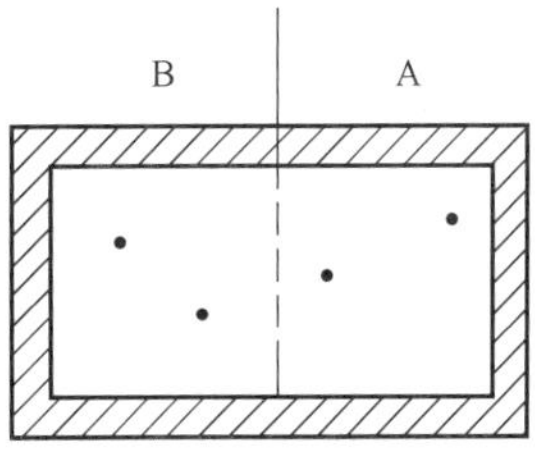

图 6-25

$$(0,4)\xrightarrow{1}(0,\text{abcd})$$

$$(1,3)\xrightarrow{4}\{(\text{a},\text{bcd});(\text{b},\text{acd});(\text{c},\text{abd});(\text{d},\text{abc})\}$$

$$(2,2)\xrightarrow{6}\{(\text{ab},\text{cd});(\text{bd},\text{ac});(\text{cd},\text{ab});(\text{bc},\text{ad});(\text{ac},\text{bd});(\text{ad},\text{bc})\}$$

$$(3,1)\xrightarrow{4}\{(\text{bcd},\text{a});(\text{acd},\text{b});(\text{abd},\text{c});(\text{abc},\text{d})\}$$

$$(4,0)\xrightarrow{1}(\text{abcd},0)$$

在上面的分布表达中，如（2，2）表示一个宏观态（即A、B两室内各有2个分子但不区分具体分子），而（ab，cd）表示一个微观态（a和b分子在A室内，c和d分子在B室内）。由此可清楚地看出，不同的宏观态包含着不同数量的微观态，其中以A、B两室各有2个分子的宏观态包含的微观态数目最多（6个），而以4个分子全部分布在A室或全部分布在B室的宏观态所包含的微观态数目最少（都是1个）。箭头上标注的数字表示了各宏观态所包含微观态数目的情况。如果将其推广到A、B两室共有N个分子的情况，可以证明：微观态的总数目共有2^N个，其中A室中有$N_A(\leqslant N)$个分子的宏观态包含的微观态的数目为$\dfrac{N!}{N_A!\ (N-N_A)!}$。

（2）等概率原理（假设）　一个给定的宏观态可以随机地处于它所包含的任何一个微观态。宏观态所包含的微观态数目越多，就越难确定所处的微观态，即系统越是无序，越是混乱。统计物理学假定，在孤立系统中，所有微观态出现的概率都是相等的。这个假设也叫作等概率（几率）原理，它表明，包含微观态数目越多越是无序的宏观态，出现和被观察到的概率就越大。

（3）热力学概率（几率）　某一宏观态出现的概率可用该宏观态所包含的微观态数目与系统所有微观态数目之比来表示。然而，在很多时候我们并不使用这种归一化的概率，而将宏观态所包含的微观态数目叫作热力学概率，常用Ω表示。

2. 平衡态的统计意义

（1）平衡态的统计意义　以前面的例子来看，A、B两室中分子数均匀分布或接近均匀分布的宏观态包含的微观态数目最多，特别是当总分子数N很大（量级为10^{23}）时，这种分子数均匀分布或接近均匀分布的宏观态几乎占据了全部微观态，这种宏观态的热力学概率最大。如图6-26所示，纵坐标Ω表示热力学概率（微观态的数目），横坐标N_A表示在A室中分布的分子数。

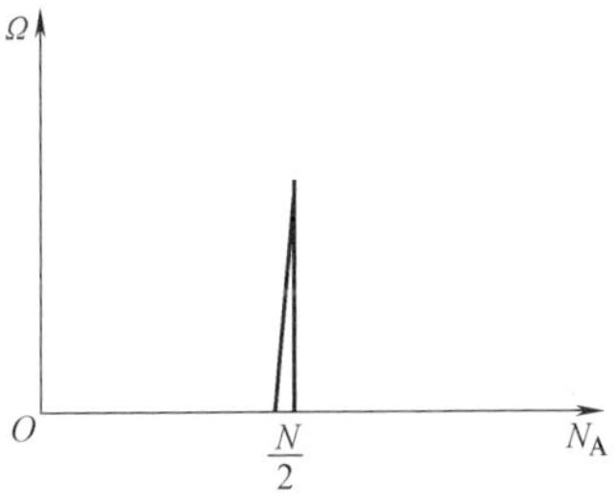

图 6-26

如图6-26所示分子均匀分布的宏观态包含的微观态数目最大，出现的概率最大，这种宏观态就是我们实际观察到的所谓平衡态。因此，从统计意义上讲平衡态就是包含微观态数目最多的宏观态，这就是平衡态的统计意义。

（2）统计涨落 平衡态包含的微观态数目最多，出现的概率也最大。然而，从图 6-26 中我们可以看到，在平衡态附近的其他宏观态所包含的微观态数目也不少，它们出现的概率也是很大的。因此，一个实际的热力学系统不可能时刻处于绝对的平衡态，而是在平衡态附近变化，这种变化称为统计涨落。统计涨落可以通过实验进行观察，一个最著名的实验就是布朗运动。

3. 热力学第二定律的统计意义

用一个宏观态包含的微观态数目的多少，也就是出现概率的大小，可以重新认识热功转换、热传导以及气体绝热自由膨胀等自发热力学过程的方向性或者不可逆性。回顾图 6-24 所示的气体绝热自由膨胀过程，气体的初状态是一个（0，N）的宏观态，最后达到平衡时末状态是一个（$N/2$，$N/2$）的宏观态。显然，初态的热力学概率最小，而末态的热力学概率最大，整个绝热自由膨胀过程就是系统由小概率的宏观态向大概率的宏观态变化的过程，一旦系统达到了热力学概率最大的末态，要回到小概率的初态是不可能的（概率为$\frac{1}{2^N}$，实在太小），因此系统不可能反向变化，只能单向进行。这就是自发过程只能单向进行的原因。

更深入的分析可以得出如下普遍的结论：孤立系统内部发生的过程（自发进行的过程），总是由包含微观态数目较少的宏观态（初状态），向包含微观态数目较多的宏观态（末状态）方向变化，或者由出现概率较小的宏观态向出现概率较大的宏观态方向进行。这就是热力学第二定律的统计解释。

对于由大量分子构成的系统而言，宏观态包含的微观态数目往往很大，这不利于实际计算。为此，玻耳兹曼引进了熵的概念，并定义系统的熵为

$$S \equiv k\ln\Omega \tag{6-98}$$

式中，S 是系统的熵；k 是玻耳兹曼常量。系统的一个宏观态有确定的微观态数目，它的熵也就是确定的，因此熵与系统的热力学能一样，也是一个与系统状态相关的态函数。

从定义式，我们可以看到系统的熵越大必然微观态数目越大，系统的混乱程度也就越大。因此，熵的物理意义是系统无序性或混乱度大小的量度。

熵还有其他的定义方式，在大学物理中不要求掌握。不管以什么形式来定义系统的熵，它的物理意义都是表示系统混乱程度的大小。

根据热力学第二定律，孤立系统内部发生的过程（总是自发的），总是朝着微观态数目增加的方向进行的，即总是朝着熵增加的方向进行的。因此，应用熵的概念，可以将热力学第二定律表示为：孤立系统内部发生的过程，总是朝着熵增加的方向进行的，这个结论称为熵增加原理，即

$$\Delta S \geqslant 0 \tag{6-99}$$

式中，大于号对应于不可逆过程，等号对应于可逆过程。熵增加原理可以认为是热力学第二定律的数学表达。

同时，读者也应该注意到熵增加原理只是表明了孤立系统的熵永不减少，对于开放系统而言，熵是可以增加或减少的。比如，水蒸气放热冷却凝结成水的过程，熵就是减少的，水再结成冰，熵继续减少。显然冰的分子排列整齐，混乱程度最小，熵也是最小的。反之，冰熔化再蒸发成水蒸气的过程就是一个熵增加的过程。

本章总结

1. 理想气体的压强和温度

$$p = \frac{1}{3}nm\overline{v^2} = \frac{2}{3}n\overline{\varepsilon_t} = nkT,\ \overline{\varepsilon_t} = \frac{3}{2}kT$$

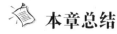

2. 能量按自由度均分定理

理想气体在温度为 T 的平衡态下，分子运动的每一个自由度都平均分得$\frac{1}{2}kT$的能量，称为能量按自由度均分定理。

理想气体的热力学能（状态量）$E=\nu\frac{i}{2}RT$

3. 功和热量（过程量）

准静态过程的功：$\delta A=p\mathrm{d}V,\ A=\int_{V_1}^{V_2}p\mathrm{d}V$

热量（x 表示某一过程，$C_{x,\mathrm{m}}$为摩尔热容）：

$$\delta Q_x=\nu C_{x,\mathrm{m}}\mathrm{d}T,\ Q=\int_{T_1}^{T_2}\nu C_{x,\mathrm{m}}\mathrm{d}T$$

$$C_{V,\mathrm{m}}=\frac{i}{2}R,\ C_{p,\mathrm{m}}=C_{V,\mathrm{m}}+R=\frac{i+2}{2}R,\ \gamma=\frac{C_{p,\mathrm{m}}}{C_{V,\mathrm{m}}}=\frac{i+2}{i}$$

热力学第一定律 $\mathrm{d}Q=\mathrm{d}E+\mathrm{d}A$

4. 理想气体的典型过程

等体、等压、等温、绝热过程

热机效率：
$$\eta=\frac{A}{Q_1}=\frac{Q_1-Q_2}{Q_1}=1-\frac{Q_2}{Q_1}$$

（Q_1为工质总吸热，Q_2 为总放热的绝对值）

制冷系数：
$$\omega=\frac{Q_2}{A}$$

（Q_2 为工质从低温热源吸收的热量，A 为外界做功的绝对值）

卡诺循环：由两个等温过程和两个绝热过程组成。

$$\eta_{\mathrm{c}}=1-\frac{T_2}{T_1},\ \omega_{\mathrm{c}}=\frac{Q_2}{A}=\frac{Q_2}{Q_1-Q_2}=\frac{T_2}{T_1-T_2}$$

习　　题

（一）填空题

6-1　在相同的温度和压强下，氢气（视为刚性双原子分子气体）与氦气的单位体积热力学能之比为________，氢气与氦气的单位质量热力学能之比为________。

6-2　A、B、C 三个容器中皆装有理想气体，它们的分子数密度之比为 $n_A:n_B:n_C=4:2:1$，而分子的平均平动动能之比为$\overline{\varepsilon}_{tA}:\overline{\varepsilon}_{tB}:\overline{\varepsilon}_{tC}=1:2:4$，则它们的压强之比 $p_A:p_B:p_C=$________。

6-3　2g 氢气与 2g 氦气分别装在两个容积相同的封闭容器内，温度也相同。（氢气分子视为刚性双原子分子）

（1）氢气分子与氦气分子的平均平动动能之比$\overline{\varepsilon}_{H_2}:\overline{\varepsilon}_{He}=$________________；

（2）氢气与氦气压强之比 $p_{H_2}:p_{He}=$________________；

（3）氢气与氦气热力学能之比 $E_{H_2}:E_{He}=$________________。

6-4　在 $p-V$ 图上

（1）系统的某一平衡态用________来表示；

（2）系统的某一平衡过程用________来表示；

（3）系统的某一平衡循环过程用________来表示。

6-5　如习题 6-5 图所示，已知图中画不同斜线的两部分的面积分别为 S_1 和 S_2，那么

（1）如果气体的膨胀过程为 $a\to1\to b$，则气体对外做功 $A=$________；

（2）如果气体进行 $a\to2\to b\to1\to a$ 的循环过程，则它对外做功 $A=$________。

6-6　某理想气体等温压缩到给定体积时外界对气体做功 $|A_1|$，又经绝热膨胀返回原来体积时气体对

外做功 $|A_2|$，则整个过程中气体

（1）从外界吸收的热量 $Q=$________；

（2）热力学能增加了 $E=$________。

6-7 如习题 6-7 图所示，一定量的理想气体经历 $a \to b \to c$ 过程，在此过程中气体从外界吸收热量 Q，系统热力学能变化 E，请在以下空格内填上“>0”或“<0”或“$=0$”：Q________，E________。

6-8 一定量的理想气体，从状态 A 出发，分别经历等压、等温、绝热三种过程由体积 V_1 膨胀到体积 V_2，试示意地画出这三种过程的 $p-V$ 图曲线。在上述三种过程中：

（1）气体的热力学能增加的是________过程；

（2）气体的热力学能减少的是________过程。

6-9 习题 6-9 图为一理想气体几种状态变化过程的 $p-V$ 图，其中 MT 为等温线，MQ 为绝热线，在 AM、BM、CM 这三种准静态过程中：

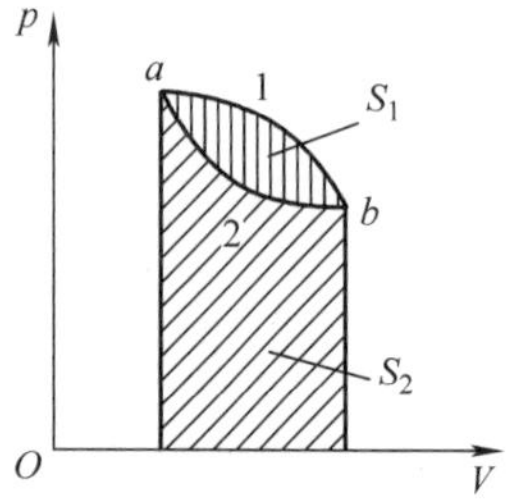

习题 6-5 图

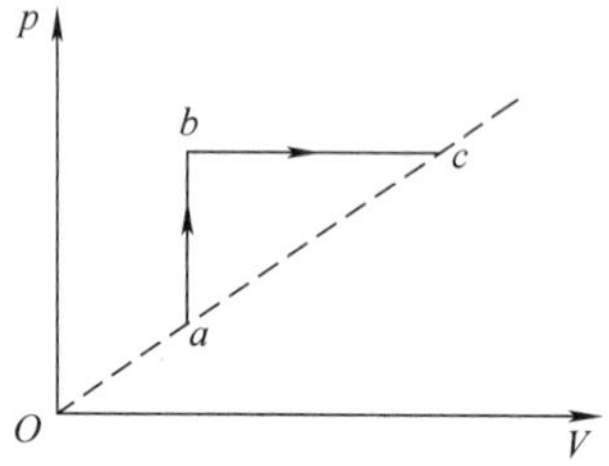

习题 6-7 图

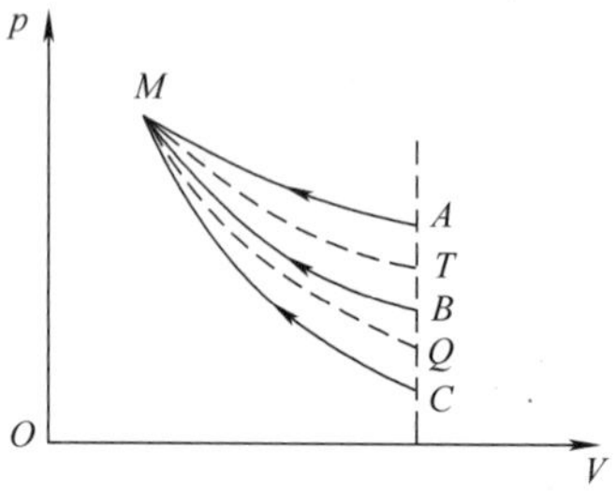

习题 6-9 图

（1）温度升高的是________过程；

（2）气体吸热的是________过程。

6-10 一定量的理想气体，从 $p-V$ 图上状态 A 出发，分别经历等压、等温、绝热三种过程由体积 V_1 膨胀到体积 V_2，试画出这三种过程的 $p-V$ 图曲线，如习题 6-10 图所示。在上述三种过程中：

（1）气体对外做功最大的是________过程；

（2）气体吸热最多的是________过程。

6-11 在大气中有一绝热气缸，其中装有一定量的理想气体，然后用电炉徐徐供热（见习题 6-11 图），使活塞（无摩擦地）缓慢上升。在此过程中，以下物理量将如何变化？（选用“变大”“变小”“不变”填空）

（1）气体压强____________________；

（2）气体分子平均动能____________________；

（3）气体热力学能____________________。

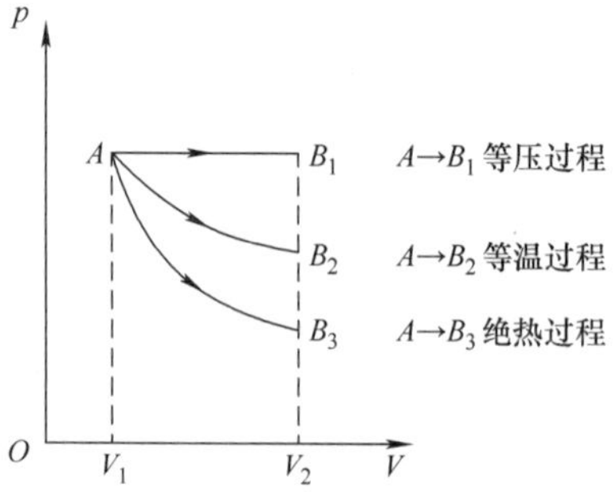

习题 6-10 图

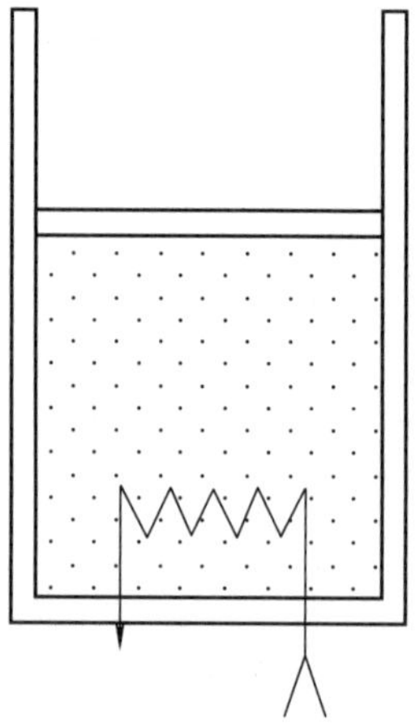

习题 6-11 图

6-12　有一卡诺热机，用290g空气为工作物质，工作在27℃的高温热源与-73℃的低温热源之间，此热机的效率$\eta=$________。若在等温膨胀的过程中气缸体积增大到2.718倍，则此热机每一循环所做的功为________。（空气的摩尔质量为$29\times10^{-3}\mathrm{kg\cdot mol^{-1}}$，摩尔气体常数$R=8.31\mathrm{J\cdot mol^{-1}\cdot K^{-1}}$）

（二）计算题

6-13　一瓶氢气和一瓶氧气温度相同，若氢气分子的平均平动动能为6.21×10^{-21}J，试求：（1）氧气分子的平均平动动能和方均根速率；（2）氧气的温度。

6-14　一密封房间的体积为$45\mathrm{m}^3$，室温为20℃，室内空气分子热运动的平动动能的总和是多少？如果气体的温度升高1.0K，而体积不变，则气体的热力学能变化多少？气体分子的方均根速率增加多少？（已知空气的密度$\rho=1.29\mathrm{kg\cdot m^{-3}}$，摩尔质量$M=29\times10^{-3}\mathrm{kg\cdot mol^{-1}}$，且空气分子可视为刚性双原子分子）

6-15　在容积为$2.0\times10^{-3}\mathrm{m}^3$的容器中，有热力学能为$6.75\times10^2$J的刚性双原子分子理想气体。

（1）求气体的压强；（2）若容器中分子总数为5.4×10^{22}个，求分子的平均平动动能及气体的温度。

6-16　将1mol理想气体等压加热，使其温度升高72K，传给它的热量等于1.60×10^3J，求：

（1）气体所做的功A；

（2）气体热力学能的增量ΔE；

（3）比热容比。（摩尔气体常数$R=8.31\mathrm{J\cdot mol^{-1}\cdot K^{-1}}$）

6-17　温度为25℃、压强为1atm的1mol刚性双原子分子理想气体，经等温过程体积膨胀至原来的3倍。（摩尔气体常数$R=8.31\mathrm{J\cdot mol^{-1}\cdot K^{-1}}$，$\ln3=1.0986$）

（1）计算这个过程中气体对外所做的功；

（2）假若气体经绝热过程体积膨胀为原来的3倍，那么气体对外做的功又是多少？

6-18　2mol氢气（视为理想气体）开始时处于标准状态，后经等温过程从外界吸收了400J的热量，达到末态。求末态的压强。（摩尔气体常数$R=8.31\mathrm{J\cdot mol^{-1}\cdot K^{-1}}$）

6-19　空气由压强为1.5×10^5Pa，体积为$5.0\times10^{-3}\mathrm{m}^3$，等温膨胀到压强为$1.0\times10^5$ Pa，然后再经等压压缩到原来的体积。试计算空气所做的功。（$\ln1.5=0.41$）

6-20　0.02kg的氦气（视为理想气体），温度由17℃升为27℃。若在升温过程中，（1）体积保持不变；（2）压强保持不变；（3）不与外界交换热量。试分别求出气体热力学能的改变、吸收的热量、外界对气体所做的功。（摩尔气体常数$R=8.31\mathrm{J\cdot mol^{-1}\cdot K^{-1}}$）

6-21　一定量的单原子分子理想气体，从A态出发经等压过程膨胀到B态，又经绝热过程膨胀到C态，如习题6-21图所示。试求这全过程中气体对外所做的功、热力学能的增量以及吸收的热量。

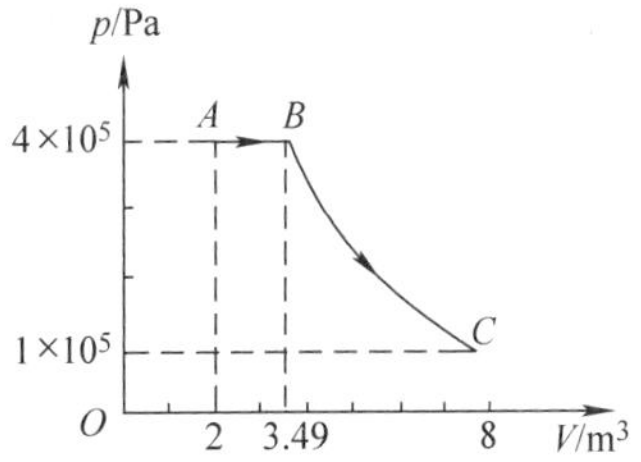

习题6-21图

6-22　气缸内有2mol氦气，初始温度为27℃，体积为20L。先将氦气定压膨胀，直至体积加倍，然后绝热膨胀，直至恢复初温为止。若把氦气视为理想气体，求：（1）在该过程中氦气吸热多少？（2）氦气的热力学能变化是多少？（3）氦气所做的总功是多少？

6-23　如习题6-23图所示的装置中，在标准大气压（1.0atm或1.01×10^5Pa）下的1.00kg的100℃的蒸汽。水的体积从初始的液体的$1.00\times10^{-3}\mathrm{m}^3$，变成了水蒸气的$1.671\mathrm{m}^3$。（1）在此过程中系统做了多少功？（2）在此过程中以热量的形式传递了多少能量？

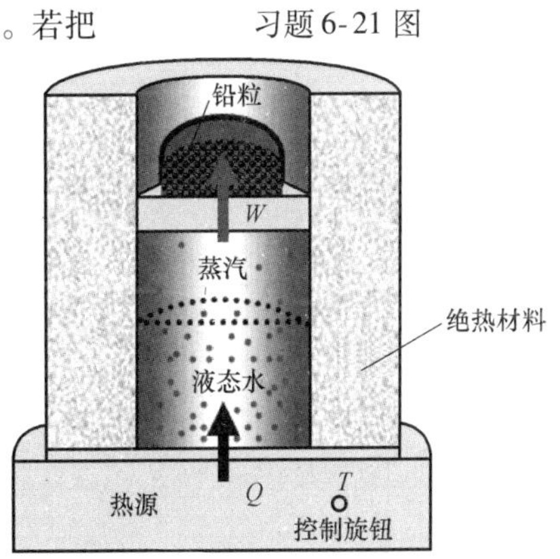

习题6-23图

6-24　1mol理想气体在$T_1=400\mathrm{K}$的高温热源与$T_2=300\mathrm{K}$的低温热源间做卡诺循环（可逆的），在400K的等温线上起始体积为$V_1=0.001\mathrm{m}^3$，终止体积为$V_2=0.005\mathrm{m}^3$，试求此气体在每一循环中

（1）从高温热源吸收的热量Q_1；

（2）气体所做的净功 A；

（3）气体传给低温热源的热量 Q_2。

6-25 一定量的单原子分子理想气体，从初态 A 出发，沿习题 6-25 图示直线过程变到另一状态 B，又经过等容、等压两过程回到状态 A。

（1）求 $A\to B$，$B\to C$，$C\to A$ 各过程中系统对外所做的功 A，热力学能的增量 ΔE 以及所吸收的热量 Q；

（2）整个循环过程中系统对外所做的总功以及从外界吸收的总热量（过程吸热的代数和）。

6-26 一定量的某种理想气体进行如习题 6-26 图所示的循环过程。已知气体在状态 A 的温度为 T_A = 300K，求

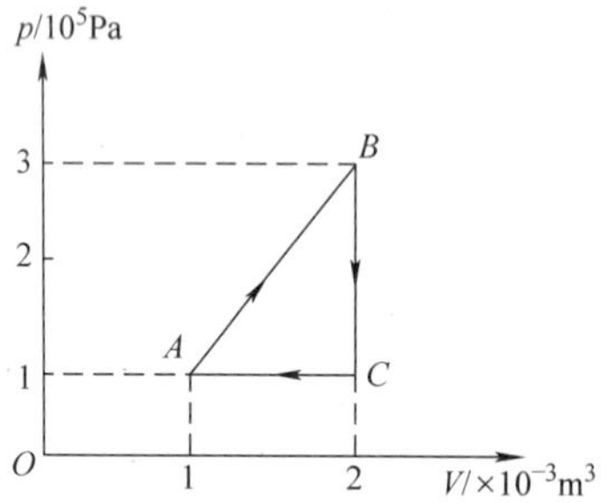

习题 6-25 图

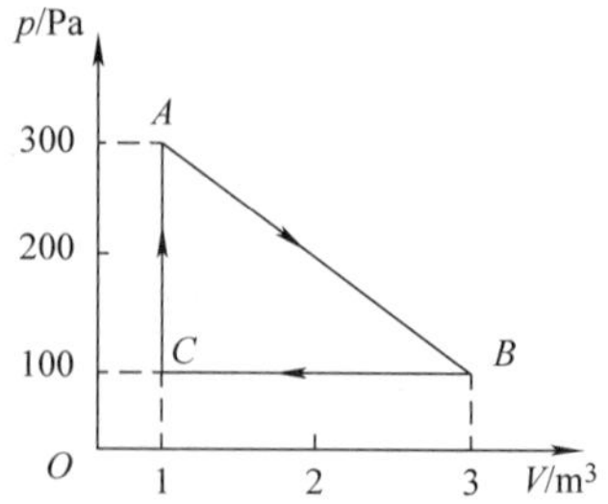

习题 6-26 图

（1）气体在状态 B 和状态 C 的温度；

（2）各过程中气体对外所做的功；

（3）经过整个循环过程，气体从外界吸收的总热量（各过程吸热的代数和）。

6-27 设想太阳是由氢原子组成的理想气体，其密度可看作均匀的。若此理想气体的压强为 1.35×10^{14}Pa，试估计太阳的温度。（已知氢原子的质量 $m=1.67\times10^{-27}$kg，太阳半径 $R=6.96\times10^{8}$m，太阳质量 $m_{sun}=1.99\times10^{30}$kg）

6-28 某些恒星的温度可达到约 1.0×10^{8}K，这也是发生聚变反应（也称热核反应）所需的温度。在此温度下，恒星可视为由质子组成。问：

（1）质子的平均动能是多少？

（2）质子的方均根速率为多大？

6-29 在太阳的大气中，温度和压强分别是 2.00×10^{6}K 和 0.0300Pa。计算那里的自由电子（质量 $m=9.11\times10^{-31}$kg）的方均根速率。（设太阳的大气是理想气体）

6-30 一个大热气球的容积为 $2.1\times10^{4}\text{m}^3$，气球本身和负载质量共 4.5×10^{3}kg，若其外部空气温度为 20℃，要想使气球上升，其内部空气最低要加热到多少度？（已知标准状态下的空气密度 $\rho_0=1.29\text{kg}\cdot\text{m}^{-3}$）

6-31 假设在地壳两极之一的附近挖一个深井，那里地表的温度为 −40℃，到达的深处的温度为 800℃。（1）工作在这两个温度之间的一台热机的效率的理论极限是什么？（2）如果所有以热量形式存在的能量释放到低温热源中用来融化初温为 −40℃ 的冰，一个 100MW 功率的动力工厂（视其为热机）生产 0℃ 液态水的速率是多少？冰的比热容为 $2220\text{J}\cdot\text{kg}^{-1}\cdot\text{K}^{-1}$；冰的融化热为 $333\text{kJ}\cdot\text{kg}^{-1}$。（注意：在这种情况下，热机只能工作在 0℃ 和 800℃ 之间，冰的传热效率太低，应该以 0℃ 液态水为低温热源。）

6-32 一台热泵用来向一座建筑物供热。外面的温度为 −5.0℃，建筑物内的温度保持在 22℃。热泵的制冷系数是 3.8，热泵以热量形式每小时将 7.54MJ 热量释放到建筑物内。如果热泵是一台反向工作的卡诺热机，运行该热泵所需的功率是多少？

工程应用阅读材料——新能源技术

1. 能量的退化与能源

在一切热力学过程中，能量的传递和转换必须遵守能量守恒定律，即热力学第一定律，

至于这些能量的品质如何是不重要的。而热力学第二定律告诉我们，在不违反第一定律的前提下，不同品质的能量之间的传递和转换是有限制的。例如，在热机中，从高温热源吸收的热量 Q_1 不可能全部转化为对外做的净功 A，而必须乘以一个效率 η，其余的部分 Q_2，即 $(1-\eta)Q_1$，必须向低温热源放出，变成一种不好利用的能量，通常称这种情况为能量的退化。退化到一定程度的能量是不能再转化成有用功的。因此，人们把可以用来转化成有用功的能量叫作能源。提高热机的效率是提高能量品质的一种有效手段。但由于热机效率的提高是有限度的，所以人们在致力于提高热机效率的同时，也应当尽量减少能源的无谓消耗。

能源按其来源可分为三类：第一类是太阳能。除了直接的太阳辐射能之外，化石能源（煤、石油、天然气等）、生物质能、水能、风能、海洋能等能源也间接来自太阳能。第二类是蕴藏于地球本身的地热和核裂变能资源（铀、钚等）及核聚变能资源（氕、氘、氚等）。第三类是地球和月球、太阳等天体之间相互作用所形成的能量，如潮汐能。

社会的发展不仅是满足当代人的需要，还应考虑和不损害后代人的需要。这就是 1987 年联合国世界环境和发展大会提出的"人类社会可持续发展"概念的简要定义。因此，保护人类赖以生存的自然环境和自然资源，就成为各国共同关心的全球性问题。而当今人类正面临着有史以来最严峻的环境危机，这在很大程度上是由于能源发展，特别是化石能源的利用引起的。因此，今后世界的能源发展战略是发展多元结构的能源系统和高效、清洁的能源技术。

太阳能是一种巨大且对环境无污染的能源。季节、天气、纬度、海拔等影响着太阳的辐照强度，夜间根本无辐照，所以必须有很好的储能设备才能保证稳定的能量供应。太阳能的转换和利用方式有：光 - 热转换（太阳能热利用）、光 - 电转换（太阳能电池）和光 - 化学转换（光化学电池）。

风能是一种干净的可再生能源。利用风力可以发电、提水、助航、制冷和制热等。风力发电在技术上已日臻成熟。另外，在有条件的地区，海洋能、地热能也是人们积极开发利用的能源。

生物质能是绿色植物通过叶绿素将太阳能转化为化学能而储存在生物质内部的能量。它通常包括木材和森林工业废弃物、农业废弃物、水生植物、油料植物、城市与工业有机废弃物和动物粪便等。化石能源也是由生物质能转变而来的。生物质能的利用技术有：热化学转换技术、生物化学转换技术、生物质块压密成型技术和化学转换技术。

2. 新的能量转换技术

为了节约能量，更有效地利用能源，提高转换效率，改进能量的转换技术也属于新能源技术范畴。煤炭的流体化、磁流体发电以及燃料电池等，就是发展前景十分广阔的新能量转换技术。煤炭的气化、液化统称为煤炭的流体化，它是把煤炭由固体转换为气体、液体的能量转换技术。煤炭的流体化对于合理利用煤炭资源，提供理想的燃料或原料，减少环境污染，都具有十分重要的意义。煤炭的流体化包括煤炭的气化、煤炭的液化和煤气化联合循环发电技术等。磁流体发电是 20 世纪 50 年代发展起来的一项发电技术，其基本原理就是物理学中的霍尔效应。燃料电池是通过燃料化学燃烧的方式将化学能直接转换为电能的装置。燃料电池不需要中间机械能的转换过程，不受热力学中卡诺定理的限制，因而可获得较高的效率。早在 20 世纪 60 年代，燃料电池就已成功地用于航天技术。

第 7 章　真空中的静电场

7.1　库仑定律 电场强度

本书第 2 章简要地提到了四种基本力。从本章开始学习电磁力，包括电场力和磁场力。电荷和质量一样是描述物质属性的基本物理量。电磁相互作用是带电粒子的基本相互作用，我们先讨论电荷相对于观察者静止的情况，即电荷之间的相互作用力是静电力的情况。

7.1.1　中学物理知识回顾

1. 电荷的量子化

物体能产生电磁现象，应都归因于物体带上了电荷以及这些电荷的运动。电荷与物质密切相关。人们也正是通过对电荷的各种相互作用和效应的研究，才认识到电荷的如下一些基本性质。

（1）电荷的种类　实验指出，两根用毛皮摩擦过的硬橡胶棒互相排斥；两根用丝绸摩擦过的玻璃棒也互相排斥；可是，用毛皮摩擦过的硬橡胶棒与用丝绸摩擦过的玻璃棒互相吸引。这表明硬橡胶棒上的电荷和玻璃棒上的电荷是不同的。物理学家富兰克林通过分析这些实验现象提出：自然界中存在两种电荷：正电荷“+”（用丝绸摩擦过的玻璃棒所带的电荷）和负电荷“-”（用毛皮摩擦过的硬橡胶棒所带的电荷），同种电荷相互排斥，异种电荷相互吸引。根据现代物理学关于物质结构的理论我们知道，构成物体的最小单元——原子，是由原子核和电子构成。电子是带负电荷的粒子，而原子核中的质子是带正电荷的粒子。宏观物体失去电子会带正电荷，物体获得额外的电子将带负电荷。带电的物体叫带电体，使物体带电叫作起电，用摩擦方法使物体带电叫作摩擦起电。正、负电荷互相完全抵消的状态叫作中和。任何所谓不带电的物体，并不意味着其中根本没有电荷，而是其中具有等量异号的电荷，以致其整体处在中和状态，因此，对外界不呈现电性。

（2）电荷量　物体带电的多少或参与电磁相互作用电的强弱称为带电体所带电荷的电荷量，电荷量的单位是库仑（C）。1 库仑的电荷量规定为 1 安培的电流在 1 秒钟的时间内流过导线横截面的电荷量，即

$$1\text{C} = 1\text{A} \cdot 1\text{s} \tag{7-1}$$

电荷量是标量。那么，电荷量可以无限地分割吗?

（3）电荷的量子性　实验证明，在自然界中电荷的电荷量总是以一个基本单元的整数倍出现，电荷的这种特性叫作电荷的量子性。电荷的基本单元（元电荷）就是一个电子所带电荷量的绝对值：$1e = 1.602 \times 10^{-19}\text{C}$。任何物体所带电荷量一定是元电荷的正负整数倍。微观粒子所带的元电荷的数目（正整数或负整数）也叫作它们各自的电荷数。现代物理学理论认为，基本粒子中的强子是由若干种夸克或反夸克组成，而夸克或反夸克带有 $\pm e/3$ 或 $\pm 2e/3$ 的电荷量。然而，粒子物理学本身要求夸克不能单独存在，高能物理实验也没有发现自由的夸克（这种现象称为夸克禁闭）。因此，自由稳定的分数电荷不存在，电荷的量子性仍是一个得到认可的科学

结论。

由于电磁学理论主要研究宏观电磁现象，所涉及的电荷数通常是元电荷的许多许多倍。从微观原子尺度上看，这些元电荷离散地分布在物体内。但从宏观上看可以认为，电荷连续地分布在带电物体上，从而忽略电荷的量子性所引起的微观起伏。犹如宏观上看到的水是连续的，而微观上我们知道水是由一个个水分子组成的，水分子之间是有空隙的。宏观上对电荷的这种连续性处理非常有利于我们使用微积分方法来计算各种带电体的电场。下面看电荷满足的物理规律。

2. 电荷守恒定律

在使物体带电的过程中人们发现，正、负电荷总是同时出现，而且这两种电荷的电荷量一定相等。例如，当玻璃棒与丝绸摩擦时，玻璃棒总是出现正电荷，同时丝绸上则出现等量的负电荷。这表明，摩擦并不能产生电荷，只不过把原来聚集在一起的正、负电荷分开，使电荷从一个物体转移到另一个物体而已。又如在静电感应现象中，一个孤立导体两侧也总是同时感应出等量的正、负电荷。相反，如果让两个带有等量异号电荷的导体接触，则带负电导体上的多余电子将移到带正电的导体上去，从而使两导体对外不显电性。在这一过程中，正、负电荷的电荷量的代数和始终不变，即总和为零。摩擦起电和静电感应的实验表明，起电过程是电荷从一个物体（或物体的一部分）转移到另一物体（或同一物体的另一部分）的过程。从以上事实可以总结出如下的规律：对于一个系统，如果没有净电荷出入其边界，则该系统的正、负电荷的电荷量的代数和将保持不变，这一自然规律叫作电荷守恒定律。现代物理学的很多实验都证明了电荷守恒定律。例如，一个高能光子受到一个外电场影响时，该光子可以转化为一个正电子和一个负电子（电子对），其转化前后电荷量的代数和都为零；而一个正电子和一个负电子相遇时就会湮灭成光子，转化前后的电荷量代数和都为零。

3. 库仑定律

（1）点电荷模型　点电荷是一个理想模型，它是一个没有形状和大小而只带有电荷的物体。当一个带电体本身的线度比所研究的问题中涉及的距离小很多时，该带电体的形状对所讨论的问题没有影响或其影响可以忽略，该带电体就可以被看作是一个带电的点，即点电荷。点电荷是一个相对的概念，至于带电体的线度比相关的距离小多少时才能把它当作点电荷，要视问题所要求的精度而定。

（2）库仑定律的文字表述　1785 年，法国物理学家库仑利用扭秤实验直接测定了两个带电球体之间相互作用的电力（或叫库仑力）。在该实验的基础上，库仑确定了两个点电荷之间相互作用的规律，即库仑定律。它可以表述为：在真空中，两个静止的点电荷之间的相互作用力的大小与它们所带电荷量的乘积成正比，与它们之间距离的二次方成反比；作用力的方向沿着两点电荷的连线并且同号电荷相互排斥，异号电荷相互吸引。

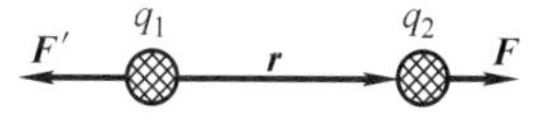

图　7-1

如图 7-1 所示，有两个点电荷，其电荷量分别为 q_1 和 q_2，下面我们研究 q_2 的力，此时称 q_1 为施力电荷，q_2 为受力电荷。设矢量 r 由 q_1 指向 q_2（由施力电荷指向受力电荷），则 q_2 所受的库仑力为

$$\boldsymbol{F} = \frac{1}{4\pi\varepsilon_0}\frac{q_1 q_2}{r^2}\boldsymbol{r}^0 \tag{7-2}$$

式中，r 是矢量 $\boldsymbol{r}$ 的大小，即两个点电荷之间的距离；$\boldsymbol{r}^0$ 是矢量 $\boldsymbol{r}$ 的单位矢量，即 $\boldsymbol{r}^0 = \frac{\boldsymbol{r}}{r}$。$\varepsilon_0$ 叫作真空电容率（或真空介电常数），它是电磁学的一个基本物理常数。

$$\varepsilon_0 = 8.854187818(71) \times 10^{-12}\,\mathrm{F \cdot m^{-1}} \tag{7-3}$$

讨论：

1）当 q_1 和 q_2 同号时，$q_1q_2>0$；$\boldsymbol{F}$ 与 $\boldsymbol{r}^0$ 同向，产生斥力；

2）当 q_1 和 q_2 异号时，$q_1q_2<0$；$\boldsymbol{F}$ 与 $\boldsymbol{r}^0$ 反向，产生引力；

3）电荷之间的相互作用遵守牛顿第三定律：$\boldsymbol{F}_{12}=-\boldsymbol{F}_{21}$。

4. 电场力的叠加原理

多个电荷之间的作用力满足如下规律。

电场力的独立作用原理 两个点电荷之间的作用力并不因第三个点电荷的存在而有所改变。

电场力的叠加原理 两个以上点电荷对一个点电荷的作用力，等于各个点电荷单独存在时对该点电荷作用力的矢量和，即

$$\boldsymbol{F}=\boldsymbol{F}_1+\boldsymbol{F}_2+\cdots+\boldsymbol{F}_n=\sum_{i=1}^{n}\boldsymbol{F}_i \tag{7-4}$$

由库仑定律可得

$$\boldsymbol{F}=\sum_{i=1}^{n}\frac{1}{4\pi\varepsilon_0}\frac{qq_i}{r_i^2}\boldsymbol{r}_i^0 \tag{7-5}$$

【例 7-1】 在氢原子中，电子和原子核的最大线度与它们之间的距离相比要小得多，因此都可以看成点电荷。已知电子与原子核之间的距离 $r=5.29\times10^{-11}\text{m}$，电子电荷量为 $-e$，电子质量 $m=9.11\times10^{-31}\text{kg}$。氢原子核即质子电荷量为 e，质量 $m_p=1.67\times10^{-27}\text{kg}$。试比较它们之间的静电引力 F_e 和万有引力 F_m 的大小。

【解】 根据库仑定律，得

$$F_e=\frac{1}{4\pi\varepsilon_0}\frac{e^2}{r^2}=9.0\times10^9\times\frac{(1.6\times10^{-19})^2}{(5.29\times10^{-11})^2}\text{N}=8.2\times10^{-8}\text{N}$$

根据万有引力定律，得

$$F_m=G\frac{m_pm}{r^2}=6.67\times10^{-11}\times\frac{9.11\times10^{-31}\times1.67\times10^{-27}}{(5.29\times10^{-11})^2}\text{N}=3.6\times10^{-47}\text{N}$$

二者比较，得

$$\frac{F_e}{F_m}=2.27\times10^{39}$$

电子与原子核之间的静电力远大于其间的万有引力，故在讨论电子与原子核之间的相互作用时，万有引力可以忽略不计。

库仑定律的适用范围很广，宏观物体诸如电缆以至于我们的人体，主要都是靠原子与分子间的库仑力（而不是引力）维系的。多亏有了库仑力的作用，电子和原子核才能够形成原子，原子和原子才能够形成分子。那么，原子核的情况又如何呢？我们知道：

$$Z(\text{原子数})+N(\text{中子数})=A(\text{质量数})$$

而核的大小约为

$$r\approx A^{\frac{1}{3}}\times10^{-15}\text{m}$$

每一对质子间（$\langle r\rangle_{p-p}=4.0\times10^{-15}\text{m}$）的库仑力为

$$F_e=\frac{1}{4\pi\varepsilon_0}\frac{e^2}{\langle r\rangle_{p-p}^2}=9.0\times10^9\cdot\frac{(1.6\times10^{-19})^2}{(4.0\times10^{-15})^2}\text{N}=14\text{N}$$

既然有排斥作用，Z 个质子又是怎么挤进这么小的空间范围内呢？事实是，在原子核中，除了电力之外还有一种称为核力的非电力，它比电力还要大，因而尽管有电的排斥力存在，原子核仍然能够把那些质子维系在一起。然而，核力是短程力——各核子间的力削弱得比 $1/r^2$ 还要急剧，这就产生了一个重要结果：如果原子核中所含质子数过多，原子核就会太大，便不能永远维

系在一起。铀就是这样一个例子，它含有92个质子，核力主要作用于每个质子（或中子）及其最近邻质子，而电力则作用在较大的距离上，使每个质子与核中所有其他质子之间都具有排斥力。在一个原子核中质子的数目越多，电的排斥力就越强，直到如同在铀的情况下，平衡已经那么脆弱，由于排斥性电力的缘故使得原子核几乎就要飞散了。这么一个核，如果稍微“轻轻敲”一下（就像可以通过送进一个慢中子而做到的那样），就会破裂成各带有正电荷的两片裂片，而这些裂片由于电排斥力而互相飞开。这样释放出来的能量，就是原子弹的能量，这种能量通常称为“核能”，但实际上却是当电力足以克服吸引性核力时所释放出来的“电”能。

对于核力，目前我们并没有完全搞清楚，我们所知道的是：它作用于一对核子（中子或质子）之间；力程甚短，仅在最近邻核子间起作用；它随着质量数 A 的增加而趋向饱和。

5. 电场

任何电荷的周围都存在着电场，相对于观察者静止的电荷，在其周围所激发的电场叫作静电场。静电场在真空中称为真空中的静电场。

（1）关于场　场既是一个数学概念也是一个重要的现代物理学概念。数学认为，在某一个空间内的每一点处都定义了一个量就是一个场，若这个量是矢量，这个场就是一个矢量场，若这个量是标量，这个场就是一个标量场。在经典物理学看来，场具有空间兼容性，即不同的场可以同时在同一个空间区域内存在，而粒子是具有空间排斥性的。场的空间兼容性将导致场的可叠加性，这些我们将在后面予以介绍。

（2）电场的提出　我们在推桌子时，通过手和桌子直接接触，把力作用在桌子上。马拉车时，通过绳子和车直接接触，把力作用到车上。在这些例子中，力都是存在于直接接触的物体之间的，这种力的作用叫作接触作用或近距作用。我们知道，两个点电荷之间存在着相互作用的库仑力。一个电荷对另一个电荷的库仑力是在两个电荷没有接触的情况下发生的。那么，这些力究竟是怎样传递的呢？围绕着这个问题，在历史上曾有过长期的争论。一种观点认为这类力不需要任何媒介，也不需要时间，就能够由一个物体立即作用到相隔一定距离的另一个物体上，这种观点叫作超距作用观点。另一种观点认为这类力也是近距作用，电力和磁力是通过一种充满在空间中的弹性媒质——“以太”来传递的。“以太”的存在没有实验的支持，超距作用的观点在解释电磁现象时也遇到了困难。为了克服这些困难，法拉第最早提出了场和力线的概念以试图解决电荷间相互作用力的传递问题。一个电荷之所以对另一个电荷有作用力是因为电荷要产生一个场，当其他电荷处于这个场中时这个场就对其有作用力，如图7-2所示。

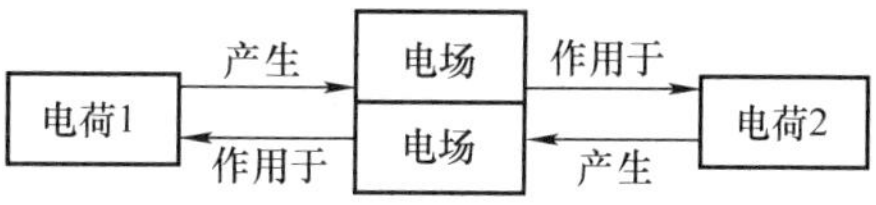

图　7-2

电荷作为电场的源，常称为场源电荷。

大量的实验事实证明，超距作用的观点是错误的。一电荷对另一电荷的作用需要一定的传递时间，不过，对于静止电荷之间的相互作用，因它不随时间变化，所以这种效应显示不出来。但是，如果电荷的分布发生变化或电荷发生运动时，它对另一个电荷的力的变化，将滞后一段时间。这一事实用场的观点很容易解释，当一处的电荷发生变化时，它在周围空间所激发的电场也将随之发生变化。电场作为一种特殊的物质，它的传递速度虽然很快（和光速一样，为 $3\times10^{8}\mathrm{m\cdot s^{-1}}$），但毕竟是有限的。因此，一处发生的电场扰动，需要经过一段时间才能传到另一处。例如，雷达就是根据电磁波在雷达站和飞机间来回一次所需的时间来测定飞机位置的。

现在，科学实验和广泛的生产实践完全肯定了场的观点，并证明电磁场可以脱离电荷和电流而独立存在；它具有自己的运动规律；电磁场和实物（即由原子、分子等组成的物质）一样具有能量、动量等属性；场的量子理论指出，电荷通过交换场量子——光子而相互作用。总之，电磁场是物质的一种形态。电磁场的物质性在它处于迅速变化的情况下（即在电磁波中）才能更加明显地表现出来，关于这个问题，我们将在后面详细讨论。本章只讨论相对于观察者静止的电荷在其周围真空空间产生的电场，即真空静电场。下一章我们将进一步讨论相对于观察者静止的电荷在其周围有物质（导体或绝缘体）的空间产生的电场，即讨论导体或绝缘体对静电场分布的影响。学习这两章时所遇到的处理问题的方法，其中不少对研究其他场（如磁场）也适用，它们具有相当普遍的意义。所以这两章是学好整个电磁场理论很重要的基础。

6. 电场强度

静电场的特点是它对场中其他电荷有作用力。我们将抓住这个特点来定义描述电场的物理量——电场强度。

（1）试验电荷

1）试验电荷。设有这样一种电荷，它满足：体积足够小，可以看成是点电荷，以至于可以把它放到电场中的某一个点（称为场点）上去测试它所受到的电场力；电荷量足够小，以至于把它放进电场中时对原来的电场几乎没有影响。这种电荷叫作试验电荷（常用 q_0 表示）。

2）试验电荷在静电场中的受力规律。当我们将试验电荷放进电场中来测量它所受到的电场力时，我们会发现如下的结果：

在同一个电场中不同的地方，试验电荷受力大小和方向一般不同，这说明电场是有强弱分布的，并且有方向性，它表明描述电场的物理量应该是一个矢量。

在同一个电场中的同一点处，试验电荷受力 F 是与其电荷量 q_0 成正比的。这个结果表明，试验电荷的受力与其电荷量的比值与试验电荷无关而只与场点位置有关，即只是场点位置的函数。这一函数从力的方面反映了电场本身所具有的客观性质。因此，我们将比值 $\boldsymbol{F}/q_0$ 定义为电场强度（简称场强），下面详细讨论电场强度。

（2）电场强度的定义　我们将比值

$$\boldsymbol{E}=\frac{\boldsymbol{F}}{q_0} \tag{7-6}$$

定义为电场的电场强度。将试验电荷放置在静电场中不同的地方，测量它的受力大小和方向，然后通过上面的定义式就可以得到该点处电场强度的大小和方向。一般来说，电场中空间不同点的电场强度，其大小和方向都可以不同。如果电场中空间各点的电场强度大小和方向都相同，这种电场叫作均匀电场，它是一种特殊情况。

电场强度的单位　在国际单位制中，电场强度的单位是伏特每米，符号为 V/m。也可以用牛顿每库仑（N/C）表示。

讨论

1）电场强度是矢量，它与试验电荷是否存在无关，它反映的是电场本身的属性。

2）根据电场强度的定义，若已知空间某处的电场强度，可计算出电荷 q 在该处所受的电场力为

$$\boldsymbol{F}=q\boldsymbol{E} \tag{7-7}$$

当 $q>0$ 时，$\boldsymbol{F}$ 与 $\boldsymbol{E}$ 方向相同；当 $q<0$ 时，$\boldsymbol{F}$ 与 $\boldsymbol{E}$ 方向相反。

表 7-1 给出了一些典型的电场强度值。

7. 电场强度的叠加原理

根据力的叠加原理，试验点电荷 q 在点电荷系电场中某一场点 P 所受的 n 个点电荷作用力的合力为

$$F = F_1 + F_2 + \cdots + F_n = \sum_{i=1}^{n} F_i$$

表 7-1　一些典型的电场强度值　（单位：N·C^{-1}）

室内电线附近	约 3×10^{-2}	雷雨云附近	约 10^4
无线电波内	约 10^{-1}	电视机的电子枪内	约 10^5
日光灯内	约 10	空气的电击穿强度	约 3×10^6
地表面附近	约 10^2	氢原子的电子所在处	6×10^{11}
太阳光内（平均）	约 10^3	铀核表面	2×10^{21}

所以电场强度为

$$\boldsymbol{E} = \frac{\boldsymbol{F}}{q} = \frac{\boldsymbol{F}_1}{q} + \frac{\boldsymbol{F}_2}{q} + \cdots + \frac{\boldsymbol{F}_n}{q} = \sum_{i=1}^{n} \frac{\boldsymbol{F}_i}{q} = \boldsymbol{E}_1 + \boldsymbol{E}_2 + \cdots + \boldsymbol{E}_n$$

$$\boldsymbol{E} = \sum_{i=1}^{n} \boldsymbol{E}_i \tag{7-8}$$

即在点电荷系电场中，某点的电场强度等于各个点电荷单独存在时在该点产生的电场强度的矢量和。此即为电场强度的叠加原理。

7.1.2　电场强度的计算

1. 单个点电荷的电场

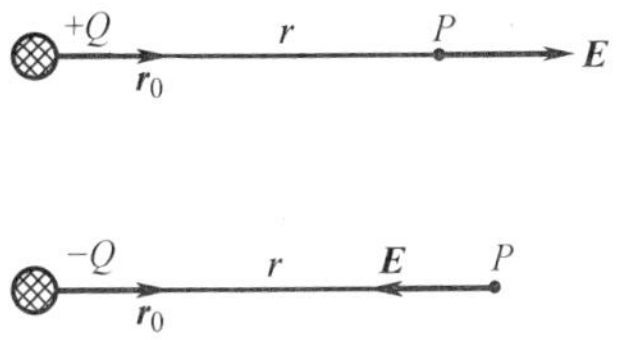

图　7-3

如图 7-3 所示，设场源为点电荷 Q，在与场源相距 r 处有一试验点电荷 q，则其所受到的库仑力为

$$\boldsymbol{F} = \frac{1}{4\pi\varepsilon_0}\frac{qQ}{r^2}\boldsymbol{r}^0$$

$\boldsymbol{r}^0$ 从 Q 指向 P。点 P 的电场强度为

$$\boldsymbol{E} = \frac{\boldsymbol{F}}{q} = \frac{1}{4\pi\varepsilon_0}\frac{Q}{r^2}\boldsymbol{r}^0 \tag{7-9}$$

当 $q>0$ 时，$\boldsymbol{E}$ 与 $\boldsymbol{r}^0$ 方向相同；当 $q<0$ 时，$\boldsymbol{E}$ 与 $\boldsymbol{r}^0$ 方向相反。

2. 点电荷系产生的电场

根据电场强度叠加原理，点电荷系所产生的总电场的电场强度应等于各个点电荷电场强度的矢量和。对于包含 n 个点电荷的点电荷系，第 i 个点电荷 q_i 在场点 P 产生的电场强度为

$$\boldsymbol{E}_i = \frac{\boldsymbol{F}_i}{q} = \frac{1}{4\pi\varepsilon_0}\frac{q_i}{r_i^2}\boldsymbol{r}_i^0$$

式中，r_i 为场点 P 到点电荷 q_i 的距离；$\boldsymbol{r}_i^0$ 为 q_i 到 P 场点的单位矢量。按电场强度叠加原理，总电场强度为

$$\boldsymbol{E} = \sum_{i=1}^{n} \frac{1}{4\pi\varepsilon_0}\frac{q_i}{r_i^2}\boldsymbol{r}_i^0 \tag{7-10}$$

这就是点电荷系电场强度的计算公式。

【例 7-2】　两个等量异号点电荷 $+q$ 与 $-q$，相距为 l，如果所讨论的场点与这一对点电荷之间的距离比 l 大得多，则这一对点电荷的总体就称为电偶极子。用 $\boldsymbol{l}$ 表示从负电荷到正电荷的矢量为电偶极子的轴线，电荷量 q 与 $\boldsymbol{l}$ 的乘积叫作电偶极矩，即 $\boldsymbol{p}=q\boldsymbol{l}$。试求电偶极子延长线上和中垂线上任一场点的电场强度。

【解】 (1) 如图7-4a所示，首先，计算电偶极子延长线上任一点A的电场强度。设点O为电偶极子轴的中心，$OA=r$，且$r>>l$，则$-q$与$+q$在点A产生的电场强度大小分别为

$$E_-=\frac{1}{4\pi\varepsilon_0}\frac{q}{\left(r+\frac{l}{2}\right)^2}$$

$$E_+=\frac{1}{4\pi\varepsilon_0}\frac{q}{\left(r-\frac{l}{2}\right)^2}$$

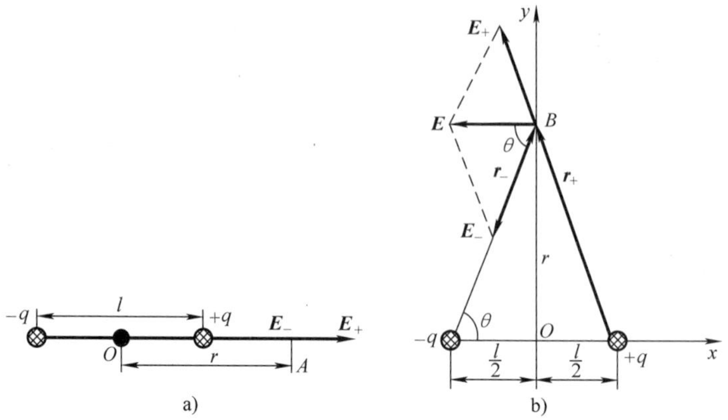

图 7-4

E_-和E_+在同一直线上，但指向相反，故点A的合电场强度E_A的大小为

$$E_A=E_+-E_-=\frac{1}{4\pi\varepsilon_0}\frac{q}{\left(r-\frac{l}{2}\right)^2}-\frac{1}{4\pi\varepsilon_0}\frac{q}{\left(r+\frac{l}{2}\right)^2}$$

$$=\frac{1}{4\pi\varepsilon_0 r^3}\frac{2ql}{\left(1-\frac{l}{2r}\right)^2\left(1+\frac{l}{2r}\right)^2}=\frac{1}{4\pi\varepsilon_0}\frac{2ql}{\left[1-\left(\frac{l}{2r}\right)^2\right]^2}$$

由于$r>>l$，故$l/(2r)<<1$，于是

$$E_A=\frac{2ql}{4\pi\varepsilon_0 r^3}=\frac{2p}{4\pi\varepsilon_0 r^3}$$

$\boldsymbol{E}_A$的指向与电偶极矩$\boldsymbol{p}$的方向相同，故有

$$\boldsymbol{E}_A=\frac{2\boldsymbol{p}}{4\pi\varepsilon_0 r^3}$$

(2) 如图7-4b所示，现在计算电偶极子中垂线上任一点B的电场强度。设$OB=r$，且$r>>l$，$+q$和$-q$在点B所产生的电场强度大小相等，即

$$E_+=E_-=\frac{1}{4\pi\varepsilon_0}\frac{q}{r^2+\left(\frac{l}{2}\right)^2}$$

总电场强度为$\boldsymbol{E}_B=\boldsymbol{E}_++\boldsymbol{E}_-$，为了求二者的矢量和，可取直角坐标系，将$\boldsymbol{E}_+$和$\boldsymbol{E}_-$分别投影到$x$、$y$方向后各自叠加，即得总场强的$x$、$y$两个分量$E_x$、$E_y$。不过根据对称性可以看出，$\boldsymbol{E}_+$和$\boldsymbol{E}_-$的$x$分量大小相等，方向一致（都沿$x$的负向）；$y$分量大小相等，方向相反。故

$$\begin{aligned} E_{By} &= 0 \\ E_B &= E_{Bx} = E_{+x} + E_{-x} \\ &= -E_+\cos\theta - E_-\cos\theta \\ &= -2E_+\cos\theta \end{aligned}$$

由图 7-4b 可以看出

$$\cos\theta = \frac{\frac{l}{2}}{\sqrt{r^2 + \left(\frac{l}{2}\right)^2}}$$

故

$$E_B = -\frac{1}{4\pi\varepsilon_0}\frac{ql}{\left[r^2 + \left(\frac{l}{2}\right)^2\right]^{\frac{3}{2}}}$$

$$\boldsymbol{E}_B = -\frac{1}{4\pi\varepsilon_0}\frac{\boldsymbol{p}}{\left[r^2 + \left(\frac{l}{2}\right)^2\right]^{\frac{3}{2}}}$$

当 $r >> l$ 时有

$$\boldsymbol{E}_B = -\frac{1}{4\pi\varepsilon_0}\frac{\boldsymbol{p}}{r^3}$$

上述结果表明：电偶极子的电场强度与距离 r 的三次方成反比，它比点电荷的场强随 r 递减的速度快得多。

3. 连续带电体产生电场的规律

对于连续带电体所产生的电场，我们可以根据电场强度叠加原理和数学中的微积分方法计算它的电场强度。

在带电体上取一电荷元 $\mathrm{d}q$，它在点 P 产生的电场强度为

$$\mathrm{d}\boldsymbol{E} = \frac{1}{4\pi\varepsilon_0}\frac{\mathrm{d}q}{r^2}\boldsymbol{r}^0 \tag{7-11}$$

式中，r 为 $\mathrm{d}q$ 指向场点 P 的矢量 $\boldsymbol{r}$ 的大小；$\boldsymbol{r}^0$ 为 $\boldsymbol{r}$ 的单位矢量。不同的电荷元指向点 P 的矢量 $\boldsymbol{r}$ 是不同的，因此，$\boldsymbol{r}$ 是一个变矢量。再根据电场强度的叠加原理，带电体在点 P 处产生的总电场强度应该为各个电荷元在点 P 产生的电场强度的矢量和。这种无限多个无限小矢量的矢量和是一个矢量积分

$$\boldsymbol{E} = \int \mathrm{d}\boldsymbol{E} = \int_Q \frac{1}{4\pi\varepsilon_0}\frac{\mathrm{d}q}{r^2}\boldsymbol{r}^0 \tag{7-12}$$

讨论：

由式（7-12）可得 $\boldsymbol{E}$ 的分量式

$$E_x = \int \mathrm{d}E_x, E_y = \int \mathrm{d}E_y, E_z = \int \mathrm{d}E_z \tag{7-13}$$

实际上，上述 $\boldsymbol{E}$ 的分量式为我们提供了 $\boldsymbol{E}$ 的计算方法，即先计算 $\boldsymbol{E}$ 的分量，再叠加得总场：$\boldsymbol{E} = E_x\boldsymbol{i} + E_y\boldsymbol{j} + E_z\boldsymbol{k}$。

为了描述连续带电体的电荷分布，我们引入电荷线密度、电荷面密度和电荷体密度的概念，分别表示线分布电荷的单位长度、面分布电荷的单位面积和体分布电荷的单位体积的带电量。电荷线密度定义为 $\lambda = \lim\limits_{\Delta l \to 0}\frac{\Delta q}{\Delta l} = \frac{\mathrm{d}q}{\mathrm{d}l}$，电荷面密度定义为 $\sigma = \lim\limits_{\Delta S \to 0}\frac{\Delta q}{\Delta S} = \frac{\mathrm{d}q}{\mathrm{d}S}$，电荷体密度定义为 $\rho = \lim\limits_{\Delta V \to 0}\frac{\Delta q}{\Delta V} = \frac{\mathrm{d}q}{\mathrm{d}V}$。应指出的是，以 ρ 为例，这里“$\Delta V \to 0$”是一种数学上的抽象，实际上只要 ΔV 在宏观

上看起来足够小就行了，但在其中还是包括了大量的微观带电粒子，Δq 就是它们带电荷量的代数总和。由此可见，电荷体密度的概念实际上包含了对一定的宏观体积取平均的意思。平均的结果，便从微观的不连续分布过渡到宏观的连续分布。

对应于连续带电体的线分布、面分布和体分布三种情况，式（7-12）可以化为如下三种形式：

线分布

$$dq = \lambda dl, \quad \boldsymbol{E} = \frac{1}{4\pi\varepsilon_0}\int_L \frac{\lambda dl}{r^2}\boldsymbol{r}^0 \tag{7-14}$$

面分布

$$dq = \sigma ds, \quad \boldsymbol{E} = \frac{1}{4\pi\varepsilon_0}\int_S \frac{\sigma ds}{r^2}\boldsymbol{r}^0 \tag{7-15}$$

体分布

$$dq = \rho dV, \quad \boldsymbol{E} = \frac{1}{4\pi\varepsilon_0}\int_V \frac{\rho dV}{r^2}\boldsymbol{r}^0 \tag{7-16}$$

4. 电场的计算

在本知识点中，将介绍使用叠加原理计算电场强度的方法，重点是微积分的使用。使用微积分计算电场强度的步骤大致如下。

1）建立坐标系：目的是便于表示电场强度的方向和选择积分变量；

2）选取电荷元：即对连续带电体进行微分（无限划分）；

3）写出电荷元在考察点的电场强度大小；

4）分析电荷元在考察点电场强度的方向：目的是为写分量做准备；

5）写出电荷元在考察点电场强度的各个分量：目的是为对各个分量积分做准备；

6）分别对各个分量积分，并在积分过程中选择恰当的积分变量和统一变量。

下面我们通过具体实例来体会电场的计算步骤：

【例 7-3】 若电荷 Q 均匀分布在长为 L 的细棒上，求：

（1）在棒的延长线，且离棒的中心为 r 处的电场强度；

（2）在棒的垂直平分线上，离棒的中心为 r 处的电场强度。

【解】 这是求连续带电体的电场中一点电场强度，建立坐标系，如图 7-5 所示。

（1）设 P_1 点为棒的延长线上，且离棒的中心为 r 的点。取电荷元 dq，其位置坐标为 x，电荷量 $dq=\lambda dx$，$\lambda=Q/L$，把 dq 看作点电荷，其在 P_1 点产生的电场强度为

$$dE = \frac{1}{4\pi\varepsilon_0}\frac{dq}{(r-x)^2} = \frac{1}{4\pi\varepsilon_0}\frac{\lambda dx}{(r-x)^2}$$

所有电荷元产生的场方向均为 x 方向，P_1 点处的电场强度为

$$\begin{aligned} E_{P_1} &= \int_L dE = \int_{-\frac{L}{2}}^{\frac{L}{2}} \frac{1}{4\pi\varepsilon_0}\frac{\lambda dx}{(r-x)^2} \\ &= \frac{\lambda}{4\pi\varepsilon_0}\left[\frac{1}{r-L/2} - \frac{1}{r+L/2}\right] \\ &= \frac{1}{\pi\varepsilon_0}\frac{Q}{4r^2-L^2} \end{aligned}$$

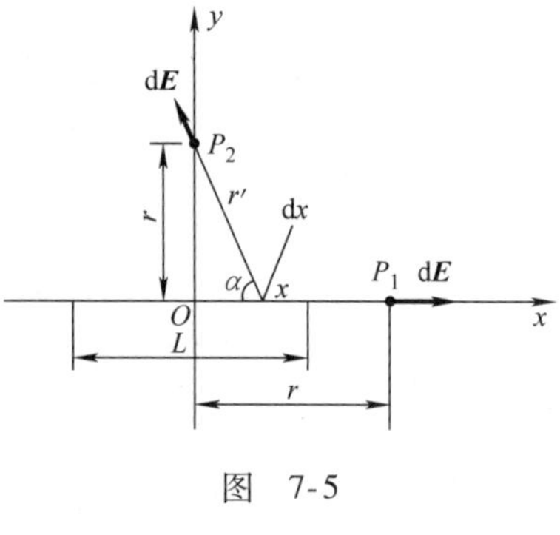

图　7-5

（2）设 P_2 点为在棒的垂直平分线上，且离棒的中心为 r 的点。棒上 x 处电荷元在 P_2 点产生的场强为

$$\mathrm{d}E=\frac{1}{4\pi\varepsilon_0}\frac{\mathrm{d}q}{r'^2}=\frac{1}{4\pi\varepsilon_0}\frac{\lambda\mathrm{d}x}{r'^2}$$

其中 r' 为电荷元到 P_2 点的距离，且 $r'^2=r^2+x^2$，不同的电荷元在 P_2 点产生的电场强度 $\mathrm{d}\boldsymbol{E}$ 方向并不相同，必须将 $\mathrm{d}\boldsymbol{E}$ 沿 x 方向和 y 方向分解，然后才能积分。

$$\mathrm{d}E_x=\mathrm{d}E\cos\alpha,\text{由对称性可知},E_{P_2x}=\int\mathrm{d}E_x=0$$

$$\mathrm{d}E_y=\mathrm{d}E\sin\alpha,\sin\alpha=\frac{r}{r'}=\frac{r}{\sqrt{r^2+x^2}}$$

$$E_{P_2}=E_{P_2y}=\int_L\mathrm{d}E_y=\int_{-\frac{L}{2}}^{\frac{L}{2}}\frac{\lambda}{4\pi\varepsilon_0}\frac{r\mathrm{d}x}{(x^2+r^2)^{\frac{3}{2}}}=\frac{Q}{2\pi\varepsilon_0 r}\frac{1}{\sqrt{L^2+4r^2}}=\frac{\lambda}{2\pi\varepsilon_0 r}\frac{1}{\sqrt{1+\left(\frac{2r}{L}\right)^2}}$$

当 $L\to\infty$ 时，$E_{P_2}=\dfrac{\lambda}{2\pi\varepsilon_0 r}$。

【例 7-4】　计算均匀带电圆环轴线上任一给定点 P 的电场强度。设均匀带电细圆环的半径为 a，如图 7-6 所示，电荷 q 均匀地分布在圆环上。

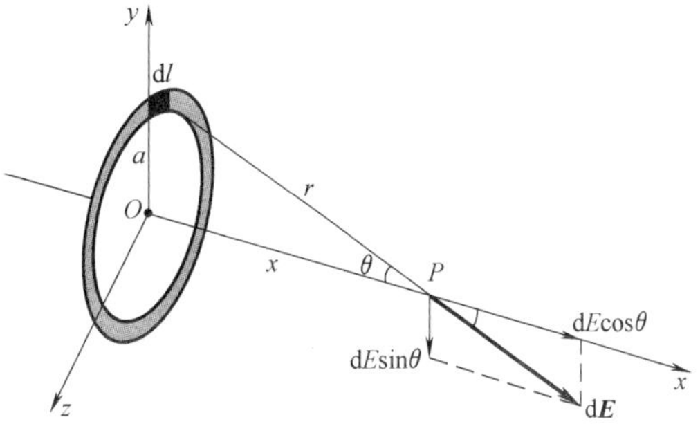

图　7-6

【解】　在圆环上取电荷元 $\mathrm{d}q=\dfrac{q}{2\pi a}\mathrm{d}l$，元电场强度大小

$$\mathrm{d}E=\frac{1}{4\pi\varepsilon_0}\frac{\mathrm{d}q}{r^2}=\frac{1}{4\pi\varepsilon_0}\frac{q\mathrm{d}l}{2\pi a(x^2+a^2)}$$

$\mathrm{d}\boldsymbol{E}$ 的方向如图 7-6 所示，圆环上各电荷元在场点 P 所产生的电场强度的方向不同，我们把 $\mathrm{d}\boldsymbol{E}$ 分解为 x 轴向的分量和垂直于 x 轴的分量，由于圆环上电荷分布对轴线是对称的，所以电荷元在垂直于 x 轴方向上电场强度之和为零：$\int\mathrm{d}E\sin\theta=0$

总电场强度为 x 轴方向上分量

$$E=\int_l\mathrm{d}E_x=\int_l\mathrm{d}E\cos\theta=\int_l\frac{1}{4\pi\varepsilon_0}\frac{x}{(x^2+a^2)^{\frac{3}{2}}}\frac{q}{2\pi a}\mathrm{d}l$$

$$=\frac{1}{4\pi\varepsilon_0}\frac{x}{(x^2+a^2)^{\frac{1}{2}}}\frac{q}{2\pi a}\int_l\mathrm{d}l=\frac{1}{4\pi\varepsilon_0}\frac{qx}{(x^2+a^2)^{\frac{1}{2}}}$$

方向：沿 x 轴正方向，在轴线上。

讨论：当 $x=0$ 时，$E=0$；

当 $x>>r$ 时，$E=\dfrac{1}{4\pi\varepsilon_0}\dfrac{q}{x^2}$，与点电荷的电场强度相同，带电环可视为点电荷，由此可以看出点电荷概念的相对性。

5. 电偶极子在电场中的力矩

如图 7-7 所示，电偶极子在均匀电场 $\boldsymbol{E}$ 中，则

$$\boldsymbol{F}_+=q\boldsymbol{E},\boldsymbol{F}_-=-q\boldsymbol{E}\tag{7-17}$$

正负电荷所受的力大小相等，方向相反，合力为 0。然而 $\boldsymbol{F}_+$、$\boldsymbol{F}_-$ 的作用线不同，二者组成一个力偶。它们对于中点 O 的力臂都是 $\dfrac{l}{2}\sin\theta$，对于中点，力矩的方向也相同，因而力偶矩的大小为

$$M=F_+\frac{1}{2}l\sin\theta+F_-\frac{1}{2}l\sin\theta$$

$$=qlE\sin\theta=pE\sin\theta$$

矢量式为

$$\boldsymbol{M}=\boldsymbol{p}\times\boldsymbol{E} \tag{7-18}$$

力矩 $\boldsymbol{M}$ 的方向垂直于 $\boldsymbol{p}$ 和 $\boldsymbol{E}$ 组成的平面，其指向可由 $\boldsymbol{p}$ 转向 $\boldsymbol{E}$ 的右手螺旋法则确定。顺便指出，在非均匀电场中，一般说来电偶极子除了受到力矩之外，同时还受到一个不为零的合力作用。

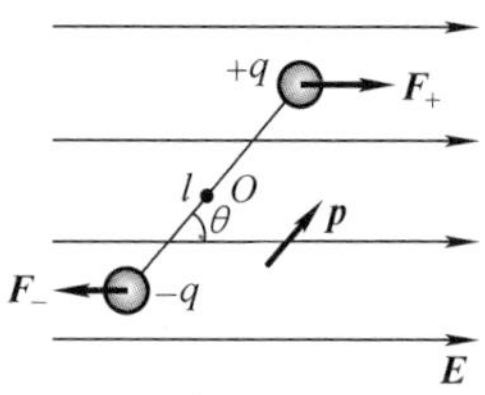

图 7-7

讨论：

1) $\theta=\pi/2$，力偶矩最大；

2) $\theta=0$，力偶矩为0，电偶极子处于稳定平衡；

3) $\theta=\pi$，力偶矩为0，电偶极子处于非稳定平衡。

物理知识应用案例：阴极射线示波器与喷墨打印

静电场最常见的一个应用就是带电粒子的偏转，这样可以控制电子或质子的轨迹。很多装置，例如，阴极射线示波器、回旋加速器、喷墨打印机以及速度选择器等，都是基于这一原理设计的。阴极射线示波器中电子束的电荷量是恒定的，而喷墨打印机中微粒子的电荷量却随着打印的字符而变化。在所有例子中，带电粒子的偏转都是通过两个平行板之间的电场来实现的。

阴极射线示波器的基本特征：管体由玻璃制成，并被抽成高度真空。阴极灯丝加热后发射电子。阳极与阴极间有几百伏的电势差，产生的电场使电子朝向阳极加速。阳极上有一个小孔允许极细的一束电子通过。这些被加速的电子将进入偏转区，在那里它们产生水平和竖直两个方向上的偏转。这些电子轰击一个由能发射可见光的物质（磷）所覆盖的荧光屏的内表面。如果阳极和阴极间的电势差保持恒定，电子的偏转量与竖直偏转板间的电势差成正比。水平偏转板间的电势差能够使电子在水平方向上偏转运动。因此，电子束撞击荧光屏的点的位置依赖于水平和竖直偏转电压。

喷墨打印机的结构简图如图7-8所示。其中，墨盒可以发出墨汁微滴，微滴的半径约 10^{-5} m。（墨盒每秒钟可以发出约 10^5 个微滴，每个字母约需百余滴。）此微滴经过带电室时被带负电，带电的多少由计算机按字体笔画高低位置输入信号加以控制。带电后的微滴进入偏转板，由电场按其带电荷量的多少施加偏转电场力，从而可沿不同方向射出，打到纸上即显示出字体来。无信号输入时，墨汁径直通过偏转板而注入回流槽流回墨盒。

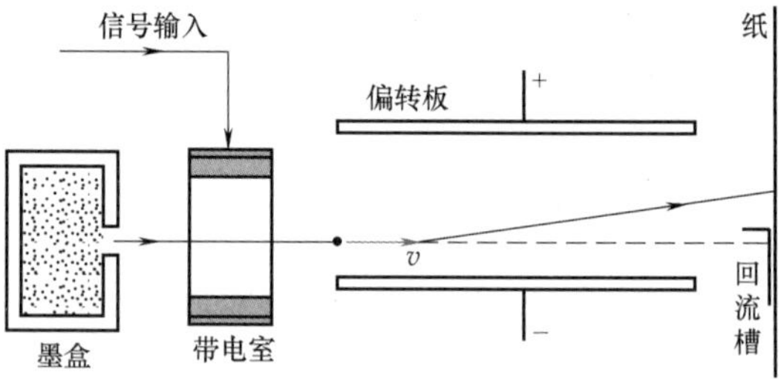

图 7-8

请读者思考下面的问题：设一个墨汁微滴的质量为 1.5×10^{-10}kg，经过带电室后带上了 -1.4×10^{-13}C 的电荷，随后即以 $20\text{m}\cdot\text{s}^{-1}$ 的速度进入偏转板，偏转板长度为 1.6cm。如果板间电场强度为 $1.6\times10^6\text{N}\cdot\text{C}^{-1}$，那么此墨汁微滴离开偏转板时在竖直方向将偏转多大距离？（忽略偏转板边缘的电场不均匀性，并忽略空气阻力）

7.2 高斯定理

已知电荷分布，我们可以利用电场强度叠加原理确定电场分布。如果知道空间电场分布特点，能否了解空间电荷分布的特点呢？高斯定理回答了电场通量与场源电荷之间的关系，揭示了静电场的基本性质——有源性，可以帮助我们更深入地认识电场的属性。此外，在物理学中，对称性分析是简化物理问题计算的重要方法。许多物理系统具有对称性，如柱对称、球对称、面对称等。高斯定理是关于包围在高斯面内电荷和高斯面上电场强度的关系的定理。在使用高斯定理时考虑带电体的对称性可以大大简化电场的计算。高斯定理提供了高对称电荷分布带电体的电场计算的的重要方法。下面我们来研究电场的基本属性之一——有源性。首先看电场的形象描述方法——场线。

7.2.1 中学物理知识回顾

电场线及其特点

(1) 电场线的定义　为了形象地表示电场及其分布状况，可以将电场用一种假想的几何曲线来表示，这就是电场线，如图 7-9 所示，也称为 $\boldsymbol{E}$ 线。电场线最早是由法拉第提出来的。严格地讲，电场线是在电场中人为地作出的有向曲线，它满足：

1) 电场线上每一点的切线方向与该点电场强度的方向一致；

2) 电场中每一点的电场线的数密度表示该点电场强度的大小。

电场线的密度可以这样理解，为了用电场线表示电场中某点电场强度的大小，设想通过该点作一个垂直于电场方向的面元 $\mathrm{d}S_{\perp}$，如图 7-10 所示。通过面元的电场线条数 $\mathrm{d}N$ 满足

$$E=\frac{\mathrm{d}N}{\mathrm{d}S_{\perp}} \tag{7-19}$$

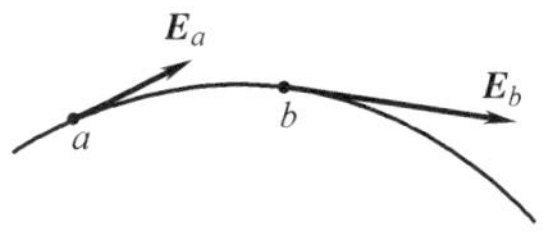

图 7-9

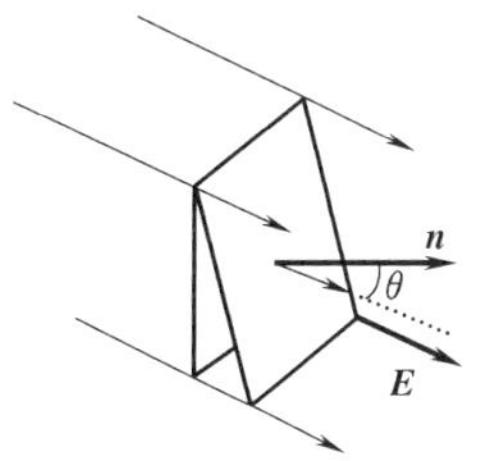

图 7-10

这就是说，电场中某点电场强度的大小等于该点处的电场线数密度，即该点附近垂直于电场方向的单位面积所通过的电场线条数。事实上，对于所有的矢量分布（矢量场），都可以用相应的矢量线来形象地进行描述，如流体的流场可以用流线来描述，电流场可以用电流线来描述，磁场可以用磁感应线来描述，等等，其描述方法基本上相同。

(2) 静电场电场线的特点　图 7-11 展示了几种常见电场的电场线图，可以看出如下特点。

1) 静电场的有源性。静电场的电场线总是起始于正电荷或无穷远，终止于负电荷或无穷远。这一特点叫作静电场的有源性。若带电体系中正、负电荷一样多，则由正电荷发出的全部电场线都将被负电荷收去。

2) 同一电场的电场线不相交、不闭合。在同一电场中所作的电场线不会相交。事实上，若同一电场的电场线相交就意味着在交点处的电场强度会有两个方向，即一个点电荷在该点受到的电场力会有两个方向。这是不符合物理实际的。

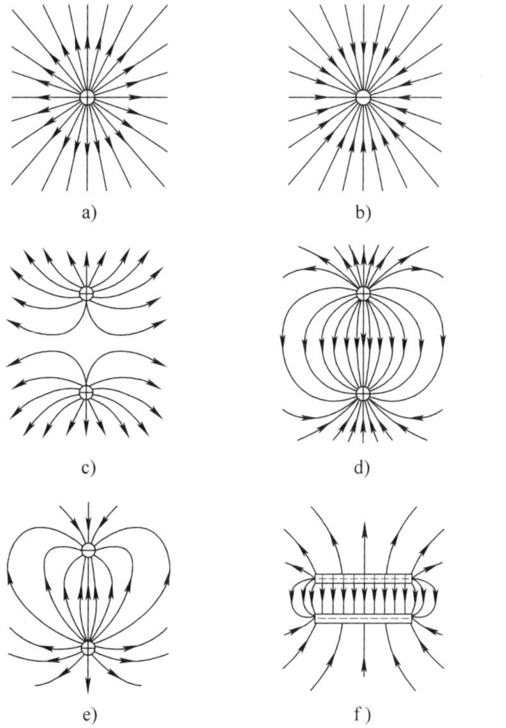

图 7-11

a) 正电荷　b) 负电荷　c) 两个等值正电荷

d) 两个等值异号电荷　e) 电荷 $+2q$ 与电荷 $-q$　f) 正负带电板

7.2.2 电通量

如何定量地描述电场线的分布呢？我们引入电通量（也叫电场强度通量）的概念，它是我们对静电场进行理论分析时所必需的一个重要物理量。为了能严格地定义电场强度通量，我们首先介绍有向曲面的概念。

1. 有向曲面的概念

在通常的概念中，面积只有大小之分。给面积赋予方向的涵义会给很多物理问题的分析带来极大的方便。下面我们将把面积定义为矢量。我们先介绍平面矢量。

如图 7-12 所示的一个平面，它的面积是 S，S 是一个标量。我们可以取平面的一个法线方向的单位矢量 $\boldsymbol{e}_n$，将面积定义成一个矢量 $\boldsymbol{S}=S\boldsymbol{e}_n$。此矢量的大小就是该平面面积的大小 S，其方向就是我们事先取定的法线方向 $\boldsymbol{e}_n$。我们将这种取定了法线方向的平面叫作有向平面。对于曲面，由于其法线方向在各处并不相同，所以不能定义为一个矢量。但我们可以将其微分成为许多的面元 $\mathrm{d}S$，由于每一个面元都可以看作一个平面，于是都可以用上述对平面所用的方法将其定义成面元矢量 $\mathrm{d}\boldsymbol{S}=\mathrm{d}S\boldsymbol{e}_n$，这样的曲面就称为有向曲面。

为了计算方便并且不致引起混乱，我们还规定，曲面上各个面元的法线方向都必须在曲面的同一侧。面元的法线方向究竟取在曲面哪一侧在具体问题中有具体的约定，例如对于闭合曲面，面元的法线方向只能取为向外，即取外法向，这种取外法向并且闭合的曲面叫作高斯面。

2. 电通量的概念

定义：电场中通过某一有向曲面的电场线的条数，叫作该曲面上的电场强度通量（简称电通量），用 Φ_e 表示。

为了得到 $\boldsymbol{E}$ 通量的一般计算公式，我们先讨论一种特殊情况。求均匀电场中一个平面上的电通量。如图 7-12 所示，平面 S 处于匀强电场 $\boldsymbol{E}$ 中。取 $\boldsymbol{e}_n$ 为平面的法线方向，求 $\boldsymbol{E}$ 通量就是求通过 S 的电场线条数。根据电场强度与电场线密度的关系，若电场强度 $\boldsymbol{E}$ 为已知，则垂直于电场方向的单位面积所通过的电场线条数就等于 $\boldsymbol{E}$ 的大小。我们将平面 S 投影在垂直于电场强度的方向上，得到 $S_{\perp}=S\cos\theta$。所以，通过平面 S 的 $\boldsymbol{E}$ 通量为

$$\Phi_e=ES_{\perp}=ES\cos\theta$$

用矢量的点乘的定义，上式可以表示为

$$\Phi_e=ES\cos\theta=\boldsymbol{E}\cdot\boldsymbol{S} \tag{7-20}$$

上式表明，当 $\theta<90°$时，$\boldsymbol{E}$ 通量为正，此时电场线穿过平面的方向与法线指示方向一致。当 $\theta>90°$时，$\boldsymbol{E}$ 通量为负，此时电场线穿过平面的方向与法线指示方向相反。当 $\theta=90°$时，$\boldsymbol{E}$ 通量为零，此时电场线与平面平行。

对于一个任意的曲面上的 $\boldsymbol{E}$ 通量，其计算方法要使用微积分。大家知道，任意一个曲面可以微分成很多无限小的面积元，如图 7-13 所示。面积元 $\mathrm{d}\boldsymbol{S}$ 可以看成一个平面，并且在面积元的范围内电场可以被近似看成大小相等、方向相同的匀强电场。

与前面所讨论的平面情况类比，立即得到任意一个面积元上的 $\boldsymbol{E}$ 通量

$$\mathrm{d}\Phi_e=E\mathrm{d}S_{\perp}=E\mathrm{d}S\cos\theta=\boldsymbol{E}\cdot\mathrm{d}\boldsymbol{S} \tag{7-21}$$

再用积分的方法，得到任意曲面的 $\boldsymbol{E}$ 通量为

$$\Phi_e=\int_S E\mathrm{d}S\cos\theta=\int_S \boldsymbol{E}\cdot\mathrm{d}\boldsymbol{S} \tag{7-22}$$

这是一个面积分，积分号中的下标 S 表示此积分的范围遍及整个曲面。上式即为电场强度通量的定义式。

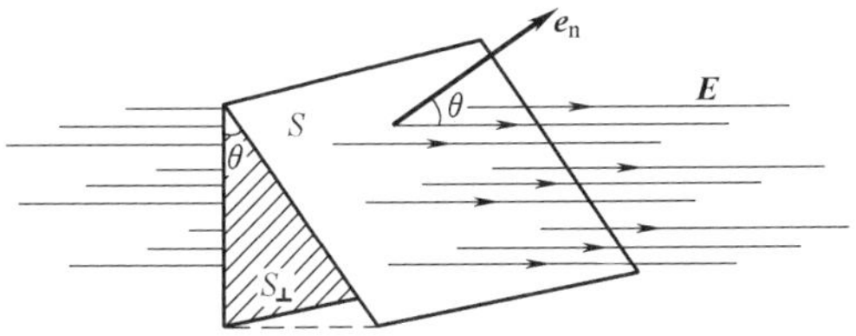

图　7-12

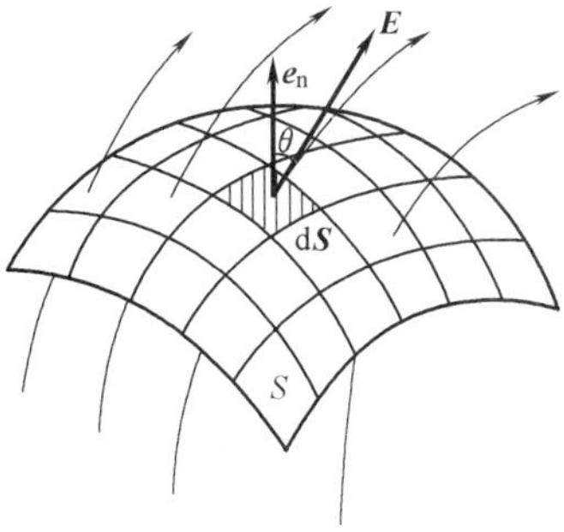

图　7-13

3. 闭合曲面的电通量

通过一个闭合曲面的 E 通量与任意曲面的 E 通量在计算方法上没有任何本质的区别。如图 7-14 所示，一个闭合曲面（高斯面），其 E 通量可以用如下积分式子来表示：

$$\Phi_e = \oint_S E\mathrm{d}S\cos\theta = \oint_S \boldsymbol{E}\cdot \mathrm{d}\boldsymbol{S} \tag{7-23}$$

积分符号“$\oint_S$”表示 S 是一个闭合曲面，积分是对整个闭合曲面进行的。

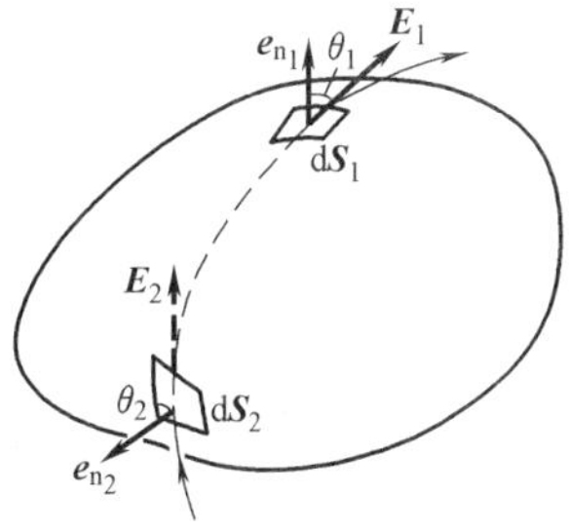

图　7-14

在前面我们已经强调过，对于闭合曲面，我们在取法线方向时只能取外法线。根据 E 通量正负的规定，当电场线从内部（面元 $\mathrm{d}\boldsymbol{S}_1$ 处）穿出时，E 通量为正。当电场线从外部（面元 $\mathrm{d}\boldsymbol{S}_2$ 处）穿入时，E 通量为负。通过整个闭合曲面的 E 通量 Φ_e 就等于穿出和穿入闭合曲面的电场线的条数之差，也就是净穿出闭合曲面的电场线的总条数。

用一根根分立的电场线来描绘电场的分布，本是一种形象化的方法。这种方法是有缺点的，即电场实际上连续地分布于空间，电场线图可能会给人造成一种分立的错觉。最初我们是借助电场线数密度的概念来引入电通量的，其实我们可以一开始就用式（7-20）和式（7-22）来定义电通量。这样引入电通量虽会使初学者感到有些抽象，但它却避免了上述电场线概念的缺点，能更确切地反映出电场连续分布的特点。

7.2.3　高斯定理及其应用

1. 高斯定理的推导

高斯定理是电磁学中的一条重要规律，是静电场有源性的完美数学表达。它是用 E 通量表示的电场和场源电荷关系的定理，给出了通过任意闭合曲面的 E 通量与闭合曲面内部所包围的电荷的关系。为了使读者熟练掌握高斯定理及其相关知识，下面给出高斯定理的全部推导过程。

先考虑点电荷的场。设有一点电荷 Q，其产生的电场强度大小为

$$E = \frac{1}{4\pi\varepsilon_0}\frac{Q}{r^2}$$

方向沿半径向外。以 Q 所在点为球心，取半径为 r 的球面 S 为高斯面，由于 E 的方向与 $\mathrm{d}\boldsymbol{S}$ 的法线方向相同，则通过该面的电通量为

$$\Phi_e = \oint_S \boldsymbol{E}\cdot \mathrm{d}\boldsymbol{S} = \oint_S \frac{Q}{4\pi\varepsilon_0 r^2}\mathrm{d}S = \frac{Q}{4\pi\varepsilon_0 r^2}\oint_S \mathrm{d}S$$

$$= \frac{Q}{4\pi\varepsilon_0 r^2} 4\pi r^2 = \frac{Q}{\varepsilon_0} \tag{7-24}$$

结果表明，Φ_e 与球面半径 r 无关，只与它所包围的电荷的电荷量有关。这意味着通过以 Q 为球心的任何球面的电通量都相等，即通过各球面的电场线的数目相等，或者说，从点电荷 Q 发出的$\frac{Q}{\varepsilon_0}$条电场线是连续不间断地伸向无穷远处的，电荷是发出电场线之源。如图 7-15 所示，如果作任意的闭合曲面 S'，只要电荷 Q 被包围在 S'内，由于电场线是连续的，因而穿过 S'和 S 的电场线数目是一样的，即通过任意形状的包围点电荷 Q 的闭合曲面的电通量都为$\frac{Q}{\varepsilon_0}$。

如图 7-16 所示，若闭合曲面内没有电荷，则进入该曲面的电场线与穿出该曲面的电场线数目相同，所以电通量的总和为零。

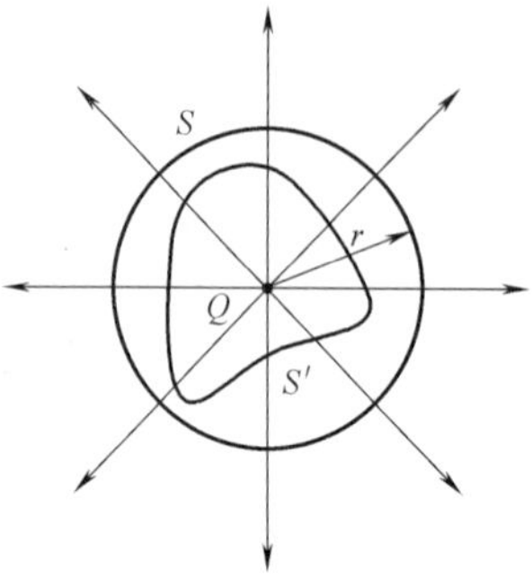

图 7-15

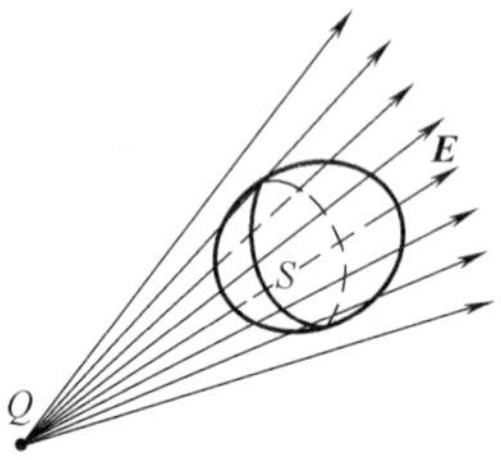

图 7-16

对于由多个点电荷产生的电场，则有

$$\Phi_e = \oint_S \boldsymbol{E} \cdot d\boldsymbol{S} = \oint_S \boldsymbol{E}_1 \cdot d\boldsymbol{S} + \oint_S \boldsymbol{E}_2 \cdot d\boldsymbol{S} + \cdots + \oint_S \boldsymbol{E}_n \cdot d\boldsymbol{S} \tag{7-25}$$

上式中 $\boldsymbol{E}_1$、$\boldsymbol{E}_2$，…，$\boldsymbol{E}_n$ 为 Q_1、Q_2，…，Q_n 产生的电场，由于

1）若 Q_i 在闭合曲面内，其电通量为 $\oint_S \boldsymbol{E}_i \cdot d\boldsymbol{S} = \frac{Q_i}{\varepsilon_0}$；

2）若 Q_i 在闭合曲面外，其电通量为 $\oint_S \boldsymbol{E}_i \cdot d\boldsymbol{S} = 0$。

所以由多个点电荷产生的电场的电通量为

$$\Phi_e = \oint_S \boldsymbol{E} \cdot d\boldsymbol{S} = \frac{1}{\varepsilon_0} \sum_{i=1}^{n} Q_{i内} \tag{7-26}$$

由于任意带电体都可视为多个点电荷（系）的组合（或分立，或连续，或分立 + 连续），因此我们得到任意电场所满足的规律：在真空中的静电场内，穿过任意闭合曲面的电通量等于该闭合曲面所包围的电荷量的代数和除以 ε_0。其中的闭合曲面称为高斯面。这一结论称为真空中静电场的高斯定理，其数学表达式为式（7-26）。

高斯定理是前述电场线的一些普遍性质的精确数学表述，比如我们回头看看电场线的起点与终点的性质：如果我们作小闭合面分别将电场线的起点或终点包围起来，则必然有电通量从前者穿出，从后者穿入。根据高斯定理可知，在前者之内必有正电荷，后者之内必有负电荷。这就是说，电场线不会在没有电荷的地方中断。于是，高斯定理可理解为从每个正电荷 q 发出 q/ε_0 根电场线，有 q/ε_0 根电场线终止于负电荷 $-q$。如果在带电体系中有等量的正、负电荷，电场线就从正电荷出发到负电荷终止；若正电荷多于负电荷（或根本没有负电荷），则从多余的正电荷发出的电场线只能延伸到无穷远；反之，若负电荷多于正电荷（或根本没有正电荷），则终止于多余的负电荷上的电场线只能来自无穷远。

2. 关于高斯定理的几点讨论

对高斯定理的理解应该注意以下几点：

1）穿过闭合曲面的电通量只与闭合曲面内的电荷有关，与闭合曲面外的电荷无关，而且与闭合曲面内的电荷分布无关。

2）$\boldsymbol{E}$ 是闭合曲面上各点的电场强度，是由所有电荷产生的，与内外电荷的分布都有关系。当电通量为零时，电场强度不一定为零。

3）高斯定理是静电场的基本定理之一，它说明静电场是有源场。

4）高斯定理不仅适用于静电荷和静电场，而且还适用于运动电荷和变化电场。它是电磁场的基本方程之一。

物理知识应用案例：高度对称性带电体的电场

利用高斯定理可以求解具有高度对称性的带电体系所产生的电场的电场强度。具体的方法是：首先通过对已知电荷分布的对称性分析来确定出它所产生的电场的对称性，然后通过选取一个恰当的闭合曲面（简称为高斯面），将高斯定理用于高斯面就可以求出该带电体系所产生的电场的电场强度。使用这种方法计算电场强度需注意两点，一是电荷分布要有高度的对称性；二是高斯面的选取要恰当。高斯面选取的技巧是要使得 $\oint_S \boldsymbol{E}\cdot \mathrm{d}\boldsymbol{S}$ 中的 $\boldsymbol{E}$ 能以标量的形式从积分号内提出来。一般有三种情况，下面逐一介绍。

1. 点（球）对称的情况

【例 7-5】 求均匀带正电球壳内部和外部的电场强度分布。设球半径为 R，带电荷总量为 Q。

【分析】 本题中由于电荷分布是球对称的，所以电荷激发的电场也应该满足球对称性。先对球面外任一点 P 处的电场强度进行具体分析。设 P 距球心为 r（见图 7-17），连接直线 OP。由于自由空间的各向同性和电荷分布对于点 O 的球对称性，点 P 处电场强度 $\boldsymbol{E}$ 的方向只可能是沿矢径 OP 的方向。(反过来说，设 $\boldsymbol{E}$ 的方向在图中偏离 OP，例如，向下 30°，那么将带电球面连同它的电场以 OP 为轴转动 180°后，电场 $\boldsymbol{E}$ 的方向就应偏离 OP 向上 30°。由于电荷分布并未因转动而发生变化，所以电场方向的这种改变是不应该发生的。带电球面转动时，P 点的电场方向只有沿 OP 的方向才能保持不变)。也可相对 OP 径向在球面对称位置上取一对电荷元，合电场强度的方向沿 OP，请读者自己分析。其他各点的电场方向也都沿各自的矢径方向。又由于电荷分布的球对称性，在以 O 为球心的同一球面 S 上，各点的电场强度的大小都应该相等。可选球面 S 为高斯面，由于球面上每个面元 $\mathrm{d}S$ 上的电场强度 $\boldsymbol{E}$ 的方向都和面元矢量的方向（法向）相同且大小不变，故通过它的 $\boldsymbol{E}$ 通量为 $E4\pi r^2$。

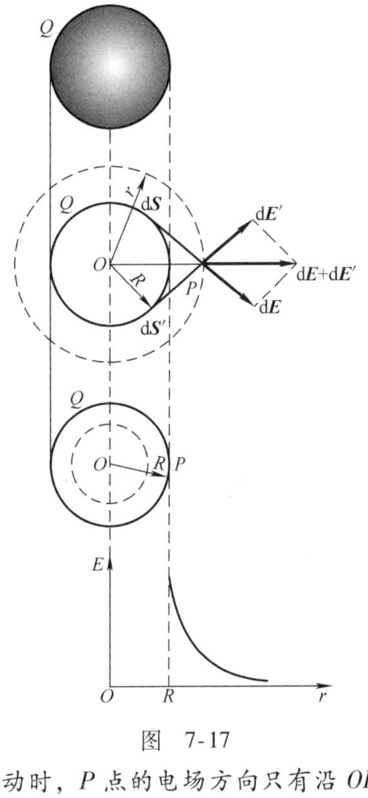

图　7-17

【解】 如图 7-17 所示，作同心球形高斯面，面上各点电场强度 $\boldsymbol{E}$ 大小相等、方向径向。

所以

$$\Phi_e = \oint_S \boldsymbol{E} \cdot \mathrm{d}\boldsymbol{S} = \oint_S E\mathrm{d}S = E\oint_S \mathrm{d}S = E4\pi r^2$$

当 $r<R$，高斯面内无电荷，根据高斯定理有

$$\Phi_e = E4\pi r^2 = \frac{\sum Q_{内}}{\varepsilon_0} = 0 \Rightarrow E = 0$$

这表明，均匀带电球面内部的电场强度处处为零。

当 $r>R$，高斯面内包围了全部球面电荷，根据高斯定理有

$$\Phi_e = \oint_S \boldsymbol{E} \cdot \mathrm{d}\boldsymbol{S} = E4\pi r^2 = \frac{Q}{\varepsilon_0}$$

$$E = \frac{1}{4\pi\varepsilon_0}\frac{Q}{r^2}$$

此结果说明，均匀带电球面外的电场强度分布正像球面上的电荷都集中在球心时所形成的一个点电荷的电场强度分布一样。

上述结果常用如下公式来统一描述：

$$\boldsymbol{E} = \begin{cases} \dfrac{1}{4\pi\varepsilon_0}\dfrac{Q}{r^2}\boldsymbol{e}_r & r>R \\ 0 & r<R \end{cases} \tag{7-27}$$

根据上述结果，可画出场强随距离的变化曲线——$E-r$ 曲线（见图 7-17），从 $E-r$ 曲线中可看出，电场强度的值在球面（$r=R$）上是不连续的。

上述结论也可以通过电场强度叠加原理积分计算得到，但在电荷分布高度对称的情况下，用高斯定理计算显然要简单得多。

2. 轴（柱）对称的情况

【例 7-6】 求无限长均匀带电圆柱面内、外的电场强度。设圆柱面的半径为 R，电荷面密度为 σ。

【分析】 均匀带电圆柱面的电荷分布是柱对称的，因而其电场分布亦应具有柱对称性。考虑离直线距离为 r 的一点 P 处的电场强度 $\boldsymbol{E}$（见图 7-18）。沿轴线方向在柱面上任取一无限长微元线电荷，在 P 处产生的电场强度为 $\mathrm{d}\boldsymbol{E}$，以 OP 为对称轴，在柱面上再取一无限长微元线电荷，它在 P 处产生的电场强度 $\mathrm{d}\boldsymbol{E}'$，二者叠加的电场强度方向沿 OP 方向，即沿径向，由于圆柱面上的所有无限长微元线电荷都是相对于 OP 轴对称分布的，所以总体叠加的结果是电场强度方向一定沿 OP 方向，即沿径向。和 P 点在同一圆柱面（以带电柱面轴线为轴）上的各点的电场强度的方向也都应该沿着径向，而且电场强度的大小也都应该相等。

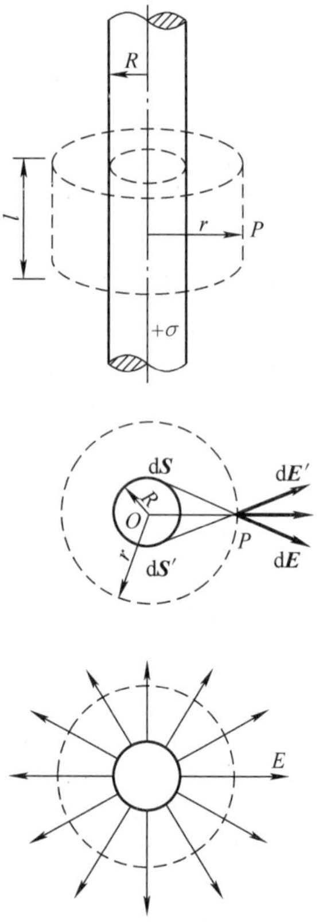

图 7-18

【解】 作高为 l 的同轴圆柱面，它和上、下底面（S_1 和 S_2）组成封闭的高斯面 S。圆柱侧面上各点电场强度 $\boldsymbol{E}$ 大小相等、方向径向。通过 S 面的 $\boldsymbol{E}$ 通量为通过上、下底面（S_1 和 S_2）的 $\boldsymbol{E}$ 通量与通过侧面（S_3）的 $\boldsymbol{E}$ 通量之和

$$\oint_S \boldsymbol{E} \cdot \mathrm{d}\boldsymbol{S} = \int_{侧} \boldsymbol{E} \cdot \mathrm{d}\boldsymbol{S} + \int_{上底} \boldsymbol{E} \cdot \mathrm{d}\boldsymbol{S} + \int_{下底} \boldsymbol{E} \cdot \mathrm{d}\boldsymbol{S}$$

在 S 面的上、下底面，电场强度方向与底面平行，故上式等号

右侧后面两项等于零。而在侧面上各点 $\boldsymbol{E}$ 的方向与各点的法线方向相同，大小相等，所以有

$$\oint_S \boldsymbol{E}\cdot \mathrm{d}\boldsymbol{S} = \int_{侧} \boldsymbol{E}\cdot \mathrm{d}\boldsymbol{S} = \int_{侧} E\mathrm{d}S = E\int_{侧} \mathrm{d}S = 2\pi rlE$$

根据高斯定理，有

$$E = \frac{1}{2\pi\varepsilon_0}\frac{\sum Q_{内}/l}{r}$$

$$\begin{cases} 当\ r > R\ 时, & \sum Q_{内} = 2\pi Rl\sigma, \quad E = \dfrac{(2\pi R)\sigma}{2\pi\varepsilon_0 r} = \dfrac{R\sigma}{\varepsilon_0 r} \\ 当\ r < R\ 时, & \sum Q_{内} = 0, \quad E = 0 \end{cases} \tag{7-28}$$

无限长直线电荷可视为无限长圆柱面电荷的特例，若无限长直线电荷线密度为 λ，则

$$E = \frac{\sum Q_{内}}{2\pi\varepsilon_0 rl} = \frac{\lambda}{2\pi\varepsilon_0 r} \tag{7-29}$$

这一结果也可以通过电场强度叠加原理积分出来，但利用高斯定理计算显然要简便得多。

3. 面对称的情况

【例 7-7】 求均匀带正电的无限大平面薄板外的电场强度，设电荷面密度为 σ。

【解】 由题意知，平面电荷产生的电场是关于平面两侧对称的，电场强度方向垂直于平面，距平面相同的任意两点处的 E 值相等。如图 7-19 所示，设 P 为考察点，过 P 点作一底面平行于平面且关于平面对称的圆柱形高斯面，右端面为 S_1，左端面为 S_2，圆柱形侧面为 S_3，根据高斯定理，有

$$\oint_S \boldsymbol{E}\cdot \mathrm{d}\boldsymbol{S} = \frac{1}{\varepsilon_0}\sum_{S_{内}} q$$

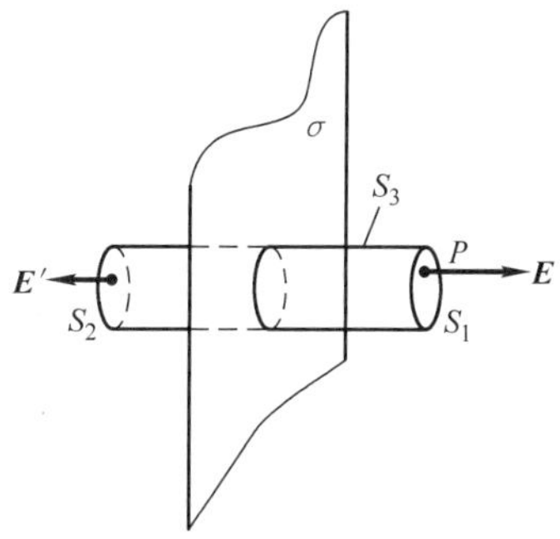

图　7-19

在此，有

$$\oint_S \boldsymbol{E}\cdot \mathrm{d}\boldsymbol{S} = \int_{S_1} \boldsymbol{E}\cdot \mathrm{d}\boldsymbol{S} + \int_{S_2} \boldsymbol{E}\cdot \mathrm{d}\boldsymbol{S} + \int_{S_3} \boldsymbol{E}\cdot \mathrm{d}\boldsymbol{S}$$

因为在 S_3 上的各面元 $\mathrm{d}\boldsymbol{S}\perp\boldsymbol{E}$，所以第三项积分等于零。

又因为在 S_1 和 S_2 上各面元 $\mathrm{d}\boldsymbol{S}$ 与 $\boldsymbol{E}$ 同向，且在 S_1，S_2 上 $|\boldsymbol{E}|$ = 常数，所以有

$$\oint_S \boldsymbol{E}\cdot \mathrm{d}\boldsymbol{S} = \int_{S_1} E\mathrm{d}S + \int_{S_2} E\mathrm{d}S = E\int_{S_1}\mathrm{d}S + E\int_{S_2}\mathrm{d}S = ES_1 + ES_2 = 2ES_1$$

$$\frac{1}{\varepsilon_0}\sum_{S_{内}} q = \frac{1}{\varepsilon_0}\cdot\sigma S_1$$

$$\Rightarrow E\cdot 2S_1 = \frac{1}{\varepsilon_0}\cdot\sigma S_1$$

即

$$E = \frac{\sigma}{2\varepsilon_0}(均匀电场) \tag{7-30}$$

应用能力训练

【例 7-8】 闪电出现之前会经历一个肉眼不可见的阶段，在该阶段一根电子柱从浮云向下延伸到地面。这些电子来自浮云和在该柱内被电离的空气分子。沿该柱的电荷线密度一般为 -1×10^{-3} C/m。一旦电子柱到达地面，柱内的电子便会迅速地倾泻到地面，在倾泻期间，运动电子与柱内空气的碰撞导致明亮的闪光——闪电。倘若空气分子在超过 $3\times10^{6}\mathrm{N}\cdot\mathrm{C}^{-1}$ 的电场中被击穿，

则电子柱的半径有多大?

【解】 本题的关键点是，尽管电子柱不是直的或无限长，但我们可把它近似为电荷线（由于它含有负的净电荷，因此其电场 $\boldsymbol{E}$ 沿半径向内）。然后，按照式（7-29），电场的大小 E 随离电荷柱轴线距离的增大而减小。

另外，第二个关键点是电荷柱的表面应该在半径 r 处，该处电场 $\boldsymbol{E}$ 的大小为 $3\times10^6\mathrm{N\cdot C^{-1}}$，因为在该半径内的空气分子电离而那些向外更远的分子则不电离。由式（7-29）解出 r 并代入已知的数据，我们求出电荷柱的半径将是

$$r=\frac{\lambda}{2\pi\varepsilon_0 E}=\frac{1\times10^{-3}\mathrm{C\cdot m^{-1}}}{(2\pi)(8.85\times10^{-2}\mathrm{C^2\cdot N^{-1}\cdot m^{-2}})(3\times10^6\mathrm{N\cdot C^{-1}})}=6\mathrm{m}$$

雷击发光部分的半径较小，可能仅 0.5m。虽然一次闪电的发光半径可能只有 6m，但也不要就此认为你在离轰击点距离较远的某处会是安全的，因为轰击所倾泻的电子将会沿地面行进，这种地面电流是致命的。

【例 7-9】 原子核可以看成是均匀带电球体，已知球的半径为 R，总电荷量为 Q，求核内外的电场分布。

【解】 由于电荷均匀分布在球体内，电场分布具有球对称性。作同心球形高斯面 S'，面上各点电场强度 $\boldsymbol{E}$ 大小相等、方向径向。所以

$$\Phi_{\mathrm{e}}=\oint_S \boldsymbol{E}\cdot\mathrm{d}\boldsymbol{S}=\oint_S E\mathrm{d}S=E\oint_S\mathrm{d}S=E4\pi r^2$$

当 $r>R$，高斯面内电荷量为 Q，根据高斯定理可得球外任一点的电场强度为

$$E=\frac{Q}{4\pi\varepsilon_0 r^2}$$

当 $r<R$，S'所包围的电荷量为 q'，

$$q'=\frac{4}{3}\pi r^3\rho=\frac{Q}{\frac{4}{3}\pi R^3}\cdot\frac{4}{3}\pi r^3=Q\frac{r^3}{R^3}$$

由高斯定理 $\oint\boldsymbol{E}\cdot\mathrm{d}\boldsymbol{S}=q'/\varepsilon_0$ 可得，球内任一点的电场强度为

$$E=\frac{q'}{4\pi\varepsilon_0 r^2}=\frac{Qr}{4\pi\varepsilon_0 R^3}$$

可以看出球内电场强度随 r 线性地增加。

【例 7-10】 两个平行的无限大均匀带电平面（见图 7-20），其电荷面密度分别为 $\sigma_1=+\sigma$ 和 $\sigma_2=-\sigma$，而 $\sigma=4\times10^{-11}\mathrm{C\cdot m^{-2}}$。求这一带电系统的电场分布。

【解】 这两个带电平面的总电场不再具有前述的简单对称性，因而不能直接用高斯定理求解。根据上面例 7-7，两个面在各自的两侧产生的电场强度的方向如图 7-20 所示，其大小均为

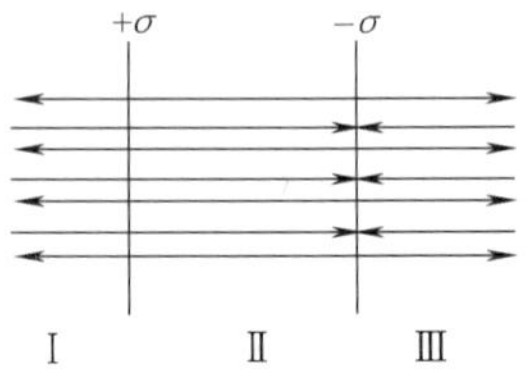

图 7-20

$$E_1=E_2=\frac{\sigma_1}{2\varepsilon_0}=\frac{\sigma}{2\varepsilon_0}=\frac{4\times10^{-11}}{2\times8.85\times10^{-12}}\mathrm{V\cdot m^{-1}}=2.26\mathrm{V\cdot m^{-1}}$$

考虑电场强度的方向，并根据电场强度的叠加原理可得

Ⅰ区：$E_{\text{Ⅰ}}=E_1-E_2=0$

Ⅱ区：$E_{\text{Ⅱ}}=E_1+E_2=\dfrac{\sigma}{\varepsilon_0}=4.52\mathrm{V\cdot m^{-1}}$，方向向右；

（等量异号电荷的两无限大平板间的电场强度为 $E=\dfrac{\sigma}{\varepsilon_0}$）

Ⅲ区：$E_{\text{Ⅲ}}=E_1-E_2=0$ 。

从本题可以看出，如果电荷分布不满足上述的对称性，则不可能仅用高斯定理求出电场强度。但如果电荷分布可以分解为若干个对称的分布，则可以用高斯定理分别求出各个分布的电场强度，进而用叠加原理求出总电场强度。

7.3　静电场的环路定理　电势

本节主要研究与电相互作用相关的能量问题。当你打开电灯、CD 机或者其他电器时，你正在使用电能，电能是我们当代科技中不可缺少的重要组成部分。装有离子发动机的宇宙飞船利用电场力可以发射超过 $30\text{km}\cdot\text{s}^{-1}$ 的氙离子束，这个推力很小（大约 0.09N），但是可以持续很多天，而化学燃料火箭可以在短时间产生很大的推力，离子发动机已经用于行星间宇宙飞船的控制。在力学中，我们已经介绍了功和能的概念，现在我们将把这两个概念同电荷、电场力、电场结合起来。正像用能量的方法能使一些力学问题的处理变得简单一样，用能量方法来处理某些电学问题也会变得很容易。当一带电粒子进入电场时，电场力会对带电粒子做功。这个功我们通常用电势能来表示，正像重力势能取决于物体离地面的高度一样，电势能依赖于带电粒子在电场中的位置。我们用一个新的概念来描述电势能，称为电势。

7.3.1　静电场力的功

1. 电场力做功的计算

为了简单起见，我们先讨论一个点电荷在另一个点电荷产生的电场中运动时，它所受到的电场力做功的特点。如图 7-21 所示，设 q 和 Q 均为正电荷，当点电荷 q 在 Q 所产生的电场中从 a 点沿任意路径移动到 b 点时，q 所受到的电场力做的功为

$$A_{ab} = \int_a^b \boldsymbol{F}\cdot \mathrm{d}\boldsymbol{l} = q\int_a^b \boldsymbol{E}\cdot \mathrm{d}\boldsymbol{l} \tag{7-31}$$

利用点电荷 Q 产生的电场：　$\boldsymbol{E} = \dfrac{1}{4\pi\varepsilon_0}\dfrac{Q}{r^2}\boldsymbol{r}^0$

有

$$A_{ab} = q\int_a^b \boldsymbol{E}\cdot \mathrm{d}\boldsymbol{l} = q\int_a^b \frac{Q}{4\pi\varepsilon_0 r^2}\boldsymbol{r}^0\cdot \mathrm{d}\boldsymbol{l} \tag{7-32}$$

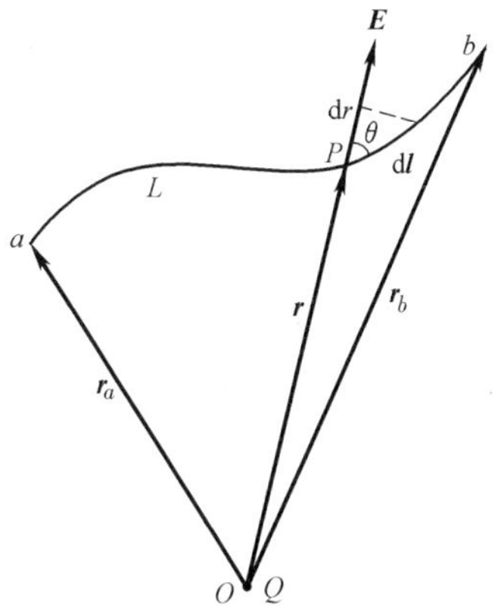

图　7-21

从图 7-21 可以看出，$\boldsymbol{r}^0\cdot \mathrm{d}\boldsymbol{l} = \mathrm{d}l\cos\theta = \mathrm{d}r$，这里 θ 是 $\boldsymbol{E}$ 与 $\mathrm{d}\boldsymbol{l}$ 的夹角。将此关系代入上式，得

$$A_{ab} = \frac{qQ}{4\pi\varepsilon_0}\int_a^b \frac{1}{r^2}\mathrm{d}r = \frac{qQ}{4\pi\varepsilon_0}\left(\frac{1}{r_a} - \frac{1}{r_b}\right) \tag{7-33}$$

上述结果是按 q 和 Q 均为正电荷的情况推出的。不难验证，对于其他情况，此式依然成立。

在一般带电体产生的静电场中，带电体可微分化为点电荷系，按照静电力的叠加原理，q 受到的力应为各个点电荷的静电力的矢量和，即

$$\boldsymbol{F} = \boldsymbol{F}_1 + \boldsymbol{F}_2 + \cdots + \boldsymbol{F}_n = \sum_{i=1}^{n}\boldsymbol{F}_i$$

在力学中我们又知道，作用在质点上的合力的功应等于各分力功的代数和，即 $A = \sum\limits_{i=1}^{n} A_i$。所以，当点电荷 q 在这个电场中从 a 点沿任意路径移动到 b 点时，q 所受到的静电力所做的功应等于各个点电荷的静电力所做功的总和，即

$$A_{ab}=\int_a^b \boldsymbol{F}\cdot \mathrm{d}\boldsymbol{l}=\sum_{i=1}^{n}\int_a^b \boldsymbol{F}_i\cdot \mathrm{d}\boldsymbol{l}=\sum_{i=1}^{n}A_{iab}$$
$$=\sum_{i=1}^{n}\left[\frac{qQ_i}{4\pi\varepsilon_0}\left(\frac{1}{r_{ia}}-\frac{1}{r_{ib}}\right)\right]=\frac{q}{4\pi\varepsilon_0}\sum_{i=1}^{n}Q_i\left(\frac{1}{r_{ia}}-\frac{1}{r_{ib}}\right) \tag{7-34}$$

2. 静电场力做功的特点

在上面两个功的表达式中，由于 r_a 和 r_b（或 r_{ia}和 r_{ib}）分别表示运动起点和终点的从点电荷 Q 到 q 的距离。所以此结果说明，在点电荷 Q 的电场中，点电荷 q 所受的电场力做的功只与始末位置有关而与路径无关。在力学中我们学过，这种做功只与始末位置有关，与路径无关的力称为保守力，由此我们知道，点电荷的电场力也是保守力，一般带电体的静电场力也是保守力，即在任意静电场中，电场力做功都与路径无关，而只与始末位置有关。这就是静电场力做功的特点。

按力学理论，保守力还可以表述为：沿闭合路径一周所做的功恒为零，即

$$A=\oint_L \boldsymbol{F}\cdot \mathrm{d}\boldsymbol{l}\equiv 0 \tag{7-35}$$

式中，$\oint$ 表示积分路径 L 是闭合的，并且是在该闭合路径上积分一周。

7.3.2　静电场的环路定理

在一般情况下，电场力总可以表示为 $\boldsymbol{F}=q\boldsymbol{E}$。电场力做功的积分式可以表示成电场强度的积分式与 q 的乘积，即

$$A_{ab}=\int_a^b \boldsymbol{F}\cdot \mathrm{d}\boldsymbol{l}=q\int_a^b \boldsymbol{E}\cdot \mathrm{d}\boldsymbol{l} \tag{7-36}$$

式中，$\int_a^b \boldsymbol{E}\cdot \mathrm{d}\boldsymbol{l}$ 为电场强度 $\boldsymbol{E}$ 沿任意路径从 a 点到 b 点的线积分，根据电场强度的物理意义，也叫作把单位正电荷从 a 点沿任意路径移动到 b 点电场力所做的功。

对于一个闭合路径来说，静电场力所做的功为

$$A=\oint_L \boldsymbol{F}\cdot \mathrm{d}\boldsymbol{l}=q\oint_L \boldsymbol{E}\cdot \mathrm{d}\boldsymbol{l}\equiv 0$$

由于 $q\neq 0$，所以必然有

$$\oint_L \boldsymbol{E}\cdot \mathrm{d}\boldsymbol{l}\equiv 0 \tag{7-37}$$

这个结论表明，在静电场中，电场强度沿任意闭合路径的线积分等于零。这个结论也称为静电场的环路定理，它简洁地反映了静电场的保守性。

7.3.3　电荷在外电场中的电势能

按照力学知识，只要是保守力就一定有与之对应的势能。静电场力是保守力，它所对应的势能叫作电势能。在电磁学中，我们用 W 表示电势能（力学中用的势能符号为 E_p，在电磁学中容易与电场强度的符号混淆）。势能定理指出保守力所做的功等于系统势能增量的负值，那么在静电场中，作为保守力的静电力所做的功就应该等于电势能增量的负值，即

$$A_{ab}=W_a-W_b=q_0\int_a^b \boldsymbol{E}\cdot \mathrm{d}\boldsymbol{l} \tag{7-38}$$

上式给出了电势能差的定义。

若静电力做正功，$A_{ab}>0$，则电势能减小，$W_a>W_b$；说明电场力做功以电势能减少为代价。

若静电力做负功，$A_{ab}<0$，则电势能增加，$W_a<W_b$；说明要想增加系统的电势能，必须有外力克服电场力做功。

若选取点 b 为电势能零点，即 $W_b=0$，则有

$$W_a = q\int_a^{\text{势能零点}} \boldsymbol{E}\cdot \mathrm{d}\boldsymbol{l} \tag{7-39}$$

上式给出了空间点 a 的电势能的定义。可以看出，电势能定义的前提是要首先规定势能零点。点电荷 q 在电场中场点 a 的电势能，在数值上等于把它从场点 a 移到零势能处静电场力所做的功。

若选取无穷远点为电势能零点，即 $W_\infty=0$，则有

$$W_a = q\int_a^{\infty} \boldsymbol{E}\cdot \mathrm{d}\boldsymbol{l} \tag{7-40}$$

电势能的单位是焦耳（J）。电势能是电荷 q 和静电场（其他场源电荷产生的）共同具有的，只讨论电场或只讨论电荷都没有电势能。所以，我们通常是说某电荷处于某电场中所具有的电势能。

7.3.4　电势差与电势

知道了单位正电荷的受力即电场强度，就很容易确定任意点电荷的受力；类似的想法，我们也可以通过单位正电荷的电势能或电势能差来确定任意点电荷的电势能或电势能差，单位正电荷的电势能或电势能差称为电势或电势差。

1. 电势差

静电场中把一个单位正电荷从 a 点移动到 b 点电场力所做的功定义为 a、b 两点间的电势差：

$$U_{ab} = \frac{W_a - W_b}{q_0} = \int_a^b \boldsymbol{E}\cdot \mathrm{d}\boldsymbol{l} \tag{7-41}$$

实际上，电势差就是单位正电荷在 a、b 两点处所具有的电势能之差。在静电场中给定两点，则电势差就具有完全确定的值，而与电势能零点的选择没有任何关系。

电势差通常用 U 表示。需要注意的是，我们常说的差值是指前量减后量，而与之相关的增量则应该为后量减前量，即电势差与电势增量之间有一个负号的差别。例如，电场中 a、b 两点的电势差可以表示为

$$U_{ab} = V_a - V_b \tag{7-42}$$

而电势增量则为 $\Delta U = V_b - V_a$，请读者高度重视这种区别！

2. 电势

从前面的知识点我们可以看到，任何一个点电荷在电场中所具有的电势能都是正比于它的电荷量的。那么，电势能与其电荷量的比值

$$V_a = \frac{W_a}{q} \tag{7-43}$$

就是一个与 q 无关而只与电场的性质和场点 a 的位置相关的量。我们就把这个只与电场相关的物理量称为电场中 a 点的电势，它是描述电场的又一个重要物理量。式（7-43）就是电势的定义式。

如前所述，电场强度是从电场力的角度描述电场的，电势则是从功和能的角度描述电场的，它们从不同的侧面描述了电场的物理性质。从电势的定义我们知道，所谓电势，就是单位正电荷

在电场中所具有的电势能，这是从能量的角度来理解电势的物理意义的。

显然，在电势能为零的地方，电势也为零，所以电势能的零点也就是电势的零点。在电势能中我们规定了无限远处或接地为其零点，则电势的零点也是无限远处或接地。当然这只是通常的规定，选择其他地点作为电势零点也是可以的。

在国际单位制中，电势和电势差的单位都是伏特，用符号 V 表示，$1V = 1J \cdot C^{-1}$。

3. 电势与电场强度的积分关系

既然电场强度和电势都是描述电场的物理量，那么它们之间必然有一定的联系。将电势能公式代入上面电势的定义式中，可得

$$V_a = \int_a^{"0"} \boldsymbol{E} \cdot \mathrm{d}\boldsymbol{l} \tag{7-44}$$

此式亦可作为电势的定义式，也是最一般的通过电场强度计算电势的公式，是我们计算电势时常用的公式。在已知电场强度时，用这个公式计算电势常常是非常方便的。

需要指出的是，电场的电势的数值是相对的，与其零点的选择有关。这是因为上式中的积分虽然与路径无关，但却与始末位置有关，选择不同的位置作为零点，电势取值显然不同。对于有限大小的带电体，通常我们约定选取无穷远处作为电势和电势能的零点，上述电势的积分公式就变为

$$V_a = \int_a^{\infty} \boldsymbol{E} \cdot \mathrm{d}\boldsymbol{l} \tag{7-45}$$

众所周知，电场强度是单位正电荷所受到的电场力。因此上式表明，电势等于把单位正电荷从电场中 a 点处移动到无穷远处电场力所做的功。这就是从电场力做功的角度理解电势的物理意义。

如图 7-22 所示，一个点电荷 q 处于 O 点处。在 q 所产生的电场中，距离点 O 为 r 的 P 点处的电势，可以根据电势的定义式计算得到。选无穷远处作为电势零点，积分路径沿 OP 方向由 P 点延伸到无穷远。由于积分方向选取与电场强度的方向相同，P 点电势可以很容易地计算出来

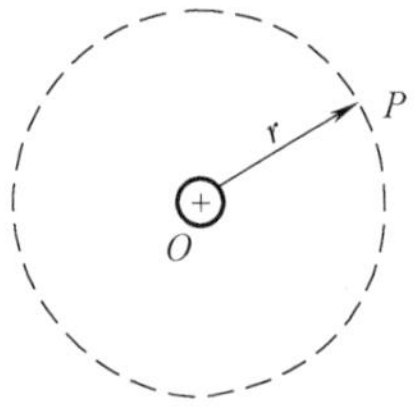

图　7-22

$$V_P = \int_P^{\infty} \boldsymbol{E} \cdot \mathrm{d}\boldsymbol{l} = \int_r^{\infty} \frac{q}{4\pi\varepsilon_0 r^2}\mathrm{d}r = \frac{1}{4\pi\varepsilon_0}\frac{q}{r} \tag{7-46}$$

此式给出点电荷电场中任意一点的电势大小，称为点电荷电势公式。式中视 q 的正负，电势 V 可正可负。在正点电荷的电场中，各点电势均为正值，离电荷越远的点，电势越低，故电势与 r 成反比。在负点电荷的电场中，各点的电势均为负，离电荷越远的点，电势越高，无穷远处电势为零。容易看出，在以点电荷为中心的任意球面上电势都是相等的，这些球面都是等势面。注意，点电荷电势是计算其他任意带电体产生的电势的基础。

【例 7-11】 设球面总带电荷量为 Q，半径为 R，求均匀带电球面的电势分布。

【解】 均匀带电球面的电场强度分布很有规律性，本题适宜用电势的定义式通过对电场强度的积分来求电势。由高斯定理得带电球面的电场强度为

$$\begin{cases} \boldsymbol{E}_{外} = \dfrac{1}{4\pi\varepsilon_0}\dfrac{Q}{r^2}\boldsymbol{r}^0 (r > R) \\ \boldsymbol{E}_{内} = 0 (r < R) \end{cases}$$

选无穷远处为电势零点，则球外场点的电势

$$V_{外} = \int_r^{\infty} \boldsymbol{E}_{外} \cdot d\boldsymbol{l} = \int_r^{\infty} \frac{Q}{4\pi\varepsilon_0 r^2} dr = \frac{Q}{4\pi\varepsilon_0 r} (r > R)$$

球内场点的电势

$$V_{内} = \int_r^{\infty} \boldsymbol{E} \cdot d\boldsymbol{l} = \int_r^{R} \boldsymbol{E}_{内} \cdot d\boldsymbol{l} + \int_R^{\infty} \boldsymbol{E}_{外} \cdot d\boldsymbol{l}$$

$$= \int_R^{\infty} \boldsymbol{E}_{外} \cdot d\boldsymbol{l} = \int_R^{\infty} \frac{Q}{4\pi\varepsilon_0 r^2} dr = \frac{Q}{4\pi\varepsilon_0 R} (r < R)$$

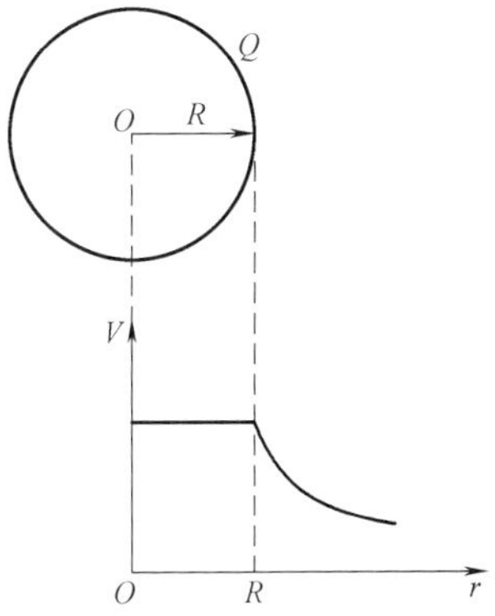

图　7-23

这说明均匀带电球面内各点电势相等，都等于球面上的电势。电势随 r 的变化曲线（$V-r$ 曲线）如图7-23所示。和电场强度分布 $E-r$ 曲线相比，可看出，在球面处（$r=R$），电场强度不连续，而电势是连续的。在经典物理学中，能量始终是连续的。

物理知识应用案例

1. 电子设备的静电故障

大规模、超大规模集成电路技术的飞速发展带来了巨大的技术经济效益。但与此同时，因为线距缩小造成耐压降低和线路面积减小而使耐流容量降低。这使高密度集成电路只能承受毫伏级电压和毫安级电流，当其遭受到静电放电的能量时就会发生击穿或烧熔现象而导致器件失效，成为静电放电敏感器件。

对于NMOS、PMOS和CMOS集成电路来说，由于其集成度高，集成线路间分布电容容量很小，导线之间、元器件之间的绝缘层均为0.1～0.3μm，氧化膜的分布电容也很小。所以静电稍有积累，电容上即产生很高的电场强度，线路很容易损坏。许多微电路，例如CPU，RAM，ROM，I/O，D/A，A/D等都是用导电薄膜、介质薄膜、绝缘薄膜等构成电阻、电容、电感器件的隔离介质，由于绝缘膜非常薄，所以对静电的防护能力特别弱。

静电放电的能量对传统的元器件影响甚微且不易察觉。但对于高密度集成电路来说，静电场和静电流却成为致命的杀手。凡是静电放电敏感器件，不管它是安装在设备里面的，还是安装在产品组件上和印制电路板上的，或者是单个集成电路片，一旦遭受到静电放电，就会使器件的物理和电气性能发生改变而失效。器件在遭受静电放电以后，放电电流会烧穿器件的氧化膜。在电子显微镜下可以观察到器件芯片上有像“弹坑”一样的孔洞。

不同的静电放电敏感器件所能承受的静电电压的大小也不相同，表7-2列出了几种器件芯片的静电破坏电势差的数值。

表7-2　几种器件的静电破坏电势差

静电放电敏感器件	静电破坏电势差/V
场效应晶体管（MOSFET）	150～1000
互补型金属氧化物半导体晶体管（CMOS）	250～1000
双极型晶体管	4000～15000
可控硅整流器（SCR）	4000～15000
精密薄膜电阻（RN型）	150～1000

2. 人体静电

造成静电放电敏感器件损坏的静电是很容易产生的物理现象，两种不同材料的相互摩擦是产生静电荷的主要原因。例如，当人穿塑料底或皮底鞋在绝缘橡胶或地毯上行走时，就会因摩擦引起带电；人穿的各种化纤制品服装、鞋、袜彼此之间互相摩擦产生静电，这些静电传给人体，使人体带电（当人体对地绝缘时）。有人做过测试，在室温20℃，相对湿度40%时测得人体带电的电压见表7-3。

表7-3　人体的带电电压　（单位：kV）

上身衣料/下身衣料	木棉	毛	丙烯	聚酯	尼龙	维尼龙/棉
棉衣（100%）	1.2	0.9	11.7	14.7	1.5	1.8
维尼龙/棉（55%/45%）	0.6	4.5	12.3	12.3	4.8	0.3
聚酯/人造丝（65%/35%）	4.2	8.4	19.2	17.1	4.8	1.2
聚酯/棉（65%/35%）	14.1	15.3	13.3	7.5	14.7	13.8

表7-3中所列的数据说明，人体带电电压的高低与所穿衣料有关。不同的衣料所带电压是不同的。当然这是在人体与地绝缘的情况下测得的。如果人体与地相连接，则人体中的静电荷都会泄漏到地而不可能累积静电荷，也就不会有静电压产生。

用人造革、泡沫塑料、橡胶、塑料贴面板等容易产生静电的材料制成的工作台、家具、工作室墙壁及各种塑料包装盒，在使用过程中不可避免要发生摩擦，从而产生静电；高速流动的气体或液体，因为与设备的腔壁和管壁发生了摩擦也会引起静电。

静电的产生与空气的湿度有很大关系。湿度高时，空气中所含有的水分子就多，物体表面吸附的水分子也多，表面的电阻率降低，使静电荷容易由高电位传递到低电位而积聚不起来，产生的静电电压必然较低。相反，空气的湿度较低时，同样的活动就会产生较高的静电电压，表7-4所列的是不同湿度时进行活动的人体上所带的静电电压值。

表7-4　各种活动在不同湿度时使人体所带的静电电压值　（单位：kV）

	相对湿度10%～20%	相对湿度65%～90%
在地毯上走动	8.5	1.5
在聚乙烯地板上走动	1.2	0.25
在工作台上工作	0.6	0.1
在泡沫垫椅上坐	1.8	1.5

静电产生以后，具有以下两个显著的特性：

1）静电荷会在与地绝缘的各种材料、物体以及人体不断地聚积起来，使其周围空间形成静电场，这种电场的强度足以击穿目前各类集成电路的绝缘层，使其失效。

2）聚积起来的静电荷与地之间形成了电位差，并伺机与地之间形成放电。因此，只要带电体（包括人体各部分）触及微电路时就会产生放电电流。这种放电的电流有可能将微电路的导体烧熔。

3. 静电除尘

在有粉尘或烟雾污染的厂矿企业中，例如水泥、煤气、冶金、发电等工厂，为了防止大气污染，保护环境，以及回收有用物质，常采用静电除尘（或积尘）装置。现以烟囱内的静电除尘装置为例说明静电除尘器除尘的工作原理。

静电除尘器除尘的原理是利用电晕放电，使尘粒带电，再通过高压静电场的作用，使尘粒与烟气分离。图7-24为烟囱内的静电除尘装置示意图：紧贴烟囱内壁设置一半径为R_2的金属圆筒，烟囱中央安装一根半径为R_1（$\ll R_2$）的金属丝，金属丝和圆筒分别连接高压电源的负极和正极。其间的电压（电势差）为$|V_1-V_2|$，使烟囱内

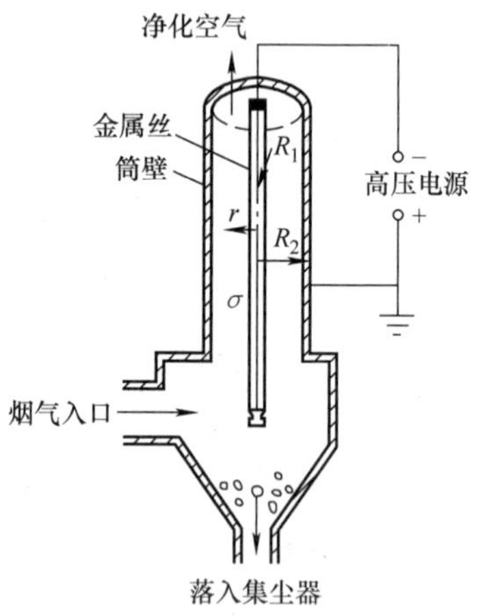

图　7-24

形成一个以金属丝为轴的径向电场，其电场强度为

$$E=\frac{\lambda}{2\pi\varepsilon_0 r}=\frac{2\pi R_1|\sigma|}{2\pi\varepsilon_0 r}=\frac{R_1|\sigma|}{\varepsilon_0 r}$$

式中，σ 为金属丝表面的电荷面密度，空气的电容率近似取 ε_0。由上式可知，电场强度最强的区域在金属丝外表面 $r=R_1$ 处：

$$E_{\max}=\frac{R_1|\sigma|}{\varepsilon_0 R_1}=\frac{|\sigma|}{\varepsilon_0}$$

又因为

$$|V_2-V_1|=\left|\int \boldsymbol{E}\cdot \mathrm{d}\boldsymbol{r}\right|=\int_{R_1}^{R_2}\frac{R_1|\sigma|}{\varepsilon_0 r}\mathrm{d}r=\frac{R_1|\sigma|}{\varepsilon_0}\ln\frac{R_2}{R_1}$$

所以

$$\frac{|\sigma|}{\varepsilon_0}=\frac{|V_2-V_1|}{R_1\ln\dfrac{R_2}{R_1}}$$

$$E_{\max}=\frac{|V_2-V_1|}{R_1\ln\dfrac{R_2}{R_1}}$$

把金属丝做得越细（R_1越小）或者提高两极电压，则 $E_{\max}$越大。当电压达到某个值以上时，$E_{\max}$就可增大到足以使空气被电离成带正电的正离子和带负电的负离子。正离子很快被金属丝吸引而中和，在金属丝表面上出现青紫色的光点并发出嘶嘶声，发生电晕放电现象。而大量的负离子则在径向电场作用下背离金属丝向着圆筒壁运动，在运动过程中就附着在烟囱内排放出来的烟尘粒子上，使尘粒带负电。这些带负电的尘粒被径向电场力推向圆筒壁，与圆筒壁上的正电荷中和而失去负电荷，成为中性微粒，然后靠其自身重量或用振动方法使之落在烟囱底部的集尘器内，被净化的气体则从烟囱排放出去。

7.4　电势叠加原理　电场强度与电势的微分关系

7.4.1　中学物理知识回顾

电势的形象描述方法——等势面

电场强度形成一个矢量场，矢量场可用矢量线来形象描述。电势分布形成一个标量场，标量场可用等值面来形象描述。在电场中，电势相等的点所组成的曲面叫等势面。不同的电荷分布，其电场的等势面具有不同的形状与分布。对于一个点电荷 q 的电场，根据其电势的表达式 $V=\frac{q}{4\pi\varepsilon_0 r}$，它的等势面应是一系列以点电荷为球心的同心球面（见图 7-25a 中虚线）。

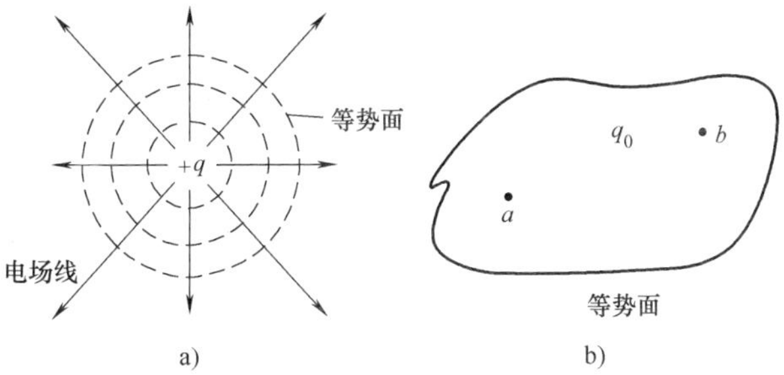

图　7-25

等势面有两个特点，能使我们从等势面的分布了解电场强度的分布。

1）电场线与等势面正交且指向电势降落方向。在同一等势面上任意两点 a、b 之间的电势差为零，即将一单位正电荷从 a 点移动到 b 点电场力做功为零（见图 7-25b），所以电场强度在 a、b 之间的投影必为零。故电场强度与等势面垂直（或正交）。

又按电势差计算式 $U_{ab} = \int_a^b \boldsymbol{E} \cdot \mathrm{d}\boldsymbol{l}$，把电场强度沿着电场线从 a 积分到 b，其结果肯定为正，即电势差 $U_{ab} = V_a - V_b$ 为正，所以沿电场线方向电势降落。

2）等势面给出了空间电势相等的点。如何通过等势面反映电势在空间变化的特点呢？为此画等势面时我们约定：相邻等势面的电势差为一个常数。这样，通过电场中等势面的分布我们还可以认识电场强度大小的分布：设想把等势面作得较密，以至于相邻等势面之间的电场可以近似看作匀强电场。把电场强度沿电场线从一个等势面积分到相邻的等势面得到等势面间的电势差 $U = Ed$，其中，d 为相邻等势面之间的距离。由于相邻等势面之间的电势差相等，所以等势面间距大的地方电场强度小，等势面间距小的地方电场强度大。即：等势面密集的区域电场强度的数值大，等势面稀疏的区域电场强度的数值小。

图 7-26 画出了几种常见电场的等势面和电场线。

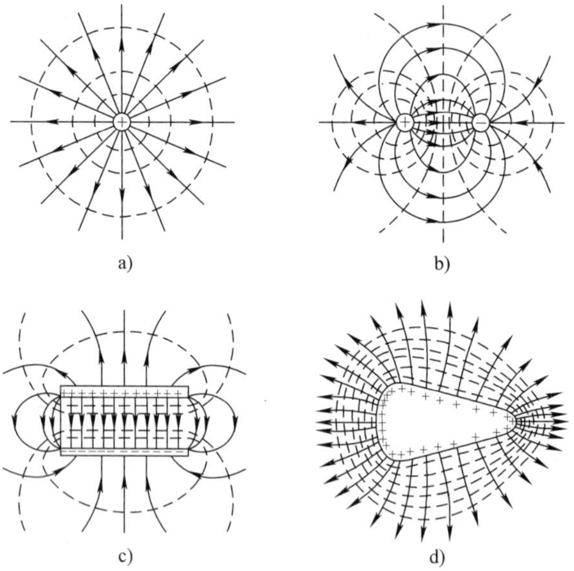

图 7-26

a）正点电荷 b）电偶极子 c）正负带电平行板 d）不规则的带电导体

等势面的概念很有实用意义，因为在实际遇到的很多带电问题中等势面（或等势线）的分布容易通过实验描绘出来，并由此可以反过来分析电场的分布。

7.4.2 电势的叠加原理

前面介绍了电场强度叠加原理。该原理告诉我们，任意一个静电场都可以看成是多个或无限多个点电荷电场的叠加，即

$$\boldsymbol{E} = \boldsymbol{E}_1 + \boldsymbol{E}_2 + \cdots + \boldsymbol{E}_n = \sum_{i=1}^{n} \boldsymbol{E}_i \tag{7-47}$$

式中，$\boldsymbol{E}$ 表示总电场；$\boldsymbol{E}_1$，$\boldsymbol{E}_2$，…为单个点电荷产生的电场。根据电势的定义式，并应用电场强

度叠加原理，电场中 a 点的电势可表示为

$$V_a = \int_a^\infty \boldsymbol{E} \cdot \mathrm{d}\boldsymbol{l} = \int_a^\infty \boldsymbol{E}_1 \cdot \mathrm{d}\boldsymbol{l} + \int_a^\infty \boldsymbol{E}_2 \cdot \mathrm{d}\boldsymbol{l} + \cdots + \int_a^\infty \boldsymbol{E}_n \cdot \mathrm{d}\boldsymbol{l}$$

$$= V_1 + V_2 + \cdots + V_n = \sum_{i=1}^n V_i = \sum_{i=1}^n \frac{q_i}{4\pi\varepsilon_0 r_i} \tag{7-48}$$

上式最后面一个等号右侧被求和的每一项分别为各个点电荷单独存在时在 a 点产生的电势，即有

$$V_a = \sum_{i=1}^n V_{ai} \tag{7-49}$$

式中，V_{ai}是第 i 个点电荷单独存在时在 a 点产生的电势。显然，如果我们将带电体系分成若干部分（不一定是点电荷），上述结论仍然是成立的。即任意一个电荷体系的电场中任意一点的电势，等于带电体系各部分单独存在时在该点产生电势的代数和。这个结论叫作电势叠加原理。前面讲过，可以把任何带电体系视为点电荷系。当带电体系的电荷分布已知时，我们就可以利用电势叠加原理求其电场的电势分布。

7.4.3　电势的计算方法

一般说来，计算电势的方法有两种。第一种方法是由电势的定义式通过电场强度的线积分来计算；另一种方法是利用电势叠加原理。对不同的带电体系，本质上讲这两种方法都能够计算出电势，但是选择不同的方法计算的难易程度是大不相同的。如果一个电场的电场强度为已知，应用电势的定义式可以直接计算电势；用这种方法计算电势时，电势零点可以任意选定。如果电荷分布可以分解为几个子分布，而每个子分布在考察点的电势为已知，则可应用叠加原理来计算电势。通过后面内容的学习，读者要注意对不同的带电体系选择不同的计算方法。

1. 点电荷系电场的电势

若一个电荷体系是由点电荷组成的，则每个点电荷的电势可以按式（7-46）进行计算，而总的电势可由电势叠加原理得到，即

$$V_a = \sum_{i=1}^n \frac{q_i}{4\pi\varepsilon_0 r_i} \tag{7-50}$$

式中，r_i是从点电荷 q_i到点 a 的距离（注意：应用这个公式时，电势零点取在无穷远处）。

2. 电荷连续分布的带电体系电场的电势

对一个电荷连续分布的有限带电体系，可以设想它由许多电荷元所组成。若每个电荷元都可以当成点电荷，就可以由叠加原理得到求电势的积分公式。已知电荷元的电势为

$$\mathrm{d}V = \frac{1}{4\pi\varepsilon_0}\frac{\mathrm{d}Q}{r} \tag{7-51}$$

所以整个带电体的电势为

$$V = \int_Q \frac{1}{4\pi\varepsilon_0}\frac{\mathrm{d}Q}{r} \tag{7-52}$$

式中，r 是从电荷元 $\mathrm{d}q$ 到 a 点的距离（电势零点在无穷远处）。

【例 7-12】　设圆环半径为 R，带电荷量为 Q，求均匀带电圆环轴线上一点的电势。

【解】　本题可以用两种方法求解。我们先用叠加原理求电势的方法来解。在图 7-27 中以 x 表示从环心到 P 点的距离，以 $\mathrm{d}q$ 表示在圆环上的任一电荷元。

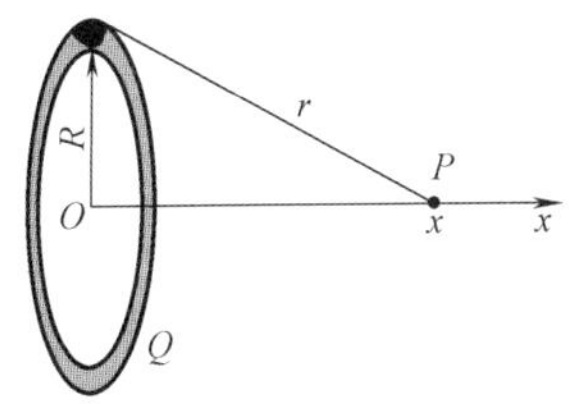

图　7-27

$$dq = \lambda dl = \frac{Q}{2\pi R}dl$$

由电势叠加原理可得轴线上任意一点 P 的电势为

$$V = \int_0^{2\pi R} \frac{\lambda dl}{4\pi\varepsilon_0 r} = \frac{\lambda}{4\pi\varepsilon_0 r}\int_0^{2\pi R} dl$$

$$= \frac{1}{4\pi\varepsilon_0 (R^2+x^2)^{1/2}} \frac{Q}{2\pi R} 2\pi R = \frac{Q}{4\pi\varepsilon_0 (R^2+x^2)^{1/2}}$$

讨论：

1）$x=0$ 时，$V=\frac{1}{4\pi\varepsilon_0}\frac{Q}{R}$；

2）$x \gg R$ 时，$V=\frac{1}{4\pi\varepsilon_0}\frac{Q}{x}$。

另一种解法是利用已知电场强度求电势的方法。由前面的例题 7-4 可知圆环在轴线上任意一点的电场强度为

$$E = \frac{Qx}{4\pi\varepsilon_0 (R^2+x^2)^{3/2}}$$

如果我们在 x 轴上选择一条从 x 到无穷远的路径，则由已知电场强度计算电势的公式可得 P 点处的电势

$$V = \int_p^{\infty} \boldsymbol{E}\cdot d\boldsymbol{l} = \int_x^{\infty} E dx = \int_x^{\infty} \frac{qx dx}{4\pi\varepsilon_0 (R^2+x^2)^{3/2}} = \frac{q}{4\pi\varepsilon_0 (R^2+x^2)^{1/2}}$$

可以看出，两种计算方法所得到的结果是完全相同的。当电场强度分布已知，或因带电体系具有一定的对称性，因而电场强度分布易用高斯定理求出时，可以用电场强度积分的方法求电势。当带电体系的电荷分布已知，且带电体系对称性又不强时，宜用电势叠加法计算电势。由于电势是个标量，因此电势叠加比电场强度叠加的计算要简单得多。

【例 7-13】 如图 7-28 所示，半径为 R 的均匀带电球面带电荷量为 q，沿某一半径方向上有一均匀带电细棒，电荷线密度为 λ，长为 l，细棒左端离球心距离为 r_0，设球面和棒上的电荷分布不受相互作用影响，试求：(1) 细棒受球面电荷的电场力；(2) 细棒在球面电荷产生的电场中的电势能（设无穷远处的电势为零）。

【解】 (1) 建立如图 7-28 所示的坐标系，Ox 轴与细棒轴线重合。在细棒上任取一电荷元，其坐标为 x，长为 dx，其上电荷量为 $dq'=\lambda dx$，均匀带电球面的电场在该电荷元处的电场强度为

$$E = \frac{q}{4\pi\varepsilon_0 x^2}$$

电场强度的方向沿 Ox 轴方向，该电荷元所受电场力为

$$dF = E dq' = \frac{q\lambda dx}{4\pi\varepsilon_0 x^2}$$

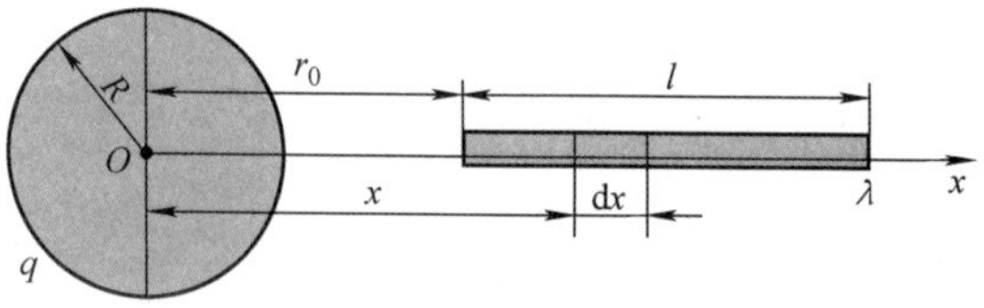

图 7-28

因为细棒上所有电荷受球面电荷施加的电场力方向都相同，所以细棒所受的总电场力为

$$F=\int \mathrm{d}F=\frac{q\lambda}{4\pi\varepsilon_0}\int_{r_0}^{r_0+l}\frac{\mathrm{d}x}{x^2}=\frac{q\lambda}{4\pi\varepsilon_0}\left(\frac{1}{r_0}-\frac{1}{r_0+l}\right)=\frac{q\lambda l}{4\pi\varepsilon_0 r_0(r_0+l)}$$

当球面和细棒所带电荷同号时，$\boldsymbol{F}$ 的方向为 Ox 轴正向；电荷异号时，$\boldsymbol{F}$ 的方向为 Ox 轴负方向。

(2) 均匀带电球面的电场在该电荷元处的电势为

$$V=\frac{q}{4\pi\varepsilon_0 x}$$

电荷元 $\mathrm{d}q'$ 在均匀带电球面电场中的电势能为

$$\mathrm{d}W=V\mathrm{d}q'=\frac{q\lambda\mathrm{d}x}{4\pi\varepsilon_0 x}$$

细棒上的电荷在该电场中的总电势能为

$$W=\int \mathrm{d}W=\frac{q\lambda}{4\pi\varepsilon_0}\int_{r_0}^{r_0+l}\frac{\mathrm{d}x}{x}=\frac{q\lambda}{4\pi\varepsilon_0}\ln\frac{r_0+l}{r_0}$$

这也是带电球面和细棒的相互作用能。

7.4.4 电场强度与电势的微分关系

1. 电场强度分量与电势方向导数的关系

电场强度和电势都是描述电场性质的物理量。从逻辑上讲，描述同一事物的物理量之间应该有某种关系。电势计算式表述了电势与电场强度的积分关系，如果电场强度已知，则可以从这个关系式计算出电势来。反之，如果已知电势，能否计算出电场强度呢？答案是肯定的。

我们先讨论最简单的一种情况，即电场强度分量与电势方向导数的关系。如图 7-29 所示，P_1 和 P_2 表示电场中的两个非常接近的点，由 P_1 指向 P_2 的方向叫作 l 方向，从 P_1 到 P_2 的距离为 $\mathrm{d}l$，电势增量为 $\mathrm{d}V$。由于电势差和电势增量只有一个负号的差别，所以 P_1 到 P_2 的电势差为

$$V_1-V_2=-\mathrm{d}V=\boldsymbol{E}\cdot\mathrm{d}\boldsymbol{l}=E\cos\theta\mathrm{d}l \tag{7-53}$$

式中，$E\cos\theta$ 就是 P_1 处电场强度在 l 方向的投影。所以有

$$E_l=-\frac{\mathrm{d}V}{\mathrm{d}l} \tag{7-54}$$

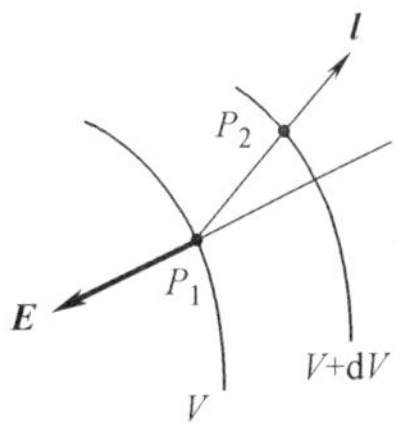

图　7-29

式中，$\frac{\mathrm{d}V}{\mathrm{d}l}$ 为电势沿 $\boldsymbol{l}$ 方向单位长度上的变化（在 $\boldsymbol{l}$ 方向的空间变化率），定义为电势在 $\boldsymbol{l}$ 方向的方向导数。式（7-54）说明，在电场中某点电场强度沿某方向的分量等于电势沿此方向的方向导数（或空间变化率）的负值，也可以说成是等于电势在该方向的减少率。如果空间的电势分布为已知，则可由上式求出电场强度在任意方向上的分量。

2. 电场强度与电势梯度的关系

如果电势的分布已表示为直角坐标 x，y，z 的函数 $V(x,y,z)$，由式（7-54）可求得电场强度在三个坐标轴方向的分量

$$E_x=-\frac{\partial V}{\partial x},\ E_y=-\frac{\partial V}{\partial y},\ E_z=-\frac{\partial V}{\partial z} \tag{7-55}$$

由于电势是 x、y、z 的函数，所以式（7-55）中用偏导数表示电势沿这三个方向的变化率。将式（7-55）合并写为矢量式，则有

$$\boldsymbol{E} = -\left(\frac{\partial V}{\partial x}\boldsymbol{i} + \frac{\partial V}{\partial y}\boldsymbol{j} + \frac{\partial V}{\partial z}\boldsymbol{k}\right) \tag{7-56}$$

按数学中场论的处理方法，电势是一个标量场，标量场在空间的变化率用梯度来描述，电势梯度定义为

$$\mathrm{grad}(V) = \nabla V = \frac{\partial V}{\partial x}\boldsymbol{i} + \frac{\partial V}{\partial y}\boldsymbol{j} + \frac{\partial V}{\partial z}\boldsymbol{k} \tag{7-57}$$

式中，∇表示矢量微分算符，定义为$\nabla = \frac{\partial}{\partial x}\boldsymbol{i} + \frac{\partial}{\partial y}\boldsymbol{j} + \frac{\partial}{\partial z}\boldsymbol{k}$，表示对函数求空间变化率。于是，电场强度与电势的关系式可记为

$$\boldsymbol{E} = -\mathrm{grad}(V) = -\nabla V \tag{7-58}$$

即电场中任意一点的电场强度等于该点电势梯度的负值。式（7-58）表述了电场强度与电势的微分关系。用这个公式可以很方便地由已知的电势分布求出电场强度分布。特别地，如果一点的电场强度$\boldsymbol{E}$的方向可以通过对称性判定出来，则可以设该方向为$\boldsymbol{e}$方向，注意到电场强度在自身方向的投影E_e就是电场强度的大小，因而可以立即由电势分布求出电场强度的大小

$$E = E_e = -\frac{\partial V}{\partial e} \tag{7-59}$$

例如，点电荷的电势分布为$V = \frac{q}{4\pi\varepsilon_0 r}$，由对称性可以判定点电荷的电场强度方向沿矢径$\boldsymbol{r}$的方向，因而电场强度的大小为

$$E = E_r = -\frac{\partial V}{\partial r} = \frac{q}{4\pi\varepsilon_0 r^2} \tag{7-60}$$

这正是点电荷的电场强度公式。

需要指出的是，电场强度与电势的微分关系说明，电场中某点的电场强度取决于电势在该点的空间变化率，而与该点的电势值本身无直接关系。

在理解电场强度与电势梯度关系时，应注意如下几点：

1）电场强度与电势梯度关系式表明，电场强度在自身方向的投影等于电势在该方向的减少率。由于电场强度在它自身方向的投影是最大投影，因而此式表示电场强度的方向是电势减少最快的方向。

2）电场强度与电势梯度关系还表明，电场强度的大小等于电势沿电场强度方向的减少率。

综合以上两条即有如下结论：电场强度的方向是电势减少最快的方向，而电场强度的大小等于电势沿该方向的减少率。由于电势梯度与电场强度的大小相同而方向相反，因而反过来有下述结论：电势梯度的方向沿着电势增加最快的方向，而电势梯度的大小等于电势沿该方向的变化率，即电势的最大变化率。此结论不仅对于电势分布是正确的，而且对所有标量场都成立。

下面讲两个例题，以帮助读者掌握电场强度与电势梯度关系式的应用。

【例7-14】 已知电偶极子的电势公式$V = \frac{p\cos\theta}{4\pi\varepsilon_0 r^2}$，求电偶极子的电场强度分布。

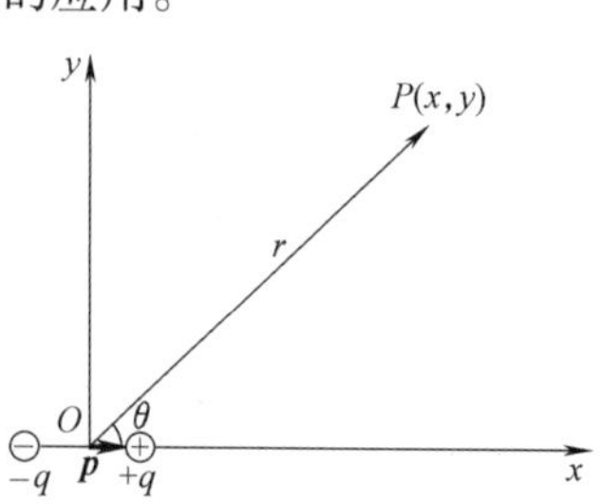

图　7-30

【解】 如图7-30所示，建立坐标系。令电偶极子中心位于坐标原点O，并使电偶极矩$\boldsymbol{p}$指向x轴正方向。设场点P所在平面为xOy平面，显然P点的电场强度也在xOy平面内，即只有E_x、E_y两个分量。由于

$$r^2 = x^2 + y^2, \cos\theta = \frac{x}{4\pi\varepsilon_0(x^2+y^2)^{1/2}}$$

所以

$$V = \frac{px}{4\pi\varepsilon_0(x^2+y^2)^{3/2}}$$

对任一点 $P(x,\ y)$，由电场强度与电势梯度关系式的分量式可以得出

$$E_x = -\frac{\partial V}{\partial x} = \frac{p(2x^2-y^2)}{4\pi\varepsilon_0(x^2+y^2)^{5/2}}$$

$$E_y = -\frac{\partial V}{\partial y} = \frac{3pxy}{4\pi\varepsilon_0(x^2+y^2)^{5/2}}$$

这个结果还可以用矢量式表示为

$$\boldsymbol{E} = \frac{1}{4\pi\varepsilon_0}\left[\frac{-\boldsymbol{p}}{r^3} + \frac{3\boldsymbol{p}\cdot\boldsymbol{r}}{r^5}\boldsymbol{r}\right]$$

其正确性读者可以自行验证。

物理知识应用案例：静电接地

“静电接地”与通常意义上的“接地”在概念和量值上都有所不同。静电接地是指物体通过导电、防静电材料或其制品与大地在电气上可靠连接，确保静电导体与大地的静电电位接近。这里要说明的是，静电接地系统中并不要求一定都是金属导体，也就是说，静电接地电阻可以视具体场合而定，它对电阻量级的要求比普通接地要宽松。所以，静电接地分为直接静电接地和间接静电接地。通过金属导体构成的静电接地系统称为直接静电接地，通过含有非金属导体、防静电材料或其制品使物体静电接地称为间接静电接地，此时非金属的静电导体或静电消散材料与金属导体紧密粘合的面积应大于 20cm^2，同时还要使这两者之间的接触电阻尽量小。

1. 火箭和飞机的静电接地和跨接

火箭在发射前，必须可靠地静电接地。另外，火箭外壳的各箱段、载入体及弹体结构的各部分之间应该电跨接良好。这样，才能保证火箭在发射前整体处于地电位，发射后，大量静电电荷能够通过跨接线分布于火箭的壳体上，以避免在火箭外表面间隙发生静电火花放电，使火箭内部电路不致受到静电危害。

飞机着陆或停在机场时，应该采用导电轮胎、接地钢索、停机接地线、接地刷、接地棒、接地锥等设备实施静电接地。直升机接近地面处悬停或装卸货物时，也应使用导电绳索使飞机静电接地，避免静电放电。飞机在飞行时会积累静电电荷，所以飞机的金属构件之间应采用永久性固有的跨接，如焊接、锻压等，以保证飞机在飞行中不会出现缝隙间的电弧放电。

2. 油罐汽车的静电接地

油罐汽车轮胎应使用导电橡胶轮胎，装油时先接地后接油管，拆卸油管时先拆油管并经适当的静置时间后再拆地线。接地时应使用附属在油罐汽车上的卷绕状接地线，与设置在装料臂上的接地端子进行点钳式的可靠连接。接地导线的连接位置应尽量取在汽车侧面或后部，特别应避免进油口和出油口等开口部位实行跨接。

3. 火炸药生产设备的静电接地

火炸药、起爆药等易燃易爆物质的体积电阻率一般都较高，即使将它们置于金属容器内将容器接地也不能在短时间内消除其静电；有时，直接接地反而容易造成工装与火药间产生放电火花，更增加了危险性。所以，除了设置静置时间外，还应采取间接接地。在危险工房中应铺设防静电地坪，为保证全系统静电接地，进入工房的一切静电导体和静电亚导体都要实施静电接地，并让操作者穿、用防静电鞋，使人体也静电接地。

本章总结

1. 主要物理量

电场强度：$$\boldsymbol{E}=\frac{\boldsymbol{F}}{q_0}$$

电势：$$V_a=\frac{W_a}{q_0}=\int_a^{\text{电势零点}}\boldsymbol{E}\cdot\mathrm{d}\boldsymbol{l}$$

电势差：$$U_{ab}=V_a-V_b=\int_a^b\boldsymbol{E}\cdot\mathrm{d}\boldsymbol{l}$$

电势能：$$W_P=q_0\int_P^{\text{势能零点}}\boldsymbol{E}\cdot\mathrm{d}\boldsymbol{l}$$

2. 静电场的基本规律

电荷守恒定律

库仑定律：$$\boldsymbol{F}=k\frac{q_1q_2}{r^2}\boldsymbol{r}^0\quad \boldsymbol{r}^0=\frac{\boldsymbol{r}}{r}$$

电场强度叠加原理：$$\boldsymbol{E}=\sum_{i=1}^{n}\boldsymbol{E}_i$$

电势叠加原理：$$V=\sum_{i=1}^{n}V_i$$

电场强度与电势的关系：$E_l=-\dfrac{\mathrm{d}V}{\mathrm{d}l}$（微分关系）

3. 静电场的基本方程

高斯定理：$\Phi_{\mathrm{e}}=\oint_S\boldsymbol{E}\cdot\mathrm{d}\boldsymbol{S}=\dfrac{1}{\varepsilon_0}\sum\limits_{i=1}^{n}Q_{i内}$（反映静电场是有源场）

环路定理：$\oint_L\boldsymbol{E}\cdot\mathrm{d}\boldsymbol{l}=0$（反映静电场是保守场）

4. 典型电场

（1）均匀带电球面

$$E_{内}=0，E_{外}=\frac{1}{4\pi\varepsilon_0}\frac{Q}{r^2}\ (\boldsymbol{E}\text{ 的方向沿径向})$$

$$V_{内}=\frac{Q}{4\pi\varepsilon_0R}\ (r<R),\qquad V_{外}=\frac{Q}{4\pi\varepsilon_0r}\ (r>R)$$

（2）无限长均匀带电直线

$$E=\frac{\lambda}{2\pi\varepsilon_0r}\ (\boldsymbol{E}\text{ 的方向垂直于带电直线})$$

（3）无限大均匀带电平面

$$E=\frac{\sigma}{2\varepsilon_0}\ (\boldsymbol{E}\text{ 的方向垂直于带电平面})$$

（4）均匀带电圆环（轴线上）

$$E=\frac{1}{4\pi\varepsilon_0}\frac{qx}{(x^2+a^2)^{\frac{3}{2}}}$$

$$V=\frac{Q}{4\pi\varepsilon_0(R^2+x^2)^{\frac{1}{2}}}$$

习　题

（一）填空题

7-1　静电场中某点的电场强度，其大小和方向与________相同。

7-2　由一根绝缘细线围成的边长为 l 的正方形线框，使它均匀带电，其电荷线密度为 λ，则在正方形中心处电场强度的大小 $E=$________。

7-3　在电场强度为 E 的均匀电场中，有一半径为 R，长为 l 的圆柱面，其轴线与 $\boldsymbol{E}$ 的方向垂直。在通过轴线并垂直 $\boldsymbol{E}$ 的方向将此柱面切去一半，如习题 7-3 图所示，则穿过剩下的半圆柱面的电场强度通量等于________。

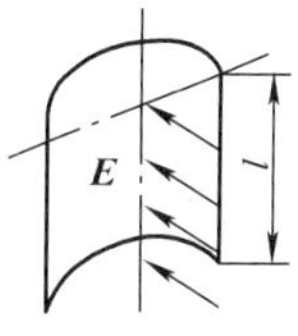

习题 7-3 图

7-4　有一半径为 R，长为 L 的均匀带电圆柱面，其单位长度带有电荷 λ。在带电圆柱的中垂面上有一点 P，它到轴线的距离为 r（$r>R$），则 P 点的电场强度的大小：当 $r \ll L$ 时，$E=$________；当 $r \gg L$ 时，$E=$________。

7-5　空气平行板电容器的两极板面积均为 S，两板相距很近，电荷在平板上的分布可以认为是均匀的。设两极板分别带有电荷 $\pm Q$，则两板间相互吸引力为________。

7-6　在点电荷 q 的静电场中，若选取与点电荷距离为 r_0 的一点为电势零点，则与点电荷距离为 r 处的电势 $V=$________。

7-7　静电场中有一质子（带电荷 $e=1.6\times10^{-19}$C）沿习题 7-7 图所示路径从 a 点经 c 点移动到 b 点时，电场力做功 8×10^{-15}J。则当质子从点 b 沿另一路径回到点 a 过程中，电场力做功 $A=-8.0\times10^{-15}$J；若设点 a 电势为零，则点 b 电势 $V_b=$________。

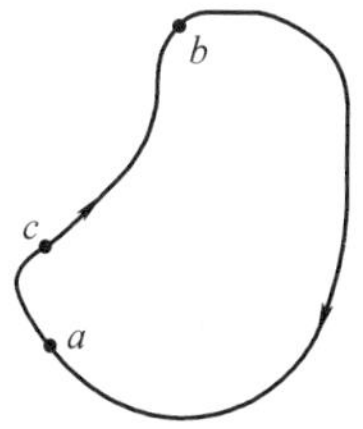

习题 7-7 图

7-8　有一半径为 R 的均匀带电圆环，电荷线密度为 λ。设无穷远处为电势零点，则圆环中心点 O 的电势 $V=$________。

7-9　有一半径为 R 的均匀带电球面，带有电荷 Q。若设该球面上电势为零，则球面内各点电势 $V=$________。

7-10　有一半径为 R 的均匀带电球面，带有电荷 Q。若规定该球面上电势为零，则无限远处的电势 $V=$________。

（二）计算题

7-11　电荷为 $+q$ 和 $+2q$ 的两个点电荷分别置于 $x=0$ 和 $x=1$ 处，一试验电荷置于 x 轴上何处时，它所受到的合力为零？

7-12　假设在地球表面附近有一均匀电场，电子可以在其中沿任意方向作匀速直线运动，试计算该电场的电场强度大小，并说明电场强度方向。（忽略地磁场，电子质量 $m_e=9.1\times10^{-31}$kg，元电荷 $e=1.6\times10^{-19}$C）

7-13　一电偶极子由电荷量为 $q=1.0\times10^{-6}$C 的两个异号点电荷组成，两点电荷相距 $l=2.0$cm。将该电偶极子放在电场强度大小为 $E=1.0\times10^5\text{N}\cdot\text{C}^{-1}$ 的均匀电场中。试求：

（1）电场作用于电偶极子的最大力矩；

（2）电偶极子从受最大力矩的位置转到平衡位置的过程中，电场力所做的功。

7-14　如习题 7-14 图所示，电荷 Q（$Q>0$）均匀分布在长为 L 的细棒上，在细棒的延长线上距细棒中心 O 距离为 a 的 P 点处放一电荷为 q（$q>0$）的点电荷，求带电细棒对该点电荷的静电力。

7-15　一段半径为 a 的细圆弧，对圆心的张角为 θ_0，其上均匀分布有正电荷 q，如习题 7-15 图所示，试以 a，q，θ_0 表示出圆心 O 处的电场强度。

7-16　一个细玻璃棒被弯成半径为 R 的半圆形，沿其上半部分均匀分布有电荷 $+Q$，沿其下半部分均匀分布有电荷 $-Q$，如习题 7-16 图所示，试求圆心 O 处的电场强度。

7-17 真空中有一半径为 R 的圆平面，在通过圆心 O 且与圆平面垂直的轴线上一点 P 处，有一电荷量为 q 的点电荷。O 与 P 间的距离为 h，如习题 7-17 图所示。试求通过该圆平面的电场强度通量。

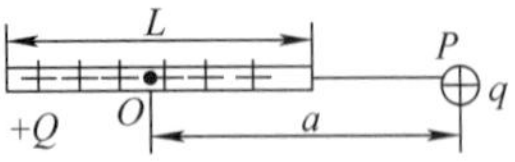

习题 7-14 图

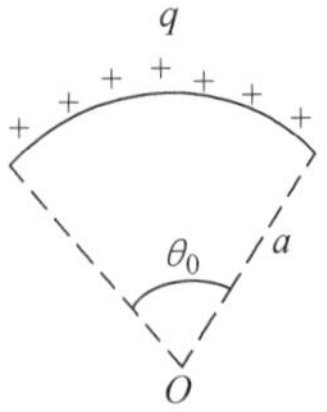

习题 7-15 图

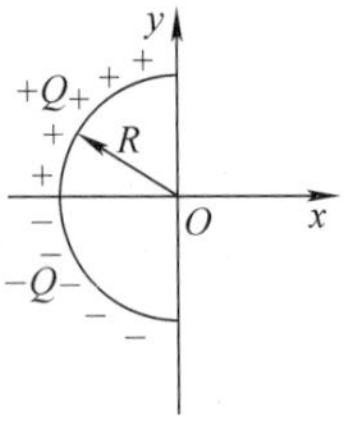

习题 7-16 图

7-18 如习题 7-18 图所示，一厚度为 d 的“无限大”均匀带电平板，电荷体密度为 ρ。试求板内外的电场强度分布，并画出电场强度随坐标 x 变化的图线（设原点在带电平板的中央平面上，Ox 轴垂直于平板）。

7-19 如习题 7-19 图所示，有两个半径均为 R 的非导体球壳，表面均匀带电，电荷分别为 $+Q$ 和 $-Q$，两球心相距为 d（$d \gg 2R$），求两球心间的电势差。

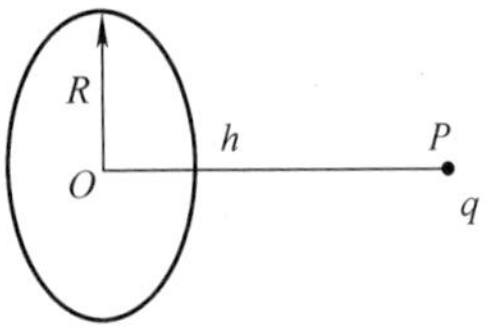

习题 7-17 图

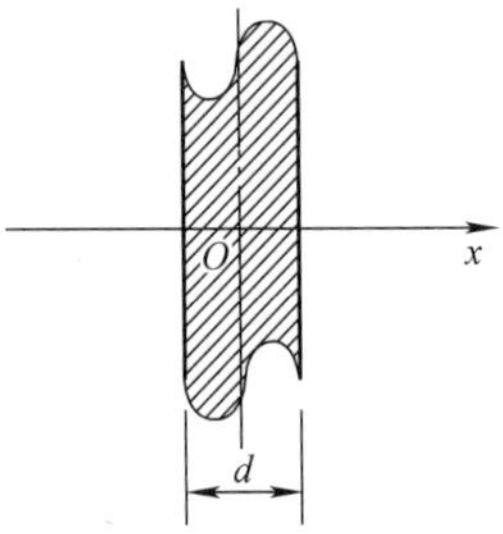

习题 7-18 图

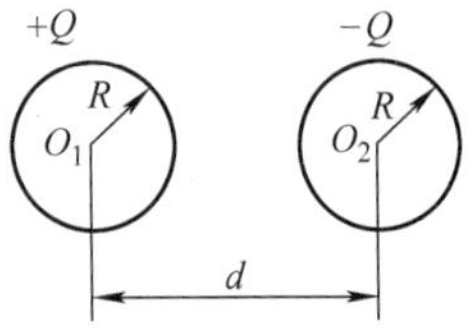

习题 7-19 图

7-20 如习题 7-20 图所示，有一电荷面密度为 σ 的“无限大”均匀带电平面，若以该平面处为电势零点，试求带电平面周围空间的电势分布。

7-21 如习题 7-21 图所示，有电荷面密度分别为 $+\sigma$ 和 $-\sigma$ 的两块“无限大”均匀带电平行平面，分别与 x 轴垂直相交于 $x_1 = a$，$x_2 = -a$ 两点。设坐标原点 O 处电势为零，试求空间的电势分布表示式并画出其曲线。

7-22 如习题 7-22 图所示，在电偶极矩为 p 的电偶极子的电场中，将一电荷为 q 的点电荷从点 A 沿半径为 R 的圆弧（圆心与电偶极子中心重合，R 远远大于电偶极子正、负电荷之间的距离）移到 B 点，求此过程中电场力所做的功。

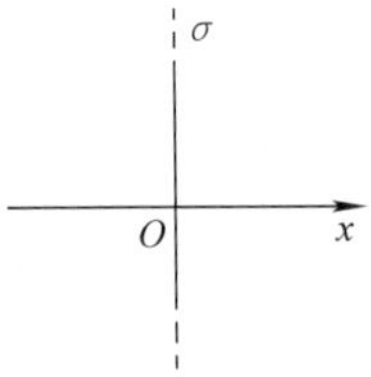

习题 7-20 图

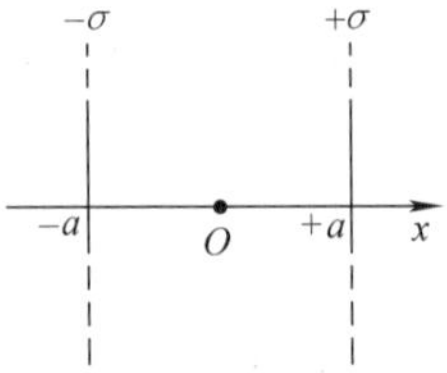

习题 7-21 图

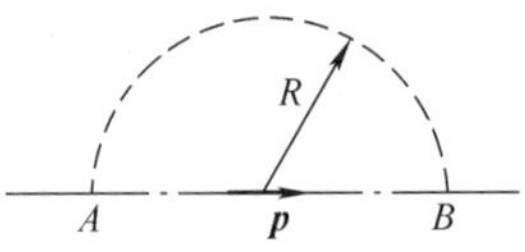

习题 7-22 图

7-23 两个带等量异号电荷的均匀带电同心球面，半径分别为 $R_1 = 0.03\text{m}$ 和 $R_2 = 0.10\text{m}$。已知两者的电势差为 450V，求内球面上所带的电荷。

7-24 实验表明，在靠近地面处有相当强的电场，电场强度 $\boldsymbol{E}$ 垂直于地面向下，大小约为 $100\text{N} \cdot \text{C}^{-1}$；在离地面 1.5km 高的地方，$\boldsymbol{E}$ 也是垂直于地面向下的，大小约为 $25\text{N} \cdot \text{C}^{-1}$。

（1）假设地面上各处 $\boldsymbol{E}$ 都是垂直于地面向下的，试计算从地面到此高度大气中电荷的平均体密度；

（2）假设地表面内电场强度为零，且地球表面处的电场强度完全是由均匀分布在地表面的电荷产生，求地面上的电荷面密度。

7-25　在盖革计数器中有一直径为 2.00cm 的金属圆筒，在圆筒轴线上有一条直径为 0.134mm 的导线。如果在导线与圆筒之间加上 850V 的电压，试分别求：（1）导线表面处；（2）金属圆筒内表面处的电场强度的大小。

7-26　地球电场：地球带有净电荷，这部分电荷能够在地球表面产生电场，其电场强度为 $150\mathrm{N}\cdot\mathrm{C}^{-1}$，方向指向地心。问：（1）一个 60kg 的人带多少电荷，才能使这些电荷受到的地球电场力克服他自身的重量？（2）当两人之间的距离是 100m，电荷是（1）中的结果时，求两个人之间的斥力。地球产生的电场能成为飞行的一种可行手段么，为什么？

7-27　一些行星科学家提出火星有与地球存在相似的电场，在其表面产生总电通量为 $3.63\times10^{16}\ \mathrm{N}\cdot\mathrm{m}^2\cdot\mathrm{C}^{-1}$，试计算：（1）火星所具有的总电荷量；（2）火星表面的电场（火星半径为 3400km）；（3）电荷密度（假定电荷均匀分布在火星表面）。

7-28　某 α 粒子具有动能 2×10^{-12} J，从远处射向一个金原子核，忽略金原子核的运动，求 α 粒子最接近金原子核的距离 d。已知 α 粒子是氦原子核，具有两个质子的电荷，金原子核具有 79 个质子的电荷。

工程应用阅读材料——静电危害

在某些领域，静电放电作为点火源和引爆源会造成火灾和爆炸事故；静电放电的电磁危害或电磁脉冲效应给人类带来的危害也是不容忽视的，这种危害在某些情况下也可能导致灾难性后果。

1. 静电的危害

（1）对人体产生的危害　当人体所带的静电达到一定量且存在电位差时，人和人之间、人和物之间就会产生放电现象，给人以触电似的感觉。当人体受到静电电击后有时会造成精神紧张、心脏颤动、身体其他部位不适等症状，从而给人造成精神负担，影响工作及生活等。

（2）对电子系统的危害　近几年，由于航天、军事领域的特殊需要，各种微电子器件应用的集成度已大大提高，而且做到了微功耗、高可靠性、多功能。电路中的绝缘层越来越薄，其互连导线的宽度与间距也越来越小。这样发展的器件的电磁敏感度大大提高，然而，抗过电压能力却有所下降。如 CMOS 电路的耐击穿电压已降到 80 ~ 100V，VMOS 电路的耐击穿电压有的只是 30V。人体及周围环境中的静电源的电压常常在数千伏甚至上万伏范围。如果不采取静电防护措施，将会造成严重损失。

（3）静电在放电时产生电火花引起爆炸和火灾　静电放电通常有三种类别：①电晕放电；②刷形放电；③火花放电。其中，火花放电通常是在一瞬间即放出全部电荷，且伴有明亮的闪光和爆裂声，在易燃易爆场所，火花放电是静电中引起爆炸和火灾的主要原因，将会对财产和生命造成巨大的损失。

2. 静电破坏的特点

（1）隐蔽性　人体不能直接感知静电，除非发生静电放电，但是发生静电放电人体也不一定能有电击的感觉，这是因为人体感知的静电放电电压为 2 ~ 3kV，所以静电具有隐蔽性。

（2）潜在性　有些电子元器件在受到静电损伤后的性能没有明显的下降，但多次累加放电会给器件造成内伤而形成隐患。因此，静电对器件的损伤具有潜在性。

（3）随机性　电子元件在什么情况下会遭受静电破坏呢？可以这么说，从一个元件开始工作起，一直到它损坏以前，所有的过程都会受到静电的威胁，而这些静电的产生和破坏性具有随机性。

（4）复杂性　静电放电损伤的失效分析工作，因电子产品的精、细、微小的结构特点而费时、费事、费钱，要求较高的技术并往往需要使用扫描电镜等高精密仪器。即使如此，有些静电损伤现象也难以与其他原因造成的损伤加以区别，使人误把静电损伤失效当作其他失效。在对静电放电损害未充分认识之前，常常归因于早期失效或情况不明的失效，从而不自觉地掩盖了失效的真正原因。因此，静电对电子器件损伤的分析具有复杂性。

3. 预防和减少静电的方法

1）接地与屏蔽。

2）使用产生静电少的地板。

3）使用产生静电小的设施。

4）对 MOS 电路的保护。

5）控制好室内湿度。

第 8 章　静电场中的导体和电介质

前一章讨论了在真空条件下，电荷处于静止状态时的相互作用，研究的对象是抽象的电荷和现实中很少存在的真空。实际上，在物质世界里，真空只不过是一种理想的情况，实际电场中总会有导体或电介质存在。导体和电介质都是实物物质，静电场是另一种形态的物质，在这个基础上，本章将要讨论一些实际的带电体系——导体和电介质（即绝缘体）在静电场中相互作用的现象和规律。前一章静电场的各种规律在这里仍然都适用，同时这些规律也是本章讨论问题的出发点。但是，导体和电介质都有其特殊的一面，讨论它们在静电场中的行为时，要注意到它们的特殊性。我们先来看导体。

8.1　静电场中的导体

8.1.1　中学物理知识回顾

静电平衡及其条件

（1）静电感应与静电平衡

导电的物质放在电场当中会发生什么现象呢？电荷由于受到电场力的作用而运动并导致电荷在导电的物质中重新分布，这种现象称为静电感应。当这一带电体系中的电荷静止不动，从而电场分布不随时间变化时，静电感应过程结束，我们说该带电体系达到了静电平衡。下面我们详细讨论，首先看导体的定义。

导体，就是能够导电的物体，在形态上可以是固体、液体或气体。从微观上分析，导体区别于绝缘体是因为它内部有大量可以自由移动的电荷，这些电荷称为载流子。在不带电时，导体中的每一个区域内自由的负电荷都与正电荷精确地中和，导体不显电性，我们说它处于电中性状态。由此可见，导体可模型化为电中性的自由电荷系统。

电场将驱动自由电荷定向运动，使导体上的电荷重新分布（见图 8-1a），即发生静电感应过程。感应所产生的新的电荷分布称为感应电荷，按电荷守恒定律，感应电荷的总电荷量是零。

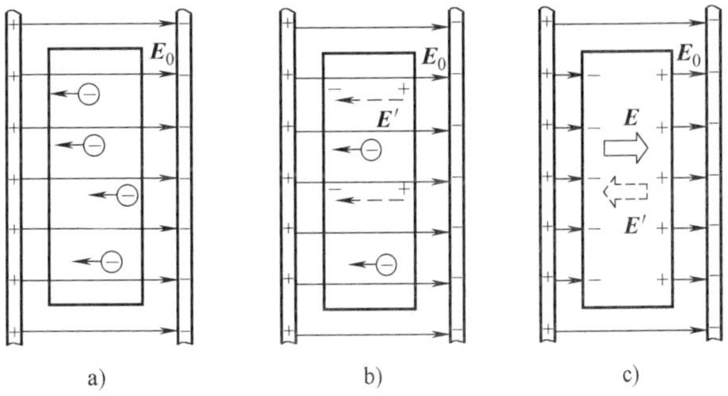

图　8-1

感应电荷会产生一个附加电场 $\boldsymbol{E}'$（见图 8-1b），在导体内部这个电场的方向与原电场 $\boldsymbol{E}_0$ 相反，所以其作用是削弱原电场。随着静电感应的进行，感应电荷不断增加，附加电场增强，当导体中总电场的电场强度 $\boldsymbol{E}=\boldsymbol{E}_0+\boldsymbol{E}'=0$ 的时候，自由电荷的再分布过程停止，导体达到静电平衡（见图 8-1c）。由于导体中自由电荷的量十分巨大（对于铜，自由电子密度为 $8.5\times10^{28}\,\mathrm{m}^{-3}$，对应的自由电荷密度为$1.36\times10^{10}\mathrm{C\cdot m^{-3}}$)，静电感应的时间极短约为$10^{-8}$s。因此在我们处理静电场中的导体问题时，若非特别说明，通常总是把它当作已达到静电平衡的状态来讨论。

(2) 导体静电平衡条件

当把不带电的导体放入电场中，或是向不带电的导体注入电荷，或是向已经带电的导体再施加一个电场的影响等等情况，都会发生静电感应过程并最终达到静电平衡。无论是什么情况，只要导体达到了静电平衡，即自由电荷停止了定向流动，则下述的条件就一定满足，称为导体静电平衡条件。

1) 电场强度条件：静电平衡导体中的电场强度处处为零；导体表面外附近的电场强度与表面垂直。

导体中的电场强度为零是显然的，否则电场将继续驱动自由电荷运动，这就不是我们讨论的静电平衡状态了。导体表面附近的电场强度可以不为零，但它必须与表面垂直，否则电场强度沿表面的切向分量也能驱动表面自由电荷定向流动，也不是静电平衡。

静电感应对电场的影响不局限于导体内部，导体外部的电场也可能因静电感应而发生改变。如图8-2所示，在均匀电场中放入一导体球，静电平衡后，不仅导体球所在空间的电场强度变为零了，导体球外的电场也因感应电荷的生成而发生了改变，不再是原来的均匀电场了。

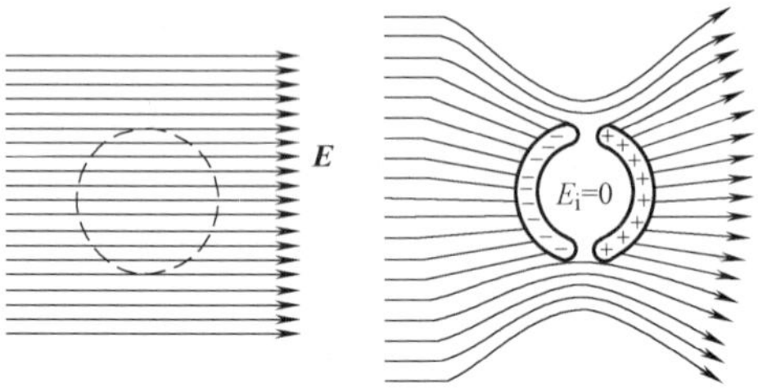

a)　　　　　b)

图 8-2

a) 原来的电场　b) 放入导体球后的电场

2) 电势条件：静电平衡的导体是一个等势体；导体表面是一个等势面。

在导体内任取两点a、b（见图8-3），由于导体内的电场强度为零，所以

$$U_{ab}=V_a-V_b=\int_a^b \boldsymbol{E}\cdot \mathrm{d}\boldsymbol{l}=0 \tag{8-1}$$

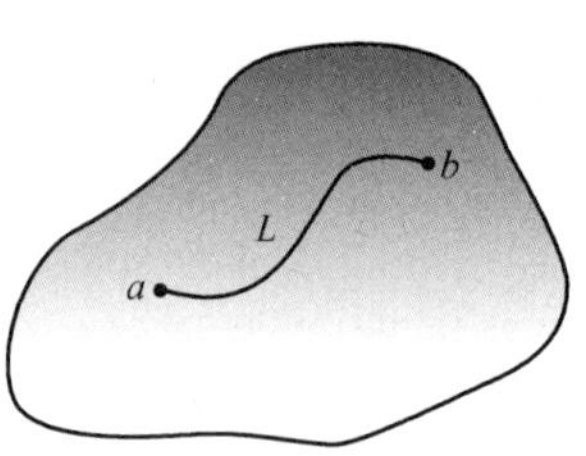

图 8-3

即导体内各处的电势相等，故导体是一个等势体，其表面是一个等势面。显然，导体内或导体表面电势不等就会有电势差，因而就有电荷流动，导体就没有达到静电平衡，所以上述结论是很显然的。导体表面既然是等势的，那么表面以及表面附近的电场强度就应该垂直于表面，这与电场强度条件中谈到的表面的电场强度垂直于表面的结论是一致的。

8.1.2 静电平衡状态下导体上的电荷分布

上一章基本上都是在给定电荷分布的前提下求电场强度或电势分布的。引入导体后，由于电荷和电场的相互影响、相互制约，最后达到的平衡分布是一个复杂过程，我们不去分析。本节处理问题的办法是以上述静电平衡条件为出发点，结合静电场的普遍规律（如高斯定理，环路定理等）去分析已达到静电平衡状态的导体上的电荷分布问题，有了电荷分布，关于导体的场强或电势计算就可以利用上一章的方法了。

1) 静电平衡状态下导体内各处的净电荷为零，导体自身带电或其感应电荷都只能分布于导体表面。

这一结论可用高斯定理来证明。在导体内部任意作一个闭合曲面S，按高斯定理有

$$\oint_S \boldsymbol{E} \cdot \mathrm{d}\boldsymbol{S} = \frac{1}{\varepsilon_0}\sum_i Q_{i内} \tag{8-2}$$

由于导体内的电场强度处处为零，故上式左边是零，可见等式右边 S 面包围的空间的净电荷为零，$\sum_i Q_{i内} = 0$，也就是说，电荷只能分布于导体表面。

2）静电平衡导体表面外附近的电场强度的大小与该处表面上的电荷面密度的关系为

$$E = \frac{\sigma}{\varepsilon_0} \tag{8-3}$$

即表面外附近的电场强度大小与该处导体表面电荷面密度成正比，方向垂直于表面。这里所说的导体表面附近的含义是指考察点的位置相对于导体很近，以至于在该点所看到的导体表面上的一块很小的面积 S 就像是一个无限大的平面。

【证明】 如图 8-4 所示，在导体表面任取一面元 ΔS，其上的电荷面密度 σ 是均匀的，则

$$\Delta Q = \sigma \Delta S$$

取上下底平行于表面面元 ΔS、侧面垂直于 ΔS 的扁圆柱形闭合曲面为高斯面（见图 8-4），由于导体内电场强度为 0，导体外电场强度垂直于表面，所以高斯面的下底和侧面的通量为 0，即

$$\Phi_e = \oint_S \boldsymbol{E} \cdot \mathrm{d}\boldsymbol{S} = \int_{上底} \boldsymbol{E} \cdot \mathrm{d}\boldsymbol{S} + \int_{下底} \boldsymbol{E} \cdot \mathrm{d}\boldsymbol{S} + \int_{侧面} \boldsymbol{E} \cdot \mathrm{d}\boldsymbol{S}$$

$$= \int_{上底} \boldsymbol{E} \cdot \mathrm{d}\boldsymbol{S} = E\Delta S = \frac{\sigma \Delta S}{\varepsilon_0} \tag{8-4}$$

$$E = \frac{\sigma}{\varepsilon_0} \tag{8-5}$$

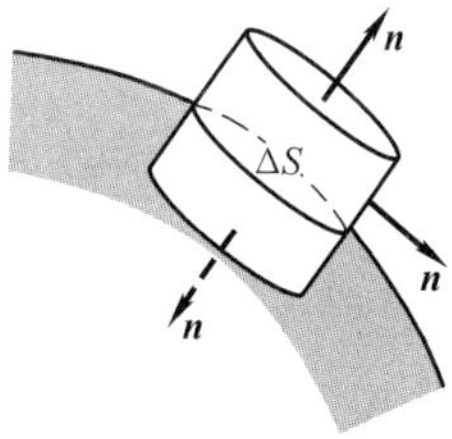

图　8-4

若表面为负电荷，以上的推论仍然成立，但电场的方向应是指向导体表面的。

注意：按高斯定理的物理含义，上式中的 $\boldsymbol{E}$ 应是合电场强度，不要误解为就是考察点附近导体表面处的电荷所贡献的电场强度，而是所有表面上的电荷以及导体外的电荷共同产生的总电场的电场强度。

3）处于静电平衡的孤立带电导体的电荷面密度与其表面曲率有关，表面曲率大处电荷面密度也大。

如图 8-5 所示，设计两个相距很远的导体球 a 和 b，半径分别为 R，r，带电荷量分别为 Q，q。由于两球相距很远，可视为孤立带电导体：球面电势分布为

$$V_a = \frac{Q}{4\pi\varepsilon_0 R}$$

$$V_b = \frac{1}{4\pi\varepsilon_0}\frac{q}{r}$$

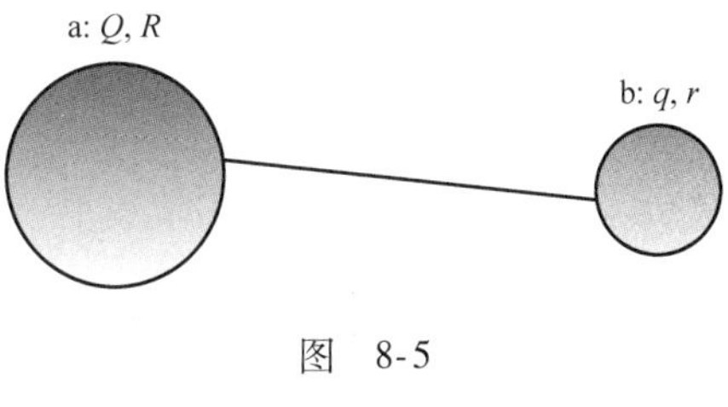

图　8-5

用导线连接 a 和 b（两个孤立导体变为一个异形导体），则 $V_a = V_b$，即

$$\frac{Q}{4\pi\varepsilon_0 R} = \frac{1}{4\pi\varepsilon_0}\frac{q}{r}$$

故

$$\frac{4\pi R^2 \sigma_R}{4\pi\varepsilon_0 R} = \frac{4\pi r^2 \sigma_r}{4\pi\varepsilon_0 r}$$

$$\frac{\sigma_R}{\sigma_r} = \frac{r}{R} \tag{8-6}$$

结论：孤立带电导体表面电荷分布密度与导体表面曲率成正比。

以上所列出的导体静电平衡条件及其推论是普遍成立的，只要是处于静电平衡状态的导体，这些结论就必然成立。下面谈到的这个推论是有条件的，即：若没有其他电场的影响，导体上曲率越大的地方电荷面密度也越大。如一个孤立带电球，它表面的曲率处处相等，故电荷面密度是均匀的。若把它放在另一个点电荷产生的电场中，则它的电荷分布就不再均匀了。一个孤立带电的椭球，由于电荷的相互排斥，则在长轴端点的电荷面密度要大一些。但若是在椭球附近放一个异号点电荷，则该点电荷附近的导体表面的电荷面密度可能会更大。若导体表面有尖锐的凸出部分（见图8-6），由于排斥作用，尖端的电荷面密度可以达到很大的值，尖端附近的电场按 $E=\dfrac{\sigma}{\varepsilon_0}$ 也可以达到很强甚至击穿空气，使尖端附近的空气电离，产生许多自由运动的电荷，空气则变成了导体，形成电风，即为尖端放电。若导体表面有凹面存在，则凹面内的电荷面密度和电场强度可以很小。

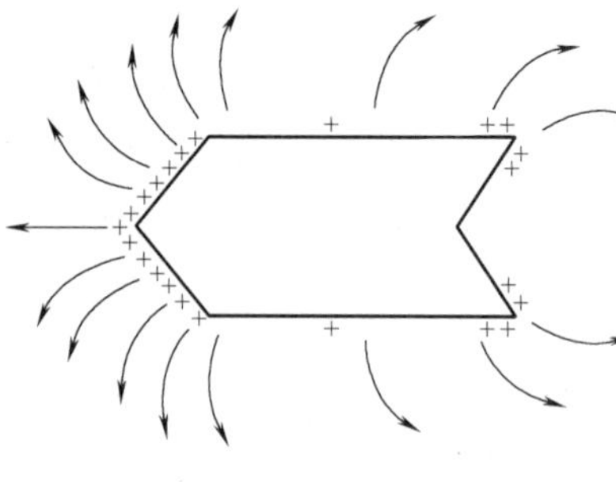

图 8-6

图8-7所示为一种演示尖端效应的装置，在一根金属针尖附近放一支点燃的蜡烛，若使金属针带正电，针尖附近便产生强电场使空气电离。负离子及电子被吸向金属针，并被中和；正离子则在电场力作用下背离针尖而激烈运动，由于这些离子的速度很大，可形成一股“电风”，将右边的烛焰吹灭。

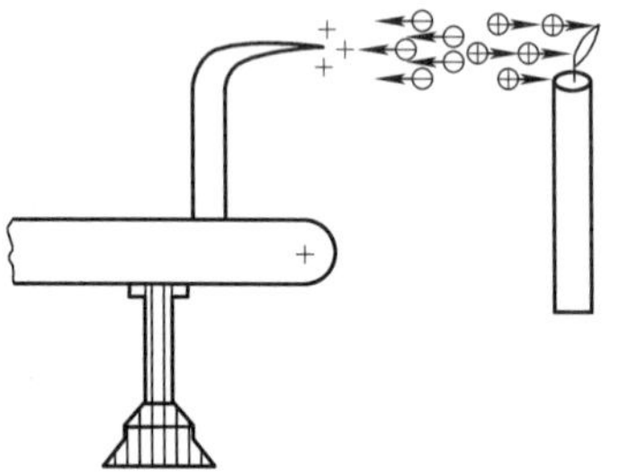

图 8-7

尖端放电不仅会使电能白白损耗，还会干扰精密测量和通信，因此在许多高压电器设备中，所有金属元件都应避免带有尖棱，最好做成球形曲面。输电线的表面应尽可能光滑而平坦，这也是为了避免尖端放电的发生。然而在很多情况下，人们也会利用尖端放电。例如，避雷针就是一个典型的例子。当带电的云层接近地面时，由于静电感应，使地面上的物体产生异号电荷，这些电荷比较集中地分布在凸出的物体（即高大的建筑物）上。当电荷积累到一定程度时就会使云层与建筑物之间的空气电离，产生强大的火花放电，这就是雷击现象。为了避免雷击发生，可在高大建筑物上安装尖端状的避雷针，避雷针的针尖必须高过建筑物，并用粗导线将针尖和埋在地下的大块金属牢固地连接起来。当带电云层接近建筑物时，针尖附近就会形成很强的电场，空气被电离，形成放电通道，使云层与地面之间的电流通过导线流入地下，从而保证了被保护物的安全。

导体的静电学问题比真空中的静电学问题要实际一些，也要复杂一些。这主要表现在真空中所研究的往往是一个确定的电荷分布，而在导体问题中电荷分布却恰好是有待分析的问题，分析电荷分布需要正确地理解静电平衡条件，还常常要用到高斯定理以及电荷守恒等基本知识。一旦电荷分布问题解决了，余下的问题，如求电场强度和电势，就与前面真空中所处理过的问题没有多大的区别了。

【例8-1】 如图8-8所示，两平行等大的导体板，面积 S 的线度比板的厚度和两板间的距离大得多，两板电荷量分别为 Q_A 和 Q_B。求两板各表面的电荷面密度。

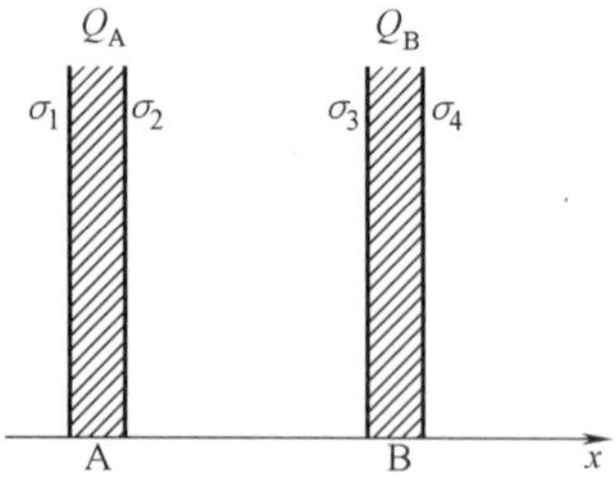

图 8-8

【解】 设各面的电荷面密度分别为 σ_1，σ_2，σ_3，σ_4，则有

$$\sigma_1 S+\sigma_2 S=Q_A$$
$$\sigma_3 S+\sigma_4 S=Q_B$$

每个面产生的电场强度的大小均为$\frac{\sigma}{2\varepsilon_0}$，考虑到电场的方向和导体板内的电场强度为零，则有

$$\frac{\sigma_1}{2\varepsilon_0}-\frac{\sigma_2}{2\varepsilon_0}-\frac{\sigma_3}{2\varepsilon_0}-\frac{\sigma_4}{2\varepsilon_0}=0$$
$$\frac{\sigma_1}{2\varepsilon_0}+\frac{\sigma_2}{2\varepsilon_0}+\frac{\sigma_3}{2\varepsilon_0}-\frac{\sigma_4}{2\varepsilon_0}=0$$

由
$$\begin{cases}\sigma_1-\sigma_2-\sigma_3-\sigma_4=0\\ \sigma_1+\sigma_2+\sigma_3-\sigma_4=0\end{cases}$$

解得
$$\sigma_1=\sigma_4=\frac{Q_A+Q_B}{2S}\quad \sigma_2=-\sigma_3=\frac{Q_A-Q_B}{2S}$$

结论：导体板相对的两个表面带等量异号电荷；外侧表面则带等量同号电荷。

8.1.3 空腔导体

若导体内有空腔，我们称之为空腔导体。一个达到静电平衡的接地导体空腔能隔断空腔内和空腔外电荷的相互影响，这称之为静电屏蔽。下面我们举例说明。

1. 腔内无带电体的空腔导体

1）空腔导体内表面没有电荷，电荷只分布在外表面上；

2）空腔内电场强度为零，空腔内电势处处相等。

下面我们证明，空腔内表面没有电荷。

在导体中作一闭合曲面 S 包围空腔，如图 8-9 所示，由高斯定理$\oint_S \boldsymbol{E}\cdot \mathrm{d}\boldsymbol{S}=\frac{1}{\varepsilon_0}\sum_i q_i$可知，由于曲面 S 上的电场强度为零，故电通量为零，所以 S 内的净电荷为零（$\sum_i q_i=0$）。由于空腔内没有电荷，表明空腔内表面的净电荷也为零。问题在于，是否可能在内表面上存在等值异号的电荷分布呢?

若设内表面两侧分别带等量异号电荷，则由于导体内部 $E=0$，没有电场线通过，所以自内表面正电荷发出的电场线必通过空腔而终止于另一侧的负电荷上，如图 8-10 所示，沿电场线求线积分$\int \boldsymbol{E}\cdot \mathrm{d}\boldsymbol{l}\neq 0$，结果推出内表面两侧电势不相等的结论，这违背静电平衡导体为等势体的条件，因此所设情况不成立，即内表面不可能有净电荷分布，那么电荷就只能分布在外表面上。

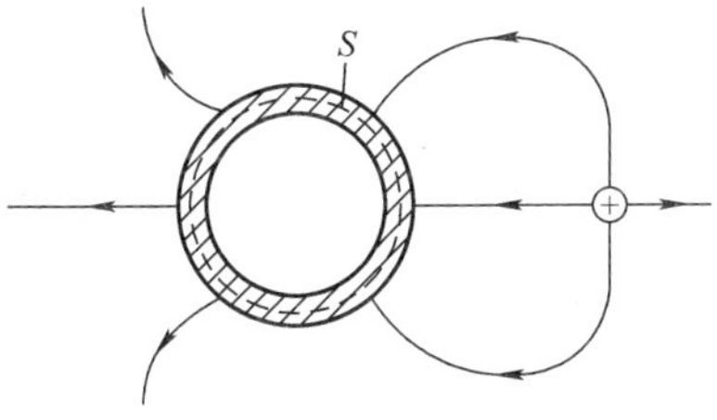

图　8-9

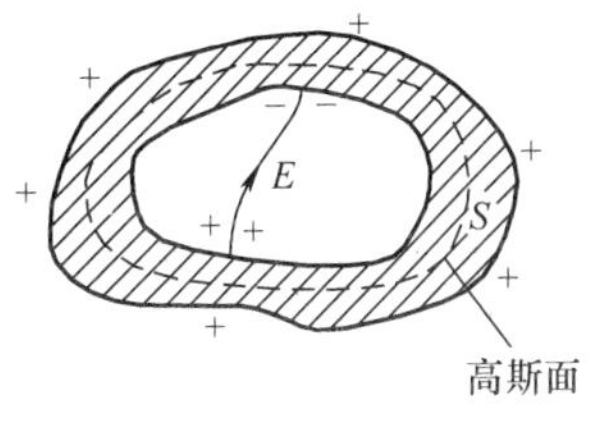

图　8-10

空腔的导体层中电场为零，没有电场线，空腔内又没有电荷发出电场线，由此可见，空腔内的电场强度也为零。这表明，导体空腔屏蔽了空腔外部的电荷或电场对空腔内部的影响，换句话

说，腔外的电场线不能进入腔内。

静电屏蔽并不违背电场强度叠加原理，而应该理解为他是电场强度叠加原理应用于导体空腔时的一个结果。导体外部空间的电荷仍然在空腔内的每一点独立地产生它的电场强度，而在导体外表面分布的感应电荷却能精确地按照叠加原理在每一点把它完全抵消。静电屏蔽是把导体的静电平衡条件应用于空腔时所得到的一个必然结论。静电屏蔽是相当完美的，无论腔外的电荷有多大，无论电荷距离空腔有多近，甚至电荷可以与空腔外表面接触而直接使空腔外表面带上净电荷，空腔内表面都不会有电荷分布，空腔内也都不会有电场分布。

2. 腔内有带电体的空腔导体

当空腔导体的腔内有带电体时，内表面带腔内电荷的等量异号感应电荷。

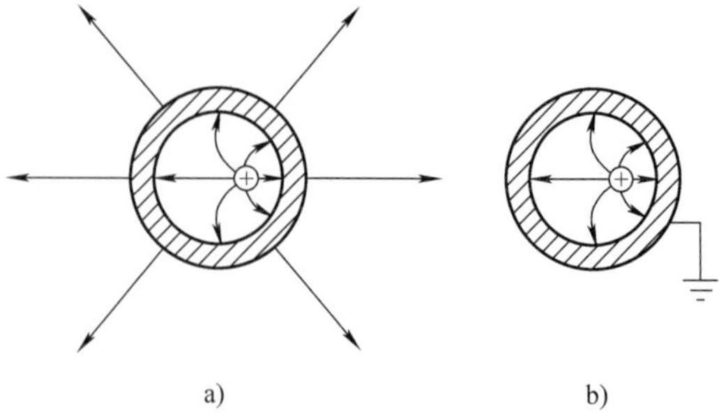

图 8-11

如图 8-11a 所示，一个导体球壳本身不带电，而在空腔内部有一个点电荷 q。在导体中作一闭合曲面包围空腔，由高斯定理可知，曲面内的净电荷为零，即空腔内表面的感应电荷应与空腔内部的电荷等值异号，即为 $-q$。按电荷守恒定律，空腔外表面要出现感应电荷 $+q$，并在空腔外产生一个电场。说明空腔没有把腔内电荷产生的场屏蔽掉。如果导体球接地（见图 8-11b），这时外表面的感应电荷被大地电荷中和，导体电势为零。由于腔内电荷的电场线完全终止在空腔内表面的感应电荷上，空腔外表面又没有电荷分布，所以在腔外也没有电场。可见，一个接地的导体空腔能屏蔽空腔内的电荷对外部的影响。

图 8-12 表示空腔内、外均有电荷的情况，它相当于前面两个图的两个电荷分布的叠加。可以理解，这时空腔内（包括内表面）的电荷在空腔外产生的电场强度仍然为零，而空腔外（包括外表面）的电荷在空腔内产生的电场强度也还是零。这意味着导体空腔屏蔽了空腔内、外电荷的相互影响（空腔外表面电荷在空腔外产生的影响还存在，需要外表面接地来消除），空腔内、外的综合考虑才是静电屏蔽的完整结论。可以证明，这个结论是普遍适用的。

在图 8-13 中，按静电屏蔽的结论，如果把空腔中的点电荷移到球心，则空腔内表面的电荷会均匀分布，空腔内的电场会是一个对称的点电荷电场而不会受到空腔外电荷的非对称性的影响。如果空腔内的点电荷不在球心并把空腔外的点电荷移到远处，则空腔外表面的电荷会均匀分布，空腔外电场将是一个均匀带电球面的电场而不会受到空腔内电荷的非对称性的影响（但空腔内的电荷量的变化还是要影响空腔外的电场）。

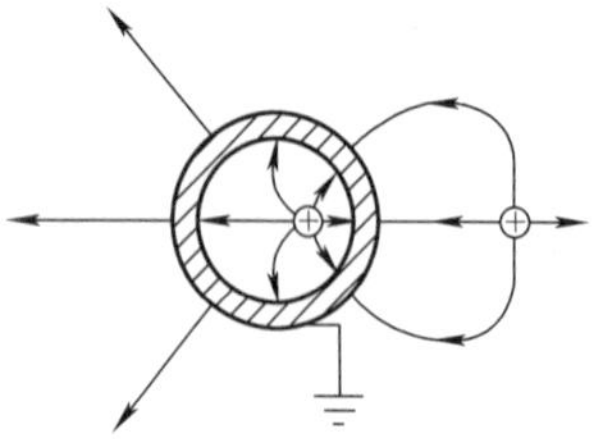
图 8-12

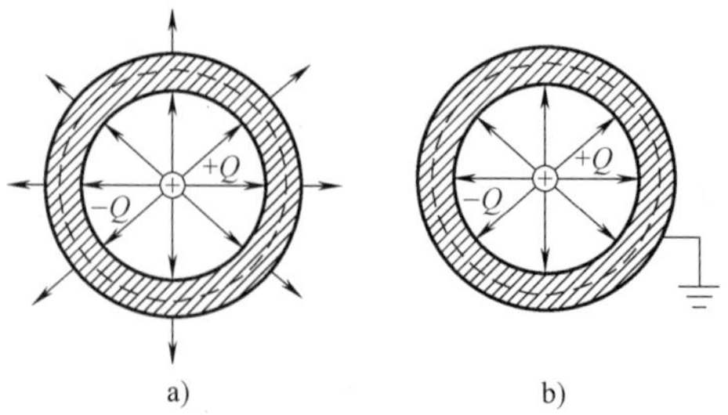

图 8-13

一个空腔导体（不论接地与否）内部电场不受外部电荷的影响；接地的空腔导体不仅可以

使腔内不受外电场影响，而且可以使腔内的带电体对腔外不产生任何影响，这种现象称为静电屏蔽。

物理知识应用案例：静电屏蔽的应用

静电屏蔽在电磁测量和无线电技术中有广泛应用。例如，常把测量仪器或整个实验室用金属壳或金属网罩起来，使测量免受外部电场的影响。

静电屏蔽原理在生产技术中有许多应用。为了避免外界电场对设备（例如某些精密的电磁测量仪器）的干扰，或者为了避免电器设备的电场（例如一些高压设备）对外界的影响，一般都在这些设备外部安装有接地的金属外壳（网或罩）。再如传送弱信号的连接导线，为了避免外界的干扰，往往在导线外面包一层用金属丝编织的屏蔽线层。此外在等电势高压带电作业中也有很多静电屏蔽的实例。人体接触高电压是很危险的，但其危险的主要原因并不在于高压电的电势高，而在于人与高压电源间存在着很大的电势差。有时需要在不切断电源的情况下进行高压线路检修，则必须采用等电势操作，即操作人员穿戴金属丝网做成的衣、帽、手套和鞋子等均压服装，用绝缘软梯或通过瓷瓶串逐渐进入强电场区，先用戴着手套的手与高压线直接接触，此时，在手套与高压电线之间发生火花放电。此后，人体即和高压电线等电势了。操作人员穿戴的均压服装相当于一个空腔导体，不仅对人体起到了静电屏蔽作用，而且还有分流作用，因为均压服与人体相比电阻很小，当人体经过电势不同的区域时，仅承受一股幅值较小的脉冲电流，其绝大部分则从均压服中分流，这样就确保了操作人员的安全。

【例8-2】 如图8-14所示，有一半径为R_1的导体球A，其带电荷量为q，球外有一个内、外半径分别为R_2和R_3的同心导体球壳B，其带电荷量为Q。求：(1) 两导体的电荷分布和空间的电场强度和电势分布；(2) 用导线将球A与球B连接后，两导体的电势。

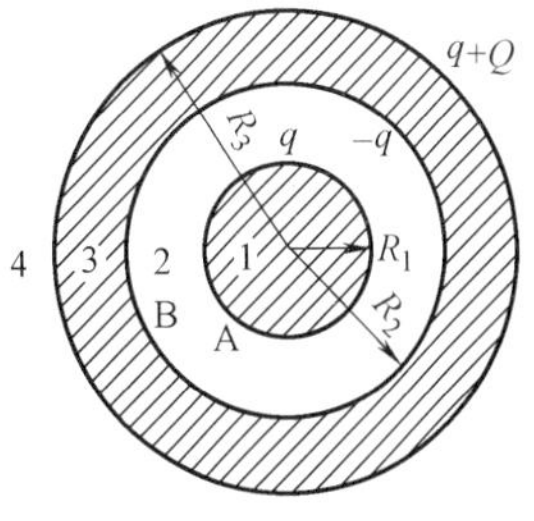

图 8-14

【解】 (1) 电荷q均匀地分布在导体球A的表面，$-q$均匀分布在球壳B的内表面，则导体球壳B的外表面均匀带有$Q+q$电荷。

取半径为r的同心球面为高斯面，则由高斯定理得

$$\oint_S \boldsymbol{E}\cdot \mathrm{d}\boldsymbol{S} = E4\pi r^2 = \frac{\sum\limits_i Q_i}{\varepsilon_0}$$

$$E = \frac{1}{4\pi\varepsilon_0}\frac{\sum\limits_i Q_i}{r^2}$$

电场强度为

$$\begin{cases} E_1 = 0 & (r<R_1) \\ E_2 = \dfrac{1}{4\pi\varepsilon_0}\dfrac{q}{r^2} & (R_1<r<R_2) \\ E_3 = 0 & (R_2<r<R_3) \\ E_4 = \dfrac{1}{4\pi\varepsilon_0}\dfrac{Q+q}{r^2} & (r>R_3) \end{cases}$$

导体球A内任一点（$r<R_1$）的电势为

$$V_1 = \int_r^\infty \boldsymbol{E}\cdot\mathrm{d}\boldsymbol{l} = \int_r^{R_1}\boldsymbol{E}_1\cdot\mathrm{d}\boldsymbol{l} + \int_{R_1}^{R_2}\boldsymbol{E}_2\cdot\mathrm{d}\boldsymbol{l} + \int_{R_2}^{R_3}\boldsymbol{E}_3\cdot\mathrm{d}\boldsymbol{l} + \int_{R_3}^{\infty}\boldsymbol{E}_4\cdot\mathrm{d}\boldsymbol{l}$$

$$= 0 + \int_{R_1}^{R_2}\frac{1}{4\pi\varepsilon_0}\frac{q}{r^2}\mathrm{d}r + 0 + \int_{R_3}^{\infty}\frac{1}{4\pi\varepsilon_0}\frac{Q+q}{r^2}\mathrm{d}r = \frac{1}{4\pi\varepsilon_0}\left(\frac{q}{R_1} - \frac{q}{R_2} + \frac{Q+q}{R_3}\right)$$

同理，可以求得

$$V_2=\frac{1}{4\pi\varepsilon_0}\left(\frac{q}{r}-\frac{q}{R_2}+\frac{Q+q}{R_3}\right)\quad(R_1\leqslant r\leqslant R_2)$$

$$V_3=\frac{1}{4\pi\varepsilon_0}\frac{Q+q}{R_3}\quad(R_2\leqslant r\leqslant R_3)$$

$$V_4=\frac{1}{4\pi\varepsilon_0}\frac{Q+q}{r}\quad(r\geqslant R_3)$$

$V_1=V_2$表明导体是等势体。

（2）球 A 和球壳 B 用导线相连后，电荷 Q 和 q 全部分布在球壳外表面上，且球和球壳电势相等，则有

$$V_1=V_3=\int_{R_3}^{\infty}\frac{1}{4\pi\varepsilon_0}\frac{Q+q}{r^2}\mathrm{d}r=\frac{1}{4\pi\varepsilon_0}\frac{Q+q}{R_3}$$

电势差为零。

【例 8-3】 如图 8-15 所示，有一半径为 R 的导体球原来不带电，在球外距球心为 d 处放一点电荷 q，求球电势。若将球接地，求其上的感应电荷。

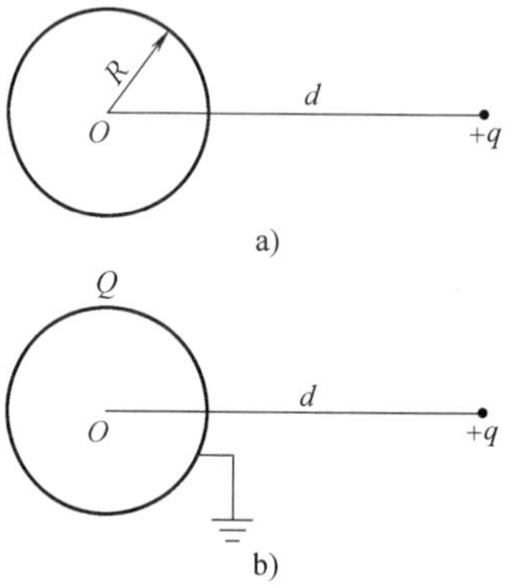

图 8-15

【解】 由于导体球是一个等势体，故只要求得球内任一点的电势，即为球的电势。此题中球心的电势可以用电势叠加原理求出，它等于点电荷在球心提供的电势与导体球在球心提供的电势的代数和。若导体球上的总电荷量为 Q，由于 Q 只分布在球表面，故它在球心提供的电势为球面上各微元电荷在球心提供的微元电势的积分 $\int_Q\frac{\mathrm{d}q}{4\pi\varepsilon_0 R}=\frac{Q}{4\pi\varepsilon_0 R}$。因球上原来不带电即总电荷量 $Q=0$，故导体球在球心提供的电势为零，只有点电荷在球心提供电势

$$V=\frac{q}{4\pi\varepsilon_0 d}$$

若将导体球接地，则导体球总电荷量 Q 不再为零，而球心处电势应为零，即有

$$V=\frac{q}{4\pi\varepsilon_0 d}+\frac{Q}{4\pi\varepsilon_0 R}=0$$

可解得

$$Q=-\frac{R}{d}q$$

8.2　电容　电容器

电容器既是重要的储能（电能）元件之一，又能达到阻隔直流、导通交流的目的，是电工电子技术及其设备中常用的电路器件，在仪器设备中有着非常广泛而实际的应用，如摄影技术中的闪光装置、脉冲激光器、轿车的气囊感应装置以及广播和电视的接收装置。电容器是由两个靠得很近的带有相反电荷的导体构成的。当你打开一个老式的弹簧捕鼠器并向后拉弓弦的时候，你正在储存弹性势能。如果导体上的电荷加倍，那么储存的能量如何增加呢？电容描述了电容器储存电荷或电能的能力。

8.2.1　中学物理知识回顾

1. 孤立导体的电容

孤立导体是指距离其他导体和带电体比较远，其他导体和带电体对它的影响可以忽略不计的导体。对于真空中的孤立导体，电容定义为

$$C = \frac{Q}{V} \tag{8-7}$$

式中，Q 为这个孤立导体所带电荷量；V 为这个孤立导体的电势（取无穷远为势能零点）。从这个式子上可以看出，孤立导体的电容在数值上等于孤立导体的电势每升高一个单位所需要增加的电荷量。

例如，在真空中，半径为 R 的孤立导体球所带电荷量为 Q，则导体球的电势为

$$V = \frac{1}{4\pi\varepsilon_0}\frac{Q}{R}$$

其电容为

$$C = \frac{Q}{V} = 4\pi\varepsilon_0 R \tag{8-8}$$

因此，真空中孤立导体球的电容只取决于球的半径，与所带电荷量无关。电容的单位在国际单位制中是法拉（F），法拉是一个比较大的计量单位，例如像地球这么大的导体球，其电容为

$$\begin{aligned} C &= 4\pi\varepsilon_0 R = 4\pi \times (8.85\times10^{-12}\times6.4\times10^{6})\ \text{F} \\ &= 7.11\times10^{-4}\text{F} \end{aligned}$$

在计算时经常用到的单位是微法（μF）和皮法（pF）。

$$1\text{F} = 10^{6}\mu\text{F} = 10^{12}\text{pF}$$

2. 电容器的电容

导体可容纳电荷，利用导体的这一性质制成的电容器是电子技术中最基本的元件之一。孤立导体的容电能力受环境的影响，消除这种影响需要考虑静电屏蔽。两个彼此绝缘而又互相靠近的导体的组合，可以相互提供屏蔽效应，这种导体组合称为电容器。更复杂的情况可以用电容器的串联、并联等概念来处理。

如图 8-16 所示，有两个导体 A 和 B 组成一个电容器，A，B 称为电容器的两个极板。设两个极板分别带电 $+Q$ 和 $-Q$，若没有外电场的影响，实验证明，两极间的电压 U 与电荷量 Q 成正比

$$Q = CU \tag{8-9}$$

这个结果可以这样来理解：若每个极板的电荷量均增为原来的两倍，则每个地方分布的电荷都

应是原来的两倍。按电场强度叠加原理，电场中每一点的电场强度也应是原来的两倍，电压是两极间电场强度的积分，自然也应是原来的两倍。上式中的比例常数

$$C = \frac{Q}{U} \tag{8-10}$$

被定义为电容器的电容。

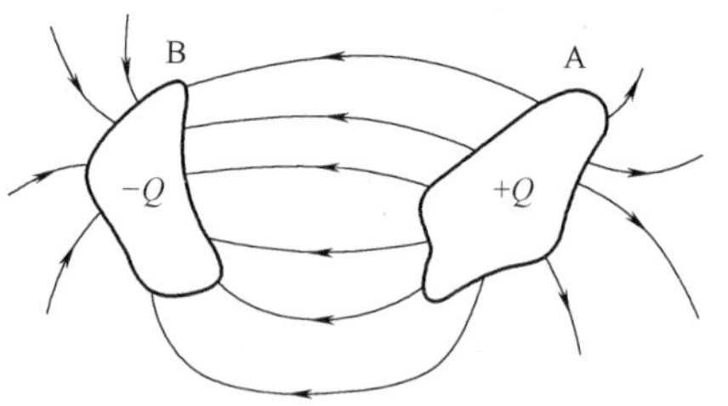

图 8-16

电容的大小取决于电容器的结构即两导体的形状、相对位置及导体周围电介质的性质，而与电容器的带电状态无关。电容描述电容器的容电能力，即电容器中有单位电压时每个极板所带的电荷量。实际上，如图 8-16 所示的那样两个一般的导体构成的电容器的电容很小，而且容易受到外电场的干扰而影响到 Q 和 U 的正比例关系。通常的实用电容器是由两个距离很近的导体板构成（如平板电容器），或是把电容器的一个极板做成一个导体空腔，另一个极板放在空腔之内形成屏蔽（如圆柱形电容器和球形电容器），这样做的好处是电容器的电容较大而且不容易受到外电场的影响。

8.2.2 常见电容器电容的计算

1. 平行板电容器的电容

实际中常用的绝大多数电容器可看成是由两块彼此靠得很近的平行金属极板组成的平行板电容器。如图 8-17 所示，设两极板带电量分别为 $+Q$ 和 $-Q$，极板内表面间距离为 d，极板面积为 S，则（除边缘部分外）

$$E = \frac{\sigma}{\varepsilon_0} = \frac{Q}{\varepsilon_0 S} \tag{8-11}$$

$$C = \frac{Q}{U} = \frac{Q}{Ed} = \frac{\varepsilon_0 SQ}{dQ} = \frac{\varepsilon_0 S}{d} \tag{8-12}$$

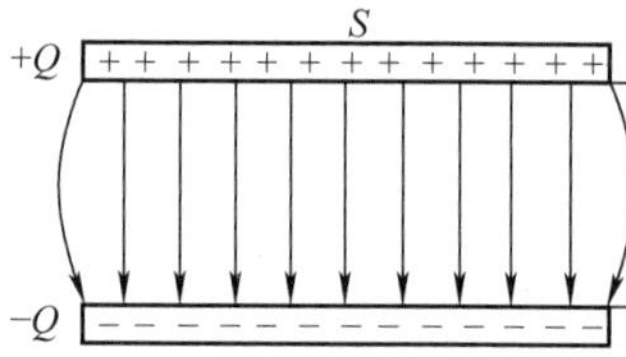

图 8-17

此式表明，C 正比于极板面积 S，反比于极板间距 d。它指明了加大电容器电容量的途径：首先必须使电容器极板的间距小，但是由于制造工艺的困难，这有一定的限度；其次要加大极板的面积，这势必要加大电容器的体积。为了得到体积小电容量大的电容器，需要选择适当的绝缘介质，这个问题留待下节讨论。

2. 圆柱形电容器的电容

如图 8-18 所示，设两圆柱面的半径分别为 R_a 和 R_b，长度为 l，且 $l \gg (R_b - R_a)$，圆筒可视为无限长（两端的边缘效应可以忽略），设 A，B 分别带电荷 $\pm Q$，则利用高斯定理有

$$E = \frac{Q}{2\pi\varepsilon_0 lr} \quad R_a < r < R_b \tag{8-13}$$

方向沿径向，因此

$$U = \int_{R_a}^{R_b} \boldsymbol{E} \cdot \mathrm{d}\boldsymbol{l} = \int_{R_a}^{R_b} \frac{Q}{2\pi\varepsilon_0 lr}\mathrm{d}r = \frac{Q}{2\pi\varepsilon_0 l}\ln\frac{R_b}{R_a} \tag{8-14}$$

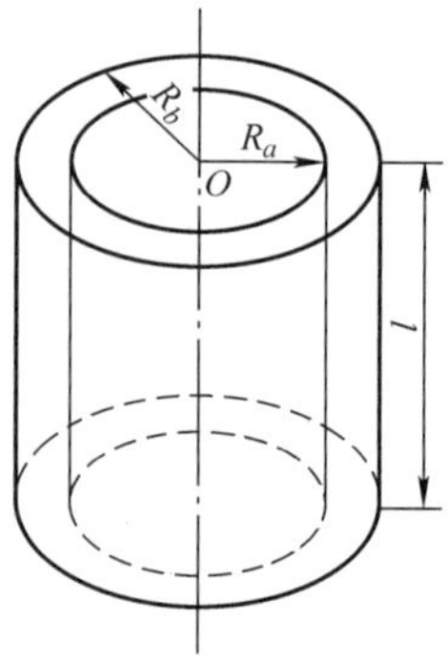

图 8-18

利用电容定义有

$$C = \frac{Q}{U} = \frac{2\pi\varepsilon_0 l}{\ln\dfrac{R_b}{R_a}} \tag{8-15}$$

3. 球形电容器的电容

如图 8-19 所示，电容器由两个同心球形导体 A、B 组成，设内、外球壳半径分别为 R_a 和 R_b，设 A、B 分别带电荷 $\pm Q$，则利用高斯定理有

$$E=\frac{Q}{4\pi\varepsilon_0 r^2}\quad R_a<r<R_b \tag{8-16}$$

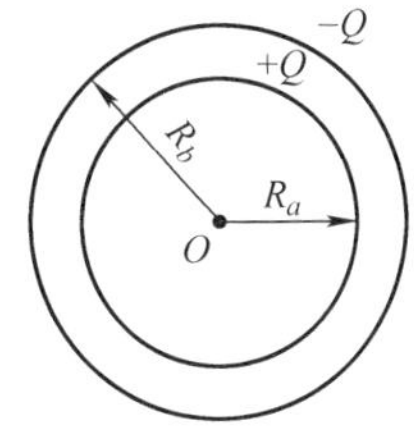

图　8-19

方向沿径向，因此

$$U=\int_{R_a}^{R_b}\boldsymbol{E}\cdot \mathrm{d}\boldsymbol{l}=\frac{Q}{4\pi\varepsilon_0}\int_{R_a}^{R_b}\frac{\mathrm{d}r}{r^2}=\frac{Q}{4\pi\varepsilon_0}\left(\frac{1}{R_a}-\frac{1}{R_b}\right) \tag{8-17}$$

利用电容定义有

$$C=\frac{Q}{U}=\frac{4\pi\varepsilon_0 R_a R_b}{R_b-R_a} \tag{8-18}$$

若 $R_b \gg R_a$，则有 $C=\frac{4\pi\varepsilon_0 R_a R_b}{R_b}=4\pi\varepsilon_0 R_a$，所以孤立导体球可看成是另一极板在无限远处。

从上面的例子我们可以归纳出计算电容器电容的步骤：先令电容器两极板分别带电荷 $+q$ 和 $-q$，求出两极板间的电场强度分布，再由电场强度和电势差的关系求得两极板间的电势差，然后利用电容器的定义式求出电容。

从以上三种电容器的计算结果可以看出，两个极板间距越小，电容的值越大。但间距小了也会产生另一个问题，即电容器容易被击穿。对于额定的电压，两板间距越小，介质中的电场强度越强，当电场强度超过一定的限度（击穿电场强度）时，分子中的束缚电荷能在强电场的作用下变成自由电荷，这时电介质将失去绝缘性能而转化为导体，电容器被破坏。

在实际应用中，一个电容器的性能指标由两个参数来表示，即电容值和耐压值。例如，100μF，50V；500pF，100V。其中 100μF，500pF 表示电容器的电容值，而 50V，100V 则表示电容器的耐压值。电容器的耐压值是指电容器可能承受的最大电压。在使用电容器时，所加电压不能超过耐压值，否则电容器中的电介质会因电场强度过大而失去绝缘性能并转化为导体（称为击穿）。因而在实际应用中，若遇到已有的电容器的电容值或耐压值不能满足要求，就需把几个电容器组合起来使用。

8.2.3　电容器的连接

在实际应用中，若已有的电容器的电容或耐压值不满足要求时，可以把几个电容连接起来构成一个电容器组，连接的基本方式有并联串联两种。

1. 并联电容器

图 8-20 所示为 n 个电容器的并联。充电以后，每个电容器两个极板间的电压相等，设为 U，有

$$U=U_1=U_2=\cdots=U_n \tag{8-19}$$

U 也就是电容器组的电压。电容器组所带总电荷量为各电容器带电荷量之和

$$q=q_1+q_2+\cdots+q_n \tag{8-20}$$

所以电容器组的等效电容为

$$C=\frac{q}{U}=\frac{q_1}{U}+\frac{q_2}{U}+\cdots+\frac{q_n}{U} \tag{8-21}$$

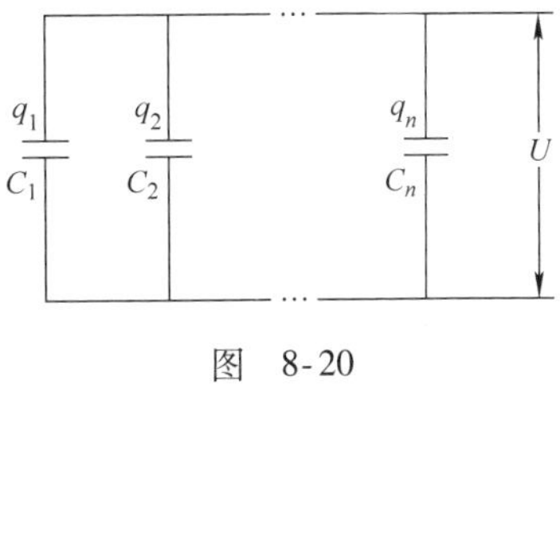

图　8-20

由于$\frac{q_i}{U}=C_i$为每个电容器的电容，所以有

$$C=C_1+C_2+\cdots+C_n \tag{8-22}$$

即并联电容器的等效电容等于每个电容器电容之和。

2. 串联电容器

图8-21所示为n个电容器的串联。充电以后，由于静电感应，每个电容器都带上等量异号的电荷$+Q$和$-Q$，这也是电容器组所带电荷量，故有

$$q=q_1=q_2=\cdots=q_n \tag{8-23}$$

电容器组上的总电压为各电容器的电压之和

$$U=U_1+U_2+\cdots+U_n \tag{8-24}$$

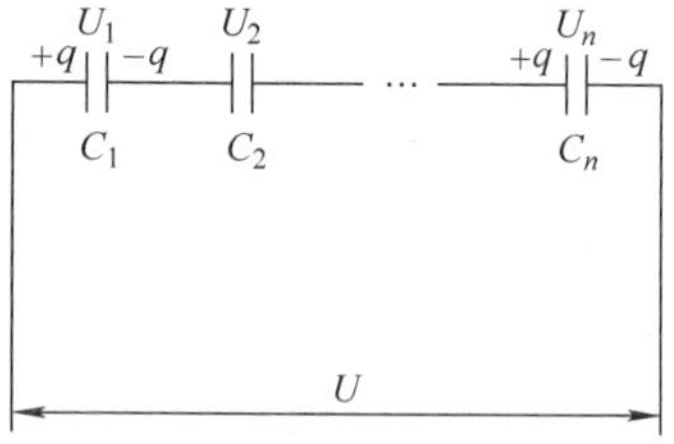

图 8-21

为了方便，我们计算等效电容的倒数

$$\frac{1}{C}=\frac{U}{q}=\frac{U_1}{q}+\frac{U_2}{q}+\cdots+\frac{U_n}{q} \tag{8-25}$$

即有

$$\frac{1}{C}=\frac{1}{C_1}+\frac{1}{C_2}+\cdots+\frac{1}{C_n} \tag{8-26}$$

此式表示串联电容器的电容的倒数等于各电容器电容的倒数之和。

【例8-4】 已知平板电容传感器极板间介质为空气，极板面积$S=a\times a=(2\times2)\ \mathrm{cm}^2$，间隙$d_0=0.1\mathrm{mm}$。求传感器的初始电容值。若由于装配关系，使传感器极板一侧间隙d_0，而另一侧间隙为d_0+b（$b=0.01\mathrm{mm}$），求此时传感器的电容值。

【解】 初始电容

$$C_0=\frac{\varepsilon_0 S}{d_0}=35.4\mathrm{pF}$$

当两极板不平行时，用积分法计算传感器的电容，如图8-22所示，位置为x处，宽度为$\mathrm{d}x$、长度为a的两个狭窄长条之间的电容为

$$\mathrm{d}C=\frac{\varepsilon_0 a\mathrm{d}x}{d_0+bx/a}$$

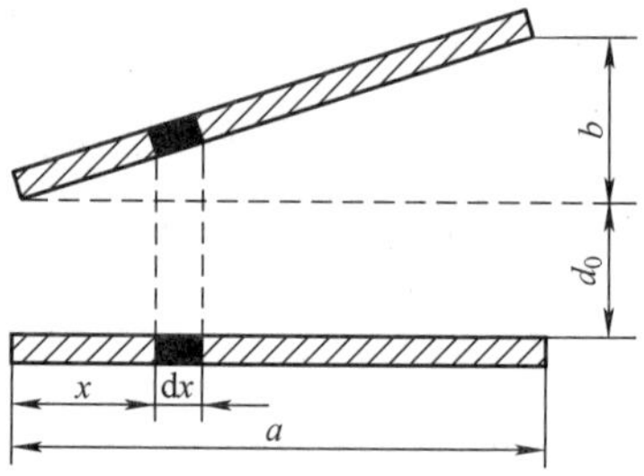

图 8-22

所以，总电容为

$$C=\int_0^a\frac{\varepsilon_0 a\mathrm{d}x}{d_0+bx/a}=\frac{\varepsilon_0 a^2}{b}\ln\left(1+\frac{b}{d_0}\right)=33.8\mathrm{pF}$$

物理知识应用案例：电容式传感器

早在第二次世界大战期间，英、美两国同时为军用机研制了电容式油量表，代替了旧的浮子式油量表，其优点是完全取消了机械传动机构，结构简单而体积较小，易于将并联的两个或四个传感器装于一个油箱内，在测油量时，能减少飞机倾斜或俯仰时的误差，因此，电容式油量表在各种飞机上几乎已完全取代了浮子式油量表。

电容式传感器不但广泛用于位移、振动、角度、加速度等机械量的精密测量，而且还逐步扩大应用于压力、差压、液面、料面、成分含量等方面的测量。电容式传感器具有一系列突出的优点：如结构简单、体积小、分辨率高、可非接触测量等。这些优点，随着电子技术的迅速发展，特别是集成电路的出现，将

得到进一步的体现。而它存在的分布电容、非线性等缺点也将不断地得到克服，因此，电容式传感器在非电测量和自动检测中得到了广泛的应用。

电容式传感器是一种具有可变参数的电容器。以使用最多的空气平板电容器为例，由于 $C=\varepsilon S/d$，所以当被测参数使得 d、S 和 ε 发生变化时，电容量 C 也随之变化。如果保持其中两个参数不变而仅改变另一个参数，就可把该参数的变化转换为电容量的变化。当平板电容器两极板间隙 d 改变时，

$$\Delta C=\frac{\varepsilon S}{d^2}\Delta d$$

因此，电容量变化的大小与被测参数的大小成比例。这时传感器的灵敏度为

$$K=\frac{|\Delta C|}{\Delta d}=\frac{\varepsilon S}{d^2}$$

灵敏度 K 与 d^2 成反比，可见 d 减小时，灵敏度迅速上升。在实际使用中，电容式传感器常以改变平行板间距 d 来进行测量，因为这样获得的测量灵敏度高于改变其他参数的电容传感器的灵敏度。改变平行板间距 d 的传感器可以测量微米数量级的位移，而改变面积 S 的传感器只适用于测量厘米数量级的位移。

电容式传感器可分为极距变化型、面积变化型、介质变化型三类。极距变化型一般用来测量微小的线位移或由于力、压力、振动等引起的极距变化。面积变化型一般用于测量角位移或较大的线位移。介质变化型常用于物位测量和各种介质的温度、密度、湿度的测定。

8.3　静电场中的电介质

8.3.1　电介质对电容器电容的影响

导电物质（导体）构成的极板具有容电的能力，可制作电容器。不导电的物质（电介质）有什么作用呢？先来看一个实验。

1. 实验

如图 8-23 所示，B 为充满电介质的电容器，将两个电容器并联充电，则由实验测得：有介质电容器极板上的电荷量 Q 是真空电容器极板上电荷量 Q_0 的 ε_r 倍。设真空电容器的电容为 C_0，则有介质时电容器的电容为

$$C=\varepsilon_r C_0 \tag{8-27}$$

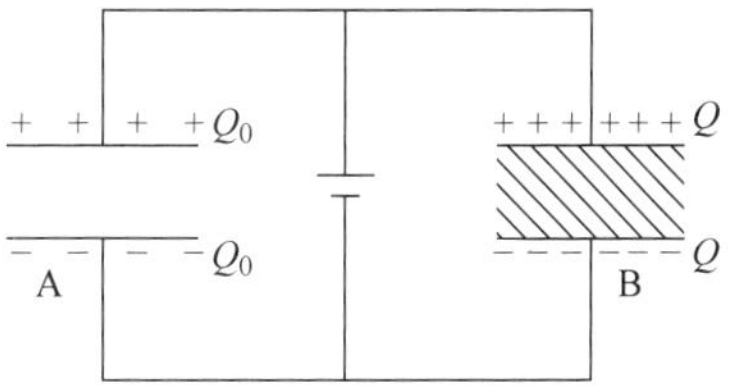

图　8-23

ε_r 叫作介质的相对电容率，它是一个仅与电介质的性质有关而与电容器的形状无关的常数。真空的相对电容率 $\varepsilon_r=1$，所有电介质的相对电容率 $\varepsilon_r>1$。空气的相对电容率可近似视为 1。几种常见电介质的相对电容率见表 8-1。

表 8-1　几种常见电介质的相对电容率

电介质	ε_r	电介质	ε_r
真空	1	木材	2.5 ~ 8
空气（0℃，1 大气压）	1.000 59	云母	3 ~ 6
石蜡	2.2	玻璃	5 ~ 10
橡胶	2.5 ~ 2.8	纯水	80
变压器油	3	钛酸钡	1 000 ~ 10 000

2. 几种充满电介质的电容器的电容

平板电容器：

$$C=\frac{\varepsilon_r\varepsilon_0 S}{d}=\frac{\varepsilon S}{d} \tag{8-28}$$

圆柱形电容器：

$$C=\frac{2\pi\varepsilon_r\varepsilon_0 l}{\ln\frac{R_b}{R_a}}=\frac{2\pi\varepsilon l}{\ln\frac{R_b}{R_a}} \tag{8-29}$$

球形电容器：

$$C=\frac{4\pi\varepsilon_r\varepsilon_0 R_a R_b}{R_b-R_a}=\frac{4\pi\varepsilon R_a R_b}{R_b-R_a} \tag{8-30}$$

其中 $\varepsilon=\varepsilon_r\varepsilon_0$叫作介质的电容率。

3. 电容器有、无电介质时与电场强度的关系

给一平板电容器充电，使两极板间电势差为 U_0，切断电源，则极板上的电荷量 Q_0不变，然后使两极板充满相对电容率为 ε_r的电介质，这时两极板间的电势差为

$$U=\frac{Q_0}{C}=\frac{Q_0}{\varepsilon_r C_0}=\frac{U_0}{\varepsilon_r} \tag{8-31}$$

两极板间的电场强度为

$$E=\frac{U}{d}=\frac{U_0}{\varepsilon_r d}=\frac{E_0}{\varepsilon_r} \tag{8-32}$$

结论：在场源电荷分布相同的情况下，平行板电容器电介质中的电场强度是真空中的$\frac{1}{\varepsilon_r}$。

8.3.2 电介质的极化及其机制

电介质中几乎没有自由电荷，分子中的电荷由于很强的相互作用而被束缚在一个很小的尺度（10^{-10}m）内。电介质内部没有可以自由移动的电荷，所以它不导电，是绝缘体。电介质中每个分子都有正电荷和负电荷。一般地，正、负电荷在分子中不是集中于一点，而是分布在分子所占的体积空间中。在外电场的作用下，这些电荷也会在束缚的前提下重新分布，产生新的电荷分布来削弱介质中的电场，但却不能像导体那样把电场强度减弱为零，我们把这种介质与电场相互作用和影响的现象叫作电介质的极化。下面我们就来讨论这种现象，而且只讨论最简单的均匀、各向同性电介质的情况。

1. 有极分子和无极分子

电介质中每个分子由等量的正、负电荷构成，在一级近似下，可以把分子中的正、负电荷作为两个点电荷处理，称为等效电荷，等效电荷的位置称为电荷中心。若分子的正、负电荷中心不重合，则等效电荷形成一个电偶极子，其电偶极矩 $\boldsymbol{p}=q\boldsymbol{l}$ 称为分子的固有电矩，这种分子叫有极分子。如 HCl 分子，这是化学中典型的极性共价键分子。分子的电矩与原子键合的角度有关，所以分子的电矩为研究分子的形状提供了一定的线索。若分子的正、负电荷中心重合，则分子的电偶极矩为零，这种分子叫无极分子。如 H_2，O_2，N_2，CO_2 分子即属于这一类情况，在化学中也称为非极性共价键。

2. 位移极化和取向极化

有极分子在没有外场作用时，由于热运动，分子电矩无规则排列而相互抵消，介质不显电

性，（见图 8-24a）。在有外场 $\boldsymbol{E}_0$ 的作用时，分子将受到一个力矩的作用（见图 8-24b），而或多或少地转动到沿电场方向导致有序排列，介质出现极化现象。有极分子的极化是通过分子转动方向实现的，称为取向极化（见图 8-24c）。若撤去外场，则分子电矩恢复无规则排列，极化消失，介质重新回到电中性。一般说来，电场越强，温度越低，则分子的排列越有序，极化的效应也越显著。

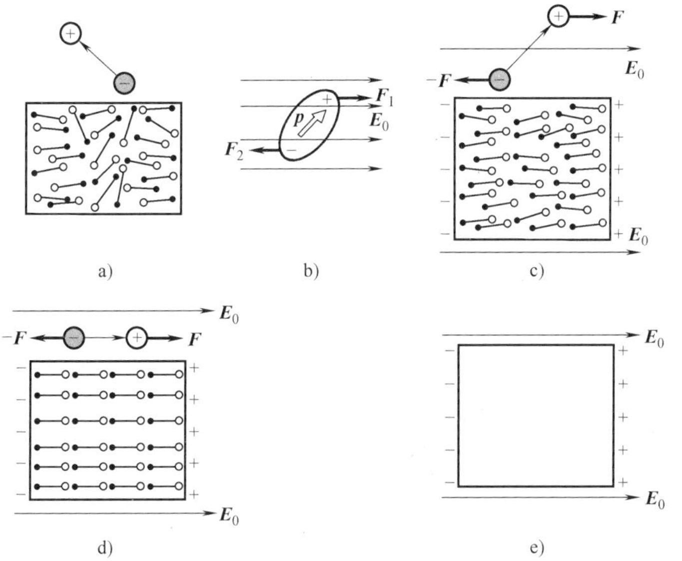

图　8-24

无极分子在没有外场作用时不显电性，有外场作用时，正、负电荷中心受力作用而发生相对位移，形成一个电偶极矩，称为感生电矩（见图 8-24d、e）。感生电矩沿电场方向排列，使介质极化。无极分子的极化是由于分子正、负电荷中心发生相对位移来实现的，故称为位移极化。由于电子的质量比原子核小得多，所以在外场作用下主要是电子位移，因而上面讲的无极分子的极化机制常称为电子位移极化。

电子的位移很小，例如在 20℃时 CCl_4（四氯化碳）每个电子的平均位移只有 1.5×10^{-15}m，比氢原子的玻尔半径约小 5 个数量级，当撤去外电场后，分子的正、负电荷中心又重合，电介质的电性消失，因此，无极分子类似于一个弹性电偶极子。

显然，位移极化的微观机制与取向极化不同，但结果却相同：介质中分子电偶极矩矢量和不为零，即介质被极化了。因此，如果问题不涉及极化的机制，则在宏观处理上我们往往不必对它们刻意区分。

有些电介质是离子晶体，如 NaCl，在电场作用下，正、负离子沿相反方向移动，使晶体显示电性，这种极化称为离子极化。

应当指出，电子位移极化效应在任何电介质中都存在，而分子取向极化只是由有极分子构成的电介质所独有的。但是，在有极分子构成的电介质中，取向极化的效应比位移极化强得多（约大一个数量极），因而其中取向极化是主要的。在无极分子构成的电介质中，位移极化则是唯一的极化机制。在静电范围内，取向极化与位移极化的模型对讨论问题并无明显差别，但在高频电场中，两种极化很不相同，高频电场的电场强度方向不断改变，而分子具有惯性，其电偶极矩的取向跟不上电场方向的改变，因而对外电场的响应很差，使介质无法发生取向极化，而电子质量很小，对外电场的响应很快，因此，电子位移极化对高频电场的响应比较显著。

8.3.3 极化的定量描述——电极化强度矢量

两类电介质极化的微观过程不同，但宏观结果是一样的，即在电介质中出现极化电荷。

对于各向同性均匀电介质，极化的介质内部仍然没有净电荷，电荷体密度等于零。但介质的表面会出现面电荷，称为极化电荷。极化电荷与自由电荷不同，它不能在电介质中移动，而是被束缚在介质的一定区域内，称为束缚电荷。极化电荷能产生一个附加电场 $\boldsymbol{E}'$ 使介质中的电场减小。为了定量表征电介质的极化状态，我们引入极化强度这个物理量。

1. 电极化强度矢量

极化强度定义为：在电介质的单位体积中分子电矩的矢量和，以 $\boldsymbol{P}$ 表示，即

$$\boldsymbol{P} = \lim_{\Delta V \to 0} \frac{\sum \boldsymbol{p}_i}{\Delta V} \tag{8-33}$$

式中，$\sum \boldsymbol{p}_i$ 是在电介质体元 ΔV 内分子电矩的矢量和。在国际单位制中，极化强度的单位是 $\mathrm{C \cdot m^{-2}}$（库仑每二次方米）。如果电介质内各处极化强度的大小和方向都相同，就称为均匀极化。均匀极化要求电介质也是均匀的。我们只讨论均匀极化的情形。

2. 极化强度与极化电荷的关系

极化电荷是由于电介质极化所产生的，因此，极化强度与极化电荷之间必定存在某种关系。可以证明，对于均匀极化的情形，极化电荷只出现在电介质的表面上。在极化了的电介质内切出一个长度为 l、底面积为 ΔS 的斜柱体，使极化强度 $\boldsymbol{P}$ 的方向与斜柱体的轴线相平行，而与底面的外法线 $\boldsymbol{n}$ 的方向成 θ 角，如图 8-25 所示。出现在两个端面上的极化电荷面密度分别用 $+\sigma'$ 和 $-\sigma'$ 表示。假设分子电矩可以自由旋转，由于分子电矩都转到了外电场方向，在介质内偶极分子首尾相接，正负电荷抵消，只有斜柱体介质表面的极化电荷无法抵消。我们可以把整个斜柱体视为一个由表面的极化电荷构成的“大电偶极子”，它的电矩的大小为 $ql = \sigma' \Delta S l$，显然这个电矩是由斜柱体内所有分子电矩矢量求和得到的。所以，斜柱体内分子电矩的矢量和的大小可以表示为

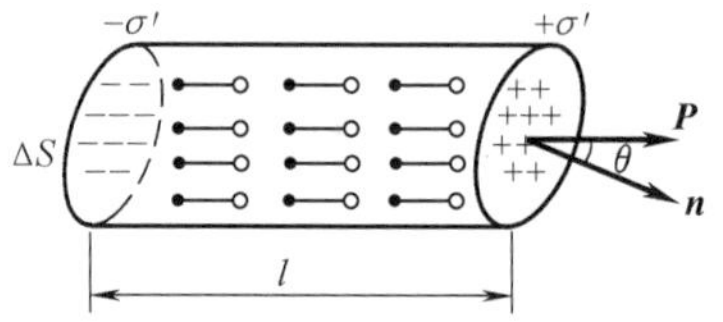

图 8-25

$$\left| \sum \boldsymbol{p}_i \right| = \sigma' \Delta S l$$

斜柱体的体积为

$$\Delta V = \Delta S l \cos\theta$$

极化强度的大小为

$$|\boldsymbol{P}| = \frac{\left| \sum \boldsymbol{p}_i \right|}{\Delta V} = \frac{\sigma'}{\cos\theta} \tag{8-34}$$

由此得到

$$\sigma' = |\boldsymbol{P}| \cos\theta = \boldsymbol{P} \cdot \boldsymbol{n} = P_n \tag{8-35}$$

式中，P_n 是极化强度矢量 $\boldsymbol{P}$ 沿介质表面外法线方向的分量。上式表示，极化电荷面密度等于极化强度沿该面法线方向的分量。对于图 8-25 中的斜柱体，在右底面上 $\theta < \pi/2$，$\cos\theta > 0$，σ' 为正值；在左底面上 $\theta > \pi/2$，$\cos\theta < 0$，σ' 为负值；而在侧面上 $\theta = \pi/2$，$\cos\theta = 0$，σ' 为零。

3. 极化电荷对电场的影响

处于静电场 $\boldsymbol{E}_0$ 中的电介质由于极化而在其表面上产生极化电荷，极化电荷在空间产生的电场称为附加电场，用 $\boldsymbol{E}'$ 表示。空间各处的电场强度 $\boldsymbol{E}$ 应为外加电场 $\boldsymbol{E}_0$ 与附加电场 $\boldsymbol{E}'$ 的矢量和，即

$$\boldsymbol{E}=\boldsymbol{E}_0+\boldsymbol{E}' \tag{8-36}$$

对于电介质内部，由于$\boldsymbol{E}'$与$\boldsymbol{E}_0$的方向相反，于是有

$$E=E_0-E' \tag{8-37}$$

因而实际作用于电介质的电场E要比外加电场E_0小。极化电荷产生的附加电场E'使电介质内的实际电场减弱了，所以在电介质内部的附加电场E'也叫作退极化场。图8-26表示了一个被匀强外电场极化的电介质球所产生的附加电场E'对电场E_0影响的情形。

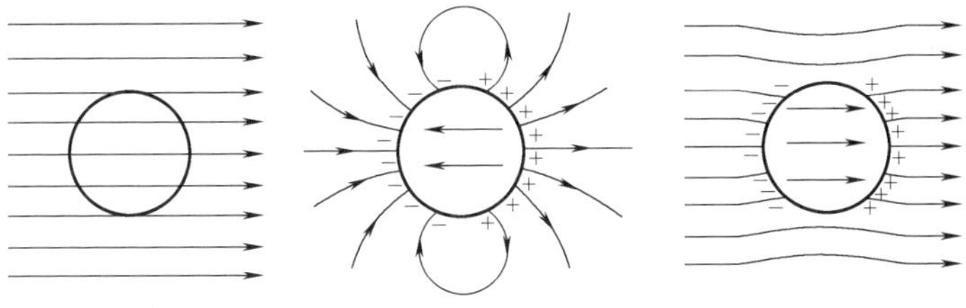

图　8-26

a）$\boldsymbol{E}_0$　b）$\boldsymbol{E}'$　c）$\boldsymbol{E}$

图8-27所示为在平行板电容器内充满均匀电介质的情形，它清楚地表明了极化电荷对板间电场的影响。

如果电容器极板上所带自由电荷面密度分别为$+\sigma$和$-\sigma$，两板之间的电介质表面的极化电荷面密度分别为$-\sigma'$和$+\sigma'$，则自由电荷电场强度$\boldsymbol{E}_0$和电介质内部附加电场的电场强度$\boldsymbol{E}'$的大小为

$$E_0=\frac{\sigma}{\varepsilon_0},\ E'=\frac{\sigma'}{\varepsilon_0} \tag{8-38}$$

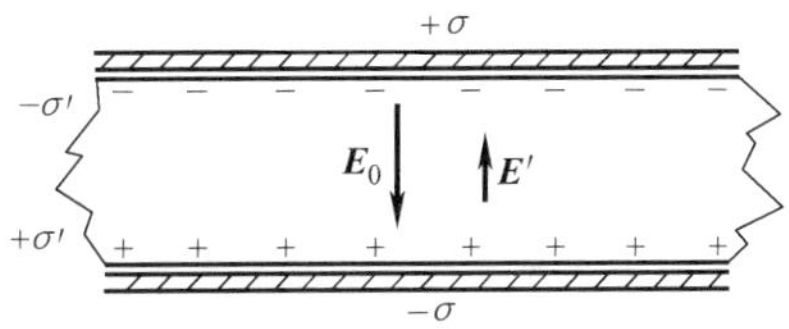

图　8-27

总电场强度$\boldsymbol{E}$的大小可以表示为

$$E=E_0-E'=\frac{1}{\varepsilon_0}\ (\sigma-\sigma') \tag{8-39}$$

实验表明，对于线性各向同性的电介质，极化强度$\boldsymbol{P}$与作用于电介质内部的实际电场$\boldsymbol{E}$成正比，并且两者方向相同，可以用下式表示：

$$\boldsymbol{P}=\chi_e\varepsilon_0\boldsymbol{E} \tag{8-40}$$

式中，比例系数χ_e称为电介质的极化率，上式亦可理解为线性介质的定义式。

把$\sigma'=\boldsymbol{P}\cdot\boldsymbol{n}$和式（8-40）代入式（8-39）有

$$E=\frac{1}{\varepsilon_0}(\sigma-\chi_e\varepsilon_0E)\Rightarrow E(1+\chi_e)=\frac{\sigma}{\varepsilon_0} \tag{8-41}$$

定义电介质的相对电容率为$\varepsilon_r=1+\chi_e$，则（8-41）式可写为

$$E=\frac{\sigma}{\varepsilon_0\varepsilon_r}=\frac{\sigma}{\varepsilon}=\frac{E_0}{\varepsilon_r} \tag{8-42}$$

式中，$\varepsilon=\varepsilon_r\varepsilon_0$是电介质的绝对电容率，常简称为电介质的电容率。上式表示，在均匀电介质充满电场的情况下，电介质内部的电场$\boldsymbol{E}$的大小等于自由电荷所产生的电场强度E_0的$\frac{1}{\varepsilon_r}$。由于$\varepsilon_r>1$，所以E总是小于E_0。

物理知识应用案例：特殊电介质介绍

除了各向同性线性电介质外，还有如下一些特殊的电介质。

（1）线性各向异性电介质 一些晶体材料（如水晶）的电性能是各向异性的，它们的极化规律虽然也是线性的，但与方向有关。这时需用极化率张量来描述 $\boldsymbol{P}$ 和 $\boldsymbol{E}$ 之间的关系。

（2）铁电体 如酒石酸钾钠和钛酸钡等，$\boldsymbol{P}$ 和 $\boldsymbol{E}$ 是非线性关系，并与极化的历史有关，与铁磁质的磁滞效应类似，称之为电滞效应。

有许多电介质材料，即使没有外电场时也能呈现极化现象，这些材料显示出与铁磁体的磁性相对应的许多现象，如滞后现象。当电介质加热到临界温度以上时，自发极化强度消失，正像铁磁体中的自发磁化强度一样，因此，这些材料称为铁电体，其临界温度称为铁电居里温度。

铁电体分为三大类：有机铁电体，包括最初发现的铁电体罗谢耳盐（Rochelle）和硫酸三甘氨酸（TGS）；氢键无机铁电体，例如磷酸二氢钾（KDP）；以及离子铁电体，其原始模型为钛酸钡（$BaTiO_3$）。铁电现象的产生是由于微观尺度的内场使偶极子排列整齐。

由铁电体的性质人们提出了三类主要的应用。极化强度随着温度的变化，称为热释电效应，已用于热敏器件中，并且已经得到面积的温度变化为 0.01℃ 那样小的红外电视图像。高的电容率及其随着温度和外电场而变化的事实，已用于小型可变电容器。最后，在存储器和其他开关器件中应用铁电体的滞后特性是引人注目的。

（3）驻极体 如果一个材料含有具有电偶极矩的分子，则在强电场中将此材料缓慢地冷却时，沿着电场方向的偶极子取向能被冻结起来。这样产生的材料称为驻极体，它是永磁性的电模拟。它们的极化强度不随外场的消失而消失，与永磁体的性质有些类似，如石蜡，这是可利用人工方法处理后得到的，一般用高分子聚合物固体制成。有些驻极体还同时具有压电性和热电性。由于可以很方便地制成各种形状，现在的应用范围也越来越广泛了。

同永磁体一样，驻极体也可以用来产生不需要供给功率的效应：例如，开发性能良好的电话。某些蜡、碳氟化合物和聚碳酸酯等可被极化而形成驻极体，如果保持在室温下，有可能保持极化状态长达 100 年之久。

8.4 介质中的高斯定理 电位移矢量

8.4.1 有介质时的高斯定理

自由电荷和极化电荷在产生静电场方面具有相同的规律，前面讨论的真空中静电场的高斯定理，有电介质存在时仍然成立。不过，在计算闭合面内的电荷时必须包括自由电荷 Q_0 和极化电荷 Q'，这里以平行板电容器的均匀电场中充满各向同性的均匀电介质为例进行讨论。设极板上自由电荷面密度为 σ_0，电介质表面上极化电荷面密度为 σ'。取一柱形的闭合面，上下底面面积均为 S，且与极板平行，如图 8-28 所示。

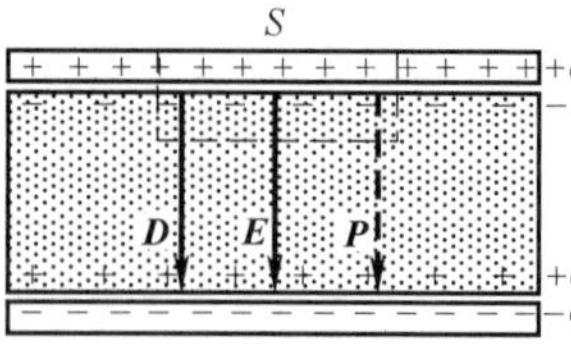

图 8-28

由真空中静电场的高斯定理可知

$$\oint_S \boldsymbol{E} \cdot \mathrm{d}\boldsymbol{S} = \frac{1}{\varepsilon_0}(Q_0 - Q')$$

式中，$Q_0 = \sigma_0 S$；$Q' = \sigma' S$；$(Q_0 - Q')$ 是闭合面内自由电荷与极化电荷的代数和；ε_0 是真空电容

率。式中包含了极化电荷 Q'，这是一个未知量，Q'与极化强度 P 有关。为了消去 Q'，需要计算电极化强度 $\boldsymbol{P}$ 对上述闭合面的通量 $\oint_S \boldsymbol{P}\cdot\mathrm{d}\boldsymbol{S}$。因为电介质是均匀极化的，处在电介质中的底面上各点 $\boldsymbol{P}$ 的大小相等且与底面垂直，而其余各面上的 $\boldsymbol{P}$ 或者为零（导体中的底面），或者与面平行（圆柱侧面），故 $\boldsymbol{P}$ 对闭合面的通量

$$\oint_S \boldsymbol{P}\cdot\mathrm{d}\boldsymbol{S} = PS \tag{8-43}$$

而 $P=\sigma'$，所以

$$\oint_S \boldsymbol{P}\cdot\mathrm{d}\boldsymbol{S} = \sigma' S = Q' \tag{8-44}$$

则有

$$\oint_S \boldsymbol{E}\cdot\mathrm{d}\boldsymbol{S} = \frac{1}{\varepsilon_0}\left(Q_0 - \oint_S \boldsymbol{P}\cdot\mathrm{d}\boldsymbol{S}\right) \tag{8-45}$$

由此得出

$$\oint_S \left(\boldsymbol{E} + \frac{1}{\varepsilon_0}\boldsymbol{P}\right)\cdot\mathrm{d}\boldsymbol{S} = \frac{1}{\varepsilon_0}Q_0 \tag{8-46}$$

即

$$\oint_S (\varepsilon_0\boldsymbol{E} + \boldsymbol{P})\cdot\mathrm{d}\boldsymbol{S} = Q_0 \tag{8-47}$$

引入一个辅助矢量——电位移 $\boldsymbol{D}$，并定义

$$\boldsymbol{D} = \varepsilon_0\boldsymbol{E} + \boldsymbol{P} \tag{8-48}$$

则有

$$\oint_S \boldsymbol{D}\cdot\mathrm{d}\boldsymbol{S} = Q_0 \tag{8-49}$$

式中，$\oint_S \boldsymbol{D}\cdot\mathrm{d}\boldsymbol{S}$ 为通过任意闭合曲面的电位移通量。上式是从平行板电容器中得出的，但是可以证明，在一般情况下它也是成立的。故有电介质时的高斯定理可叙述为：通过任意一个闭合面的电位移通量等于该闭合面所包围的自由电荷的代数和，即

$$\oint_S \boldsymbol{D}\cdot\mathrm{d}\boldsymbol{S} = \sum_{S内} Q_{0i} \tag{8-50}$$

8.4.2　讨论

1. 电位移

定义式：

$$\boldsymbol{D} = \varepsilon_0\boldsymbol{E} + \boldsymbol{P} \tag{8-51}$$

单位：库仑每二次方米（$\mathrm{C\cdot m^{-2}}$）。

2. D，E，P 的关系

以平行板电容器为例，对于线性各向同性电介质有

$$\boldsymbol{P} = \chi_e\varepsilon_0\boldsymbol{E} = (\varepsilon_r - 1)\varepsilon_0\boldsymbol{E} \tag{8-52}$$

此时有

$$\boldsymbol{D} = \varepsilon_0\boldsymbol{E} + \boldsymbol{P} = \varepsilon_0\varepsilon_r\boldsymbol{E} = \varepsilon\boldsymbol{E} \tag{8-53}$$

$$\sigma' = \boldsymbol{P}\cdot\boldsymbol{n} = (\varepsilon_r - 1)\varepsilon_0 E \tag{8-54}$$

因为

$$E = E_0 - E',\ E_0 = \frac{\sigma_0}{\varepsilon_0},\quad E' = \frac{\sigma'}{\varepsilon_0} \tag{8-55}$$

代入上式得

$$\sigma' = (\varepsilon_r - 1)\varepsilon_0(E_0 - E') = (\varepsilon_r - 1)\varepsilon_0\left(\frac{\sigma_0}{\varepsilon_0} - \frac{\sigma'}{\varepsilon_0}\right)$$

所以

$$\sigma' = \left(1 - \frac{1}{\varepsilon_r}\right)\sigma_0 \tag{8-56}$$

$$q' = \left(1 - \frac{1}{\varepsilon_r}\right)q_0 \tag{8-57}$$

3. 电场线与电位移线、电极化强度矢量线

和电场强度 $\boldsymbol{E}$ 相似，电位移矢量 $\boldsymbol{D}$、电极化强度矢量 $\boldsymbol{P}$ 也在电场所在空间构成一个矢量场，其矢量线分别称为电位移线、电极化强度矢量线，简称 $\boldsymbol{D}$ 线、$\boldsymbol{P}$ 线。$\boldsymbol{D}$ 线的方向表示 $\boldsymbol{D}$ 的方向，$\boldsymbol{D}$ 线的密度表示 $\boldsymbol{D}$ 的大小。$\boldsymbol{D}$ 的通量 Φ_D 称为电位移通量或 $\boldsymbol{D}$ 通量，表示通过曲面 S 的 $\boldsymbol{D}$ 线条数，$\Phi_D = \int_S \boldsymbol{D}\cdot d\boldsymbol{S}$。高斯定理的物理意义是，$\boldsymbol{D}$ 线发自于正的自由电荷，终止于负的自由电荷。$\boldsymbol{P}$ 线发自于负的束缚电荷，终止于正的束缚电荷。这与电场线即 $\boldsymbol{E}$ 线不同，$\boldsymbol{E}$ 线始于正电荷，终于负电荷，而无论这种电荷是自由的还是束缚的，如图 8-29 所示。

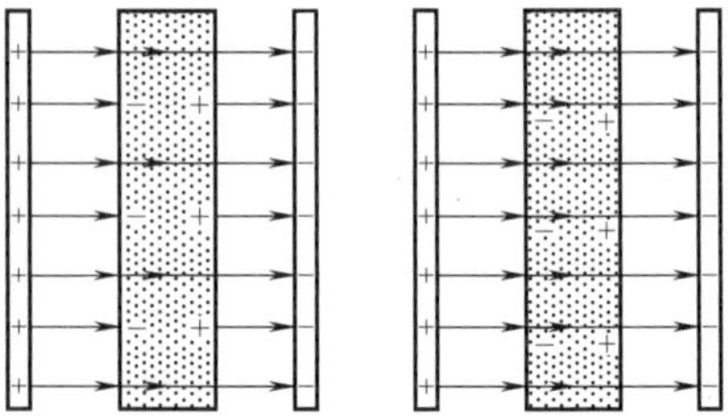

a)　　b)

图　8-29

a) $\boldsymbol{E}$ 线　b) $\boldsymbol{D}$ 线

8.4.3　电介质中高斯定理的应用

电介质中的高斯定理可用于求解带电系统和电介质都具有高度对称性时产生的电场强度。下面我们通过几个例题来讲解它的应用。

【例 8-5】　半径为 r_1 的导体球带电荷量为 $+q_0$，球外有一层内径为 r_1，外径为 r_2 的各向同性均匀介质，介电常数为 ε，如图 8-30 所示。求电介质中和空气中的电场强度分布。

【分析】　由于导体和电介质都满足球对称性，故自由电荷和极化电荷分布也满足球对称性，因而电场的 $\boldsymbol{E}$ 和 $\boldsymbol{D}$ 分布也具有球对称性，即其方向沿径向发散，且在以 O 为中心的同一球面上 $\boldsymbol{D}$ 与 $\boldsymbol{E}$ 的大小相同。

【解】　如图 8-30 所示，作同心球形高斯面，面上各点 $\boldsymbol{D}$ 大小相等，方向径向，按有电介质时的高斯定理

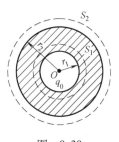

图　8-30

$$\oint_S \boldsymbol{D}\cdot d\boldsymbol{S} = \oint_S D\cdot dS = D\oint_S dS = D4\pi r^2 = q_0$$

故

$$D = \frac{q_0}{4\pi r^2},$$

所以电介质中的电场强度为

$$E = \frac{D}{\varepsilon} = \frac{q_0}{4\pi\varepsilon r^2}$$

方向沿径向发散。

电介质外的电场强度为

$$E = \frac{D}{\varepsilon_0} = \frac{q_0}{4\pi\varepsilon_0 r^2}$$

方向沿径向发散。

【例 8-6】　平行板电容器两极板面积均为 S，极板之间有两层电介质，相对电容率分别为 ε_{r1} 与 ε_{r2}，厚度分别为 d_1 与 d_2，电容器两极板上自由电荷面密度分别为 $+\sigma_0$ 与 $-\sigma_0$。求：(1) 各电

介质内的电场强度；(2) 电容器的电容。

【解】(1) 取如图 8-31 所示正柱形高斯面（上底面在导体极板内，下底面在介质内），极板间 **D** 方向垂直平面极板且均匀，导体内 **D** 为 0。则由有电介质时的高斯定理，得

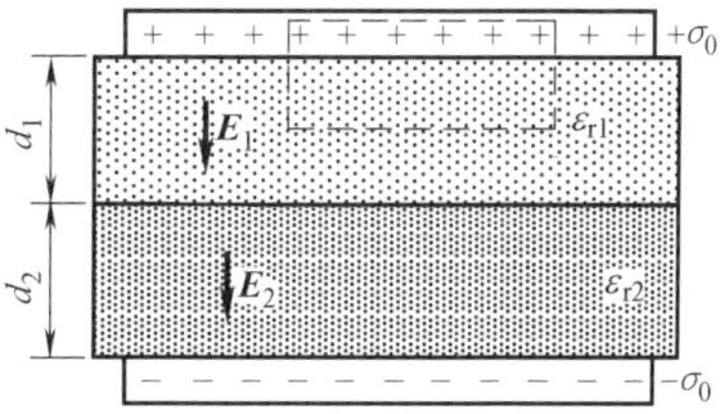

图 8-31

$$\oint_S \boldsymbol{D}\cdot d\boldsymbol{S} = \int_{上} \boldsymbol{D}\cdot d\boldsymbol{S} + \int_{下} \boldsymbol{D}\cdot d\boldsymbol{S} + \int_{侧} \boldsymbol{D}\cdot d\boldsymbol{S} = DS_1 = \sigma_0 S_1$$

得到

$$D=\sigma_0$$

所以

$$E_1=\frac{D}{\varepsilon_0\varepsilon_{r1}}=\frac{\sigma_0}{\varepsilon_0\varepsilon_{r1}}\quad E_2=\frac{\sigma_0}{\varepsilon_0\varepsilon_{r2}}$$

(2) 两极板间电势差为

$$U=\int_L \boldsymbol{E}\cdot d\boldsymbol{l}=E_1d_1+E_2d_2=\frac{\sigma_0}{\varepsilon_0}\left(\frac{d_1}{\varepsilon_{r1}}+\frac{d_2}{\varepsilon_{r2}}\right)$$

所以

$$C=\frac{Q_0}{U}=\frac{\varepsilon_0 S}{\dfrac{d_1}{\varepsilon_{r1}}+\dfrac{d_2}{\varepsilon_{r2}}}=\frac{\varepsilon_0\varepsilon_{r1}\varepsilon_{r2}S}{\varepsilon_{r2}d_1+\varepsilon_{r1}d_2}$$

【例 8-7】设无限长同轴电缆的芯线半径为 R_1，外皮的内半径为 R_2。芯线与外皮之间充入两层绝缘的均匀电介质，其相对电容率分别为 ε_{r1} 和 ε_{r2}，两层电介质的分界面的半径为 R，如图 8-32 所示。求单位长度电缆的电容。

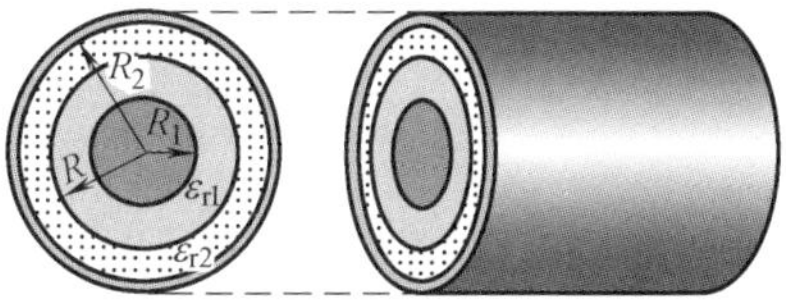

图 8-32

【解】作同轴柱形高斯面，侧面上各点 **D** 大小相等，方向径向。由介质中的高斯定理

$$\oint_S \boldsymbol{D}\cdot d\boldsymbol{S} = \int_{上} \boldsymbol{D}\cdot d\boldsymbol{S} + \int_{下} \boldsymbol{D}\cdot d\boldsymbol{S} + \int_{侧} \boldsymbol{D}\cdot d\boldsymbol{S} = D2\pi rl = \lambda l$$

其中，λ 是单位长度电缆带的电荷量；l 是电缆的长度。所以

$$D=\frac{\lambda}{2\pi r}\quad (R_1<r<R_2)$$

$$E_1=\frac{D}{\varepsilon_0\varepsilon_{r1}}=\frac{\lambda}{2\pi\varepsilon_0\varepsilon_{r1}r}\quad (R_1<r<R)$$

$$E_2=\frac{D}{\varepsilon_0\varepsilon_{r2}}=\frac{\lambda}{2\pi\varepsilon_0\varepsilon_{r2}r}\quad (R<r<R_2)$$

$$U=\int_{R_1}^{R_2}\boldsymbol{E}\cdot d\boldsymbol{r}=\int_{R_1}^{R}E_1\cdot dr+\int_{R}^{R_2}E_2\cdot dr$$

$$=\frac{\lambda}{2\pi\varepsilon_0\varepsilon_{r1}}\ln\frac{R}{R_1}+\frac{\lambda}{2\pi\varepsilon_0\varepsilon_{r2}}\ln\frac{R_2}{R}$$

$$C=\frac{\lambda}{U}=\frac{2\pi\varepsilon_0\varepsilon_{r1}\varepsilon_{r2}}{\varepsilon_{r2}\ln\dfrac{R}{R_1}+\varepsilon_{r1}\ln\dfrac{R_2}{R}}$$

8.4.4 电介质损耗和击穿电压

在外加高频电压情况下，电介质中的一部分电能会转换为热能。这种现象主要是电介质在高频电场的作用下反复极化的过程中产生的，频率越高，发热越明显。这种现象被称为电介质

损耗。

在工业生产中利用电介质损耗现象的加工技术叫作电介质加热技术。电介质加热技术在工业上被广泛地用于塑料压膜前的放热、对泡沫橡胶的迅速凝结和干燥、壁板和其他物品的烘干等。有时要尽量减少电介质损耗，因为电介质损耗不仅造成能量的损失，而且当温度超过一定范围时，电介质的绝缘性能也会被破坏。

如前所述，电介质中的自由电子数少，在通常情况下，它是绝缘体。但当外加电场大到某一“程度”时，电介质分子中的电子就会摆脱原子核的束缚而成为自由电子。这时，电介质的导电性能大增，绝缘性能被破坏，我们把这种现象叫作电介质的击穿。使电介质发生电击穿的临界电压叫作击穿电压，与击穿电压相应的电场强度叫作击穿电场强度。不同的电介质，击穿电场强度的数值不同。

击穿电场强度是电介质的重要参数之一。在选用电介质时，必须注意到它的耐压能力，比如在高压下工作的电容器，就必须选择击穿电场强度大的材料作为介质。这也是为什么电容器等电器元件都标有“额定电压”的缘故。在高压状态下，电缆周围的电场强度是不均匀的，一般在靠近导线的地方电场强度最大。当电压升高时，总是电场最强的地方先被击穿。如果在靠近导线的地方使用电容率和击穿电场强度大的材料，就能提高电缆的耐压能力或者保证电缆在高压下工作而不被击穿。因此，在工程实践中电缆外面不是包上一层而是多层电容率和击穿电场强度不同的电介质。

物理知识应用案例：电容式油量测量传感器

电容式油量表利用电容式传感器把油面高度的变化转换成电容的变化。电容式传感器是一个由同心圆柱形极板组成的圆柱形电容器，如图8-33所示，设极板的总高度H远大于圆筒的半径，若将圆柱形电容器垂直插入油箱中，则必将有一部分浸没在燃油中，其浸没的深度取决于油面高度h_o，浸在油中部分电容器的极板间隙中的燃油相对介电常数为ε_{ro}，电容器上部露在空气中，其高度为h_a，且$H=h_o+h_a$，相对介电常数为ε_{ra}（空气的相对介电常数$\varepsilon_{ra}=1$）。因而传感器的总电容值等于这两部分电容并联，其值为

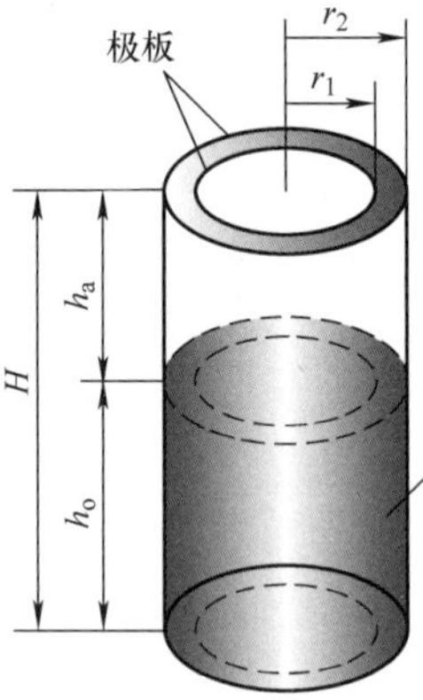

图　8-33

$$C=C_{气}+C_{油}=\frac{2\pi\varepsilon_{ra}(H-h_o)}{\ln r_2/r_1}+\frac{2\pi\varepsilon_{ro}h_o}{\ln r_2/r_1}=\frac{2\pi\varepsilon_{ra}H}{\ln r_2/r_1}+\frac{2\pi(\varepsilon_{ro}-\varepsilon_{ra})h_o}{\ln r_2/r_1}$$

当油箱空时$h_o=0$，传感器电容值最小，即

$$C_{min}=C_{气}=\frac{2\pi\varepsilon_{ra}H}{\ln r_2/r_1}=C_0$$

当油箱装满时，$h_o=H$，传感器电容值最大，即

$$C_{max}=C_{油}=\frac{2\pi\varepsilon_{ro}H}{\ln r_2/r_1}$$

由上式可知，传感器的总电容由两部分组成，一部分是空箱时的电容C_0，另一部分是加油后所增加的电容ΔC，C_0只取决于传感器的本身尺寸，对已制成的传感器它是一个常数，而ΔC的大小与油面高度h_o和燃油的介电常数ε_{ro}有关。因而，可得出下列结论：

1）燃油的油面高度仅反映燃油的容积，而燃油的介电常数取决于燃油的密度。因而电容式传感器的电容值不仅取决于燃油的容积，而且还取决于燃油的密度，因而所指示的为燃油的质量（质量＝容积×密度），相应的指示读数应为kg，而不是L。

2）因为燃油的介电常数ε_{ro}总是大于1的，所以ΔC恒为正值。

3）r_2/r_1越接近 1（即极板间隙越小）时，相同的高度变化量引起的电容值变化量越大，灵敏度越高，但间隙不宜过小，过小会引起毛细现象。一般间隙应选在 1.5～4mm，这在维修时应特别注意。

【例 8-8】 如图 8-34 所示，一个带有正电荷 Q_0、半径为 R 的金属球，浸入一个相对电容率为 ε_r的大油箱中。求球外的电场分布以及紧贴金属球的油面上的束缚电荷总荷量 Q'。

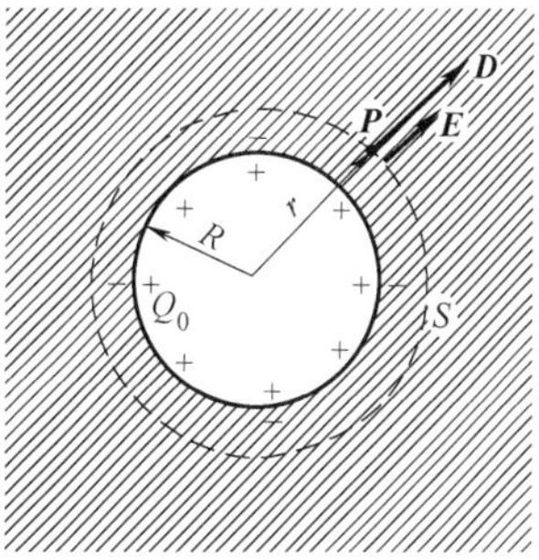

图　8-34

【解】 由于自由电荷 Q_0均匀分布在金属球表面上，因此具有球对称性；由于油箱很大，故可以认为电介质（油）充满了金属球外的整个有场空间，电介质的分布也具有球对称性。因此，D 和 E 的分布都具有球对称性。如图 8-34 所示，作一个半径为 r（$r>R$）的球面为高斯面，由高斯定理可得

$$\oint_S \boldsymbol{D}\cdot d\boldsymbol{S} = D\cdot 4\pi r^2 = Q_0$$

$$D=\frac{Q_0}{4\pi r^2}$$

则有

$$E=\frac{D}{\varepsilon_0\varepsilon_r}=\frac{Q_0}{4\pi\varepsilon_0\varepsilon_r r^2}$$

电场强度 E 的方向沿球的径向向外。

束缚电荷面密度为

$$\sigma'=\boldsymbol{P}\cdot\boldsymbol{n}=\varepsilon_0(\varepsilon_r-1)\boldsymbol{E}\cdot\boldsymbol{n}$$

$\boldsymbol{n}$ 为电介质表面外法线方向的单位矢量。在 $r=R$ 处的电介质表面，$\boldsymbol{n}$ 沿径向指向球心，即与 $\boldsymbol{E}$ 反向。因此，紧贴金属球油面上的束缚电荷面密度为

$$\sigma'=-\varepsilon_0(\varepsilon_r-1)E|_{r=R}=-(\varepsilon_r-1)\frac{Q_0}{4\pi\varepsilon_r R^2}$$

该面上束缚电荷的总电荷量为

$$Q'=4\pi R^2\sigma'=-\left(1-\frac{1}{\varepsilon_r}\right)Q_0$$

由于 $\varepsilon_r>1$，所以 Q'与 Q_0符号相反，而在量值上则小于 Q_0。

8.5　静电场的能量

电荷之间都存在着相互作用的电场力，而任何物体的带电过程都是电荷之间的相对移动过程，所以在形成带电系统的过程中，外力必须克服电场力做功，因此，必然会消耗外界的能量。根据能量守恒和转化定律，外力对系统所做的功，应等于系统能量的增加，可见带电系统具有能量。下面我们以平行板电容器的带电过程为例，讨论通过外力做功把其他形式的能量转变为电能的机理。

一个电容器在没充电时是没有电能的，在充电过程中，外力要克服电荷之间的作用而做功，把其他形式的能量转化为电能。设输运的电荷为正电荷，在某一个微元过程中，有电荷量为 dq 的电荷从负极输运到了正极。若此时电容器带电荷量为 q，极板间电压为 U，则该微元输运过程中外力克服电场力做功为

$$dA=Udq=\frac{q}{C}dq \tag{8-58}$$

若在整个充电过程中电容器极板上的电荷量由 0 变化到 Q，则外力的总功为

$$A = \int_0^Q \frac{q}{C}\mathrm{d}q = \frac{1}{2}\frac{Q^2}{C} \tag{8-59}$$

按能量转换并守恒的思想，一个系统拥有的能量，应等于建立这个系统时所输入的能量。因此，一个带电荷量为 Q、电压为 U 的电容器储存的电能应该为

$$W_e = \frac{1}{2}\frac{Q^2}{C} = \frac{1}{2}CU^2 = \frac{1}{2}QU \tag{8-60}$$

由式（8-60）可见，当 U 不变时（接电源的情况），C 增大，则 W_e 增大，从这个意义上来说，电容器是一种储存电能的元件，电容 C 也是衡量电容器储能本领大小的物理量。

图 8-35 中形式上是一个平行板电容器，但我们讨论的过程中并没有涉及平行板电容器的特性，而是对任意电容器都能适用，所以上式的结论是普遍成立的。

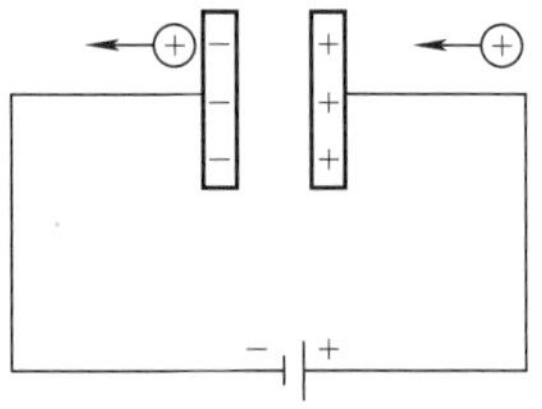

图　8-35

让我们来计算一个平行板电容器的电能。

由
$$E = \frac{\sigma}{\varepsilon} = \frac{Q}{\varepsilon S}$$

得
$$Q = \varepsilon ES$$

利用
$$C = \frac{\varepsilon S}{d}$$

得
$$W_e = \frac{1}{2}\frac{Q^2}{C} = \frac{1}{2}\frac{\varepsilon^2 E^2 S^2 d}{\varepsilon S} = \frac{1}{2}\varepsilon E^2 Sd = \frac{1}{2}\varepsilon E^2 V \tag{8-61}$$

式中，V 表示电场的体积。此结果表明，对一定介质中一定强度的电场，电能与电场体积成正比，这表明电能是储存在有电场的空间中的。

由于静电场总是伴随着静止电荷而产生的，所以电能是“属于电荷的”与“属于电场的”这两种说法似乎是无法区别的。但在变化的电磁场的实验中，已经证明了变化的场可以脱离电荷独立存在，而且场的能量是能够以电磁波的形式传播的，这个事实证实了能量储存在场中的观点。能量是物质固有的属性之一，和物质是密不可分的。在前面我们早就指出过，电场是一种物质，电场能量正是电场物质性的一个表现。

电场的能量分布在电场中，其分布的情况可以用能量密度来描述，所谓能量密度，是单位体积内的能量，用 w_e 表示，由于平行板电容器的电场是均匀的，所以我们能求出单位体积内的电场能量，即电场的能量密度

$$w_e = \frac{W_e}{V} = \frac{1}{2}\varepsilon E^2 = \frac{1}{2}\boldsymbol{D}\cdot\boldsymbol{E} \tag{8-62}$$

可以证明，此式是普遍成立的。有了电场能量密度的概念以后，对任意的非均匀电场，可以通过积分来求出它的能量。在电场中取体积元 $\mathrm{d}V$，在 $\mathrm{d}V$ 内的电场能量密度可看作均匀的，于是，$\mathrm{d}V$ 内的电场能量为 $\mathrm{d}W_e = w_e\mathrm{d}V$，在体积 V 中的电场能量为

$$W_e = \int \mathrm{d}w_e = \int_V w_e \mathrm{d}V = \int_V \frac{1}{2}\varepsilon E^2 \mathrm{d}V \tag{8-63}$$

【例 8-9】 如图 8-36 所示，真空中有一半径为 R，带电荷量为 q 的金属球壳。(1) 求电场的总能量；(2) 在带电球壳周围空间中，多大半径球面内的电场所具有的能量等于总能量的一半？

【解】 (1) 由高斯定理求得球壳内、外的电场分布

$$E_1 = 0 \qquad (r < R)$$

$$E_2 = \frac{q}{4\pi\varepsilon_0 r^2} \qquad (r > R)$$

球壳内电场能量密度为零，球壳外电场能量密度为

$$w_e = \frac{1}{2}\varepsilon_0 E_2^2 = \frac{q^2}{32\pi^2\varepsilon_0 r^4} \quad (r > R)$$

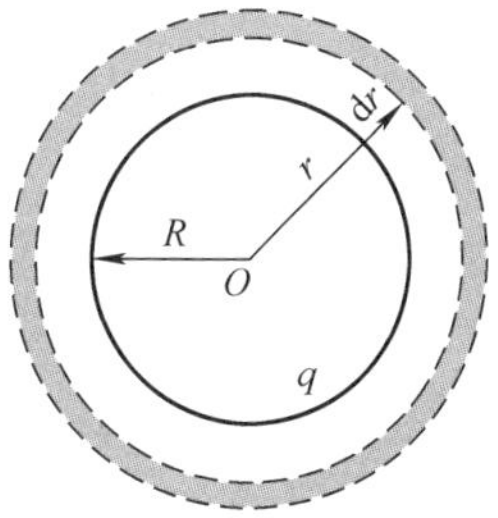

图　8-36

由于电场分布具有球对称性，因此取与带电球壳同心的薄球壳空间为体积元，即

$$dV = 4\pi r^2 dr$$

dV 内电场能量密度可认为是均匀的，所以

$$dW_e = w_e dV$$

电场总能量为

$$W_e = \int w_e dV = \int_R^\infty \frac{q^2}{32\pi^2\varepsilon_0 r^4} 4\pi r^2 dr = \frac{q^2}{8\pi\varepsilon_0 R}$$

（2）设半径为 R_0 的球面内的电场储存的能量为总能量的一半，即

$$\int w_e dV = \int_{R_0}^{R} \frac{q^2}{32\pi^2\varepsilon_0 r^4} 4\pi r^2 dr = \frac{q^2}{8\pi\varepsilon_0}\left(\frac{1}{R} - \frac{1}{R_0}\right) \quad (r < R_0)$$

$$\frac{q^2}{8\pi\varepsilon_0}\left(\frac{1}{R} - \frac{1}{R_0}\right) = \frac{q^2}{16\pi\varepsilon_0 R}$$

故

$$R_0 = 2R$$

物理知识应用案例：平板电容器极板间的引力

【例 8-10】 面积为 S，距离为 d 的平行板电容器充电后，两极板分别带电荷量 $+q$ 和 $-q$。断开电源后，将两极板间距缓慢地拉开至 $2d$。求：（1）外力克服电场力所做的功；（2）两极板间的吸引力。

【解】 （1）当极板间距离为 d 和 $2d$ 时，电容器的电容分别为

$$C_1 = \varepsilon_0 \frac{S}{d}, \quad C_2 = \varepsilon_0 \frac{S}{2d}$$

电场能量分别为

$$W_1 = \frac{1}{2}\frac{q^2}{C_1} = \frac{1}{2}\frac{q^2 d}{\varepsilon_0 S}, \quad W_2 = \frac{1}{2}\frac{q^2}{C_2} = \frac{q^2 d}{\varepsilon_0 S}$$

极板拉开 $2d$ 后，电场能量的增量为

$$\Delta W = W_2 - W_1 = \frac{1}{2}\frac{q^2 d}{\varepsilon_0 S}$$

外力克服电场力所做的功使电场能量增加，则外力所做的功为

$$A = \Delta W = \frac{1}{2}\frac{q^2 d}{\varepsilon_0 S}$$

（2）在拉开过程中，极板上的电荷量 q 不变，则电场强度也不变，所以吸引力大小与外力大小相等，即

$$F = \frac{A}{d} = \frac{q^2}{2\varepsilon_0 S}$$

本章总结

1. 基本概念

（1）导体的静电平衡条件　导体内电场强度处处为零，导体表面的电场强度垂直于导体表面；导体为

等势体，导体表面为等势面。

（2）静电平衡时导体内部无电荷 电荷分布在导体的表面上，导体表面紧邻处的电场强度：

$$\boldsymbol{E}=\frac{\sigma}{\varepsilon_0}\boldsymbol{n}$$

（3）电容器的电容 $C=\dfrac{Q}{U_{AB}}$

（4）位移极化和取向极化

（5）电极化强度矢量 $\boldsymbol{P}=\dfrac{\sum \boldsymbol{p}_i}{\Delta V}$

（6）束缚电荷面密度 $\sigma'=|\boldsymbol{P}|\cos\theta=\boldsymbol{P}\cdot\boldsymbol{n}$

（7）能量密度 $w_{\mathrm{e}}=\dfrac{1}{2}\varepsilon E^2$

（8）电场能量 $W_{\mathrm{e}}=\displaystyle\int_V w_{\mathrm{e}}\mathrm{d}V$

2. 基本规律

（1）电容器电容

平行板电容器：

$$C=\frac{\varepsilon_{\mathrm{r}}\varepsilon_0 S}{d}=\frac{\varepsilon S}{d}$$

圆柱形电容器：

$$C=\frac{2\pi\varepsilon_{\mathrm{r}}\varepsilon_0 l}{\ln\frac{R_b}{R_a}}=\frac{2\pi\varepsilon l}{\ln\frac{R_b}{R_a}}$$

球形电容器：

$$C=\frac{4\pi\varepsilon_{\mathrm{r}}\varepsilon_0 R_a R_b}{R_b-R_a}=\frac{4\pi\varepsilon R_a R_b}{R_b-R_a}$$

（2）电容器的连接

并联：能使电容量增大 $C=\sum C_i$

串联：能提高耐压能力 $\dfrac{1}{C}=\sum\dfrac{1}{C_i}$

（3）电容器储能 $W_{\mathrm{e}}=\dfrac{1}{2}\dfrac{Q^2}{C}=\dfrac{1}{2}CU^2=\dfrac{1}{2}QU$

（4）在均匀各向同性的电介质中 $\boldsymbol{P}=(\varepsilon_{\mathrm{r}}-1)\varepsilon_0\boldsymbol{E}$

（5）电位移矢量 $\boldsymbol{D}=\varepsilon_0\boldsymbol{E}+\boldsymbol{P}$

（6）电介质的高斯定理 $\displaystyle\oint_S\boldsymbol{D}\cdot\mathrm{d}\boldsymbol{S}=Q_0$

习 题

（一）填空题

8-1 一金属球壳的内、外半径分别为 R_1 和 R_2，电荷量为 Q。在球心处有一电荷量为 q 的点电荷，则球壳内表面上的电荷面密度 $\sigma=$________。

8-2 一任意形状的带电导体，其电荷面密度分布为 $\sigma(x,\ y,\ z)$，则在导体表面外附近任意点处的电场强度的大小 $E(x,\ y,\ z)=$________，其方向________。

8-3 一个不带电的金属球壳的内、外半径分别为 R_1 和 R_2，现在中心处放置一电荷量为 q 的点电荷，则球壳的电势 $V=$________。

8-4 A，B 两个导体，它们的半径之比为 2∶1，A 球带正电荷 Q，B 球不带电，若使两球接触一下再分离，当 A、B 两球相距为 R 时（设 R 远大于两球半径，可以认为 A、B 是点电荷），则两球间的静电力

$F=$________。

8-5　两个电容器 1 和 2，串联以后接上电动势恒定的电源充电。在电源保持连接的情况下，若把电介质充入电容器 2 中，则电容器 1 上的电势差________；电容器 1 极板上的电荷________。（填“增大”“减小”或“不变”）

8-6　一个孤立导体，当它带有电荷 q 而电势为 V 时，则定义该导体的电容为 $C=$________，它是表征导体的________的物理量。

8-7　一空气平行板电容器，电容为 C，两极板间距离为 d。充电后，两极板间相互作用力的大小为 F，则两极板间的电势差为________，极板上的电荷为________。

8-8　A，B 为两块无限大均匀带电平行薄平板，两板间和左、右两侧充满相对介电常数为 ε_r 的各向同性均匀电介质。已知两板间的电场强度大小为 E_0，两板外的电场强度均为 $E_0/3$，方向如习题 8-8 图所示。则 A，B 两板所带电荷面密度分别为 $\sigma_A=$________，$\sigma_B=$________。

8-9　1，2 是两个完全相同的空气电容器，将其充电后与电源断开，再将一块各向同性均匀电介质板插入电容器 1 的两极板间，如习题 8-9 图所示，则电容器 2 的电压 U_2，电场能量 W_2 将如何变化？（填“增大”“减小”或“不变”）U_2________，W_2________。

8-10　两个空气电容器 1 和 2，并联后接在电压恒定的直流电源上，如习题 8-10 图所示。今将一块各向同性均匀电介质板缓慢地插入电容器 1 中，则电容器组的总电荷量将________，电容器组储存的电能将________。（填“增大”“减小”或“不变”）

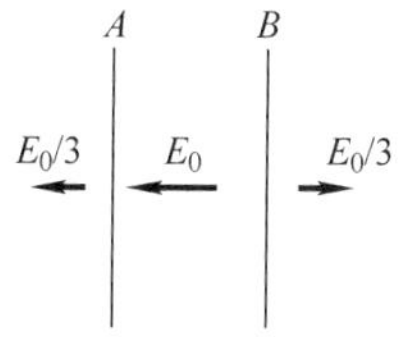

习题 8-8 图

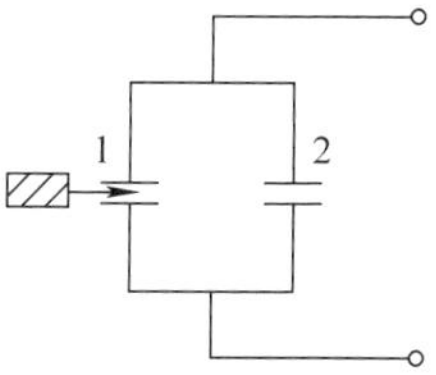

习题 8-9 图

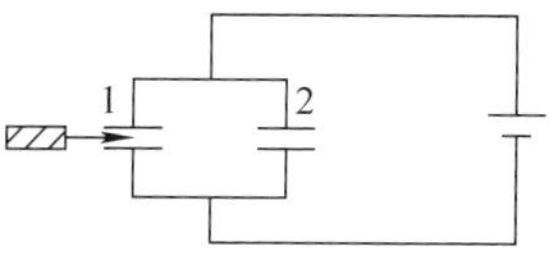

习题 8-10 图

（二）计算题

8-11　如习题 8-11 图所示，一内半径为 a、外半径为 b 的金属球壳，带有电荷 Q，在球壳空腔内距离球心 r 处有一点电荷 q。设无限远处为电势零点，试求：

（1）球壳内外表面上的电荷。

（2）球心 O 点处，由球壳内表面上的电荷所产生的电势。

（3）球心 O 点处的总电势。

8-12　如习题 8-12 图所示，有一半径为 a 的，带有正电荷 Q 的导体球。球外有一内半径为 b，外半径为 c 的不带电的同心导体球壳。设无限远处为电势零点，试求内球和球壳的电势。

8-13　一导体球带电荷 Q。球外同心地有两层各向同性均匀电介质球壳，相对介电常数分别为 ε_{r1} 和 ε_{r2}，分界面处半径为 R，如习题 8-13 图所示。求两层介质分界面上的极化电荷面密度。

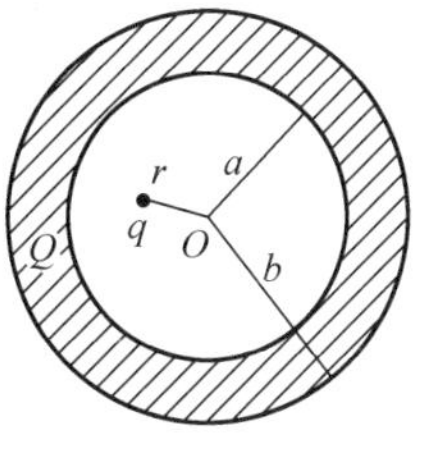

习题 8-11 图

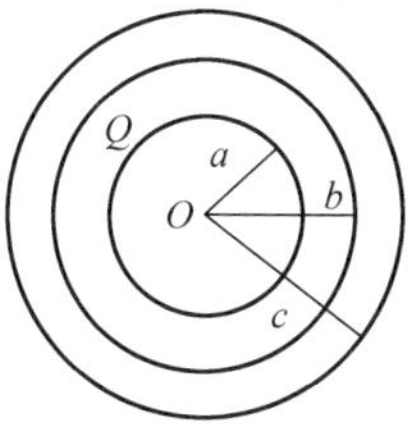

习题 8-12 图

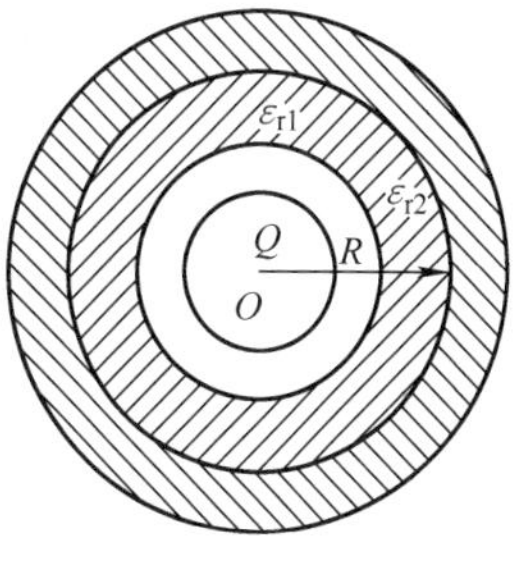

习题 8-13 图

8-14　一电容器由两个很长的同轴薄圆筒组成，内、外圆筒半径分别为 $R_1=2\text{cm}$，$R_2=5\text{cm}$，其间充满相对介电常数为 ε_r 的各向同性、均匀电介质。电容器接在电压 $U=32\text{V}$ 的电源上（见习题 8-14 图），试求距离轴线 $R=3.5\text{cm}$ 处的 A 点的电场强度和 A 点与外筒间的电势差。

8-15　一圆柱形电容器，内、外圆筒半径分别为 r_1 和 r_2，长为 L，且 $L\gg r_2$，在 r_1 与 r_3 之间用相对介电常数为 ε_r 的各向同性均匀电介质圆筒填充，其余部分为空气，如习题 8-15 图所示。已知内、外导体圆筒间的电势差为 U，其内筒电势高，求介质中的电场强度 E，电极化强度 P，电位移矢量 D 和半径为 r_3 的圆柱面上的极化电荷面密度 σ。

8-16　一平行板电容器，极板间距离 $d=10\text{cm}$，其间有一半充以相对介电常数 $\varepsilon_r=10$ 的各向同性均匀电介质，其余部分为空气，如习题 8-16 图所示。当两板间电势差为 $U=100\text{V}$ 时，试分别求空气中和介质中的电位移矢量和电场强度。

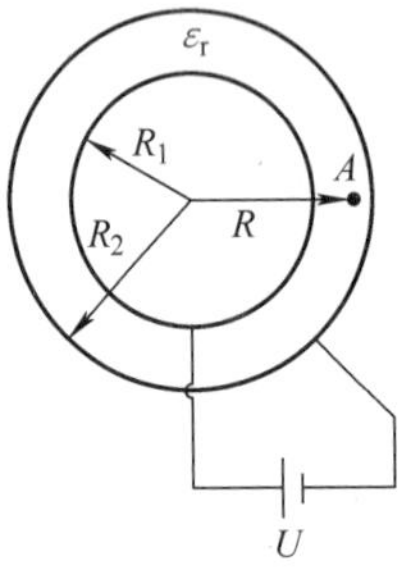

习题 8-14 图

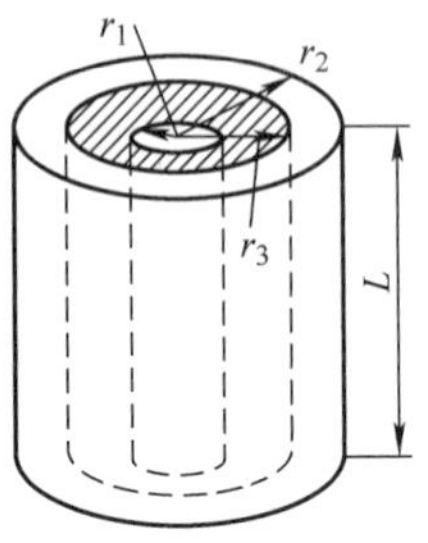

习题 8-15 图

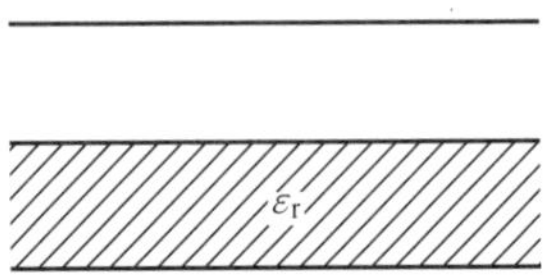

习题 8-16 图

8-17　一平行板空气电容器充电后，极板上的自由电荷面密度 $\sigma=1.77\times10^{-6}\text{C}\cdot\text{m}^{-2}$。将极板与电源断开，并平行于极板插入一块相对介电常数 $\varepsilon_r=8$ 的各向同性均匀电介质板。计算电介质中的电位移 $\boldsymbol{D}$、电场强度 $\boldsymbol{E}$ 和电极化强度 $\boldsymbol{P}$ 的大小。

8-18　如习题 8-18 图所示，有一平行板电容器，极板面积为 S。两极板间有两种各向同性均匀电介质板，它们的相对介电常数分别为 ε_{r1} 和 ε_{r2}。已知极板上分别带有自由电荷 $+Q$ 和 $-Q$，求两种介质板中的电极化强度的大小。

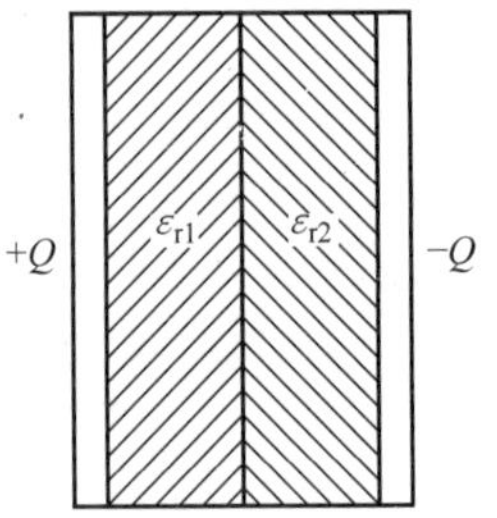

习题 8-18 图

8-19　一绝缘金属物体，在真空中充电达某一电势值，其电场总能量为 W_0。若断开电源，使其上所带电荷保持不变，并把它浸没在相对介电常数为 ε_r 的无限大的各向同性均匀液态电介质中，问这时电场总能量有多大？

8-20　一半径为 R 的各向同性均匀电介质球体均匀带电，其自由电荷体密度为 ρ，球体的介电常数为 ε_{r1}，球体外充满介电常数为 ε_{r2} 的各向同性均匀电介质。求球内、外任一点的电场强度大小和电势（设无穷远处为电势零点）。

8-21　地球和电离层构成的电容器：可以将地球看作一个孤立的导体电容器，也可以看作由空气电离的那层（电离层）与地球组成的球形电容器，地球的表面看成负极板，电离层看成正极板。电离层大约在 70km 的高度，电离层与地球之间的电势差大约是 35000V。计算：（1）这个系统的电容；（2）电容器所带电荷；（3）电容器储存的能量。

8-22　示波器电容。示波器内部有一组相互平行的金属板能使电子束发生偏转。因此把它们称作偏转板。如果偏转板是边长为 3.0cm 的正方形，两板间为真空，两板间距为 5.0mm，求偏转板的电容。

8-23　一种利用电容器测量油箱中油量的装置示意图如习题 8-23 图所示，附接电子线路能测出等效相对介电常数 $\varepsilon_{r,\text{eff}}$（即假设在极板间满充某电介质时该电介质的相对介电常数），设电容器两极板的高度都是 a，试导出等效相对介电常数和油面高度 h 的关系，以 ε_r 表示油的相对介电常数，就汽油（$\varepsilon_r=1.95$）和甲醇（$\varepsilon_r=33$）相比，哪种燃料更适宜用此种油量计？

8-24　一只电容位移传感器如习题 8-24 图所示，由四块置于空气中的平行平板组成。板 A，C 和 D 是固定极板；板 B 是活动极板，其厚度为 t，它与固定极板的间距为 d。B，C 和 D 极板的长度均为 a，A 板的

长度为 $2a$，各板宽度为 b。忽略板 C 和 D 的间隙及各板的边缘效应，试推导活动极板 B 从中间位置移动 $x=\pm a/2$时电容 C_{AC}和 C_{AD}的表达式（$x=0$ 时为对称位置）。

8-25 一高压直流电线落在一轿车上，这辆由金属制成的轿车相对地面的电势是 1000V。车内的乘客会发生什么事：（1）他们坐在车里；（2）他们走出车外，并解释原因。

8-26 当暴雨即将来临的时候，海上的船员会观察到一种叫“St. Elmo's fire”的现象，桅杆顶端会有蓝光闪烁。是什么引起了这种现象？为什么在桅杆的顶端会发生这种现象？为什么当桅杆是湿的时候这种现象最明显。（注：海水是良导体）

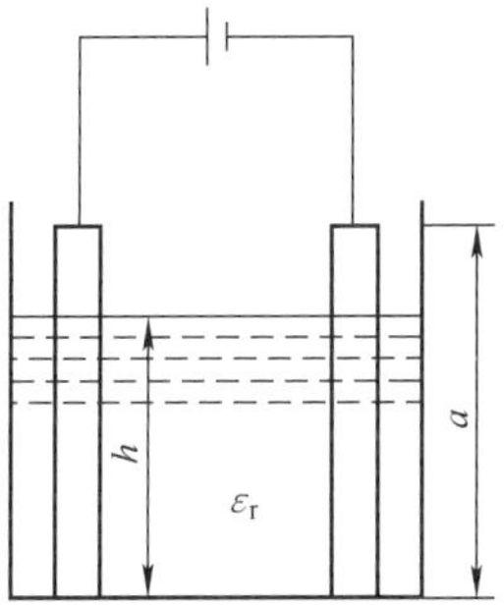

习题 8-23 图

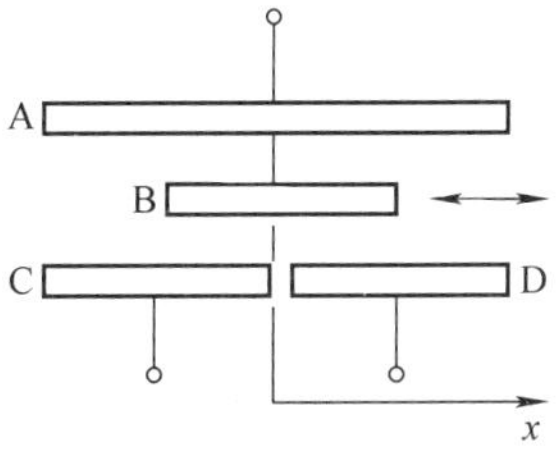

习题 8-24 图

工程应用阅读材料——超级电容器

电容器的作用就是存储电荷（本质是存储能量），它在外部电压高时存储能量，等外部电压低了以后又释放能量，起到一个能量的峰谷调节作用。以前的电容器由于工艺和材料的限制，容量非常有限，一般是皮法（10^{-12}F）或者微法（10^{-6}F）级别，存储的电荷不多，放电电流小，放电时间短，所以作用也比较有限，大多只能用在弱电中，起到滤波、交流旁路等作用。近年来由于材料学和制作工艺的发展，出现了容量超过 1F 的超级电容器（最大可以超过 10 000F），电容器的应用被大大地扩展了。

1. 超级电容器原理

从大的方面来说，超级电容器可分为电化学超级电容器和电介质超级电容器两大类。

电化学超级电容器又称双电层电容器（Electrical Double - Layer Capacitor）、电化学电容器（Electrochemical Capacitor，EC）、黄金电容、法拉电容等，它通过极化电解质来储能，是一种新型储能器件。超级电容器是建立在德国物理学家亥姆霍兹提出的界面双电层理论基础上的一种全新的电容器。当外加电压加到超级电容器的两个极板上时，与普通电容器一样，极板的正极板存储正电荷，负极板存储负电荷，在超级电容器的两极板上电荷产生的电场的作用下，在电解液与电极间的界面上形成相反的电荷，以平衡电解液的内电场，这种正电荷与负电荷在两个不同极之间的接触面上，以正、负电荷之间极小间隙排列在相反的位置上的电荷分布层叫作双电层，因两个电层间距非常近，所以电容量非常大。当两极板间电势低于电解液的氧化还原电极电位时，电解液界面上的电荷不会脱离电解液，超级电容器为正常工作状态（通常为 3V 以下）。如果电容器两端电压超过了电解液的氧化还原电极电位，则电解液将分解，为非正常状态。由于随着超级电容器放电，正、负极板上的电荷被外电路泄放，电解液的界面上的电荷相应减少。由此可以看出：超级电容器的充放电过程始终是物理过程，没有化学反应，因此性能比较稳定，这与利用化学反应的蓄电池是不同的。根据电容器的能量计算公式 $W=\frac{1}{2}CU^2$ 可以发现，超级电容器具有功率密度大、容量大、使用寿命长、免维护、经济环保等优点。

2. 超级电容器的性能特点

超级电容器是介于电容器和电池之间的储能器件，它既具有电容器可以快速充放电的特点，又具有电化学电池的储能机理。研究人员的最大梦想就是希望超级电容器能够取代或者部分取代电池。超级电容器极其接近于传统电容器的充放电曲线，使它作为储能元件使用时具有许多区别于电池的独到的特点。

（1）功率密度高 电容器的功率密度为电池的 10 ~ 100 倍，可达到 $10\text{kW}\cdot\text{kg}^{-1}$左右，可以在短时间内放出几百到几千安培的电流。这个特点使得超级电容器非常适合用于短时间高功率输出的场合。

（2）充电速度快 超级电容器充电是双电层充放电的物理过程或是电极物质表面的快速、可逆的化学过程。可采用大电流充电，能在几十秒到数分钟内完成充电过程，是真正意义上的快速充电。而蓄电池则需要数小时完成充电，即使采用快速充电也需要几十分钟。

（3）充放电循环寿命长 在超级电容器的充放电过程中发生的电化学反应都具有良好的可逆性，不易出现类似电池中活性物质那样的晶型转变、脱落、枝晶穿透隔膜等一系列的寿命终止现象，碳电极电容器理论循环寿命为无穷大，实际可达 100 000 次以上，远超过电池的可使用次数。

（4）低温性能优越 在超级电容的充放电过程中发生的电荷转移大部分都在电极活性物质的表面进行，所以容量随温度衰减非常小。电池在低温下容量衰减幅度仍可高达 70%。

（5）对环境无污染 超级电容器的产品原材料构成、生产、使用、储存以及拆解过程均没有污染，尤其是碳基电容器，成本低廉，是理想的绿色环保电源。

（6）安全，免维护 超级电容器的充放电线路简单，安全系数高，长期使用免维护，检测方便（剩余电量可直接读出）等。

3. 超级电容器的应用

虽然目前超级电容器离真正走向大众化还有很长的路，但是可以看到，超级电容器正逐渐步入成熟期，市场也越来越大，有越来越多的公司聚焦于生产超级电容器上。根据超级电容器应用的电流等级，其应用范围可划分如下：

应用在 100μA 以下的，主要作为记忆体的后备电源；应用在 100 ~ 500μA 的，主要作为主供电的后备电源；应用在 500μA ~ 50mA 的，主要用作电压补偿；应用在 50mA ~ 1A 的，主要作为小型设备主电源；应用在 1 ~ 50A 的，主要提供大电流瞬时放电；50A 以上的，主要是提供超大电流放电。下面看一些具体应用。

超级电容器可以配合蓄电池应用于各种内燃发动机的电起动系统，如：汽车、坦克、铁路内燃机车等，能有效保护蓄电池，延长其寿命，减小其配备容量，特别是在低温和蓄电池亏电的情况下，确保可靠起动。用作高压开关设备的直流操作电源、铁路驼峰场道岔机后备电源，可使电源结构变得非常简单，成本降低和真正免维护。用于重要用户的不间断供电系统。应用于电脉冲技术设备，如电弧螺栓焊机、点焊机、轨道电路光焊机、充磁机、X 光机等。用作电动车辆起步，加速及制动能量的回收，提高加速度，有效保护蓄电池，延长蓄电池使用寿命和节能。代替蓄电池用于短距离移动工具（车辆），其优势是充电时间非常短。此外，还可用于风力及太阳能发电系统等。

习题参考答案

第1章

1-1 （1）$5\mathrm{m}\cdot\mathrm{s}^{-1}$；

（2）$17\mathrm{m}\cdot\mathrm{s}^{-1}$

1-2 （1）$A\omega^2\sin\omega t$；

（2）$\frac{1}{2}(2k+1)\frac{\pi}{\omega}(k=0,1,2,\cdots)$

1-3 $0.35\mathrm{m}\cdot\mathrm{s}^{-1}$，方向8.98°（东偏北），$1.16\mathrm{m}\cdot\mathrm{s}^{-1}$

1-4 $v_0+\frac{1}{3}ct^3$，

$x_0+v_0t+\frac{1}{12}ct^4$

1-5 $-c$，$(b-ct)^2/R$

1-6 $\boldsymbol{v}=50(-\sin5t\boldsymbol{i}+\cos5t\boldsymbol{j})\mathrm{m}\cdot\mathrm{s}^{-1}, a_\tau=0$，圆

1-7 $a_\mathrm{n}=25.6\mathrm{m}\cdot\mathrm{s}^{-2}$，$a_\tau=0.8\mathrm{m}\cdot\mathrm{s}^{-2}$

1-8 8m，10m

1-9 （1）变速率曲线运动；

（2）变速率直线运动

1-10 $a_\tau=-g/2$（负号表示与速度方向相反），

$\rho=\frac{2\sqrt{3}v^2}{3g}$

1-11 $x=2t^3/3+10$ （SI）

1-12 $t=\sqrt{\frac{R}{c}}-\frac{b}{c}$

1-13 （1）$\boldsymbol{r}=x\boldsymbol{i}+y\boldsymbol{j}=r\cos\omega t\boldsymbol{i}+r\sin\omega t\boldsymbol{j}$；

（2）$\boldsymbol{v}=\frac{\mathrm{d}\boldsymbol{r}}{\mathrm{d}t}=-r\omega\sin\omega t\boldsymbol{i}+r\omega\cos\omega t\boldsymbol{j}$；

（3）$\boldsymbol{a}=-\omega^2(r\cos\omega t\boldsymbol{i}+r\sin\omega t\boldsymbol{j})=-\omega^2\boldsymbol{r}$，这说明 $\boldsymbol{a}$ 与 $\boldsymbol{r}$ 方向相反，即 $\boldsymbol{a}$ 指向圆心

1-14 $v=2(x+x^3)^{\frac{1}{2}}$

1-15 $v=8\mathrm{m}\cdot\mathrm{s}^{-1}$，$a=35.8\mathrm{m}\cdot\mathrm{s}^{-2}$

1-16 $v=\frac{2}{3}(\mathrm{e}^{3t}-1)$，

$x=\frac{2}{3}(\frac{1}{3}\mathrm{e}^{3t}-\frac{1}{3}-t)$

1-17 火箭的运动学方程为 $y=l\tan kt$，当 $\theta=\frac{\pi}{6}$ 时，火箭的速度为 $v=\frac{4}{3}lk$，加速度为 $\frac{8\sqrt{3}}{9}lk^2$

1-18 $2\mathrm{r}\cdot\mathrm{s}^{-2}$，5400

1-19 $v_{机对地}=\sqrt{v^2_{机对风}-v^2_{风对地}}=170\mathrm{km}\cdot\mathrm{h}^{-1}$，

$\theta=\arctan\left(\frac{v_{风对地}}{v_{机对地}}\right)=19.4°$（飞机应取向北偏东19.4°的航向）

1-20 （1）$\Delta t=17.346\mathrm{s}$；

（2）$\Delta h=292.75\mathrm{m}$

1-21 （1）$18.6\mathrm{m}\cdot\mathrm{s}^{-1}$；

（2）$35\mathrm{r}\cdot\mathrm{min}^{-1}$；

（3）1.7s

第2章

2-1 5.2N

2-2 F_{f0}

2-3 2N，1N

2-4 $a_\mathrm{A}=0$，$a_\mathrm{B}=2g$

2-5 $\frac{F}{m'+m}$；$\frac{m'F}{m'+m}$

2-6 $(\mu\cos\theta-\sin\theta)g$

2-7 g/μ_s

2-8 $-\frac{m_3}{m_2}g\boldsymbol{i}$，0

2-9 $\frac{1}{\cos\theta}$

2-10 （1）$\frac{mg}{\cos\theta}$；

（2）$\sin\theta\sqrt{\frac{gl}{\cos\theta}}$

2-11 $a_\tau=g\sin\theta$，$v=\sqrt{2gR\cos\theta}$

$F_\mathrm{N}=3mg\cos\theta$

2-12 $\sqrt{\frac{6k}{mA}}$

2-13 （1）$F_\mathrm{T}=(mv^2/R)-mg\cos\theta$，$a_\tau=g\sin\theta$；

（2）它的数值随 θ 的增加按正弦函数变化，$\pi>\theta>0$ 时，$a_\tau>0$，表示 $\boldsymbol{a}_\tau$ 与 $\boldsymbol{v}$ 同向；$2\pi>\theta>\pi$ 时，$a_\tau<0$，表示 $\boldsymbol{a}_\tau$ 与 $\boldsymbol{v}$ 反向。

2-14 $a_1=\dfrac{(m_1-m_2)g+m_2a_2}{m_1+m_2}$，

$F_T=\dfrac{(2g-a_2)m_1m_2}{m_1+m_2}$，

$a'_2=\dfrac{(m_1-m_2)g-m_1a_2}{m_1+m_2}$

2-15 $\dfrac{2m\sqrt{v_0}}{k}$

2-16 $3.53\text{m}\cdot\text{s}^{-2}$

2-17 （1）$F_N=mg\sin\theta-m\omega^2l\sin\theta\cos\theta$，

$F_T=mg\cos\theta+m\omega^2l\sin^2\theta$；

（2）$\omega_c=\sqrt{g/(l\cos\theta)}$，

$F_T=mg/\cos\theta$

2-18 $\arctan\mu$

2-19 $0.91\text{m}\cdot\text{s}^{-2}$

2-20 460.71m，5488N

2-21 （1）$T=m(g\sin\theta+a\cos\theta)$，

$N=m(g\cos\theta-a\sin\theta)$；

（2）$a=g\cot\theta$

2-22 820.2kN

2-23 $37.8\text{m}\cdot\text{s}^{-1}$

2-24 （1）$30.0\text{m}\cdot\text{s}^{-1}$；

（2）467m

2-25 $v_T=\dfrac{1}{2k}$

第3章

3-1 $-\dfrac{1}{2}mgh$

3-2 $-F_0R$

3-3 $-\dfrac{2GMm}{3R}$

3-4 $\dfrac{m^2g^2}{2k}$

3-5 $\sqrt{\dfrac{2k}{mr_0}}$

3-6 $\dfrac{2(F-\mu mg)^2}{k}$

3-7 $\dfrac{2Gm_Em}{3R}$，$-\dfrac{Gm_Em}{3R}$

3-8 保守力的功与路径无关，$A=-\Delta E_p$

3-9 $\sqrt{2gl-\dfrac{k(l-l_0)^2}{m}}$

3-10 −0.207

3-11 （1）8J；

（2）0

3-12 $A=882\text{J}$

3-13 （1）$E_{KA}=\dfrac{1}{2}mb^2\omega^2$，

$E_{KB}=\dfrac{1}{2}ma^2\omega^2$；

（2）$\boldsymbol{F}=-ma\omega^2\cos\omega t\boldsymbol{i}-mb\omega^2\sin\omega t\boldsymbol{j}$

$A_x=\dfrac{1}{2}ma^2\omega^2$，$A_y=\dfrac{1}{2}mb^2\omega^2$

3-14 （1）162J；

（2）162J；

（3）324W

3-15 $A=-\dfrac{9}{5}kc^{1/3}l^{5/3}$

3-16 $k/(2r^2)$

3-17 $\dfrac{(F-\mu mg)^2}{2k}\leqslant E_P\leqslant\dfrac{(F+\mu mg)^2}{2k}$

3-18 $x=v\sqrt{m/k}$

3-19 （1）连线与小球所在位置竖直方向夹角 $\theta=60°$，$v=1.57\text{m}\cdot\text{s}^{-1}$；

（2）$y=\sqrt{3}x-8x^2$

3-20 $100\text{m}\cdot\text{s}^{-1}$

3-21 $\dfrac{F}{k}<L\leqslant\dfrac{3F}{k}$

3-22 （1）$h=\dfrac{v_0^2}{2g(1+\mu\text{ctg}\alpha)}=4.25\text{m}$；

（2）$v=[2gh(1-\mu\text{ctg}\alpha)]^{1/2}=8.16\text{m/s}$

3-23 （1）$k\leqslant1.02\times10^4\text{N}\cdot\text{m}^{-1}$，$x\geqslant8.1632\text{m}$；

（2）弹簧所需的压缩距离太长，占用空间太大，无法在实际应用中使用。

3-24 $\dfrac{G_1}{G_2}=\dfrac{\sin30°+0.2}{\sin30°-0.2}=\dfrac{7}{3}$

第4章

4-1 （1）0.003s；

（2）$0.6\text{N}\cdot\text{s}$；

（3）2g；

4-2 $4\text{m}\cdot\text{s}^{-1}$，$2.5\text{m}\cdot\text{s}^{-1}$

4-3 $356\text{N}\cdot\text{s}$，$160\text{N}\cdot\text{s}$

4-4 $\dfrac{m'v_0}{m\cos\theta}$

4-5 $\boldsymbol{i}-5\boldsymbol{j}$

4-6 $10\text{m}\cdot\text{s}^{-1}$，北偏东 36.87°

4-7 $\dfrac{m_1}{m_1+m_2}$

4-8 （1）$I=68\text{N}\cdot\text{s}$；
（2）$t=6.86\text{s}$；
（3）$v=35\text{m}\cdot\text{s}^{-1}$

4-9 $\overline{F}'=\overline{F}=100\text{N}$

4-10 （1）$v\approx0.857\text{m}\cdot\text{s}^{-1}$
（2）$\bar{f}=143\text{N}$

4-11 $I=\sqrt{I_x^2+I_y^2}=0.739\text{N}\cdot\text{s}$，方向：与 x 轴正方向夹角 $\theta=202.5°$

4-12 $F=149\text{N}$，方向：与 x 轴正向夹角为 122.6°，指向左下方

4-13 $\Delta x=\dfrac{muv_0\sin\alpha}{(m+M)g}$

4-14 $s=s_0-\dfrac{m'}{m'+m}l$

4-15 $v_0=(m+m')\sqrt{5gl}/m$

4-16 $x=v_0\sqrt{\dfrac{m_1m_2}{k(m_1+m_2)}}$

4-17 $v_3=-300\boldsymbol{i}\text{m}\cdot\text{s}^{-1}$

4-18 $v_1=-\dfrac{m}{m'}v$，$v_2=\dfrac{m}{m'+m}v$

4-19 （1）$v_A=v_B=\dfrac{x_0}{4}\sqrt{\dfrac{3k}{m}}$
（2）$x_{\max}=\dfrac{1}{2}x_0$

4-20 （1）$4.5\times10^{-3}\text{kg}\cdot\text{m}\cdot\text{s}^{-1}$；
（2）$0.529\text{kg}\cdot\text{m}\cdot\text{s}^{-1}$；
（3）比较上两问的答案，可看出推的过程提供主要的支持力。

4-21 $\boldsymbol{I}=(6\sqrt{2}+8)\boldsymbol{i}+6\sqrt{2}\boldsymbol{j}(\text{SI})$，
$\overline{\boldsymbol{F}}=(600\sqrt{2}+800)\boldsymbol{i}+600\sqrt{2}\boldsymbol{j}(\text{SI})$

4-22 $v_{中子}=-2.2\times10^7\text{m}\cdot\text{s}^{-1}$，
$v_{碳}=4\times10^6\text{m}\cdot\text{s}^{-1}$

4-23 $F\approx881173\text{N}$

4-24 （1）$P=v^2q_m$；
（2）$F=30\text{N}$，$P=45\text{W}$

第 5 章

5-1 $2.5\text{rad}\cdot\text{s}^{-2}$

5-2 $-0.05\text{rad}\cdot\text{s}^{-2}$，250rad

5-3 刚体的质量和质量分布以及转轴的位置

5-4 $mgl/2$

5-5 $50ml^2$

5-6 4rad

5-7 $\dfrac{-k\omega_0^2}{9J}$，$\dfrac{2J}{k\omega_0}$

5-8 $\dfrac{6v_0}{\left(4+\dfrac{3m'}{m}\right)l}$

5-9 $\dfrac{3v_0}{2l}$

5-10 $\dfrac{m\omega_0}{(m+2m)}$

5-11 $\beta=0.99\text{rad}\cdot\text{s}^{-2}$

5-12 $\omega=25\text{rad}\cdot\text{s}^{-1}$

5-13 （1）$\beta=7.35\text{rad}\cdot\text{s}^{-2}$；
（2）$\beta=14.7\text{rad}\cdot\text{s}^{-2}$

5-14 $\beta=\dfrac{2g}{19r}$

5-15 $\omega=\dfrac{(m_1-m_2)grt}{(m_1+m_2)r^2+J}$

5-16 $M=\dfrac{1}{2}mgl\cos\theta$，$\beta=\dfrac{3g}{2l}\cos\theta$，方向垂直纸面向里，$\omega=\sqrt{\dfrac{3g}{l}\sin\theta}$

5-17 $v=\sqrt{\dfrac{4mgh}{m'+2m}}$

5-18 （1）$\omega=15.4\text{rad}\cdot\text{s}^{-1}$；
（2）$\theta=15.4\text{rad}$

5-19 $\omega=11.3\text{rad}\cdot\text{s}^{-1}$

5-20 $E_k=\dfrac{1}{2}mgl$，$v=\sqrt{3gl}$

5-21 $t=2m_2\dfrac{v_1+v_2}{\mu m_1g}$

5-22 （1）$-2.3\times10^{-9}\text{rad}\cdot\text{s}^{-2}$；
（2）2600 年；
（3）24ms

5-23 $J=221.45\text{kg}\cdot\text{m}^2$，$E_k=1.01\times10^4\text{J}$

5-24 （1）$E_k=4.93\times10^7\text{J}$
（2）$t=102.7\text{min}$

5-25 $\beta=28.2\text{rad}\cdot\text{s}^{-2}$，$338\text{N}\cdot\text{m}$

5-26 $396\text{N}\cdot\text{m}$

5-27 $\dfrac{E_k}{E_{k_0}}=\dfrac{3}{1}$

5-28 $\omega=-\dfrac{mvR}{J+m'R^2}$，
$v=-\dfrac{mvR^2}{J+m'R^2}$

5-29 0.8s

5-30 $\omega=\sqrt{\dfrac{k(\varphi-\varphi_0)}{ml^2\sin2\varphi}}$

5-31 （1）两人将绕轻杆中心 O 做角速度为 $6.67\mathrm{rad\cdot s^{-1}}$ 的转动；

（2）做9倍于原有角速度的转动

第6章

6-1 5∶3，10∶3

6-2 1∶1∶1

6-3 （1）1∶1；（2）2∶1；（3）10∶3

6-4 （1）一个点；

（2）一条曲线；

（3）一条封闭曲线

6-5 （1）S_1+S_2

（2）$-S_1$

6-6 （1）$-|A_1|$；

（2）$-|A_2|$

6-7 >0，>0

6-8 （1）等压；

（2）绝热

6-9 （1）BM、CM；

（2）CM

6-10 （1）等压；

（2）等压

6-11 （1）不变；

（2）变大；

（3）变大

6-12 33.3%，$8.31\times10^3\mathrm{J}$

6-13 （1）$6.21\times10^{-21}\mathrm{J}$，$483.44\mathrm{m\cdot s^{-1}}$；

（2）300K

6-14 $1.11\times10^7\mathrm{J}$，$4.16\times10^4\mathrm{J}$，$0.93\mathrm{m\cdot s^{-1}}$

6-15 （1）$1.35\times10^5\ \mathrm{Pa}$；

（2）$7.5\times10^{-21}\mathrm{J}$，362K

6-16 （1）598J；

（2）$1.0\times10^3\mathrm{J}$；

（3）1.6

6-17 （1）$2.72\times10^3\mathrm{J}$；

（2）$2.2\times10^3\mathrm{J}$

6-18 $0.925\times10^5\mathrm{Pa}$

6-19 $5.75\times10^7\mathrm{J}$

6-20 （1）$Q=\Delta E=623\mathrm{J}$，$A=0$

（2）$\Delta E=623\mathrm{J}$，$Q=1.04\times10^3\mathrm{J}$，$A=417\mathrm{J}$

（3）$\Delta E=623\mathrm{J}$，$Q=0$，$A=-623\mathrm{J}$

6-21 $14.9\times10^5\mathrm{J}$，0，$14.9\times10^5\mathrm{J}$

6-22 （1）$1.25\times10^4\mathrm{J}$；

（2）$\Delta E=0$；

（3）$1.25\times10^4\mathrm{J}$

6-23 （1）$1.6867\times10^5\mathrm{J}$；

（2）$2.427\times10^6\mathrm{J}$

6-24 （1）5350J；

（2）1337J；

（3）4013J

6-25 （1）过程 $A\to B$，$A_1=200\mathrm{J}$，$\Delta E_1=750\mathrm{J}$，$Q_1=950\mathrm{J}$

$B\to C$，$A_2=0$，$Q_2=\Delta E_2=-600\mathrm{J}$

$C\to A$，$A_3=-100\mathrm{J}$，$\Delta E_3=-150\mathrm{J}$，$Q_3=-250\mathrm{J}$；

（2）$Q=100\mathrm{J}$

6-26 （1）$T_B=300\mathrm{K}$，$T_C=100\mathrm{K}$；

（2）$A_{AB}=400\mathrm{J}$，$A_{BC}=-200\mathrm{J}$，$A_{CA}=0$；

（3）$Q=200\mathrm{J}$

6-27 $1.61\times10^7\mathrm{K}$

6-28 （1）$2.07\times10^{-15}\mathrm{J}$；

（2）$1.57\times10^6\ \mathrm{m\cdot s^{-1}}$

6-29 $9.53\times10^7\ \mathrm{m\cdot s^{-1}}$

6-30 84℃

6-31 （1）78.29%；

（2）$65.74\mathrm{kg\cdot s^{-1}}$

6-32 436W

第7章

7-1 该点的单位正电荷所受电场力

7-2 0

7-3 $E2Rl$

7-4 $\dfrac{\lambda}{2\pi\varepsilon_0 r}$，$\dfrac{\lambda L}{4\pi\varepsilon_0 r^2}$

7-5 $\dfrac{Q^2}{2\varepsilon_0 s}$

7-6 $\dfrac{q}{4\pi\varepsilon_0}\left(\dfrac{1}{r}-\dfrac{1}{r_0}\right)$

7-7 $-5\times10^4\mathrm{V}$

7-8 $\dfrac{\lambda}{2\varepsilon_0}$

7-9 0

7-10 $-\dfrac{Q}{4\pi\varepsilon_0 R}$

7-11 $x=(\sqrt{2}-1)l$

7-12 $E=5.6\times10^{-11}\mathrm{N\cdot C^{-1}}$，电场强度方向为垂直向下

7-13 (1) $M=2\times10^{-3}\mathrm{N\cdot m}$;

(2) $A=2\times10^{-3}\mathrm{J}$

7-14 $F=qE=\dfrac{qQ}{\pi\varepsilon_0(4a^2-L^2)}$,方向沿 x 轴正方向

7-15 $\boldsymbol{E}=\dfrac{-q}{2\pi\varepsilon_0 a^2\theta_0}\sin\dfrac{\theta_0}{2}\boldsymbol{j}$

7-16 $\boldsymbol{E}=E_x\boldsymbol{i}+E_y\boldsymbol{j}=\dfrac{-Q}{\pi^2\varepsilon_0 R^2}\boldsymbol{j}$

7-17 $\Phi=\dfrac{q}{2\varepsilon_0}\left(1-\dfrac{h}{\sqrt{R^2+h^2}}\right)$

7-18 $E_1=\rho x/\varepsilon_0\left(-\dfrac{1}{2}d\leqslant x\leqslant\dfrac{1}{2}d\right)$,

$E_2=\rho\cdot d/(2\varepsilon_0)\left(x>\dfrac{1}{2}d\right)$

$E_2=-\rho\cdot d/(2\varepsilon_0)\left(x<-\dfrac{1}{2}d\right)$

电场强度随坐标变化的图像如解答图 7-1 所示。

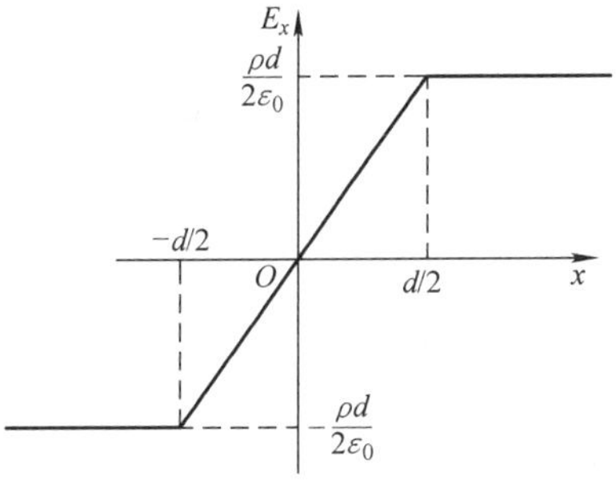

解答图 7-1

7-19 $U_{12}=\dfrac{Q}{2\pi\varepsilon_0}\left(\dfrac{1}{R}-\dfrac{1}{d}\right)=\dfrac{Q(d-R)}{2\pi\varepsilon_0 Rd}$

7-20 在 $x\leqslant0$ 区域

$U=\int_x^0 E\mathrm{d}x=\int_x^0\dfrac{-\sigma}{2\varepsilon_0}\mathrm{d}x=\dfrac{\sigma x}{2\varepsilon_0}$

在 $x\geqslant0$ 区域

$U=\int_x^0 E\mathrm{d}x=\int_x^0\dfrac{\sigma}{2\varepsilon_0}\mathrm{d}x=\dfrac{-\sigma x}{2\varepsilon_0}$

7-21 在 $-\infty<x\leqslant-a$ 区间 $U=-\sigma a/\varepsilon_0$

在 $-a\leqslant x\leqslant a$ 区间 $U=\dfrac{\sigma x}{\varepsilon_0}$

在 $a\leqslant x<\infty$ 区间 $U=\dfrac{\sigma a}{\varepsilon_0}$

空间电势分布如解答图 7-2 所示。

7-22 $A=-qp/(2\pi\varepsilon_0 R^2)$

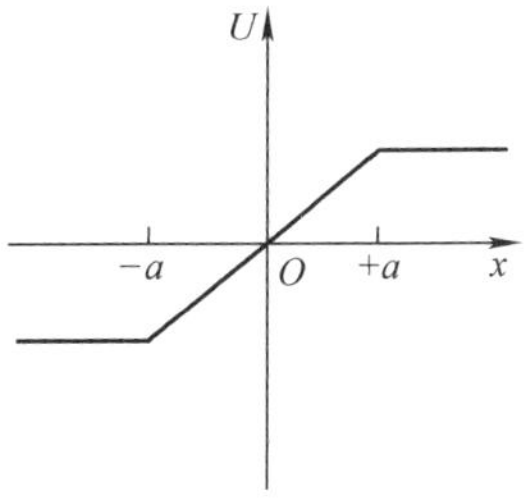

解答图 7-2

7-23 $Q=2.14\times10^{-9}\mathrm{C}$

7-24 (1) $\rho=4.43\times10^{-13}\mathrm{C\cdot m^{-3}}$;

(2) $\sigma=-\varepsilon_0 E=-8.9\times10^{-10}\mathrm{C\cdot m^{-3}}$

7-25 (1) 导线表面处:

$E_1=2.54\times10^6\mathrm{V\cdot m^{-1}}$;

(2) 圆筒内表面处:

$E_2=1.70\times10^4\mathrm{V\cdot m^{-1}}$

7-26 (1) $-4\mathrm{C}$;

(2) $1.44\times10^7\mathrm{N}$

7-27 (1) $3.21\times10^5\mathrm{C}$;

(2) $250\mathrm{N\cdot C^{-1}}$;

(3) $2.21\times10^{-9}\mathrm{C\cdot m^{-2}}$

7-28 $d=1.82\times10^{-14}\mathrm{m}$

第 8 章

8-1 $-\dfrac{q}{4\pi R_1^2}$

8-2 $\dfrac{\sigma}{\varepsilon_0}$，与导体外表面处处垂直

8-3 $\dfrac{q}{4\pi\varepsilon_0 R_2}$

8-4 $\dfrac{Q^2}{18\pi\varepsilon_0 R^2}$

8-5 增大，增大

8-6 $\dfrac{q}{V}$，储电能力

8-7 $\sqrt{2FD/C}$，$\sqrt{2FdC}$

8-8 $-\dfrac{2E_0\varepsilon_0\varepsilon_r}{3}$，$\dfrac{4E_0\varepsilon_0\varepsilon_r}{3}$

8-9 减小，减小

8-10 增大，增大

8-11 (1) 内表面上有感生电荷 $-q$，外表面上带电荷 $q+Q$;

(2) $U_{-q}=\dfrac{\int\mathrm{d}q}{4\pi\varepsilon_0 a}=\dfrac{-q}{4\pi\varepsilon_0 a}$;

(3) $U_O=U_q+U_{-q}+U_{Q+q}$

$$=\frac{q}{4\pi\varepsilon_0}\left(\frac{1}{r}-\frac{1}{a}+\frac{1}{b}\right)+\frac{Q}{4\pi\varepsilon_0 b}$$

8-12 $\left(\frac{ab+bc-ac}{4\pi\varepsilon_0 abc}\right)Q$，$\frac{Q}{4\pi\varepsilon_0 c}$

8-13 $\frac{Q}{4\pi R^2}\left(\frac{1}{\varepsilon_{r2}}-\frac{1}{\varepsilon_{r1}}\right)$

8-14 $998\text{V}\cdot\text{m}^{-1}$，方向沿径向向外；12.5V

8-15 $\boldsymbol{D}=\frac{\varepsilon_0 U}{\left[\frac{1}{\varepsilon_r}\ln\frac{r_3}{r_1}+\ln\frac{r_2}{r_3}\right]r}\boldsymbol{r}_0$

$$\boldsymbol{E}=\frac{U}{\left[\ln\frac{r_3}{r_1}+\varepsilon_r\ln\frac{r_2}{r_3}\right]r}\boldsymbol{r}_0$$

$$\boldsymbol{P}=\frac{\varepsilon_0(\varepsilon_r-1)U}{\left[\ln\frac{r_3}{r_1}+\varepsilon_r\ln\frac{r_2}{r_3}\right]r}\boldsymbol{r}_0$$

$$\frac{\varepsilon_0(\varepsilon_r-1)U}{\left(\ln\frac{r_3}{r_1}+\varepsilon_r\ln\frac{r_2}{r_3}\right)r_3}$$

8-16 $D_1=D_2=1.61\times10^{-8}\text{C}\cdot\text{m}^{-2}$，

$E_2=182\text{V}\cdot\text{m}^{-1}$，

$E_1=1.82\times10^3\text{V}\cdot\text{m}^{-1}$，

方向均相同，由正极板垂直指向负极板

8-17 $D=1.77\times10^{-6}\text{C}\cdot\text{m}^{-2}$，

$E=2.5\times10^4\text{V}\cdot\text{m}^{-1}$，

$P=1.55\times10^{-6}\text{C}\cdot\text{m}^{-2}$

8-18 $P_1=\left(1-\frac{1}{\varepsilon_{r1}}\right)\frac{Q}{S}$，

$$P_2=\left(1-\frac{1}{\varepsilon_{r2}}\right)\frac{Q}{S}$$

8-19 $W=W_0/\varepsilon_r$

8-20 $E_1=\rho r_1/3\varepsilon_1\ (r_1<R)$

$E_2=\rho R^3/3\varepsilon_2 r_2^2\ (r_2>R)$

$$U_1=\frac{\rho}{6}\left[\left(\frac{1}{\varepsilon_1}+\frac{2}{\varepsilon_2}\right)R^2-\frac{r_1^2}{\varepsilon_1}\right]\ (r_1<R)$$

$$U_2=\frac{\rho R^3}{3\varepsilon_2 r_2}\ (r_2>R)$$

8-21 (1) $6.5\times10^{-2}\text{F}$；

(2) $Q=2.275\times10^3\text{C}$；

(3) $4.0\times10^7\text{J}$

8-22 $15.93\times10^{-13}\text{F}$

8-23 $\varepsilon_{r,\text{eff}}=1+h(\varepsilon_r-1)/a$，甲醇更适宜用此种油量计

8-24 $C_{AC}=\varepsilon_0 ab/(2d+t)$，$C_{AD}=\varepsilon_0 ab/2d$

8-25 略

8-26 略

附　　录

附录 A　常用物理常数表

光速	$2.99792458\times10^{8}\,m\cdot s^{-1}$
万有引力常数	$6.67259\times10^{-11}\,N\cdot m^{2}\cdot kg^{-2}$
普朗克常数	$6.6260\times10^{-34}\,J\cdot s$
玻尔兹曼常数	$1.380662\times10^{-23}\,J\cdot K^{-1}$
里德堡常量	$1.0974\times10^{7}\,m^{-1}$
斯特藩—玻尔兹曼常数	$5.671\times10^{-8}\,W\cdot m^{-2}\cdot K^{-4}$
电子电量	$1.602\times10^{-19}\,C$
电子质量	$9.109\times10^{-31}\,kg$
原子质量单位	$1.660531\times10^{-27}\,kg$
精细结构常数	137.0360
第一玻尔轨道半径	$0.5291775\times10^{-10}\,m$
经典电子半径	$2.8179380\times10^{-15}\,m$
质子质量	$1.673\times10^{-27}\,kg$
中子质量	$1.675\times10^{-27}\,kg$
电子静止能量	0.5110034MeV
地球质量	$5.976\times10^{24}\,kg$
地球赤道半径	6378.164km
地球表面重力加速度	$9.80665\,m\cdot s^{-2}$
天文单位	$AU=1.495979\times10^{8}\,km$
1 光年	$1y=9.460\times10^{12}\,km$
1 秒差距	$pc=3.084\times10^{13}\,km=3.262ly$
千秒差距	kpc = 1000pc
地月距离	$3.8\times10^{5}\,km$
太阳到冥王星的平均距离	$5.91\times10^{9}\,km$
最近的恒星（除太阳）的距离	$4\times10^{13}\,km=1.31pc=4.31y$
太阳到银河系中心的距离	$2.4\times10^{17}\,km=8kpc$
太阳质量	$1.989\times10^{30}\,kg$
太阳半径	$6.9599\times10^{8}\,km$
太阳表面重力	$274\,m\cdot s^{-2}$

（续）

太阳有效温度	5800K
第一宇宙速度	$7.9\text{km}\cdot\text{s}^{-1}$
第二宇宙速度	$11.2\text{km}\cdot\text{s}^{-1}$
第三宇宙速度	$16.7\text{km}\cdot\text{s}^{-1}$
哈勃常数	$H_0=50\sim100\text{km}\cdot\text{s}^{-1}\ \text{Mpc}^{-1}$
宇宙平均密度	$6\times10^{-30}\text{g}\cdot\text{cm}^{-3}$
宇宙体积	$7\times10^{11}\text{Mpc}^3$

附录 B　质量尺度表

（单位：kg）

钱德拉塞卡质量（白矮星的质量上限）	2.8×10^{30}
奥本海默－沃尔科夫极限（中子星的质量上限）	6.0×10^{30}
演化结果为黑洞的恒星所具有的最小质量	4×10^{31}
恒星由于不稳定而脉动时的质量	1.2×10^{32}
球状星团的质量	1.0×10^{36}
银河系中心黑洞的最可几质量	6×10^{36}
小麦哲伦云的质量	4×10^{39}
大麦哲伦云的质量	2×10^{40}
银河系中可视物质和暗物质的总质量	2.6×10^{42}
后发星系团中恒星的总质量	1.3×10^{44}
后发星系团的维里质量	2.7×10^{45}
阿贝尔 2163 星系团的维里质量	6×10^{46}
星系团中的所有物质的质量（包括重子物质和非重子物质）	2×10^{49}
宇宙中所有可视物质的质量	8×10^{49}
原初核合成理论预言的重子物质的质量	1×10^{51}
宇宙的临界密度所对应的总质量	2×10^{52}

参考文献

[1] 白晓明. 飞行特色大学物理［M］. 3 版. 北京：机械工业出版社，2018.
[2] 康颖. 大学物理［M］. 2 版. 北京：科学出版社，2005.
[3] 张三慧. 大学物理学［M］. 3 版. 北京：清华大学出版社，2005.
[4] 范中和. 大学物理［M］. 2 版. 西安：西北大学出版社，2008.
[5] 哈里德，瑞斯尼克，沃克，等. 物理学基础［M］. 张三慧，李椿，滕小瑛，等译. 北京：机械工业出版社，2005.
[6] 杨. 西尔斯当代大学物理：英文影印版·原书第 13 版［M］. 北京：机械工业出版社，2010.